权威·前沿·原创

皮书系列为

“十二五”“十三五”“十四五”时期国家重点出版物出版专项规划项目

智库成果出版与传播平台

# 中国风险治理发展报告（2022~2023）

ANNUAL REPORT ON RISK GOVERNANCE DEVELOPMENT OF CHINA (2022-2023)

主　编／张　强　钟开斌　朱　伟
副主编／张海波　马　奔　詹承豫

社会科学文献出版社
SOCIAL SCIENCES ACADEMIC PRESS (CHINA)

图书在版编目(CIP)数据

中国风险治理发展报告. 2022-2023 / 张强，钟开斌，朱伟主编. --北京：社会科学文献出版社，2023. 11
（风险治理蓝皮书）
ISBN 978-7-5228-2460-4

Ⅰ. ①中… Ⅱ. ①张… ②钟… ③朱… Ⅲ. ①自然灾害-灾害管理-研究报告-中国-2022-2023 Ⅳ. ①X432

中国国家版本馆 CIP 数据核字（2023）第 165092 号

风险治理蓝皮书
中国风险治理发展报告（2022~2023）

主　　编 / 张　强　钟开斌　朱　伟
副 主 编 / 张海波　马　奔　詹承豫

出 版 人 / 冀祥德
组稿编辑 / 邓泳红
责任编辑 / 桂　芳
责任印制 / 王京美

出　　版 / 社会科学文献出版社 · 皮书出版分社（010）59367127
地址：北京市北三环中路甲 29 号院华龙大厦　邮编：100029
网址：www. ssap. com. cn
发　　行 / 社会科学文献出版社（010）59367028
印　　装 / 天津千鹤文化传播有限公司

规　　格 / 开 本：787mm×1092mm 1/16
印 张：24. 75　字 数：371 千字
版　　次 / 2023 年 11 月第 1 版　2023 年 11 月第 1 次印刷
书　　号 / ISBN 978-7-5228-2460-4
定　　价 / 158. 00 元

读者服务电话：4008918866

本书的出版得到了腾讯公益慈善基金会、基金会救灾协调会、北京师范大学“全球发展战略合作伙伴计划之国际人道与可持续发展创新者计划全球在线学堂项目”的资助以及中国应急管理学会蓝皮书系列编写指导委员会的支持。

# 中国应急管理学会蓝皮书系列
# 编写指导委员会

# 《中国风险治理发展报告（2022～2023）》编委会成员

# 主要编撰者简介

**张　强**　联合国开发计划署与中国风险治理创新项目实验室主任，北京师范大学风险治理创新研究中心主任、社会发展与公共政策学院教授，博士生导师。2004年博士毕业于清华大学公共管理学院，哈佛燕京学社访问学者（2011~2012）。兼任世界卫生组织学习战略发展顾问组成员、联合国全球志愿发展报告专家顾问组成员、国际应急管理学会中国国家委员会副主席、中国行政管理学会理事、中国志愿服务联合会理事、中国慈善联合会救灾委员会常务副主任委员、清华大学中国应急管理研究基地兼职研究员等。研究领域涉及应急管理、公共政策、志愿服务、非营利组织管理与社会创新等。先后主持及负责国家社科基金、科技部国家科技支撑计划项目等项国家级重大、重点科研项目，发表SCI/SSCI/CSSCI论文数十篇，出版中英文学术著作多部。其中《危机管理——转型期中国面临的挑战》一书荣获第四届中国高校人文社会科学研究优秀成果奖管理学二等奖、第四届行政管理科学优秀成果一等奖。《关于汶川地震灾后恢复重建体制及若干问题的研究报告》获北京哲学社科优秀成果二等奖。

**钟开斌**　中共中央党校（国家行政学院）应急管理培训中心副主任、教授，博士生导师，管理学博士，中国应急管理学会副秘书长。主要研究领域为应急管理、风险治理、公共政策。曾主持国家级课题5项，出版《应急管理十二讲》《应急决策——理论与案例》等专著6部，在 *International Public Management Journal* 、*Disasters*、*International Review of Administrative Sciences*、

《管理世界》、《公共管理学报》、《中国软科学》、《政治学研究》等期刊发表中英文学术论文90余篇，曾获中共中央党校（国家行政学院）科研创新一等奖、教学创新一等奖，所撰写的著作被评为全国干部教育培训好教材。

**朱　伟**　北京市科学技术研究院科研处处长、城市系统工程研究所所长，研究员，博士。兼任中国应急管理学会理事、公共安全科学技术学会理事、全国公共安全基础标准化技术委员会委员、全国安全生产标准化技术委员会委员等职。主要研究领域为城市公共安全、风险评估等。入选北京市百千万人才工程、北京市应急管理领域学科带头人、茅以升北京青年科技奖等。获北京市科学技术奖、公安部科技奖等省部级奖10余项。承担国家和省部级重大项目20余项，作为主要起草人完成国家和行业标准10余部。

**张海波**　南京大学政府管理学院教授，博士生导师，副院长，江苏省中安应急管理研究院理事长，南京大学社会风险与公共危机管理研究中心（江苏省社会风险管理研究基地）执行主任，南京大学数据智能与交叉创新实验室副主任，CSSCI集刊《风险灾害危机研究》执行主编，国家社科基金重大项目“提升我国应急管理体系与能力现代化水平研究”首席专家。研究领域为应急管理（危机管理/风险管理）、公共安全、社会治理等。出版著作《中国应急管理：理论、实践、政策》《中国转型期公共危机治理》《公共安全管理：整合与重构》《中国转型期的社会风险及识别》等。

**马　奔**　山东大学政治学与公共管理学院院长、教授，博士生导师，山东大学风险治理与应急管理研究中心主任，哈佛大学肯尼迪学院访问学者（2012~2013）。主要学术兼职为山东省人民政协理论研究会第三届理事会副会长、山东省信访学会第三届理事会副会长、山东省应急管理咨询专家，清华大学中国应急管理研究基地兼职研究员，中国应急管理50人论坛成员等。

主要研究方向为风险治理与应急管理，主持和参与相关课题20余项，发表相关论文60余篇。

**詹承豫** 北京航空航天大学公共管理学院副院长、教授，博士生导师，兼任公共政策与应急管理系主任，博士毕业于清华大学公共管理学院。主要研究领域为应急管理与风险治理、统筹发展与安全等。兼任中国行政管理学会理事，中国应急管理学会理事。北京市应急管理领域学科带头人（2021），国务院河南郑州7·20特大暴雨灾害调查评估专家组成员，农业农村部农村沼气安全生产专家指导组成员。参与多项国家层面突发事件应对相关立法、安全标准、国家总体应急预案，北京市等地方政府层面立法、应急预案管理办法等的起草和修订过程。获工业和信息化部优秀成果奖二等奖和三等奖，及教育部人文社会科学优秀成果奖研究报告类二等奖等。

# 摘　要

2022年，全球气候变暖的背景下极端天气气候事件多发频发，各类承灾体暴露度、集中度、脆弱性不断增加，灾害风险的系统性、复杂性持续加大。与此同时，新冠疫情全球肆虐、俄乌冲突等风险严重冲击了世界政治经济格局。由此，世界百年未有之大变局加速演进，全球性问题加剧，人类社会进入新的动荡变革期。我国发展也进入了战略机遇和风险挑战并存，不确定、难预料因素增多的时期。2022~2023年中国风险治理领域呈现以下五大发展趋势。

一是气候变化带来的风险治理变化。为了积极有效地应对气候变化带来的风险治理挑战，除了加强国际合作等工作外，我国还开展了“全国自然灾害综合风险普查”和“重大事故隐患专项排查整治”两项重点专项工作。2022年两项重点专项工作取得重大阶段性成效。

二是新冠疫情防控取得重大决定性胜利。2022~2023年，我国健康风险治理领域的重大事件，是我国因时因势优化调整新冠疫情防控政策措施并最终取得疫情防控的重大决定性胜利。2022年，我国新冠疫情多点散发。在全国上下共同努力下，2023年1月8日起，我国将新型冠状病毒感染从“乙类甲管”调整为“乙类乙管”，取得疫情防控重大决定性胜利。

三是韧性建设带来的统筹性发展格局。近年来，韧性城市的重要性逐渐由学术研究层面上升至国家战略层面，对理论和实践增加了更规范的政策指引和发展指导。回顾2022年，全面推进韧性城市建设，塑造了“韧性建设推动城市发展与风险管理的融合、统筹规划和资源配置，注重城市发展的整

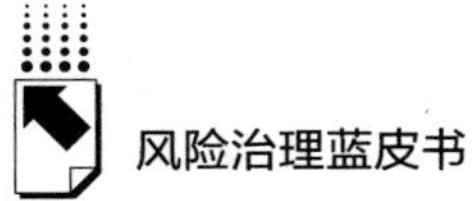


体格局、韧性建设促进城乡一体化发展”的统筹性发展新格局。

四是数智技术运用带来的风险治理变迁。以大数据、人工智能、移动互联网和通信技术、云计算、物联网、区块链等为代表的数智技术与经济社会加速融合，并成为重要的生产要素和战略资源，重塑政府治理和风险治理模式。数智技术在风险监测、应急响应和灾后恢复等场景的深度应用，有效地推动了应急管理体制机制创新，我国风险治理出现重要变化。

五是风险治理的国际国内双循环。构建以国内大循环为主体、国内国际双循环相互促进的新发展格局，是贯彻新发展理念的重大举措。2022~2023年，中国积极推动风险治理的国际交流合作，在风险治理国际交流合作中构建国内国际双循环相互促进的合作模式，从国际高层对话、多边合作与交流和技术创新三个方面促进交流合作。

当前，我国风险治理格局已逐步完善，队伍不断壮大，整体效能不断提高，但也存在管理体制改革不平衡、综合应急管理职能落实难度大、基层应急管理机构力量薄弱、领导干部尤其是基层领导干部安全意识和应急能力不足等问题。因此，面向未来，面对世界百年未有之大变局，站在“两个一百年”的历史交会点，我们需要直面新形势、新风险和新挑战，需要在更高层面统筹发展与安全，有效应对各类极端风险挑战。

**关键词：** 风险治理　灾害应对　气候变化　国际人道援助　社会参与

# 目 录

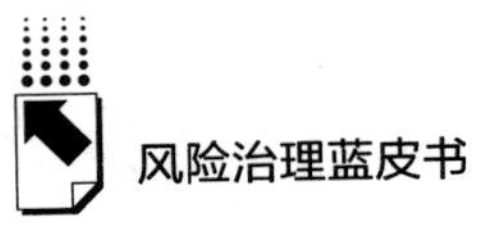





## Ⅲ　案例报告



皮书数据库阅读**使用指南**

# 总报告

General Report

## B.1 2022~2023年中国风险治理发展概况

张 强 钟开斌 朱 伟 陆奇斌*

**摘 要：** 2022~2023 年度，我国的风险治理取得了显著进展。在不断完善风险治理体制机制、规章制度的同时，我国发展了更先进的防减灾工具和策略、制定了更合理的新冠疫情防控政策，建立了更加规范透明的安全生产环境，使得我国在气候变化、公共卫生和安全生产领域的风险治理水平稳步提高。同时，数智技术和高精尖科技的运用与多元主体协同治理相结合，进一步打破了风险治理中的横纵向信息壁垒，为风险治理提供了更强大的支撑。然而新

* 张强，北京师范大学风险治理创新研究中心主任、社会发展与公共政策学院教授，博士生导师，研究方向为应急管理、公共政策、志愿服务、非营利组织管理与社会创新等；钟开斌，中共中央党校（国家行政学院）教授、应急管理培训中心副主任、博士生导师，研究方向为应急管理、风险治理、公共政策；朱伟，北京市科学技术研究院科研处处长、城市系统工程研究所所长、研究员，研究方向为城市公共安全、风险评估；陆奇斌，北京师范大学风险治理创新研究中心副主任、社会发展与公共政策学院副教授，研究方向为应急管理、风险文化、组织行为等。张强教授博士研究生艾心参与了资料整理与报告撰写工作。

兴风险和耦合风险的出现使得风险治理充满不确定性和复杂性，更加难以预测和规避，加之基层较薄弱的安全发展风险意识，为未来风险治理带来了严峻的挑战。因此，在更高层面上统筹安全和发展的同时，要以《“十四五”国家应急体系规划》和《“十四五”国家综合防灾减灾规划》等政策为指导，更加全面深入地进行基层调研和实践，以确保风险治理的基础牢固可靠，直面风险治理中的新形势、新风险和新挑战。

**关键词：** 风险治理　应急管理　灾害应对　气候变化

2022年与2023年是我国全面发展的关键两年。2022年是全面建设社会主义现代化国家新征程起步之年，承担着“十四五”规划承上启下的关键任务，2023年更是全面落实党的二十大精神的开局之年。特别是随着新冠疫情防控逐渐进入新阶段，我国的风险治理工作在社会发展新阶段中取得了重要成绩。但伴随着俄乌冲突和全球经济活动放缓，新旧风险源不断耦合，中国也面临严峻的风险挑战。

## 一　中国总体风险态势

2022~2023年度，在中国总体减灾救灾成效稳步提升的同时，灾害也呈现种类复合性、复杂性和跨界性增强的态势，尤其体现在气候变化、安全生产以及公共卫生三个方面。

### （一）气候变化风险灾害损失降低①

2022年，我国发生的自然灾害主要表现出以下几个特点：在灾害种类

① 《应急管理部发布2022年全国自然灾害基本情况》，中华人民共和国应急管理部网站，2023年1月13日，https://www.mem.gov.cn/xw/yjglbgzdt/202301/t20230113_440478.shtml，最后访问日期：2023年6月3日。

上，以洪涝、干旱、风雹、地震和地质灾害为主；在灾害的空间分布上，中西部受灾相对较重；在季节分布上，自然灾害多发生在夏秋季；在灾害损失上，与近5年均值相比，因灾死亡失踪人数、倒塌房屋数量和直接经济损失分别下降30.8%、63.3%和25.3%，分别为因灾死亡失踪554人、倒塌房屋4.7万间、直接经济损失2386.5亿元（见表1）。

**表1　2022年全国重大自然灾害**

| 时间 | 事件 | 受灾程度 |
| --- | --- | --- |
| 1月8日 | 青海门源6.9级地震 | 17.1万人受灾;不同程度损坏房屋9.5万间;直接经济损失32.5亿元 |
| 2月中下旬 | 南方低温雨雪冰冻灾害 | 609.2万人受灾;农作物受灾面积422.3千公顷;不同程度损坏房屋近6500间;直接经济损失78.9亿元 |
| 6月上中旬 | 珠江流域暴雨洪涝灾害 | 648.9万人次受灾,因灾死亡失踪37人;不同程度损坏房屋2.4万间;农作物受灾面积288.4千公顷;直接经济损失278.2亿元 |
| 6月 | 闽赣湘三省暴雨洪涝灾害 | 814.2万人次受灾,因灾死亡失踪29人;不同程度损坏房屋5万余间;农作物受灾面积582千公顷;直接经济损失433亿元 |
| 7月初 | 第3号台风"暹芭" | 186.29万人受灾;不同程度损坏房屋近1400间;农作物受灾面积109.01千公顷;直接经济损失31.2亿元 |
| 7月中旬 | 四川暴雨洪涝灾害 | 27.9万人受灾,因灾死亡失踪36人;不同程度损坏房屋近2200间;农作物受灾面积3.9千公顷;直接经济损失24.8亿元 |
| 7月至11月上半月 | 长江流域夏秋冬连旱 | 3978万人受灾,701.4万人因旱需生活救助;农作物受灾面积4270千公顷;直接经济损失408.5亿元 |
| 7月底至8月上旬 | 辽宁暴雨洪涝灾害 | 54.9万人受灾,紧急转移安置3.4万人;不同程度损坏房屋8500余间;农作物受灾面积166.4千公顷;直接经济损失76亿元 |
| 8月17日 | 青海大通山洪灾害 | 6.5万人受灾,因灾死亡失踪31人;不同程度损坏房屋9000余间;农作物受灾面积5.3千公顷;直接经济损失6.9亿元 |
| 9月5日 | 四川泸定6.8级地震 | 54.8万人受灾,因灾死亡失踪117人;倒塌房屋1.2万间,不同程度损坏房屋26.5万间;直接经济损失154.8亿元 |

资料来源：课题组根据《应急管理部发布2022年全国十大自然灾害》整理。

### （二）生产安全事故发生率总体下降，重特大事故有所反弹[①②]

2022 年，中国在安全生产方面取得了显著成绩。全年生产安全事故总量和死亡人数同比分别下降 27.0%、23.6%。截至 2023 年 5 月 9 日，全国生产安全事故起数和死亡人数同比分别下降 33.7%、26.1%。但是，其中重特大事故发生数量有所增加，主要集中在传统的高危行业：煤矿发生 1 起、建筑业发生 3 起、化工发生 2 起、道路运输和工贸各发生 1 起。

### （三）公共卫生风险得到有效遏制

2022 年 12 月 7 日，国务院联防联控机制综合组公布了《关于进一步优化落实新冠肺炎疫情防控措施的通知》，提出了对风险区划、核酸检测、隔离方式、群众需求保障、疫苗接种、重点人群健康管理、社会运转、安全保障和学校防控的优化要求；2022 年 12 月 26 日，联防联控机制综合组发布了《关于印发对新型冠状病毒感染实施“乙类乙管”总体方案的通知》，把“保健康、防重症”作为新的防控工作目标，同时最大限度地减少疫情对经济社会发展的影响，意味着我国新冠疫情防控进入新阶段。

除了上述传统风险类型外，我国还面临人口老龄化、城乡差距、经济增长中的内外部环境不稳定以及新兴数字治理中的网络安全问题等带来的社会、金融、数据等方面的新兴风险。同时，随着风险因素的不断演变与相互耦合，新时代人类社会的韧性也将接受新的挑战。比如，由于公共卫生事件的成因具有复杂性，不但需要关注水痘、感染性腹泻、手足口病和流感等多发性疾病，还需要关注在自然灾害、环境污染、食品安全等风险因子的影响下产生的具有突发性、偶然性和不可预估性的公共卫生突发事件。因此，中

① 《生产安全事故　较大事故　重特大事故起数和死亡人数 2022 年全国实现“三个双下降”》，中华人民共和国应急管理部网站，2023 年 1 月 8 日，https：//www.mem.gov.cn/xw/mtxx/202301/t20230108_440224.shtml，最后访问日期：2023 年 6 月 3 日。

② 《应急管理部举行全国重大事故隐患专项排查整治 2023 行动专题新闻发布会》，中华人民共和国应急管理部网站，2023 年 5 月 10 日，https：//www.mem.gov.cn/xw/xwfbh/2023n5y10rxwfbh/，最后访问日期：2023 年 6 月 3 日。

国政府在发展中不断完善风险管理体制机制、政策法规建设，以提高应急响应能力来应对风险与挑战。

## 二　中国风险治理总体情况

现代社会风险已经从传统的自然领域拓展到政治、社会、医学、工程等不同领域。风险治理也不再是单一学科问题，而是制度建设、机制构建、社会参与等政治、社会领域的综合议题。风险治理是科学问题，也是制度与执行问题，既需要尊重风险生成和演化规律，也需要建立科学的治理体系和结构[①]。

### （一）风险治理体制机制概况[②③]

在2018年深化党和国家机构改革的基础上，2022年2月14日，国务院发布了《“十四五”国家应急体系规划》七项任务：以已建立的应急管理部和国家综合性消防救援体制机制为基础，进一步推进体制机制改革，构建优化协同高效的治理模式；夯实应急法治基础，培育全新的良法善治生态；防范化解重大风险，织密灾害事故的防控网络；加强应急力量建设，提高处理紧急、困难、危险任务的能力；强化灾害应对准备，凝聚同舟共济的保障合力；优化要素资源配置，增进创新驱动的发展动能；推动共建共治共享，筑牢防灾减灾救灾的人民防线。2022年10月16日，党的二十大报告强调“坚持安全第一、预防为主，建立大安全大应急框架，完善公共安全体系，推动公共安全治理模式向事前预防转型”，进一步推进我国应急管理体系和治理能力现代化。

---

① 张贤明、张力伟：《风险治理的责任政治逻辑》，《理论探讨》2021年第2期，第19~24页。

② 《加快推进应急管理体系和能力现代化——“中国这十年”系列主题新闻发布会聚焦新时代应急管理领域改革发展情况》，中华人民共和国中央人民政府网站，2022年8月31日，https://www.gov.cn/xinwen/2022-08/31/content_5707512.htm，最后访问日期：2023年6月3日。

③ 《中共中央宣传部举行新时代应急管理领域改革发展情况新闻发布会》，中华人民共和国应急管理部网站，2022年8月30日，https://www.mem.gov.cn/xw/xwfbh/2022n8y30rxwfbh/wzsl_4260/202208/t20220830_421416.shtml，最后访问日期：2023年6月3日。

回顾中国近十年应急管理发展历程，我国的应急管理事业在防灾救灾方面呈现防灾关口更靠前、减灾基础更牢固、救灾机制更灵敏的特点，和防抗救一体化机制新、抗灾设防水平有新提升、综合保障能力有新突破的亮点；大灾巨灾应对方面强化了机制、预案、力量、能力、物资的“五个准备”，促进了应急能力、应急意识、应急救援行动、应急救援战法和应急保障能力的“五个提升”；安全生产方面坚持一条红线、一个责任体系、一系列专项整治、一个安全生产法治能力水平；消防安全方面不断健全安全责任体系，加快消防法治建设，防范化解火灾风险；防汛抗旱方面形成统分结合、防救协同的工作格局，强化专业为主、社会参与的力量体系。

## （二）风险治理政策概览

2022~2023 年度是中国风险治理的稳定发展时期，政府通过出台全面覆盖、重点推进的风险治理相关政策为维护国家安全和稳定提供政策保障。风险治理政策呈现兼顾统筹城乡差异、促进风险治理资源分配均衡化、强化风险治理的科学规范与技术创新等特点。

统筹地域发展上，各政策分重点强调了城镇和乡村发展中面临的特定风险，重点突出了城镇环境和管道设施隐患、农村农业市场安全和社会治安等方面的风险治理要点（见表 2）。

**表 2　中国 2022~2023 年度城乡风险治理相关政策**

| 发布日期 | 领域 | 政策名称 | 风险治理重点内容 |
| --- | --- | --- | --- |
| 2022 年 2 月 9 日 | 城乡建设风险 | 《关于加快推进城镇环境基础设施建设的指导意见》 | 加快补齐重点地区、重点领域短板弱项，构建集污水、垃圾等废物处理处置设施和监测监管能力于一体的环境基础设施体系 |
| 2022 年 2 月 11 日 | 农村农业发展风险 | 《“十四五”推进农业农村现代化规划》 | 增强农业防灾减灾能力、提升重要农产品市场调控能力、稳定国际农产品供应链、保障农业生产安全 |
| 2022 年 5 月 6 日 | 城乡建设风险 | 《关于推进以县城为重要载体的城镇化建设的意见》 | 严格落实耕地和永久基本农田、生态保护红线，防止大拆大建、贪大求洋，严格控制撤县建市设区，防控灾害事故风险 |

续表

| 发布日期 | 领域 | 政策名称 | 风险治理重点内容 |
| --- | --- | --- | --- |
| 2022年6月10日 | 城市建设风险 | 《城市燃气管道等老化更新改造实施方案(2022—2025年)》 | 摸清城市燃气、供水、排水、供热等管道老化更新改造底数,开展城市燃气管道等老化更新改造工作,彻底消除安全隐患 |
| 2022年11月28日 | 乡村发展风险 | 《乡村振兴责任制实施办法》 | 健全农村社会治安防控体系、公共安全体系和矛盾纠纷一站式解决机制,加强农业综合执法,及时处置自然灾害、公共卫生、安全生产、食品安全等风险隐患 |

资料来源：课题组根据相关网站资料整理（按时间顺序）。

风险类型上，涵盖以旱涝、火灾为主的自然灾害风险应对，资源配置不均衡下的公共卫生风险应对，新污染物引发的环境污染管控，老龄化趋势下提高养老服务水平，食品安全标准的进一步落实等（见表3）。

**表3　中国2022~2023年度各类灾害风险治理相关政策**

| 发布日期 | 风险类型 | 政策名称 | 风险治理重点内容 |
| --- | --- | --- | --- |
| 2022年2月21日 | 老龄化社会风险 | 《"十四五"国家老龄事业发展和养老服务体系规划》 | 加强涉老金融市场的风险管理,严禁金融机构误导老年人开展风险投资;督促养老服务机构落实主体责任,提高养老服务、安全管理、风险防控的能力和水平 |
| 2022年5月24日 | 环境污染风险 | 《新污染物治理行动方案》 | 筛查和评估化学物质环境风险;对重点管控的新污染物实施禁止、限制、限排等环境风险管控措施 |
| 2022年7月6日 | 自然灾害风险 | 《国家防汛抗旱应急预案》 | 对突发性水旱灾害加以防范和处置,编制组织指挥体系及职责、预防和预警机制信息、应急响应、应急保障、善后工作的预案 |
| 2023年3月22日 | 安全生产、食品药品安全风险 | 新修订《食品安全工作评议考核办法》 | 对标准实施、监督管理、风险管理、打击违法犯罪、落实生产经营者主体责任、产业发展、社会共治等方面进行考核 |
| 2023年3月23日 | 公共卫生风险 | 《关于进一步完善医疗卫生服务体系的意见》 | 健全医疗卫生服务体系,提高资源配置和服务均衡性,增强重大疾病防控、救治和应急处置能力,协调中西医发展 |
| 2023年4月20日 | 自然灾害风险 | 《关于全面加强新形势下森林草原防灭火工作的意见》 | 加强森林草原防灭火工作,重点转向源头管控,以更具时效的群防群治方式加以治理、科学统筹规划基础建设、不断提质量和效率,推广以水灭火,同时强化空地一体纵深拓展 |

资料来源：课题组根据相关网站资料整理（按时间顺序）。

不同学科领域上，重点出台了在工业交通、能源、河流海洋、气象、健康管理等领域的相关政策（见表4）。

**表4　中国2022~2023年度不同领域风险治理相关政策**

| 发布日期 | 领域 | 政策名称 | 风险治理重点内容 |
| --- | --- | --- | --- |
| 2022年1月18日 | 工业交通 | 《“十四五”现代综合交通运输体系发展规划》 | 提高交通网络抗风险能力、维护设施设备本质安全、加强安全生产管理、强化安全应急保障 |
| 2022年1月24日 | 能源与资源 | 《“十四五”节能减排综合工作方案》 | 加快建立健全绿色低碳循环发展经济体系，推进经济社会发展全面绿色转型，助力实现碳达峰、碳中和目标 |
| 2022年3月2日 | 河流海洋保护与治理 | 《国务院办公厅关于加强入河入海排污口监督管理工作的实施意见》 | 2025年底前完成七个流域、近岸海域范围内所有排污口排查；基本完成干流及重要支流、重点湖泊、重点海湾排污口整治；建成法规体系比较完备、技术体系比较科学、管理体系比较高效的排污口监督管理制度体系 |
| 2022年5月19日 | 气象 | 《气象高质量发展纲要（2022—2035年）》 | 提高气象灾害监测预报预警能力，提高全社会气象灾害防御应对能力，提升人工影响天气能力，加强气象防灾减灾机制建设 |
| 2022年5月20日 | 健康管理 | 《“十四五”国民健康规划》 | 维护环境健康与食品药品安全：加强环境健康管理、强化食品安全标准与风险监测评估、保障药品质量安全 |
| 2022年5月30日 | 能源利用科技发展 | 《关于促进新时代新能源高质量发展的实施方案》 | 充分发挥新能源的生态环境保护效益：大力推广生态修复类新能源项目、助力农村人居环境整治提升 |

资料来源：课题组根据相关网站资料整理（按时间顺序）。

## （三）风险治理规章制度概述

2022~2023年度，国家不但强化了风险治理的体制机制，也强化了风险治理法制保障及相应标准体系的延伸建设。

2022年10月13日，应急管理部公布了《应急管理行政执法人员依法履职管理规定》，规定了应急管理行政执法人员的职责范围、行为规范和追究责任的情形，并规定应急管理部门的监督检查职责，保障应急管理行政执法人员全面贯彻落实行政执法责任制和问责制，依法履职尽责。2023 年 3 月 20 日，应急管理部公布了《工贸企业重大事故隐患判定标准》，为准确判定和及时消除工贸企业重大事故隐患做好制度保障，以确保安全生产。在制度文件上，从 2022 年到 2023 年 4 月，应急管理部批准了 18 项安全生产行业标准、9 项消防救援行业标准和 6 项应急管理行业标准，为各级政府和相关机构提供了统一的操作规范和指导原则。

### （四）风险治理应对行为概括

2022~2023 年度，我国的风险治理理论和经验在重特大自然灾害、安全生产方面充分发挥了作用，取得了巨大的进步，表现在以下几个方面。

一是快速响应能力稳步提升。2022 年 6 月 1 日 17 时，四川省雅安市地震后，市应急管理局先遣队在震后 10 分钟左右迅速集结完毕，前往芦山、宝兴两县建立应急通信网络，将现场的图像和音频第一时间传回后方指挥部[①]。2022 年 9 月 5 日 12 时 52 分，四川省甘孜州泸定县发生 6.8 级地震后，四川省消防救援总队泸定县前突小组 30 人立刻赶赴震中核查灾情，同时甘孜、成都、德阳、乐山、雅安、眉山、资阳等 7 个支队共 530 人的地震救援力量赶赴震中[②]。

二是协同治理机制日趋完善。经历了 2008 年汶川地震等一系列巨大自然灾害应对后，在应急管理体制机制重构的基础上，我国在合理利用跨区域、跨部门的多元主体协同方面，已经取得长足进步。2022 年 6 月 1 日雅安市芦山县、宝兴县的地震救援中，除了四川省消防救援总队外，贵州、云南、重庆总队 8 支重型、23 支轻型地震救援队 2180 人灾后立刻集结，做好

① 《灾难来临时　他们用行动诠释责任与担当——抗震救灾中雅安应急人的“常规操作”》，雅安市政务服务网，2022 年 6 月 15 日，http：//yas.sczwfw.gov.cn/art/2022/6/15/art_ 51879_ 182413.html？areaCode＝511800000000，最后访问日期：2023 年 6 月 3 日。

② 《国务院抗震救灾指挥部办公室、应急管理部启动国家地震应急三级响应　派出工作组赴四川泸定地震现场》，中华人民共和国应急管理部网站，2022 后 9 月 5 日，https：//www.mem.gov.cn/xw/yjyw/202209/t20220905_ 421832.shtml，最后访问日期：2023 年 6 月 3 日。

跨区域增援准备[①]。同时，省卫生健康委紧急调派医学救援队，交通运输厅开辟抢险救援通道，住房和城乡建设厅抽调应急评估专家，省地震局组织震情紧急会商、分析研判震情趋势，气象、电力、水利、通信等多部门协同抢险救援[②]。除了政府部门外，志愿者也在灾害响应中实现了多方参与模式。泸定县发生 6.8 级地震后，本地人志愿者进行灾后立即救援，450 余名返乡大学生志愿者参与灾后心理疏通志愿服务[③]。

三是加强对科技成果的运用。在 2022 年 8 月 6 日辽宁省盘锦市绕阳河的抗洪抢险救灾中，省生态气象和卫星遥感中心利用高分辨率卫星影像数据，制作发布遥感监测产品，为抢险队伍安上俯视“千里眼”；调动救援直升机、无人机和六角沉箱，并部署无人机空中应急通信平台，在数字信息技术和科学技术的共同运用中提高防灾减灾效率[④]。

## 三 典型重大风险治理情况

### （一）气候变化带来的风险治理变化

早在 2021 年 8 月 9 日，联合国政府间气候变化专门委员会发布的《气

---

① 《四川省芦山县发生 6.1 级地震 国务院抗震救灾指挥部办公室 应急管理部 立即启动国家地震三级应急响应 派出工作组赶赴现场》，中华人民共和国应急管理部网站，2022 年 6 月 1 日，https://www.mem.gov.cn/xw/yjyw/202206/t20220601_414802.shtml，最后访问日期：2023 年 6 月 3 日。

② 《芦山地震抢险救灾工作有力有序展开》，四川省人民政府网站，2022 年 6 月 2 日，https://www.sc.gov.cn/10462/c105962/2022/6/2/966a06190a2946bb9a209a64f40f39f9.shtml，最后访问日期：2023 年 6 月 3 日。

③ 《泸定地震后 万名应急志愿者冲在前线……》，四川省人民政府网站，2022 年 9 月 29 日，https://www.sc.gov.cn/10462/10464/10797/2022/9/29/db0fcba6b1cd4b28b8c99de3896e1802.shtml，最后访问日期：2023 年 6 月 3 日。

④ 《辽宁省盘锦市绕阳河决口顺利合龙国家防总办公室、应急管理部继续指导做好堤段加固和排涝工作》，中华人民共和国应急管理部网站，2022 年 8 月 6 日，https://www.mem.gov.cn/xw/yjglbgzdt/202208/t20220806_419714.shtml#:~:text=8%E6%9C%886%E6%97%A518%E6%97%B62,%E5%8A%9F%E5%AE%9E%E7%8E%B0%E5%B0%81%E5%A0%B5%E5%90%88%E9%BE%99%E3%80%82，最后访问日期：2023 年 6 月 3 日。

候变化2021：自然科学基础》报告指出，如果二氧化碳等温室气体的排放，在未来几十年内不能得到大幅降低，全球气温将上升1.5℃~2℃。气候变暖将进一步加剧全球水循环，包括其时空分布、全球季风降水以及干湿事件的严重程度，将产生低概率性事件，如冰盖崩塌、海洋环流突变、某些复合性极端事件等。

这些极端事件将对我国经济社会发展和人民生产生活安全造成不可避免的重大冲击。为了积极有效地应对气候变化带来的风险治理挑战，除了加强国际合作等工作外，我国还开展了“全国自然灾害综合风险普查”和“重大事故隐患专项排查整治”两项重点专项工作。

1. 全国自然灾害综合风险普查①②

2020年，我国开展了第一次全国自然灾害综合风险普查，为我国抵御气候变化带来的灾害风险提供了全国的风险数据基础。区别于过去针对各单灾种开展的专项调查，本次调查更具有综合性、协同性、科学性和应用性，调查内容涵盖自然灾害风险的要素调查、风险评估、风险区划与综合防治区划等。

该次调查共获取灾害风险要素数据数十亿条，包括地震等6大类23种灾害致灾要素数据，人口、房屋等6大类27种承灾体数据，政府、社会、基层家庭3个主体的16种综合减灾能力数据。

此次调查有以下特点③。

一是此次调查是覆盖了主要自然灾害风险基本要素的底数调查。数据包括了自然灾害风险的基本要素的底数、重要承灾体的底数、历史自然灾

① 《第一次全国自然灾害综合风险普查调查全面完成　共获取灾害风险要素数据数十亿条》，中华人民共和国中央人民政府网站，2023年2月16日，http：//www.gov.cn/xinwen/2023-02/16/content_5741672.htm，最后访问日期：2023年6月3日。

② 《第一次全国自然灾害综合风险普查宣传手册（2023年4月版）》，中华人民共和国应急管理部网站，2023年4月6日，https：//www.emerinfo.cn/2023-04/06/c_1211964940.htm，最后访问日期：2023年6月3日。

③ 《技术解读丨汪明：第一次全国自然灾害综合风险普查总体技术体系解读》，中华人民共和国应急管理部网站，2021年4月21日，https：//www.emerinfo.cn/2021-04/21/c_1211120320.htm，最后访问日期：2023年6月3日。

害的底数三个方面；抗灾能力包括各级政府、社会和基层三方面的防灾减灾救灾能力；综合风险水平评估包括风险评估、风险区划和防治区划三方面。

二是普查实现对全国城乡居民房屋的全面调查。人口、经济、农作物等信息在历次普查中有涉及，但对房屋建筑和基础设施尚未全面调查。除了了解数量外，房屋的地理空间信息、结构类型、建筑年代、居住人数和应急设施等也被包含在内。

三是普查实现对全国各地减灾能力的全面调查与评估。这次减灾能力评估包括政府、社会和基层三个方面，涵盖自然灾害管理队伍状况、应急救援力量、物资保障能力、灾害监测预警能力、防治工程情况等指标，以及社会组织、企业和基层的参与情况。

四是普查实现在统一技术体系下的单灾种和多灾种风险评估与区划。本次评估包括主要自然灾害的单一风险和区划，以及人口、经济、房屋建筑、公路、农作物等五类承灾体的多灾种综合风险和区划，为认识综合风险提供基本依据，从不同角度评估了全国各地不同尺度下的风险特征和综合防治需求。

五是普查充分利用近 20 年科学技术进步的相关成果。通过地理信息系统技术和遥感影像的应用，实现了所有调查要素的空间化和精确定位；地震、地质、水利、海洋、林草、气象等领域的技术进步提高了调查工作的效率和数据积累水平；灾害模拟、风险评估等技术的发展，以及云计算和互联网技术的应用，使普查工作更加科学、高效和便捷。

目前，第一次全国自然灾害综合风险普查已完成国家级和省级 6 大类、23 种自然灾害单灾种和综合危险性评估、风险评估、风险区划与防治区划等核心任务。在最后冲刺阶段，加快自然灾害综合风险评估成果的转化是重中之重。为深化普查成果，国务院普查办《关于加强第一次全国自然灾害综合风险普查成果应用的指导意见》要求促进该成果在提升自然灾害综合防治能力、实施经济社会发展重大战略以及推动社会综合治理和公共服务中的应用，促进灾害防治基础能力、灾害应急管理能力、城市综合治理能力、基层社会治理能力以及公共服务能力的提升。

2. 重大事故隐患专项排查整治

事故隐患是指生产系统或环境中存在的可能导致事故发生的人员不安全行为、物品不安全状态、管理上的缺陷以及环境的不安全条件，通常与违法违规行为密切相关①。2023 年以来，全国生产安全事故、较大事故总量均继续保持下降，但由于不确定因素明显增多，重特大事故有所反弹，河北沧州“3・27”、浙江金华“4・17”两起重大火灾事故，内蒙古阿拉善左旗“2・22”露天煤矿坍塌、北京丰台长峰医院“4・18”火灾等多起重特大事故，对社会安全稳定发展造成威胁②。

这些重大事故暴露出企业安全生产理念不牢固、没有统筹好发展和安全的关系；安全隐患排查整治质量不高，责任空悬；追求效益超过安全；监管执法不力的一些安全生产问题③。2023 年 4 月底，国务院安委会印发《全国重大事故隐患专项排查整治 2023 行动总体方案》，部署各地区、各有关部门和单位深入贯彻习近平总书记关于安全生产重要指示精神，深刻吸取近期事故教训，全面排查整改重大事故隐患，着力从根本上消除事故隐患、从根本上解决问题，坚决防范遏制重特大事故。此次重大事故隐患专项排查主要针对煤矿、非煤矿山、危险化学品、交通运输（含道路、铁路、民航、水上交通运输）、建筑施工（含隧道施工）、消防、燃气、渔业船舶、工贸等重点行业领域和违规动火作业、外包外租管理混乱等新业态新领域。

① 李湖生：《我国特别重大生产安全事故的宏观演变规律和防控模型》，《安全》2019 年第 11 期，第 1~8 页。

② 《应急管理部：今年以来安全生产事故总量下降，重特大事故有所反弹》，中华人民共和国应急管理部网站，2023 年 5 月 10 日，https://www.mem.gov.cn/xw/xwfbh/2023n5y10rxwfbh/mtbd_4262/202305/t20230510_450044.shtml，最后访问日期：2023 年 6 月 3 日。

③ 《应急管理部举行全国重大事故隐患专项排查整治 2023 行动专题新闻发布会》，中华人民共和国应急管理部网站，2023 年 5 月 10 日，https://www.mem.gov.cn/xw/xwfbh/2023n5y10rxwfbh/wzsl_4260/202305/t20230510_449999.shtml，最后访问日期：2023 年 6 月 3 日。

2023 年重大事故隐患专项排查从企业、部门和地方党委政府三个层面开展[①]。一是企业层面，主要负责人在安全生产中扮演“第一责任人”角色，负责推动事故隐患排查整治工作，检查整改情况；建立全员安全生产责任制，提高隐患排查和整改的质量；组织对危险作业和设备进行排查整治，落实关键岗位责任；对外包外租活动进行排查整治，并加强统一管理；组织事故应急演练，提升从业人员的应急意识。二是部门层面，国务院安委会成员单位要明确重大事故隐患标准，地方部门补充并加强宣传；监管执法人员应接受安全培训，加大执法力度；对已报告并采取有效措施消除隐患的企业不处罚，对整治不力者公开曝光；建立责任倒查机制，严格履行执法责任；采用联合执法检查等方式提升执法质量，对重点地区和企业提供指导；为特种作业人员提供培训和证书服务。三是党委政府层面，各地要学习并执行安全生产硬措施，制订专项行动工作方案；政府负责人组织会议、动员部署，并定期听取汇报；鼓励举报和媒体宣传，加大隐患整改资金支持，完善监管体制和检查员配备；建立隐患数据库，完善督办制度。

此次专项排查计划有三个亮点[②]。一是强调主体责任：企业是事故隐患排查整治的责任主体，主要负责人发挥“第一责任人”的主导作用，带动全员安全生产责任的落实。二是提升排查整治质量：请企业自查自改，政府部门提供帮扶指导，并进行精准严格执法，强化责任倒逼，确保排查整治质量的提高。三是创新工作机制：建立学习培训后监管执法、安全监管执法责任倒查、主流媒体专栏曝光、匿名举报查实重奖等机制，推动问题的发现和解决，确保整治工作的实效。

截至 2023 年 5 月，已有 24 个省份由省委书记或省长亲自主持会议，成

---

① 《国务院安委会部署在全国开展重大事故隐患专项排查整治 2023 行动》，中华人民共和国应急管理部网站，2023 年 4 月 27 日，https：//www.mem.gov.cn/xw/yjglbgzdt/202304/t20230427_449227.shtml，最后访问日期：2023 年 6 月 3 日。

② 《应急管理部举行全国重大事故隐患专项排查整治 2023 行动专题新闻发布会》，中华人民共和国应急管理部网站，2023 年 5 月 10 日，https：//www.mem.gov.cn/xw/xwfbh/2023n5y10rxwfbh/wzsl_4260/202305/t20230510_449999.shtml，最后访问日期：2023 年 6 月 3 日。

立领导机构、工作专班、督查组等，层层压实责任，防止搞形式、走过场。并且，各地制定实施方案，结合本地区安全生产问题，细化完善，建立符合地方实际的制度机制，提出具体量化、突出重点的工作任务。2023 年后，国务院安委会办公室将在三个方面开展监督：一是统筹调度，成立工作专班，通过调度、督办、约谈等机制，定期了解各地排查整治进展情况，协调解决问题，为推进专项行动奠定坚实基础。二是督导检查，综合检查组已进驻各省份，进行全覆盖督导检查和暗查暗访，通过媒体曝光推动落实。三是跟踪问效，将专项行动纳入年度考核，对推进不力的单位追责问责，确保责任落实。

## （二）健康中国行动：新冠疫情防控取得重大决定性胜利

### 1. 健康中国行动实施取得明显成效

健康中国战略是一项旨在全面提高全民健康水平的国家战略，是以习近平同志为核心的党中央从长远发展和时代前沿出发，坚持和发展新时代中国特色社会主义的一项重大战略部署。党的十八届五中全会作出推进健康中国建设的决策部署。2016 年 8 月，党中央、国务院隆重召开 21 世纪第一次全国卫生与健康大会，明确了建设健康中国的大政方针；同年 10 月，发布实施《“健康中国 2030”规划纲要》，明确了行动纲领。党的十九大将“实施健康中国战略”提升到国家整体战略层面统筹谋划。党的二十大把“推进健康中国建设”列为“增进民生福祉，提高人民生活品质”的重要内容，强调“把保障人民健康放在优先发展的战略位置”。①

中共中央、国务院发布《“健康中国 2030”规划纲要》，提出健康中国“三步走”的目标，即“2020 年，主要健康指标居于中高收入国家前列”，“2030 年，主要健康指标进入高收入国家行列”的战略目标，并展望 2050 年，提出“建成与社会主义现代化国家相适应的健康国家”的长远目标。②

① 《党的二十大报告辅导读本》，人民出版社，2022，第 44 页。

② 《中共中央　国务院印发〈“健康中国 2030”规划纲要〉》，《人民日报》2016 年 10 月 26 日，第 1 版。

根据《健康中国行动（2019—2030年）》，健康中国战略的总体目标包括：到2022年，建立覆盖经济社会各相关领域的健康促进政策体系，提高全民健康素养水平，加速推广健康生活方式，遏制心脑血管疾病、癌症、慢性呼吸系统疾病、糖尿病等重大慢性病发病率上升趋势，有效防控重点传染病、严重精神障碍、地方病、职业病，使致残和死亡风险逐步降低，显著改善重点人群健康状况。到2030年，大幅提升全民健康素养水平，基本普及健康生活方式，有效控制居民主要健康影响因素，降低因重大慢性病导致的过早死亡率，显著提高人均健康预期寿命，使居民的主要健康指标水平进入高收入国家行列，基本实现健康公平，实现《"健康中国2030"规划纲要》有关目标。①

根据2022年7月5日国家卫生健康委举行的新闻发布会通报的数据，我国人均预期寿命已提高至77.93岁，主要健康指标位于中高收入国家前列。《"健康中国2030"规划纲要》的2020年阶段性目标总体上已如期实现，健康中国行动2022年主要目标提前达成。具体而言，健康中国行动取得了明显的阶段性成效：一是建立了基本健全的健康促进政策体系，多个部门协同推进，建立健全会议调度、工作督办、监测考核、地方试点、典型案例培育推广等机制；二是有效控制健康风险因素，居民健康素养水平提升至25.4%，经常参加体育锻炼人数比例达到37.2%；全生命周期健康维护能力明显增强，妇女儿童"两纲""十三五"规划目标已全面实现，全国报告新发职业病病例持续下降；三是针对心脑血管疾病、癌症、慢性呼吸系统疾病、糖尿病等重大慢性病以及各类重点传染病和地方病，持续加强综合防控措施，有效遏制发病率上升趋势，重大慢性病过早死亡率低于全球平均水平；四是全民健康参与氛围日益浓厚。②

### 2. 新冠疫情防控取得重大决定性胜利

2022~2023年，我国健康风险治理领域的重大事件，是我国因时因势优

---

① 《健康中国行动（2019—2030年）》，中华人民共和国中央人民政府网站，2019年7月15日，https://www.gov.cn/xinwen/2019-07/15/content_5409694.htm，最后访问日期：2023年6月3日。

② 李恒：《我国人均预期寿命提高到77.93岁》，《新华每日电讯》2022年7月6日，第7版。

化调整新冠疫情防控政策措施并最终取得疫情防控的重大决定性胜利。2022年，我国新冠疫情多点散发，按照科学精准防控的要求，我国制定实施了第九版防控方案和第九版诊疗方案，提出疫情防控“九不准”要求。[①] 面对空前严峻复杂的新一波疫情，在全国上下共同努力下，经过两个多月的努力，我国有效避免了致病力较强、致死率较高的病毒株的广泛流行，为打赢疫情防控阻击战赢得了宝贵时间。

进入2022年11月以来，围绕“保健康、防重症”，我国疫情防控政策因时因势加速进行调整优化，经历了从“二十条”到“新十条”再到“乙类乙管”的过程。2022年11月11日，国务院联防联控机制综合组发布《关于进一步优化新冠肺炎疫情防控措施　科学精准做好防控工作的通知》（“二十条”），公布进一步优化防控工作的二十条措施，内容包括不再判定密接的密接、对密接从“7+3”调整为“5+3”、取消入境航班熔断、风险区划定变为“高、低”两类、制定不同临床严重程度感染者入院标准等。12月7日，国务院联防联控机制综合组公布《关于进一步优化落实新冠肺炎疫情防控措施的通知》（“新十条”），要求科学精准划分风险区域、进一步优化核酸检测、优化调整隔离方式、落实高风险区“快封快解”、保障群众基本购药需求、加快推进老年人新冠病毒疫苗接种、加强重点人群健康情况摸底及分类管理、保障社会正常运转和基本医疗服务、强化涉疫安全保障、进一步优化学校疫情防控工作。

2023年1月8日起，我国将新型冠状病毒感染从“乙类甲管”调整为“乙类乙管”，《中华人民共和国传染病防治法》对新型冠状病毒感染规定的甲类传染病预防、控制措施解除，不再将其纳入《中华人民共和

① “九不准”要求具体包括：一是不准随意将限制出行的范围由中、高风险地区扩大到其他地区。二是不准对来自低风险地区人员采取强制劝返、隔离等限制措施。三是不准随意延长中、高风险地区及封控区、管控区的管控时间。四是不准随意扩大采取隔离、管控措施的风险人员范围。五是不准随意延长风险人员的隔离和健康监测时间。六是不准随意以疫情防控为由拒绝为急危重症和需要规律性诊疗等患者提供医疗服务。七是不准对符合条件离校返乡的高校学生采取隔离等措施。八是不准随意设置防疫检查点，限制符合条件的客、货车司乘人员通行。九是不准随意关闭低风险地区保障正常生产生活的场所。

国国境卫生检疫法》规定的检疫传染病管理，这是自2020年初我国对新冠病毒感染实施传染病甲类防控措施之后疫情防控政策的又一次重大调整。实施“乙类乙管”，取消对新冠病毒感染者的隔离措施和密切接触者的判定，不再划分高低风险区域，不再对入境人员和货物等采取检疫传染病管理措施；针对新冠病毒感染者，实行分级分类收治并灵活调整医疗保障政策；检测策略调整为愿检尽检并对疫情信息发布频次和内容进行调整。

进入2023年2月，我国各地疫情呈局部零星散发状态，防控形势总体向好，平稳进入“乙类乙管”常态化防控阶段。2023年2月16日召开的中共中央政治局常委会会议宣布，我国取得疫情防控重大决定性胜利。会议指出：“2022年11月以来，我们围绕‘保健康、防重症’，不断优化调整防控措施，较短时间实现了疫情防控平稳转段，2亿多人得到诊治，近80万重症患者得到有效救治，新冠死亡率保持在全球最低水平，取得疫情防控重大决定性胜利，创造了人类文明史上人口大国成功走出疫情大流行的奇迹。”①

### （三）平安中国建设：韧性建设带来的统筹性发展格局

党中央高度重视国家安全和公共安全。2020年12月11日，习近平总书记在中央政治局第二十六次集体学习时强调：坚持统筹发展和安全，坚持发展和安全并重，实现高质量发展和高水平安全的良性互动。在发展中更多地考虑安全因素，努力实现发展和安全的动态平衡。2022年10月16日习近平总书记在中国共产党第二十次全国代表大会上的报告中指出：统筹维护和塑造国家安全，夯实国家安全和社会稳定基层基础，完善参与全球安全治理机制，建设更高水平的平安中国，以新安全格局保障新发展格局。韧性建设在平安中国的建设中扮演着重要角色，为实现统筹性发展格局提供了有力支撑。

---

① 《中共中央政治局常务委员会召开会议　听取近期新冠疫情防控工作情况汇报》，《人民日报》2023年2月17日，第1版。

近些年，韧性城市的重要性逐渐由学术研究层面上升至国家战略层面，在理论和实践上增加了更规范的政策指引和发展指导（见表5）。

**表5　近三年我国韧性城市建设政策梳理**

| 发布日期 | 政策名称 | 要点 |
| --- | --- | --- |
| 2020年11月 | 《中共中央关于制定国民经济和社会发展第十四个五年规划和二〇三五年远景目标的建议》 | 统筹发展和安全，建设更高水平的平安中国；推进以人为核心的新型城镇化，加强历史文化保护、打造城市独特风貌。强化城镇老旧小区改造和社区建设，提升城市防洪排涝能力，建设海绵城市和韧性城市 |
| 2021年3月 | 《中华人民共和国国民经济和社会发展第十四个五年规划和2035年远景目标纲要》 | 顺应城市发展新理念新趋势，开展城市现代化试点示范，致力于建设宜居、创新、智慧、绿色、人文、韧性城市 |
| 2022年2月 | 《"十四五"国家应急体系规划》 | 加快推进城市群、重要口岸、主要产业及能源基地、自然灾害多发地区的多通道、多方式、多路径交通建设，提升交通网络系统韧性 |
| 2022年7月 | 《"十四五"国家综合防灾减灾规划》 | 加强规划协同，将安全和韧性、灾害风险评估等纳入国土空间规划编制要求 |

资料来源：课题组根据相关网站资料整理。

随着社会发展和城市化进程的加速，城市面临着日益复杂多变的风险和挑战。世界经合组织将韧性城市定义为有能力应对未来冲击（经济、环境、社会和体制）并有能力恢复的城市，能促进可持续发展、福祉和包容性增长[①]。韧性建设旨在提高城市的抗灾能力和风险应对能力，强调在面临冲击和挑战时的有效抵御、灵活适应和迅速恢复，同时通过合理规划和资源配置，实现城市发展的统筹性格局。

回顾2022年，新征程中全面推进韧性城市建设，塑造了统筹性发展新格局：一是韧性建设推动城市发展与风险管理的融合。传统的城市规划忽视对风险的评估和应对措施的设计，而韧性建设将风险管理纳入城市规划和建设的全过程，统筹考虑城市发展的各个方面，通过科学规划和合理布局，提

① *Resilient Cities*, Organization for Economic Co-operation and Development, https://www.oecd.org/cfe/resilient-cities.htm，最后访问日期：2023年6月3日。

高城市的抗灾能力和紧急响应能力，确保城市在遭受自然灾害或其他突发事件时能够快速恢复和重建。二是统筹规划和资源配置，注重优化城市发展的整体格局。通过科学统筹规划、建立健全资源调度机制和风险评估机制，实现资源的跨部门、跨地区、跨类型、跨领域的有机协调和协同发展，从而提高资源的利用效率和应急响应的能力。三是韧性建设促进城乡一体化发展。传统城市规划中城市和乡村往往相对独立，导致资源分配不均衡和发展差距拉大，而韧性建设强调将城市和乡村视为一个整体，通过优化资源配置和产业结构，促进城乡一体化发展。

目前城市重大灾害事故呈现典型的次生衍生灾害与多灾种耦合等特点，具有多主体、多目标、多层级、多类型的复杂特征。长期以来，针对城市安全问题的研究多集中在单灾种的专业领域，无法实现系统性体系化应对①，韧性建设的路径仍需要进一步探索，目前我国深圳等城市在韧性建设中的一些良好实践值得借鉴和推广。

一是科技创新探索韧性发展新机遇，支持形成统筹性发展格局。大数据、人工智能、云计算的运用使得城市能够实时监测和评估风险，及时采取措施应对突发事件和灾害，实现监测预警“一张图”、指挥协同“一体化”、应急联动“一键通”②；同时，新能源技术的发展则为减少碳排放、推动可持续发展提供了重要支持。

二是将统一规划、因地制宜、分类指导相结合。韧性城市建设更加重视不同地区、不同省份、不同城市、不同社区在社会、经济、生态、基础设施和治理水平等方面的不同资源禀赋。在深圳综合减灾社区统一标准的基础上，全市各区、各社区结合本区域、社区的实际情况，创建各具特色的减灾社区。如福田区的金城社区整合辖区内的企事业单位、住宅小区、

① 《提高治理水平　加强风险防控　建设韧性城市》，中华人民共和国应急管理部网站，2020年12月7日，https://www.mem.gov.cn/xw/ztzl/2020/xxgcwzqh/thwz/202012/t20201207_373440.shtml，最后访问日期：2023年6月3日。

② 《广东：应急安全科技展亮相深圳高交会》，中华人民共和国应急管理部网站，2022年1月5日，https://www.mem.gov.cn/xw/gdyj/202201/t20220105_406229.shtml，最后访问日期：2023年6月3日。

学校等资源，绘制社区灾害风险地图，张贴在社区工作站及辖区重点路口①。

三是补短板强弱项，提升城市综合减灾能力。国家发改委安排中央预算内投资，持续支持各地加强城市内涝治理和县城排水设施建设②。2022 年，河北开展防汛风险隐患排查整治，要求各地各部门立足防大汛、抗大洪、抢大险、救大灾，紧抓重点部位和薄弱环节，消除度汛隐患，确保人民群众生命财产安全③。

基于韧性城市在空间层面的鲁棒性、冗余性、多样性、智慧性，以及城市居民的适应性、反思性、学习性④，韧性城市建设在思想观念、领导体制、运行机制、法律制度、方法技术、社会环境等方面还需要不断完善⑤，尤其在目前气候变化的复杂背景下研究韧性建设需要系统规划和持续努力，运用系统思维处理风险与安全的关系，平衡经济高质量发展和应对气候变化的关系，促进区域方案和整体规划的协同，以及协调中长期和短期发展的关系⑥。

### （四）新兴技术风险治理：数智技术运用带来的风险治理变迁

以大数据、人工智能、移动互联网和通信技术、云计算、物联网、区块

① 《深圳综合减灾社区创建工作被全国推广》，中华人民共和国应急管理部网站，2022 年 9 月 1 日，https：//www. mem. gov. cn/xw/gdyj/202209/t20220901＿ 421639. shtml，最后访问日期：2023 年 6 月 3 日。

② 《对十三届全国人大四次会议　第 5961 号建议的答复》，中华人民共和国应急管理部网站，2022 年 1 月 11 日，https：//www. mem. gov. cn/gk/jytabljggk/rddbjydfzy/2921rddb/202201/t20220111＿ 406997. shtml，最后访问日期：2023 年 6 月 3 日。

③ 《河北、河南全面开展防汛风险隐患排查整治》，中华人民共和国应急管理部网站，2022 年 3 月 22 日，https：//www. mem. gov. cn/xw/gdyj/202203/t20220322＿ 410081. shtml，最后访问日期：2023 年 6 月 3 日。

④ 尹德挺、营立成、陈革梅：《“韧性城市”建设：理论逻辑、评估机制与实践路径》，《广州大学学报》（社会科学版）2023 年第 2 期，第 113~121 页。

⑤ 钟开斌：《推进韧性城市建设的重大意义和重点任务》，《中国应急管理科学》2023 年第 2 期，第 1~12 页。

⑥ 孙永平、刘玲娜：《气候变化背景下韧性城市建设的意义与路径》，《国家治理》2023 年第 2 期，第 63~66 页。

链等为代表的数智技术与经济社会加速融合，并成为重要的生产要素和战略资源，重塑政府治理和风险治理模式。中共中央、国务院印发《扩大内需战略规划纲要（2022—2035 年）》，明确要求加强防灾减灾救灾和安全生产科技信息化支撑能力，加快构建天空地一体化灾害事故监测预警体系和应急通信体系①。

数智技术在风险监测、应急响应和灾后恢复等场景的深度应用，有效地推动了应急管理体制机制创新，我国风险治理出现重要变化。

首先，风险治理理念由过去的单一风险应对，转向系统性风险防范。早期由于缺乏风险应对机制，强调通过整合资源应对具体事件或局部风险。随着社会风险复杂性不断增强，单一的、碎片化的风险治理理念已经不适应新形势发展。风险治理开始统筹考虑个体事件、单一风险和系统性风险，通过健全风险防范化解机制和相关技术手段，加强风险评估和风险监测预警，实现风险精准治理。

其次，风险治理打破传统行政主导，开始形成社会共治的新格局。数智技术的运用打破了风险治理政府主导的传统格局，基层社会组织、应急救援组织参与风险防范、灾后救助逐渐制度化，社会共治的风险治理格局开始形成，通过常态化应急培训和疏散演练，引导社区居民开展隐患排查和治理，积极推进安全风险的网格化治理。

最后，风险治理工具呈现多元化趋势，风险治理成果显著。

第一，风险监测和风险预防的精确性和实效性显著提升，实现风险治理关口前移。数智技术的底层逻辑建立在相关要素关联的基础上，通过多源异构的海量数据、空间信息技术和风险情景模拟技术有效提升政府部门对复杂风险的感知、监测、预警和预防能力。比如，2023 年湖北省十堰市智慧城市大脑防汛模块整合了水利、自然资源、气象、水文部门等业务数据，覆盖 6 万路视频监控、1.8 万路传感设备实时数据，保证实时掌握水情、雨情、

---

① 《强调推动应急管理能力建设〈扩大内需战略规划纲要（2022—2035 年）〉印发》，广东省应急管理厅网站，2022 年 12 月 20 日，http://yjgl.gd.gov.cn/xw/mtbd/content/post_4068493.html，最后访问日期：2023 年 6 月 3 日。

工情、灾情，实现了“一屏统览、一网统管、一体联动”[①]。

第二，应急响应的效率和决策智能化水平明显提高。数智技术可以实时监测和感知灾情，利用遥感、无人机等技术获取灾区实时图像和数据，进行灾害损失评估和灾情分析，为灾区救援和救助提供精准指导和支持。比如，2022年四川泸定6.8级地震抢险救援过程中，四川省应急管理厅迅速统筹大型高空全网通信无人机等科技产品投入“实战”，为前后方指挥部“第一时间研判、第一时间决策、第一时间救援”提供现场第一手信息支撑[②]；云南省应急管理厅开发的森林草原防灭火指挥平台实现了火场态势、扑救指挥部署的动态标绘，在2021年近200场森林火灾扑救和跟踪北迁亚洲象群中发挥了重要作用。

第三，灾后恢复中，数智技术可以协助进行灾后评估和规划。通过三维建模、智能交通、智慧城市等技术手段，为灾区的重建和恢复提供科学可行的方案和决策支持，实现高效、可持续的重建过程。2021年11月7日，天津市遭受强寒天气导致多地受灾，网格员通过综合治理平台移动端“灾害助手”上报房屋倒塌、人员伤亡、灾害位置等情况，天津市应急管理局灾情统计人员立刻汇总分析。

数智技术具有“双刃剑”特征。它的应用使得风险治理更加科学化、智能化和可持续化的同时，也可能产生新的风险。第一，不同层级、不同部门对技术和数据的“可得性”差异，可能降低风险分析和预测的准确性，对同一事件形成迥异的决策情景。第二，过度的数智技术运用可能给风险管理部门带来新的治理困境，如技术过度依赖、数据垄断、数据保护等因素造成的管理割裂和运行碎片化等问题。第三，技术迅猛发展不可避免地引发不可预知的技术风险，如技术滥用、个人隐私保护、算法偏见、信息泄露等

① 《湖北：智慧防汛频出“小妙招”》，中华人民共和国应急管理部网站，2023年5月19日，https：//www.mem.gov.cn/xw/gdyj/202305/t20230519_451102.shtml，最后访问日期：2023年6月3日。

② 《直击四川泸定6.8级地震抢险救援：争分夺秒，这些高科技让更多生命获救》，中华人民共和国应急管理部网站，2022年9月11日，https：//www.mem.gov.cn/xw/gdyj/202209/t20220911_422182.shtml，最后访问日期：2023年6月3日。

风险。

面对这些挑战，一是要确保数据的安全性和隐私保护，通过制定严格的数据安全标准和隐私保护政策，完善相关法律法规，防止数据泄露和滥用。二是强化风险治理的协同性和跨界性，加强政府、企业、学术界和社会各界之间的合作与协作，及时调整和完善治理策略和方法，激活五社联动机制，打造社区智治，形成多方参与的治理格局。三是需要不断创新社会治理制度，进一步完善社会保障体系，最大限度地缓解人工智能等新兴科技发展所可能带来的不确定性冲击①。基于数字技术的特性推动技术赋能与互动调适，为应急管理体制机制变迁奠定基础；通过制度重塑，依赖顶层设计总结前期经验与成果，实现自主变革②。

### （五）风险治理国际交流合作：风险治理的国际国内双循环

构建以国内大循环为主体、国内国际双循环相互促进的新发展格局，是贯彻新发展理念的重大举措③。2022~2023 年，中国积极推动风险治理的国际交流合作，在风险治理国际交流合作中构建国际国内相互促进的合作模式，具体主要体现在国际高层对话、多边合作和技术创新等三个方面。

一是开展国际高层对话，促进交流共享。习近平总书记指出“坚持统筹发展和安全，坚持发展和安全并重，实现高质量发展和高水平安全的良性互动”④，中国积极践行安全发展理念，适应国内国际新形势新情况，同时推动全球发展倡议和全球安全倡议，并与国际社会开展深入交流。例如在东

---

① 贾开、蒋余浩：《人工智能治理的三个基本问题：技术逻辑、风险挑战与公共政策选择》，《中国行政管理》2017 年第 10 期，第 40~45 页。

② 郁建兴、陈韶晖：《从技术赋能到系统重塑：数字时代的应急管理体制机制创新》，《浙江社会科学》2022 年第 5 期，第 66~75 页。

③ 《统筹发挥国内大循环主体作用和国内国际双循环相互促进作用》，中华人民共和国国家发展和改革委员会网站，2023 年 3 月 22 日，https：//www. ndrc. gov. cn/wsdwhfz/202303/t20230322_ 1351592_ ext. html，最后访问日期：2023 年 6 月 3 日。

④ 《以高水平安全保障高质量发展》，中华人民共和国国务院新闻办公室网站，2022 年 1 月 5 日，http：//www. scio. gov. cn/m/31773/31774/31779/Document/1718539/1718539. htm，最后访问日期：2023 年 6 月 16 日。

盟与中日韩（10+3）外长会、“全球发展倡议之友小组”部长级会议、首届中国—阿拉伯国家峰会上，中国都积极推动全球及区域发展，维护世界和平和地区稳定，推动构建人类命运共同体。此外，在自然灾害防治和应急管理层面，中国一直坚持以人民为中心的发展思想和生命至上的理念，在应急管理方面不断完善法制体制机制，推动应急管理体系和能力的现代化建设。例如在第七届全球减灾平台大会、第三次金砖国家灾害管理部长级会议和第二届中国—东盟灾害管理部长级会议等国际对话中，中国作为世界上自然灾害最为严重的国家之一，借助“一带一路”等战略和平台，共享中国灾害治理和应急管理经验（见表6）。

**表6　2022年风险治理国际高层对话重点事件**

| 时间 | 事件 | 对话要点 |
| --- | --- | --- |
| 2022年5月 | 第七届全球减灾平台大会 | 通过共建“一带一路”倡议，加强自然灾害防治和应急管理国际合作机制，与联合国有关倡议和战略相衔接，致力于深化和实现防灾减灾领域的国际合作 |
| 2022年7月 | 第七届中日韩灾害管理部长级会议 | 中方始终秉持以人民为中心的发展思想和人民至上、生命至上理念，持续不断地完善应急管理法制体制机制；中方愿与日韩深化在灾害管理领域的务实合作，为中日韩三方整体合作以及亚洲地区的繁荣稳定做出积极贡献 |
| 2022年8月 | 东盟与中日韩（10+3）外长会 | 坚持10+3作为东亚合作主渠道，推进区域经济融合；提升危机应对能力；引领地区转型发展 |
| 2022年9月 | 上海合作组织成员国元首理事会第二十二次会议 | 秉持“上海精神”，加强团结合作，推动构建更加紧密的上海合作组织命运共同体 |
| 2022年9月 | “全球发展倡议之友小组”部长级会议 | 全球发展倡议项目库发布首批50个项目清单，覆盖减贫、粮食安全、工业化等领域；积极推进“促进粮食生产专项行动”；建立“全球清洁能源合作伙伴关系”；制订“以竹代塑全球行动计划” |
| 2022年9月 | 第三次金砖国家灾害管理部长级会议 | 中方愿与金砖国家一道，秉持战略导向，共同形成减灾理念共识；持续共享经验，共同提升防灾减灾能力；坚持团结协作，共同应对重大灾害挑战；坚持开拓创新，共同推动应急科技发展；坚持开放包容，共同构建全球灾害治理伙伴关系 |

续表

| 时间 | 事件 | 对话要点 |
| --- | --- | --- |
| 2022 年 10 月 | 第二届中国—东盟灾害管理部长级会议 | 中方愿与东盟方密切合作,加快建立中国—东盟应急管理合作基地,为全球灾害治理提供"亚洲经验",并为构建人类命运共同体和全球发展共同体做出更多贡献 |
| 2022 年 12 月 | 首届中国—阿拉伯国家峰会 | 坚持独立自主,维护共同利益;维护地区和平,实现共同安全;加强文明交流,增进理解信任;弘扬中阿友好精神,携手构建面向新时代的中阿命运共同体 |

资料来源：课题组根据相关网站资料整理。

二是深化多边合作，搭建合作机制与平台。除了经验、知识、理念的交流共享外，为促进风险治理领域的国内国际双循环，2022~2023 年，中国还积极借助与金砖国家、拉美国家和东盟国家的多边合作平台推动搭建合作机制。应急管理部在国际上发起建立"一带一路"自然灾害防治和应急管理国际合作机制倡议，并将其纳入国家推进"一带一路"合作整体框架，并于 2023 年 2 月召开了首次协调人会议①，为"一带一路"成员防治灾害和应对重特大突发事件提供了新的合作平台。中国还积极推动金砖国家完善全球灾害治理体系，就携手应对灾害挑战达成七方面共识②。此外，中国继续推动中国—东盟应急管理合作基地建设，以加强应急管理合作，促进中国—东盟可持续发展（见表 7）。

三是加强技术创新，扩大国际科技交流合作。进入乌卡（VUCA）时代，面对易变性、不确定性、复杂性、模糊性的世界，粮食安全、网络安全、能源安全、公共卫生、气候变化等全球性挑战日益增加，促进技术变革与创新是全球携手应对全球共同挑战的有力手段。为应对发生机制和影响均存在不确定性的危机，开展国际科技交流合作以应对全球风险与挑战至关重

① 《"一带一路"自然灾害防治和应急管理国际合作机制首次协调人会议举行》，中国一带一路网，2023 年 2 月 16 日，https：//www. yidaiyilu. gov. cn/xwzx/gnxw/307371. htm，最后访问日期：2023 年 6 月 16 日。

② 《金砖国家就携手应对灾害挑战达成七方面共识》，中国一带一路网，2022 年 9 月 25 日，https：//www. yidaiyilu. gov. cn/xwzx/gnxw/279447. htm，最后访问日期：2023 年 6 月 16 日。

**表 7　2022 年风险治理国际多边交流合作重点事件**

| 时间 | 事件 | 交流合作要点 |
|---|---|---|
| 2022 年 7 月 | 金砖国家灾害管理专家研讨会 | 金砖国家应不断完善灾害管理合作机制,共同提高灾害管理能力,推动"金砖+"合作模式取得实效,积极落实联合国 2030 年可持续发展目标和全球发展倡议 |
| 2022 年 8 月 | 首届中国—拉美和加勒比国家共同体灾害管理合作部长论坛 | 着力建设"一带一路"自然灾害防治和应急管理国际合作机制,促进完善全球灾害治理体系。中方愿与拉方一道,以本次论坛为起点,进一步在防灾减灾、重大灾害应对和应急科技创新等方面加强务实合作 |
| 2022 年 12 月 | 中国—东盟应急管理合作论坛 | 中国和东盟国家位于全球自然灾害最为严重的亚太地区,双方应重点加强合作,包括早期灾害监测预警、救灾物资储备、科技和信息化等领域,并尽快启动中国—东盟应急管理合作基地,以促进双方合作更加务实高效 |

资料来源:课题组根据相关网站资料整理。

要。2021 年 9 月 6 日,北京成功成立了全球首个以大数据服务联合国 2030 年可持续发展议程的国际科研机构——可持续发展大数据国际研究中心①。该中心旨在围绕"一带一路"的高质量发展战略需求,推动联合国可持续发展目标(SDGs)的实现,并与沿线国家加强技术合作,满足可持续发展需要。此外,2022 年国际灾害预警科技与服务创新论坛在成都举行。来自联合国教科文组织、联合国减灾署、联合国开发计划署、中国、美国、英国、日本等灾害预警领域的与会者围绕多灾种预警技术等内容展开交流研讨,在这个过程中借鉴国际先进的减灾理念和关键科技成果,以进一步创建新型国际减灾合作机制。

## 四　结语:成效与挑战

2022 年是我国应急管理系统接受严峻考验的一年。在以习近平同志为

① 《可持续发展大数据国际研究中心成立》,中华人民共和国中央人民政府网站,2021 年 9 月 7 日,https://www.gov.cn/xinwen/2021-09/07/content_5635806.htm,最后访问日期:2023 年 6 月 3 日。

核心的党中央的坚强领导下，应急管理系统坚决贯彻落实疫情防控、经济稳定、发展安全的要求。面对疫情不确定性和经济下行压力加大对安全生产的冲击，以及全球气候变暖背景下频发的极端天气事件，应急管理系统高效应对，取得了重要成果：全国生产安全事故、较大事故、重特大事故起数和死亡人数实现“三个双下降”，因灾死亡失踪人数也达到了新中国成立以来的最低水平①，实现了历史性突破。此外，为应对新兴金融风险、社会风险、数据风险等威胁社会稳定的新型风险因子，2023 年，中共中央、国务院印发了《党和国家机构改革方案》，组建了中央金融委员会、中央金融工作委员会、国家金融监督管理总局、中央社会工作部、中央科技委员会国家数据局，重新组建科学技术部，进一步完善体制机制以应对复杂风险。

值得注意的是，在取得成绩的同时，我国仍然面临传统风险、新兴风险以及耦合风险等复杂性和不确定性带来的挑战，主要体现在以下方面。

### （一）风险治理中的复杂性和不确定性增强

复杂性是全球风险社会形成的根本机理与原因②。社会、经济、政治和环境因素交织在一起构成了一个错综复杂的网络。

在自然灾害治理方面，气候变化是全球面临的最严重的长期风险。气候变化是引发自然灾害与极端天气事件的重要因素，其复杂性在于这种“自然—经济—社会—政治”的复杂性及相互作用导致了风险的非线性效应，使得我们很难通过经验和技术预测并量化风险的程度及潜在后果。例如，它可能引发资源短缺、粮食安全问题、社会不稳定等挑战，对中国的经济增长、社会稳定和民生福祉产生重要影响。另外，气候变化的全球性和跨界性

---

① 《（系列解读稿之一）2022 年应急管理成绩单新鲜出炉》，中华人民共和国应急管理部网站，2023 年 1 月 5 日，https://mem.gov.cn/zl/202301/t20230105_440115.shtml，最后访问日期：2023 年 6 月 3 日。

② 范如国：《“全球风险社会”治理：复杂性范式与中国参与》，《中国社会科学》2017 年第 2 期，第 65~83 页。

增加了风险传播的复杂性。随着《巴黎协定》目标的持续推进，不同国家和利益相关者之间的差异和冲突可能导致治理措施的困境和滞后，全球合作协调应对气候变化的部分目标能否实现面临挑战。此外，气候变化的长期性特点增加了其复杂性。气候变化是一个长期过程，其影响逐渐累积并可能在未来几十年或更长时间内持续存在，需要我们采取长期、可持续的风险应对措施替代短期的临时方案，加强对可再生能源的开发和利用，推动能源结构的转型升级，加强能源供应的可靠性和安全性，以应对气候变化对能源领域的挑战。

安全生产方面也面临越来越多的复杂因素，给监管机构和企业管理者带来了巨大的挑战。随着经济的快速发展和工业化进程的加速，新技术和新产品带来效益提升的同时也引发了新的安全风险。首先，生产过程的复杂性增加了安全风险。现代生产过程往往涉及多个环节、多个参与方和复杂的物流系统，这使得风险的来源和传播路径更加复杂，不同环节之间的相互影响和潜在风险交互作用需要全面考虑和综合分析，以避免事故和灾难的发生。其次，安全生产中涉及的利益相关者众多，不同利益相关者的价值观可能存在冲突，增加了风险管理中达成共识和协调的难度。最后，员工的安全意识、安全培训和行为规范对于减少事故的发生至关重要，如何推动企业管理者加强安全教育和培训，以提高员工对安全风险的认识和应对能力，是一项重要的课题。

党的二十大报告强调："我国发展进入战略机遇和风险挑战并存、不确定难预料因素增多的时期，各种'黑天鹅'、'灰犀牛'事件随时可能发生。我们必须增强忧患意识，坚持底线思维，做到居安思危、未雨绸缪，准备经受风高浪急甚至惊涛骇浪的重大考验。"① 在改革开放不断深化的过程中，我国的经济社会日益成为一个错综复杂的巨系统。在此过程中，政治、经济、意识形态、社会、自然界的各种风险因素相互交织、叠加、耦合，共同构成一个复杂的风险综合体，各种系统性、全局性风险带来的挑战更为巨

① 《党的二十大报告辅导读本》，人民出版社，2022，第 24 页。

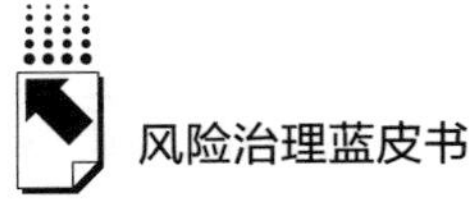


大；同时，伴随人员、财产、建筑设施等暴露度的增加以及媒体的放大效应，各种风险造成的后果具有更大的破坏性和更强的传导性，增加了防范和化解的难度。

### （二）风险治理的不确定性后果增强

德国社会学家乌尔里希·贝克认为世界风险社会的紧迫问题是无法预测之事[①]。随着技术的迅猛发展和全球化的加速推进，新兴科技在国家风险应对中的重要性与日俱增。但以数据风险、金融风险为代表的新兴产业将会增加风险治理的突发性、不确定性和难以预料性。

金融方面，金融创新和复杂多样的金融产品增加了金融市场的不透明性，使得监管机构和决策者难以准确评估和管理风险，加大了监管难度。大数据运用方面，安全性是首要的风险挑战。一些严重数字漏洞问题可能会引发更多的网络犯罪，当缺乏经验的网络弱势人群开始使用网络，“网络诈骗”“医疗虚假宣传”等互联网风险加剧了弱势群体的脆弱性。道德风险或许也会迎来审判。个人和企业的数据被广泛收集、存储和分析，当个人身份信息、财务信息、医疗记录等敏感数据被滥用、泄露，将会带来隐私风险；同时科技发展使得越来越多的工人面临着自动化带来的挑战，这会间接导致失业群体不断增加。

更深一步，这些新兴风险和传统风险在社会中相互作用，将会放大风险严重程度，加快风险传播速度，加剧社会资源的分配不平衡，对现代化的风险治理模式提出更大的挑战。一是风险治理相关机构和决策者常常面临信息不对称和不完整性的问题，缺乏准确、全面的信息可能导致决策预期后果不确定性增加，使得风险评估和治理措施制定变得更加困难。二是政策和制度的变化需要考虑多个社会子系统之间的相互关系，而风险的不确定性可能影响政策治理的连续性和一致性。三是社会系统中不同群体的期望、态度和知

① 贝克、邓正来、沈国麟：《风险社会与中国——与德国社会学家乌尔里希·贝克的对话》，《社会学研究》2010 年第 5 期，第 208~231 页。

识水平存在差异，风险群体的不可感知性要求风险治理的运行更加综合考虑多方期望和利益。

### （三）扎根中华文明，挖掘中国风险治理智慧

中华史既是一部灾害治理自然史，也是一部多难兴邦的文明史。2022年5月27日，习近平在中共中央政治局第三十九次集体学习时的讲话中指出，“中华优秀传统文化是中华文明的智慧结晶和精华所在，是中华民族的根和魂，是我们在世界文化激荡中站稳脚跟的根基”。中华民族在上下五千年的发展进程中，积累了极其丰富的风险治理思想，这些中国古人的智慧与现代风险知识结合，将有助于中国探索出一条更具有韧性的风险治理体系。例如，“天人合一”思想对人与灾害共存生态的建构，“化危为机”的积极灾害理念对灾后社会、心理、基础设施的重建，“生于忧患”对全民风险意识提升的灾害教育，“阴阳平衡”在跨部门合作中实现资源配置合理，“治未病”的减灾备灾策略，“奉法者强”在风险管理的制度、预警体系和激励约束机制建设等方面的作用，“全胜”思想对信息管理、属地决策、平战结合的指导，等等。这些思想闪耀着风险治理智慧之光，为我国应对气候变化所导致的未知极端灾害的挑战，提供了坚实的适应性决策基础。

从中华文明历史中总结和挖掘中国风险治理的经验和智慧，服务于我国风险治理体系建设，从而最终实现个人心理韧性，乃至社区韧性、整个社会和国家的韧性的提升，是未来中国风险治理的重要工作之一。

立足2022年，展望2023年，风险治理在“理念—体系—能力”的框架下①，按照统筹发展与安全的总体目标，建立灵活、适应性强的风险管理机制和策略，及时调整和优化决策，以适应不断变化的环境和风险；加强多元参与和跨部门、跨领域、跨地区的协同合作能力，广泛吸收来自社会各界的

① 钟开斌、薛澜：《以理念现代化引领体系和能力现代化：对党的十八大以来中国应急管理事业发展的一个理论阐释》，《管理世界》2022年第8期，第11~25页。

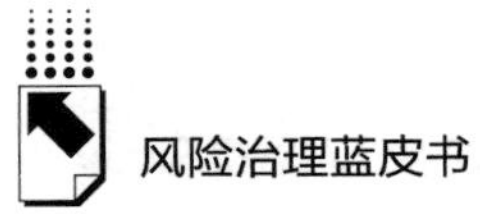



智慧和力量，共享信息、资源，共担责任，共同应对复杂和不确定的风险挑战；加强信息收集和分析能力，在保障数据安全的基础上，借助科学方法和数据驱动的决策手段，提高风险应对决策水平。在数字化、全球化发展时代，坚持国际视野和全球观，积极探索创新的国际科技合作模式和新举措，加速建设国际科技交流合作新高地[①]，为构建人类命运共同体做出积极贡献。

## 参考文献

The World Economic Forum，“The Global Risks Report 2023”，18th Edition.

The World Economic Forum，“The Global Risks Report 2022”，17th Edition.

① 侯建国：《奋力开创国际科技交流合作新局面》，《当代世界》2023 年第 5 期，第 4~9 页。

# 分 报 告

Topical Reports

## B.2
## 2022年中国自然灾害风险治理发展报告

赵 飞 佟 婧*

**摘 要：** 防御和减轻自然灾害的损失，是中国长期坚持不懈的工作。2022年中国坚持以防为主，“防、抗、救”相结合作为自然灾害风险治理的工作方针，全面完成第一次全国自然灾害综合风险普查调查，获取灾害风险要素数据数十亿条，印发《“十四五”国家综合防灾减灾规划》，自然灾害防治体系不断完善。本文系统梳理了2022年我国自然灾害的总体情况并对当前我国应对自然灾害的重要举措、存在问题和未来发展趋势进行了分析。2022年全国自然灾害呈现时空分布不均，夏秋季多发、中西部受灾重的特征。2022年在以习近平同志为核心的党中央坚强领导下，各地区、各有关部门坚持人民至上、生命至上，及时有效地开展灾害预警预

* 赵飞，中华人民共和国应急管理部国家减灾中心副研究员，研究方向为灾害评估与风险防范；佟婧，中华人民共和国应急管理部国家减灾中心副研究员，研究方向为灾害风险防范与综合减灾。

报，全力做好抢险救援救灾工作，成功应对处置一系列重特大自然灾害，最大限度地降低了人员伤亡和财产损失。尽管 2022 年与近 5 年均值相比，受灾人次、直接经济损失和倒塌房屋数量明显下降，因灾死亡失踪人数创新中国成立以来年度最低，自然灾害防治能力不断提升。但面对极端天气气候事件多发频发日益严峻的灾害风险防控形势，我国在自然灾害综合防治领域仍缺少综合性法律法规；新科技、新技术在应急救援中的应用不均衡、不充分；综合风险监测和预报预警能力也有待进一步提高。建议持续推进综合性自然灾害防治法制建设，持续加强顶层设计，深化机构改革，充分发挥制度优势，进一步完善政府主导、社会参与的多元治理模式，积极参与灾害风险治理国际合作，深入推进应急管理体系和能力现代化，助力全面建设社会主义现代化国家。

**关键词：** 自然灾害　风险治理　风险普查　防治理念　防灾减灾规划

## 一　2022~2023年度中国自然灾害情况概述

### （一）自然灾害总体情况

2022 年，中国经历了以洪涝、干旱、地震和地质灾害、风雹为主的多种自然灾害的考验，辽河支流绕阳河决口、珠江流域性洪水、青海大通及四川北川和平武山洪灾害、四川泸定 6.8 级地震、长江流域夏秋冬连续干旱和南方地区森林火灾等重大灾害发生后，中国政府发挥组织优势、制度优势，切实做好监测预警、应急处置、抢险救援、受灾群众安置等各项工作，尽最大努力保障人民群众生命财产安全。

应急管理部发布的数据显示，2022 年全年，中国各类自然灾害累计造成 1.12 亿人次受灾，因灾死亡失踪 554 人，紧急转移安置 242.8 万人次，累计农作物受灾面积 12071.6 千公顷，社会直接经济损失 2386.5 亿元。与 2021 年相比，2022 年全国受灾人次上升 5%，直接经济损失、因灾死亡失踪人数、倒塌房屋数量分别下降 29%、36%和 71%。因灾死亡失踪人数为新中国成立以来年度最低。

本报告涉及的全国性灾害损失和影响统计汇总数据，均未包括香港特别行政区、澳门特别行政区和台湾地区。

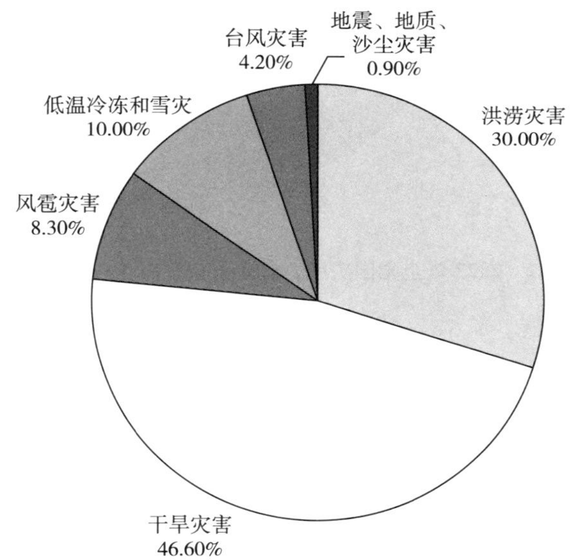


**图 1　2022 年中国各类自然灾害受灾人口分灾种占比情况**

据相关部门会商核定，2022 年中国重大自然灾害事件包括：青海门源 6.9 级地震，2 月中下旬南方低温雨雪冰冻灾害，6 月上中旬珠江流域暴雨洪涝灾害，6 月份闽赣湘三省暴雨洪涝灾害，2022 年第 3 号台风“暹芭”，7 月中旬四川暴雨洪涝灾害，长江流域夏秋冬连旱，8 月上旬辽宁暴雨洪涝灾害，青海大通山洪灾害，四川泸定 6.8 级地震①。

① 《应急管理部发布 2022 年全国十大自然灾害》，中华人民共和国应急管理部网站，2023 年 1 月 12 日，https://www.mem.gov.cn/xw/yjglbgzdt/202301/t20230112_440396.shtml，最后访问日期：2023 年 5 月 5 日。

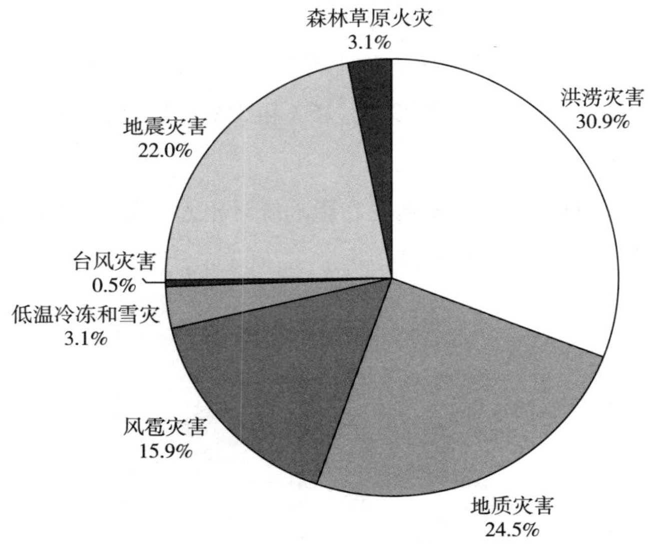


**图 2　2022 年全国因灾死亡失踪人口分灾种占比情况**

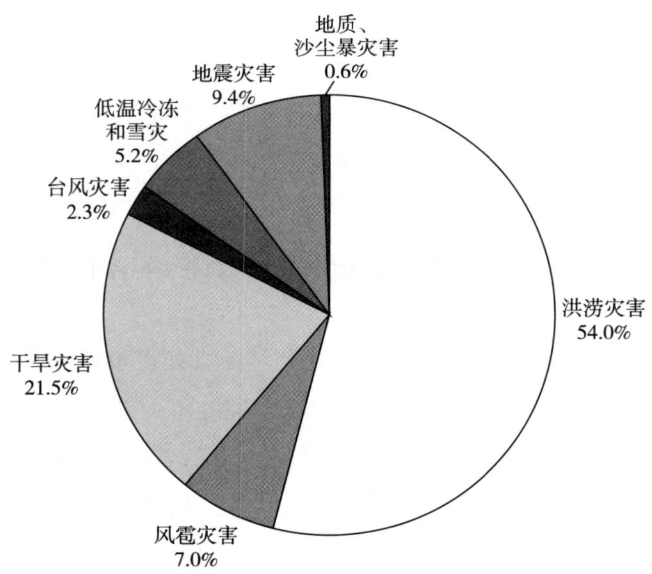


**图 3　2022 年全国因灾直接经济损失分灾种占比情况**

资料来源：《中国自然灾害报告（2022）》，应急管理部国家减灾中心。

## （二）自然灾害呈现的特征

2022 年中国自然灾害时空分异特征明显，夏秋季先后发生华南、江南等地和辽河流域严重暴雨洪涝灾害，长江流域发生了罕见夏秋冬连续干旱灾害，6 级以上重大地震灾害主要发生在四川和青海，造成较大的人员伤亡和灾害损失。全年因灾直接经济损失过百亿元的省份有 10 个，其中南方省份 8 个、北方省份 2 个。全年因灾死亡失踪人数超 50 人的省份有四川、青海、云南。

洪涝和地质灾害方面：2022 年全国降水量总体偏少，共发生 38 次区域性暴雨过程。其中 5~6 月华南地区和 6~7 月东北地区的平均降雨量均排在历史前列，7~9 月长江中下游地区的平均降雨量较常年同期偏少 50.6%，为历史同期最少，主汛期呈现“南北多，中间少”的特征。应急管理部发布数据显示，2022 年各地洪涝灾害共造成直接经济损失 1289 亿元，3385.3 万人次受灾，因灾死亡失踪 171 人。此外，全国各类地质灾害发生区域主要集中在中南、华南、西南等地。

干旱灾害方面：在副热带高压增强和拉尼娜现象影响下，2022 年中国全年平均气温偏高，中国中东部地区夏季出现 1961 年以来最强高温过程，造成严重干旱。极端高温干旱对灾区农业生产、人畜饮水、电力供应、生态环境等造成严重影响。

地震灾害方面：应急管理部发布数据显示，2022 年中国大陆地区未发生 7 级以上地震，共发生 4 级以上地震 108 次，5 级以上地震 27 次①。5 级以上地震较 2021 年（20 次）和历史平均水平（20 次）有所增多。空间分布上相对集中在青海、四川和新疆。

台风灾害方面：2022 年在西北太平洋和南海生成台风数量与常年持平，共生成 25 个台风，其中 4 个台风登陆中国（3 个在广东西部登陆），登陆地

---

① 《应急管理部发布 2022 年全国自然灾害基本情况》，中华人民共和国应急管理部网站，2023 年 1 月 13 日，https://www.men.gov.cn/xw/yjglbgzdt/202301/t20230113_440478.shtml，最后访问日期：2023 年 5 月 5 日。

点相对集中。

低温雨雪冰冻灾害方面：2022 年中国各地区遭受的冷空气过程影响数量比常年同期偏多，受灾较重区域主要集中在西南、中南地区。其中 2 月份，南方低温雨雪天气强度偏强，平均气温为 2009 年以来同期最低值。

森林草原火灾方面：应急管理部发布的数据显示，2022 年中国各地区共发生 709 起森林火灾，受害森林面积约 4689.5 公顷[①]。从时间分布上看，2022 年 3~4 月和 9~10 月共发生森林火灾 521 起，为森林火灾的高发期，占全年发生森林火灾数量的 74%[②]。

### （三）应对自然灾害的主要举措

中国是灾害多发频发的国家，党和国家长期高度重视自然灾害防治，面对自然灾害复杂性、耦合性、衍生性日益严峻的风险形势，党的十八大以来，中国政府整合多部门防灾减灾救灾职责，对应急管理体制进行了系统性、整体性重构。2018 年组建了应急管理部，同年公安消防部队和武警森林部队转制，与安全生产等应急救援队伍合并成为综合性常备应急骨干力量，组建国家综合性消防救援队伍，统筹推进自然灾害防治领域九项重点工程的实施，加强自然灾害风险联合会商研判，完善信息和资源共享，强化一体化减灾防治与救援救灾，已初步形成扁平化的应急救援指挥体系，应急指挥专业性进一步加强，基本形成了统一指挥、专常兼备、反应灵敏、上下联动的中国特色应急管理体制，自然灾害防治能力得到全面提高。

2022 年在以习近平同志为核心的党中央坚强领导下，中国政府经受严峻考验，成功应对处置一系列重特大自然灾害，顶住了全球气候变暖背景下极端天气事件多发、频发、重发的冲击，坚持人民至上、生命至上，“防、

① 《应急管理部发布 2022 年全国自然灾害基本情况》，中华人民共和国应急管理部网站，2023 年 1 月 13 日，https：//www.men.gov.cn/xw/yjglbgzdt/202301/t20230113_440478.shtml，最后访问日期：2023 年 5 月 5 日。

② 《应急管理部发布 2022 年全国自然灾害基本情况》，中华人民共和国应急管理部网站，2023 年 1 月 13 日，https：//www.men.gov.cn/xw/yjglbgzdt/202301/t20230113_440478.shtml，最后访问日期：2023 年 5 月 5 日。

抗、救”相结合，灾前强化风险防范、应急准备，加强重点灾种重点领域监测预警能力建设；灾中第一时间现场调度、科学高效组织抢险救援；灾后精准开展救灾救助工作，有效地实现了统一调度、协调有序、行动高效，取得新的历史性成就。

1. 应急准备

中国政府历来重视灾前准备，防灾减灾重在灾前，“事前预防”将风险解决在萌芽之时、成灾之前，坚持底线思维，围绕“安全第一、预防为主”的防灾减灾救灾工作方针，2022 年相关涉灾部门提前做好各项灾前应急准备，不断完善、动态调整多部门联合会商研判机制，逐步建立了预警预报与应急响应相联动的工作机制，各地方建立优化临灾预警“叫应”机制。重点地区加强震情监视跟踪，做好防范应对准备，开展各类抗震救灾实战化演习；在森林灭火工作中，重要时段采取“北兵南用”和“北机南调”跨区防火灭火行动，提前预置专业队伍和装备，优化资源配置。完善应急响应启动标准和工作措施；加快推进《国家自然灾害救助应急预案》等各类应急预案制修订工作，指导多省份完成省级预案修订；积极推动社会参与防灾减灾，应急管理部发布数据显示，2022 年命名 642 个全国综合减灾示范社区，1322 个地方性综合减灾示范社区①；精心组织“全国防灾减灾日”“国际减灾日”等纪念日集中宣传，据相关部门统计，2022 年全国防灾减灾宣传周期间，全国共发放宣传材料 2600 余万份，举办各类宣教活动 11 万余场，开展演练 5 万余场，发送公益短信 4 亿余条，直接受益人群超过 2 亿人次；未雨绸缪，中央应急物资增储近 30 亿元②，进一步增强了应对突发重大灾害峰值需求的应急物资保障能力。水底机器人、大型排涝车、无人机应急通信等一批重型装备陆续列装，现代化应急救灾技术装备配备率大幅提升。

---

① 《2022 年应急管理成绩单新鲜出炉》，中华人民共和国应急管理部网站，2023 年 1 月 5 日，https://www.mem.gov.cn/zl/202301/t20230105_440115.shtml，最后访问日期：2023 年 5 月 5 日。

② 《应急管理部：中国特色应急管理体制基本形成》，中华人民共和国中央人民政府网站，2022 年 8 月 31 日，https://www.gov.cn/xinwen/2022-08/31/content_5707517.htm?jump=true，最后访问日期：2023 年 5 月 5 日。

2. 监测预警

监测预警是防范化解灾害风险的最初“一公里”，也是灾害治理向预防转型的重要支撑。2022 年应急管理部设立自然灾害综合风险监测预警中心，常态化开展每日全国灾害综合风险分析、月度全国自然灾害风险形势会商，针对重点高风险地区和重大活动区域，发挥卫星和无人机大范围、多尺度、动态综合观测等优势，对森林草原火灾、黄河凌汛、两江地区地质灾害等重要风险点开展风险监测，对城市内涝、台风、农田渍涝、低温雨雪冰冻四类风险开展监测和预警提示，实现对暴雨—洪涝—城市内涝灾害链风险的常态化监测预警。不断强化灾害风险监测预警工作，做到风险早识别、早研判，提高预报、预警能力。

3. 启动响应

在长期的减灾救灾实践中，中国建立了符合国情、具有中国特色的灾害应急响应机制，中国政府坚持“分级负责、属地管理为主”的原则，中央和地方权界清晰，上下联动，通力合作。地方党委和政府为防灾减灾救灾责任主体，一般性灾害应急处置由地方各级政府负责，应急管理部作为自然灾害综合管理部门，指导地方开展应急救援；重大灾害发生时，应急管理部承担国家应对特别重大灾害指挥部工作，协助中央组织开展应急处置工作，保证各项政令畅通、指挥有效。2022 年防汛救灾形势严峻复杂，在党中央、国务院的统一领导下，相关涉灾部门各司其职，密切配合，在重大自然灾害发生时及时启动应急预案，做好各项应急救灾工作。灾区各级地方政府在第一时间启动应急响应，科学研判灾情，决策灾害应对措施，有效组织开展应急救援工作，及时向上级政府和有关部门报告灾情和应急救灾工作情况。

2022 年应急管理部针对辽宁省盘锦等地严重洪涝、台风“艾利”“暹芭”等灾害提请国家防总 21 次启动调整防汛防台风应急响应，针对四川泸定、青海大通等贫困地区、高寒地区的重大灾害启动三级救灾应急响应，指导和支持做好救灾工作。

4. 应急处置

中国政府坚持人民至上、生命至上，“十四五”规划明确提出，灾害发生 10 小时之内受灾群众基本生活得到有效救助。在 2022 年南方低温雨雪冰冻灾害、多流域地区暴雨洪涝灾害、长江流域夏秋冬连旱、四川泸定 6.8 级地震等重大自然灾害应急处置中，中国政府把人员抢救、转移避险作为首要任务，科学高效组织抢险救援。

信息传递方面：中国已经构建形成省、市、县、乡、村五级覆盖的灾害信息员体系，实现村级灾情直报。2022 年全国灾害信息员队伍稳定在 100 万人以上①，多为基层干部兼职，覆盖全国所有城乡社区，各级灾害信息员的主要职责是利用国家自然灾害灾情管理系统及时统计报送灾情，同时兼顾险情信息报送、预警信息传递和风险隐患排查等任务，协助地方政府做好受灾人员的紧急转移安置以及生活救助等工作。利用村级灾情直报，能够及时综合研判受灾地区灾情，迅速形成客观准确的灾情信息产品（一般灾害 6 小时内、重特大灾害 2 小时内），比如 2022 年四川泸定地震发生后半小时内，依托全国灾害信息员数据库，向震中附近数十个村的灾害信息员了解灾情，形成灾害发生后第一时间与灾区“最后一公里”联络的有效渠道。

救援力量和物资调拨方面：中国不断推进自然灾害工程抢险救援力量的建设，2022 年新建 11 支国家安全生产应急救援专业队伍、总数已达到 102 支②，新特装备也持续投入使用。开工建设国家区域应急救援中心 6 个，基本形成能够就近调配的全国“一盘棋”救援力量布局。社会力量参与应急抢险、救灾救援现场的协调机制不断健全，据应急管理部统计，截至 2022 年底，纳入应急救援力量协调体系的社会应急队伍共有 2300 余支 4.9 万余人。2022 年，在应对一系列重特大灾害事故中，为有效保障人民群众生命财产安全、最大限度地减轻灾害事故损失，相关中央企业应急力量先后有 10 余万人次③参与

① 《2022 年应急管理成绩单新鲜出炉》，中华人民共和国应急管理部网站，2023 年 1 月 5 日，https://www.mem.gov.cn/zl/202301/t20230105_440115.shtml，最后访问日期：2023 年 5 月 5 日。

② 《2022 年应急管理成绩单新鲜出炉》，中华人民共和国应急管理部网站，2023 年 1 月 5 日，https://www.mem.gov.cn/zl/202301/t20230105_440115.shtml，最后访问日期：2023 年 5 月 5 日。

③ 《应急管理部研究部署 2023 年度应对重特大灾害应急力量准备工作》，中华人民共和国应急管理部网站，2023 年 1 月 19 日，https://www.mem.gov.cn/xw/bndt/202301/t20230119_440923.shtml，最后访问日期：2023 年 5 月 5 日。

应急救援，军队和民兵也及时派出大量救援队伍执行抢险救援任务。2022年中国政府紧盯水旱灾情变化和地震速报信息，第一时间充实救灾物资储备，财政部门统计数据显示，共下达中央自然灾害救灾资金109.05亿元[①]。

科技支撑方面：国家应急指挥总部已经建成并投入使用，应急指挥信息网贯通部—省—市—县四级，全面建成自上而下的应急指挥平台体系[②]，应急指挥、决策辅助支撑和协调调度能力得到进一步提升。无人机空中应急通信平台具备24小时不间断通信保障能力，高原型大载重无人机投入森林灭火实战应用。大力推进卫星遥感、航空遥感等技术应用于灾害应急处置、应急管理服务方面，中国航天在应急服务方面的作用持续提升，导航卫星、遥感卫星、通信卫星在自然灾害和应急事件中发挥了重要作用。《中国航天科技活动蓝皮书（2022年）》数据显示，2022年陆地观测卫星共为180起自然灾害和应急事件提供服务，卫星应急成像5600余次，提供卫星应急监测数据7.1万余景，中国自然灾害应急卫星遥感保障机制基本形成。2022年由135支专业队伍、200余架无人机、300余套设备组成的“全国无人机应急监测一张网”构建形成，搭建航空遥感“智能信息提取中心”“无人机应急云平台”“产品服务和协同研判平台”，灾害高发频发地区特别是西部区域航空遥感快速响应能力不断提高。

灾害信息发布方面：建立灾情报告系统并统一发布灾情，中央和地方各级政府按照及时准确、公开透明的原则做好自然灾害等各类突发事件的灾情等信息发布工作，采取授权发布、发布新闻稿、组织记者采访、举办新闻发布会等多种方式，及时向公众发布灾害发生发展情况、应对处置工作进展和防灾避险知识等相关信息，保障公众知情权和监督权。

① 《2022年中国财政政策执行情况报告》，中华人民共和国中央人民政府网站，2023年3月21日，https：//www.gov.cn/xinwen/2023-03/21/content_5747677.htm，最后访问日期：2023年5月5日。

② 《中共中央宣传部举行新时代应急管理领域改革发展情况新闻发布会》，中华人民共和国应急管理部网站，2022年8月30日，https：//www.mem.gov.cn/xw/xwfbh/2022n8y30rxwfbh/，最后访问日期：2023年5月5日。

### （四）存在的风险挑战和面临的风险形势

中国处于北半球中纬度环球灾害带与环太平洋灾害带的交汇位置，是世界上灾害最为严重的国家之一，灾害种类多，分布地域广，各类灾害风险交织叠加、易发多发。在全球气候变暖的影响下，特别是中国中心城市、城市群迅猛发展，灾害承灾体的集中度、暴露度、脆弱性不断提升，多灾种叠加和灾害链特征日益显著，自然灾害风险的复杂性、系统性持续加大，影响的深度和广度增加，给灾害风险防控带来的挑战越来越大。

当前，中国发展进入战略机遇和风险挑战并存、不确定因素增多的时期，面对极端天气气候事件多发频发，单灾种法律法规之间的借鉴衔接尚不完善，灾害术语、标准体系尚未完全统一，自然灾害综合防治领域缺少综合性法律法规。“城市高风险、农村不设防”的状况尚未根本改观。应急救援队伍专业化程度与社会经济发展还不匹配，队伍分布布局还不够均衡。应对自然巨灾峰值所需的应急救灾物资布局、储备和种类还不够完备。新科技、新技术在应急救援中的应用不均衡、不充分，综合风险监测和预报预警能力还有待进一步提高，灾害综合性实验室、试验场等科研平台建设不足。需要持续加强社会群众主动防范风险和自救互救意识，全社会共同参与、助力防灾减灾救灾的浓厚氛围还没有实现常态化。灾害保险作用尚未得到有效发挥。自然灾害防御能力与实施国家重大战略还不协调不配套。

中国防灾减灾救灾工作面临新形势、新挑战，同时也面临前所未有的新机遇。中国特色社会主义进入新阶段、开启新征程为防灾减灾救灾工作提供了强大动力，“十四五”期间中国防灾减灾救灾工作将迈入高质量发展新阶段。

## 二　中国自然灾害风险治理的理念与政策

### （一）中国自然灾害防治理念

在防灾减灾领域，中国国家主席习近平提出了“两个坚持、三个转变”

的防灾减灾救灾新理念。2015 年 5 月 29 日，习近平总书记在主持十八届中央政治局第 23 次集体学习时指出："维护公共安全必须防患于未然。要坚持标本兼治，既着力解决较为突出的公共安全专项问题，又用更多精力研究解决深层次问题。要坚持关口前移，加强日常防范，加强源头治理、前端处理。"他强调："要切实增强抵御和应对自然灾害能力，坚持以防为主、防抗救相结合的方针，坚持常态减灾和非常态救灾相统一，全面提高全社会抵御自然灾害的综合防范能力。"

2016 年 7 月 28 日，习近平总书记在视察唐山时强调："坚持以防为主、防抗救相结合，坚持常态减灾和非常态救灾相统一，努力实现从注重灾后救助向注重灾前预防转变，从减少灾害损失向减轻灾害风险转变，从应对单一灾种向综合减灾转变。"

"两个坚持、三个转变"随后被写入当年年底发布的《中共中央　国务院关于推进防灾减灾救灾体制机制改革的意见》，成为新时代中国推进防灾减灾救灾体制机制改革的重要指导思想①。

党的十九大报告中，习近平总书记强调"统筹发展和安全，增强忧患意识，做到居安思危，是我们党治国理政的一个重大原则"②，要求树立安全发展理念，健全公共安全体系，提升防灾减灾救灾能力。党的十九届五中全会把统筹发展和安全纳入"十四五"时期中国经济社会发展的指导思想。

2022 年 10 月 16 日，中国共产党第二十次全国代表大会开幕，党的二十大报告中新增"推进国家安全体系和能力现代化，坚决维护国家安全和社会稳定"专章，集中阐述"国家安全"，把安全问题摆在更加重要的位置，新修改的党章也增加了"统筹发展和安全""促进国民经济更为安全发展"等内容。

中国的防灾减灾救灾的体制机制改革正在持续深入推进，建立了防抗救

---

① 钟开斌：《党的十八大以来　党领导我国防灾减灾救灾事业开启新篇章》，《中国减灾》2021 年 7 月上，第 22~29 页。

② 王久平、马宝成、李雪峰、彭宗超、孙建平、周福宝：《深入推进应急管理体系和能力现代化》，《中国应急管理》2023 年第 1 期，第 6~9 页。

一体化的新机制，始终保持快速反应的应急状态，逐步形成全方位、全过程、多层次的自然灾害防治体系，全社会自然灾害防治体系和能力现代化水平有效提升，全力保障人民群众的生命财产安全。

## （二）中国自然灾害风险治理政策梳理

2022 年 7 月，中国政府就《中华人民共和国自然灾害防治法（征求意见稿）》向社会公开征求意见，自然灾害防治法立足综合性法律的定位，确立自然灾害防治的基本方针、制度、保障措施，构建涵盖风险防控、监测预警、抢险救灾、灾后救助与恢复重建全过程全方位的自然灾害防治工作体系。

2022 年 7 月印发《“十四五”国家综合防灾减灾规划》。国家综合防灾减灾规划每 5 年编制一次，成为指导中国防灾减灾救灾事业发展的纲领性文件。进入新时代，“十四五”国家综合防灾减灾规划对灾害防治提出了新任务、新目标，强调与已部署实施的自然灾害防治各项工程相衔接，在实施基层应急能力提升计划、灾害综合监测预警以及灾害风险区划等重点任务外，进一步健全防灾减灾体制机制，强化灾害综合监测预警和灾害综合风险评估能力，高效开展救灾救助工作，提升基层减灾能力和城乡抗灾设防水平，推动防灾减灾科研技术攻关和学科专业建设。

2022 年 6 月印发的《“十四五”应急救援力量建设规划》，以有效应对重特大灾害事故为主线，聚焦提高应急救援能力，加强抗洪抢险、地震和地质灾害救援、森林（草原）灭火、航空应急救援、生产安全事故救援等专业力量建设，加大政策标准供给力度，补齐短板弱项，为人民群众生命财产安全和社会稳定提供坚实保障。

2022 年 4 月印发的《“十四五”国家防震减灾规划》，设定了包括地震监测预报预警、地震灾害风险评估、地震应急响应服务等防震减灾事业发展主要指标，提出了提升地震监测预报预警能力、提升地震灾害风险防治能力、提升地震应急救援能力等八大任务。

2022 年 3 月印发的《“十四五”国家应急体系规划》，明确防范化解重特大自然灾害风险是“十四五”期间应急管理工作核心任务，聚焦安全生产事故灾难和各类自然灾害应急应对，探索建立自然灾害红线约束机制，围绕深化体制机制改革、夯实应急法治基础、防范化解重大风险、加强应急力量建设、强化灾害应对保障、优化要素资源配置和推动共建共治共享等七方面，通过全面加强应急准备能力，打造统一权威高效的治理模式，培育良法善治的全新生态，织密灾害事故的防控网络，提高急难险重任务的处置能力，凝聚同舟共济的保障合力，增进创新驱动的发展动能，筑牢防灾减灾救灾的人民防线。

## 三　中国自然灾害风险治理的主要进展

### （一）防灾减灾规划稳步实施

2022 年 7 月印发的《“十四五”国家综合防灾减灾规划》（以下简称《规划》）对“十四五”时期中国的防灾减灾工作设定了目标和任务。作为中国国家层面的第 4 个综合性防灾减灾规划，《规划》总体目标锚定中国国民经济和社会发展第十四个五年规划和 2035 年远景目标纲要，提出了第一阶段到 2025 年，基本建立统筹高效、职责明确、防治结合、社会参与、与经济社会高质量发展相协调的自然灾害防治体系；第二阶段力争到 2035 年，基本实现自然灾害防治体系和防治能力现代化，重特大灾害防范应对更加有力有序有效①。

《规划》充分体现了以人民为中心、强化主动预防的自然灾害风险治理理念。在《规划》总体目标之下，分别在体制机制、救灾救助、设防水平、监测预警、宣传教育等方面提出了 6 个分项目标，包括：积极推进自然灾害防治综合立法，灾害发生 10 小时之内受灾群众基本生活得到有效救助，城

① 《坚持以防为主　提高“防抗救”能力——从规划看我国综合防灾减灾工作方向》，《中国应急管理》2022 年第 8 期，第 12~15 页。

乡基础设施、重大工程的设防水平明显提升，灾害综合监测预警平台基本建立、灾害预警信息发布公众覆盖率达到90%，各类防灾减灾设施规划建设科学、布局合理，城乡每个村（社区）至少有1名灾害信息员等。

《规划》为未来的综合防灾减灾工作指明了方向，各部门编制印发相应的规划实施工作方案和分工实施方案，各地区在《规划》大框架下，因地制宜，结合地区灾害特点，印发实施省级“十四五”综合防灾减灾和其他专项规划，形成上下一体化落实工作机制。

### （二）灾害监测预警体系不断完善

中国政府相关涉灾部门不断强化灾害监测预警顶层设计，着力构建空、天、地、海一体化全域覆盖的灾害监测预警网络，推动灾害综合监测预警体系不断完善健全。2020年自然灾害监测预警信息化工程开始实施，各地方积极推进自然灾害监测预警系统建设。2021年应急管理部建立了灾害风险隐患监测预警信息报送工作体系。

2022年应急管理部大力推进灾害风险监测预警体系建设，成立了自然灾害综合风险监测预警中心，搭建了全国自然灾害风险监测预警平台，全方位加强灾害信息共享交换，监测预警范围扩大，包含城市供水系统、电力系统、管道燃气系统、供暖系统以及桥梁等城市生命线安全。进一步优化完善地震监测台网建设，灾害重点区域实现地震预警网全覆盖。建成覆盖全国范围的森林火险预测预报系统。初步建成国家防灾预警一张图系统。着力推进灾害综合风险监测系统建设，加快推进暴雨—城市内涝、暴雨—农田渍涝、台风和低温雨雪冰冻灾害风险预警模型研发和标准制定。探索推进城市内涝灾害预报预警工作，10个城市内涝监测预警业务试点工作已启动。

结合中国国情实际，应急广播“村村响”建设内容已被纳入应急管理预警体系，初步形成涵盖国家、省、市、县、乡、村六级体系架构，能够及时播发地震、洪涝、台风等预警信息，提示群众做好灾害防范应对准备。与国家突发事件预警信息发布平台相衔接，协调对接电视台和主流网络媒体，及时发布年月度、关键时间节点自然灾害风险提示信息。同时通过电话、智能外呼等手段建立重大灾害预警“叫应”机制，确保重大灾害预警信息第一时间送达应急责任人，及时传递到基层一线。

### （三）自然灾害防治能力不断提升

为提升全社会抵御自然灾害的综合防治能力，推动自然灾害防治体系现代化发展完善，中国政府找准自然灾害防治的薄弱环节，部署实施了重点生态功能区生态修复工程、海岸带保护修复工程、地震易发区房屋设施加固工程、防汛抗旱水利提升工程、灾害风险调查和重点隐患排查工程、地质灾害综合治理和避险移民搬迁工程、应急救援中心建设工程、自然灾害监测预警信息化工程和自然灾害防治技术装备现代化工程九项重点工程。

2020~2022 年，中国政府第一次在全国范围开展了自然灾害综合风险普查工作。作为自然灾害防治九项重点工程之一，此次普查覆盖了主要自然灾害风险基本要素的底数，共组织全国近 500 万名专业技术人员（来自高等院校、机关、企事业单位、科研单位、第三方机构等）实施普查调查工作①，基层社区（村）人员、志愿者等也参与到这次普查调查工作中，全国 100%的乡镇、社区（行政村）和 7‰的家庭参与了普查调查。区别于过去针对各单灾种开展的专项调查，本次普查更具有综合性、协同性、科学性和应用性的特点，共获取全国灾害风险要素数据数十亿条，全面获取全国地震灾害、气象灾害、海洋灾害、森林草原火灾等六大类 23 种灾害致灾要素数据，人口、房屋、基础设施、公共服务系统、产业、资源和环境等六大类 27 种承灾体数据，政府、社会、基层家庭等三大类 16 种综合减灾能力数据，1978 年以来年度灾害和 1949 年以来重大灾害事件调查数据，以及重点灾害隐患调查数据②，全面掌握了全国范围自然灾害风险隐患底数。

---

① 《国新办举行第一次全国自然灾害综合风险普查工作发布会》，中华人民共和国应急管理部网站，2023 年 2 月 15 日，https：//www.mem.gov.cn/xw/xwfbh/2022n8y30rxwfbh_4835/，最后访问日期：2023 年 5 月 5 日。

② 《全国自然灾害风险隐患底数基本摸清》，中华人民共和国中央人民政府网站，2023 年 2 月 16 日，https：//www.gov.cn/xinwen/2023-02/16/content_5741685.htm，最后访问日期：2023 年 6 月 19 日。

本次普查工作①，构建了系统的自然灾害风险调查、综合风险评估与区划技术体系，研发了共享共用的自然灾害数据信息化平台，获取了海量自然灾害风险要素调查数据，形成了自然灾害综合风险全要素基础数据库，为我国提升抵御气候变化带来的灾害风险防治能力，提供了全国的风险数据基础。

按照“边普查、边应用、边见效”的工作原则，在服务国家重大需求、行业发展需要、城市安全管理和基层能力提升等方面，普查成果已在试点地区和行业部门得到初步应用并发挥了积极作用。2023 年 2 月，国务院普查办《关于加强第一次全国自然灾害综合风险普查成果应用的指导意见》要求促进该成果在提升自然灾害综合防治能力、实施经济社会发展重大战略以及推动社会综合治理和公共服务中的应用，促进灾害防治基础能力、灾害应急管理能力、城市综合治理能力、基层社会治理能力以及公共服务能力的提升。

## （四）自然灾害风险治理市场参与机制初显成效

中国的自然灾害风险治理模式是以政府为主导，社会力量和市场机制广泛参与的多元治理模式。在自然灾害风险治理过程中，鼓励支持社会力量和市场机制有序有效参与防灾减灾、应急救援、社会救助和恢复重建等工作，引导形成一方主导、多方协同、公众参与的社会化灾害风险治理格局。

党的十八大以来，中国政府不断强化保险等市场机制在风险防范、损失补偿、恢复重建等方面的积极作用②，将其纳入灾害事故防范救助体系，扩大保险覆盖范围，坚持保险惠及更广大人民群众。巨灾保险制度建设取得新进展，全国多个省市先后开展地方性巨灾保险试点，目前中国已有地震、台风、洪水等多种巨灾保险，公共财政支持下的多层次巨灾风险分散机制逐步形成。地震巨灾险是中国率先落地的巨灾保险，统筹考虑现实需要和长远规

① 《我国基本摸清全国自然灾害风险隐患底数》，中华人民共和国财政部网站，2023 年 3 月 3 日，http：//bj. mof. gov. cn/ztdd/czysjg/jyjl/202303/t20230303_ 3870685. htm，最后访问日期：2023 年 6 月 19 日。

② 钟开斌：《党的十八大以来　党领导我国防灾减灾救灾事业开启新篇章》，《中国减灾》2021 年 7 月上，第 22~29 页。

划，城乡居民住宅地震巨灾保险制度逐步建立健全，2016 年出台的《建立城乡居民住宅地震巨灾保险制度实施方案》，在全国范围推进城乡居民住宅地震巨灾保险制度，45 家符合条件的财产保险公司在“自愿参与、风险共担”的原则下，组成住宅地震巨灾保险共同体，在近年地震灾害救助中发挥积极作用，助力国家应急管理体系建设。据银保监会统计，截至 2022 年 3 月 31 日，地震巨灾保险共同体累计支付赔款金额 7037 万元，为全国各地区 1674 万户次城乡居民提供了 6424 亿元的巨灾风险保障。

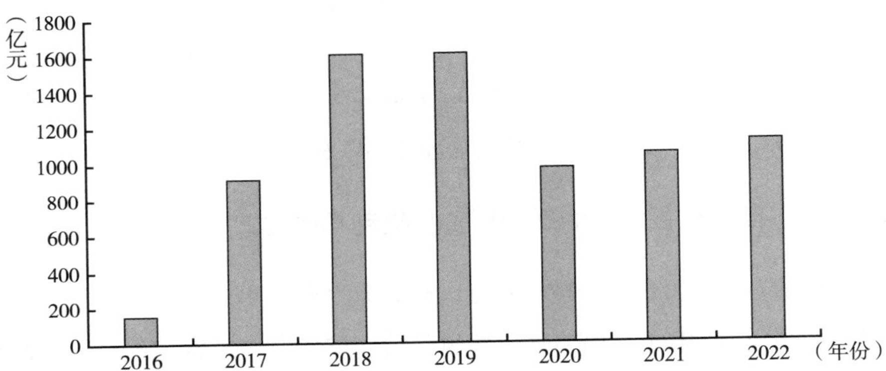


**图 4　2016~2022 年中国城乡居民住宅地震共保体保险保额**

资料来源：笔者根据中国城乡居民住宅地震共保体数据测算绘制。

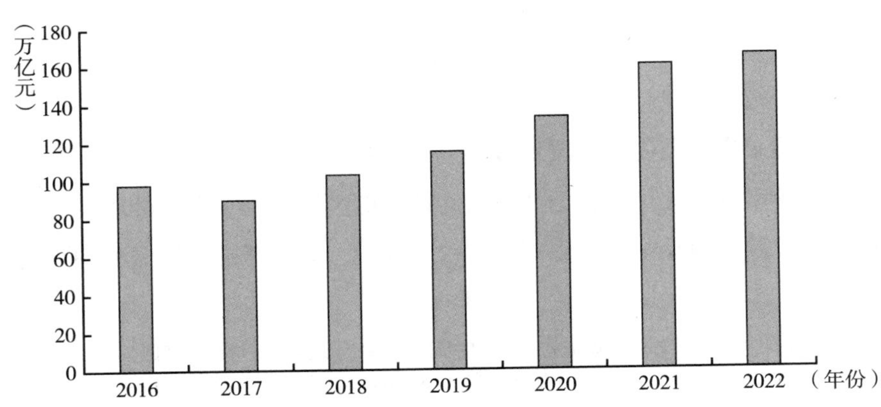


**图 5　2016~2022 年中国保险市场洪水台风风险保额**

资料来源：笔者根据保险行业数据整理测算绘制。

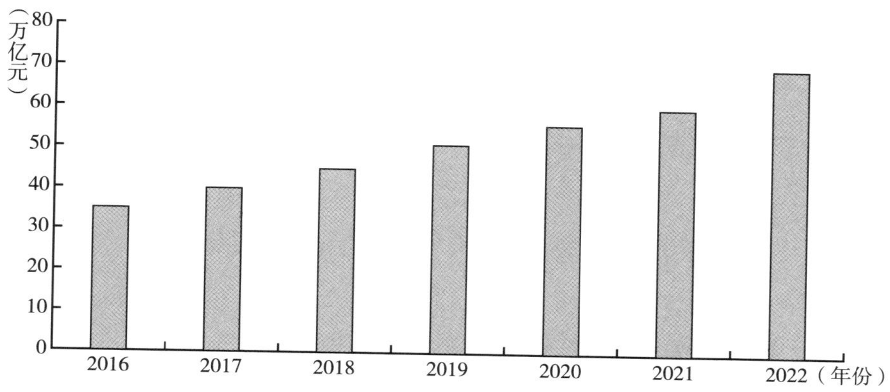


**图 6　2016~2022 年中国保险市场地震风险保额**

资料来源：笔者根据保险行业数据整理测算绘制。

## （五）自然灾害风险治理国际合作不断深化

近年来，中国政府努力落实联合国 2030 年可持续发展议程、气候变化《巴黎协定》和《2015~2030 年仙台减轻灾害风险框架》等国际倡议，通过与“一带一路”沿线国家共同开展自然灾害防治，逐步强化应急管理国际合作机制，积极对接联合国有关倡议和战略，不断推动灾害风险治理国际合作走深走实。

2022 年中国代表团先后参加第七届全球减灾平台大会、第七届中日韩灾害管理部长级会议、2022 年亚太减灾部长级会议、第二届中国—东盟灾害管理部长级会议等国际会议，为全球灾害治理提供“亚洲经验”，为推动构建人类命运共同体和全球发展共同体做出更多贡献。

2022 年 11 月举办“中国—印度洋地区发展合作论坛”，中国持续在应急管理领域与印度洋地区国家开展合作交流，分享提供自然灾害防治成熟经验做法，共研应对重大灾害风险举措，积极参与国际社会对印度洋地区国家开展的人道主义救援行动，助力蓝色经济合作发展，推动构建人类命运共同体。

2022 年 6 月，巴基斯坦多地发生严重洪涝灾害，造成大量人员伤亡，财产损失严重。中国政府积极参与中方对巴基斯坦紧急人道主义援助行动，提供了大量紧急救灾物资援助，派遣专家组赴巴基斯坦开展灾害评估，为巴基斯坦防洪救灾工作提供力所能及的帮助。

## 四　中国自然灾害风险治理展望

### （一）持续推进综合性自然灾害防治法制建设

自然灾害防治法制建设是现代化灾害风险治理体系建设的重要组成部分，加强自然灾害防治法制建设，有利于解决当前灾害风险管理工作中的突出问题，是提升全社会抵御自然灾害的综合防范能力的根本保障。目前，中国仍缺乏综合性自然灾害防治立法，面对新时代、新形势、新挑战，2022年7月，应急管理部就起草的《中华人民共和国自然灾害防治法（征求意见稿）》（以下简称“征求意见稿”）向全社会公开征求意见，征求意见稿明确了涵盖风险防控、监测预警、抢险救灾、灾后救助与恢复重建全过程全方位的自然灾害防治工作体系，标志着中国自然灾害防治领域的综合性法律正逐步趋于成熟。中国将加快健全法律体系，进一步修订完善中央和地方各级的自然灾害类应急预案，强化动态管理，提高自然灾害应急预案体系的系统性、实用性，关注各层级标准规范的应用实施和宣传培训，形成科学、规范、高效的预案标准体系，加快构建现代化自然灾害防治法制体系。

### （二）深化机构改革，加快推进中国式现代化应急管理体系建设

党和国家机构改革是新时代发展的必然历程。在应对重大自然灾害的实践中，中国坚持“优化协同高效”的原则，持续加强顶层设计，深化机构改革，加快构建中国式现代化应急管理体系，推进国家治理体系和治理能力现代化。2018年，党和国家机构改革的启动，标志着深化机构改革进入了新的时期，应急管理部应运而生，作为国家治理现代化的重要组成部分，担负着保护人民群众生命财产安全和维护社会稳定的重要使命，中国的应急管

理工作开启了新的篇章。2022 年应急管理领域改革发展成效显现，主要体现在一是建立了防抗救一体化的新机制；二是抗灾设防水平有新提升；三是推动综合应急保障能力有新突破。

中国政府将进一步完善应急管理体制，不断强化顶层设计、推动机制创新，提升应急处置效率，处理好“防灾”“减灾”“救灾”之间关系。从“事后”向“事前+事后”并重转变，从“部门”向“综合+协同”并重转变，从“经验”向“数据+经验”并重转变。用中国式现代化发展思路推进应急管理体系建设，逐步建立以预防为主的大安全框架、以协同为主的大应急体系。

### （三）充分发挥制度优势，进一步完善政府主导、社会参与的多元治理模式

中国共产党的集中统一领导，是中国特色的应急管理体系的核心内涵，“集中力量办大事”的强大政治动员力，是中国自然灾害风险治理最大的特色，也是中国国家制度和治理体系的显著优势之一，是应对各类突发灾害时形成“全国上下一盘棋”的根本保证。中国政府在灾害治理中坚守“以人民为中心”，坚持“人民至上、生命至上”理念，将持续发挥制度优势，坚持政府主导，充分发挥社会力量参与救援协调服务平台作用，引导开展自然灾害保险系统在灾害风险评估和灾害防治中的服务能力建设，推动保险服务触点向灾害群测群防、预警信息传递、宣传教育培训等领域延伸，发挥保险资源的灾害风险管理服务作用；鼓励多方参与跨学科跨领域研究平台建设，促进全社会不断提高灾害风险管理水平，整合各种力量和资源，形成协同应对灾害的整体合力，稳步提升全社会灾害风险防范应对能力，进一步完善政府主导、社会参与的多元灾害治理模式。

### （四）以“一带一路”建设为突破口，积极参与灾害风险治理国际合作

2023 年是习近平主席提出“一带一路”倡议十周年，随着全球气候变

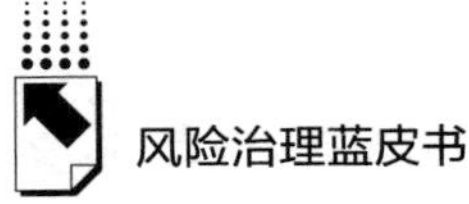


化加剧，"一带一路"沿线地区地震、泥石流、热带气旋等自然灾害活跃，表现出规模大、频次高的特征，沿线地区抗灾能力较弱，灾害风险治理是"一带一路"沿线地区共同面临的挑战，各成员国对自然灾害防治和应急管理的合作需求日益上升，已经成为"一带一路"建设重要领域。"一带一路"建设与联合国2030年可持续发展议程目标相契合，中国坚持合作导向、共赢理念，加快落实联合国2030年可持续发展议程等国际倡议，充分利用现有应急管理合作基础，积极推动"一带一路"自然灾害风险治理和应急管理国际合作机制建立健全，联合"一带一路"沿线国家减灾科技机构，加强国际组织对接，广泛开展国际交流合作，积极推动国家间共享科研成果，聚焦全球性、跨国性关键灾害治理和科学问题，交流分享中国特色应急管理的成功经验，助力"一带一路"沿线国家有效应对各类灾害事故，务实开展双边、多边合作，共同提升自然灾害防治和应急管理能力，构建人类命运共同体。

## 参考文献

《中国自然灾害报告（2022）》，应急管理部国家减灾中心。

龚维斌：《应急管理的中国模式——基于结构、过程与功能的视角》，《社会学研究》2020年第4期。

中国航天科技集团：《中国航天科技活动蓝皮书（2022年）》，2023年1月28日。

《国家减灾委员会关于印发〈"十四五"国家综合防灾减灾规划〉的通知》，中华人民共和国中央人民政府网站，2022年6月19日。

B.3

# 2022年中国安全生产风险治理发展报告

时训先　王文靖*

**摘　要：** 2022年中国安全生产形势持续好转，安全生产责任进一步落实，安全生产专项整治三年行动圆满完成，《"十四五"国家安全生产规划》印发，明确了"十四五"时期安全生产工作的规划目标和主要任务。2022年，在安全生产风险治理领域，我国在牢固树立"两个至上"，压实安全生产责任、强化安全生产源头治理、夯实安全生产基层基础、发挥社会力量共治等方面积累了一定经验。但是我国安全生产还处于爬坡过坎期，安全生产风险治理领域还有一些突出矛盾没有得到根本性解决，需要继续强化风险防控责任落实，创新安全监管执法机制，加大重点行业专项整治力度，强化安全科技创新引领，推动全社会协调治理，以新安全格局保障新发展格局。

**关键词：** 安全生产责任　专项整治　监督执法　协同治理

## 一　2022～2023年度中国安全生产情况概述

### （一）生产安全事故情况

2022年，我国安全生产工作顶住了疫情不确定性及经济下行压力造成的

* 时训先，中国安全生产科学研究院工业安全研究所所长、教授级高级工程师，研究方向为应急管理、工业领域重大事故风险控制、风险辨识与评估等；王文靖，中国安全生产科学研究院工业安全研究所工程师，研究方向为应急预案编制、应急救援评估等。

影响，安全风险治理取得新成效，事故总量同比下降27.0%，死亡人数同比下降23.6%[①]。2022年我国生产安全事故总量比2017年下降52.3%，死亡人数比2017年下降46.9%。在矿山行业，虽然矿山事故起数下降，但非法、不合规的开采活动仍然存在；在化工行业，产业转移项目和老旧装备事故时有发生；在工贸行业中，冶金、机械等行业事故多发，电力等企业中环保设施存在新的风险。

### （二）强化安全生产责任落实情况

我国的安全生产责任体系不断健全完善，特别是新修订的《安全生产法》进一步强化了安全生产责任的落实，企业将安全生产责任制范围扩大到全员，“三管三必须”成为政府和有关部门厘清职责的重要遵循，有助于各部门形成监管合力。各地积极落实安全生产责任体系，积极探索新行业领域的监管职责。

### （三）安全生产法律体系建设情况

2022年，安全生产法律体系不断完善，积极探索新的立法形式，加快配套法律法规规章的制修订工作。通过完成《安全生产法》的修订，进一步健全安全生产责任体系，加强平台经济等新兴产业的安全风险防范。积极推动《矿山安全法》《危险化学品安全法》等法律的制修订工作。修改了《刑法》有关条款，将“危险作业罪”列入《刑法修正案（十一）》，实现将事故发生前的重大安全违法行为纳入刑法，推动生产经营单位进一步强化风险意味着危险、隐患意味着事故的责任意识。2022年12月15日，《关于办理危害生产安全刑事案件适用法律若干问题的解释（二）》正式出台，明确了刑事政策如何把握以及安全

---

① 《2022年中国生产安全事故总量同比下降27%》，中国新闻网百家号官方账号，2023年1月5日，https://baijiahao.baidu.com/s?id=1754193979617179514&wfr=spider&for=pc，最后访问日期：2023年4月14日。

生产刑事司法如何与行政执法衔接等相关问题①，进一步强化了安全生产法律体系。

### （四）创新安全监管机制情况

为加强安全生产监督执法工作，应急管理部制定并出台了《关于加强安全生产执法工作的意见》②，应急管理部制定了执法案例报告制度，地方应急管理部门定期报送优秀的典型执法案例，并向社会公布。2022 年，应急管理部在危险化学品和有限空间作业领域深入开展专家指导服务，通过分类分级推动精准化执法，提高各级特别是基层的执法能力。各地也在创新监管机制上积极探索，采取了建立健全制度、专家指导服务、分类分级监管等措施。

### （五）重点行业领域安全专项整治情况

2022 年是安全生产专项整治三年行动的收官之年。我国聚焦重点行业领域，推进煤矿、非煤矿山和尾矿库的风险治理工作，全面开展了危险化学品安全风险集中治理、化工产业转移安全专项整治、化工园区安全整治提升、化工老旧装置整治提升等项目，重点对化工搬迁工地、化工园区、老旧化工厂、大型油气库等进行安全风险管理和风险防范。围绕工贸“钢 8 条”“铝 7 条”“粉尘 6 条”重大隐患和重点事项“清零”任务，全力推进打通“生命通道”专项行动，开展高层建筑、大型商业综合体消防安全综合治理，有效化解各领域重大风险隐患。在其他行业领域，在全国范围内开展了城镇燃气安全排查整治工作，农业农村部和交通运输部联合开展了“商渔共治 2022”专项行动。

---

① 《国务院安委办、应急管理部举行“高悬法律利剑　护航安全生产”新闻发布会》，中华人民共和国应急管理部网站，2022 年 6 月 9 日，https：//www. mem. gov. cn/xw/xwfbh/2022n6y09rxwfbh/fbhsp_ 4257/202206/t20220609_ 415222. shtml，最后访问日期：2023 年 4 月 14 日。

② 《应急部关于加强安全生产执法工作的意见》，中华人民共和国中央人民政府网站，2021 年 3 月 29 日，http：//www. gov. cn/gongbao/content/2021/content_ 5612993. htm，最后访问日期：2023 年 4 月 14 日。

### （六）强化安全保障能力情况

《“十四五”国家安全生产规划》[①] 提出要加强安全生产支撑保障，强化科技创新引领，在科技创新规划中设立了矿山、危化、工贸等技术创新工程，对煤矿、非煤矿山、化工园区、危化品储运、油气生产等方面的关键技术和装备进行了重点布局。基础能力方面，我们推动建立了矿山和危险化学品安全国家科技创新基地，在煤矿、非煤矿山、危险化学品和冶金领域建立安全生产部级重点实验室。在协调机制方面，应急管理部与科技部共同确定研究任务，推进项目实施。在“十四五”国家重点研发计划中部署了安全生产方面的科技研发任务，加强安全生产风险治理关键技术研究。进一步突出信息化在安全生产工作中的保障作用，用信息化的手段提升企业本质安全水平。

## 二　中国加强安全生产风险治理的经验

### （一）牢固树立“两个至上”、安全发展理念

党的二十大报告指出：“坚持安全第一、预防为主，建立大安全大应急框架，完善公共安全体系，推动公共安全治理模式向事前预防转型。”

党的十八大以来，习近平总书记高度重视安全生产工作，多次发表重要讲话，作出重要指示批示。“人民至上、生命至上”这“两个至上”，深刻体现了坚持以人民为中心的发展思想。在安全生产风险治理工作中，遵循“两个至上”，始终坚持从人民立场和利益出发，把可能影响人民群众生命安全和身体健康的因素作为首要考虑，鼓励全员参与安全生产工作，保障了人民群众在安全生产中的主体地位，加强了安全生产工作的公开，保障了群众监督权。

---

① 《国务院安全生产委员会关于印发〈“十四五”国家安全生产规划〉的通知》（安委〔2022〕7号），中华人民共和国应急管理部网站，2022年4月6日，https：//www.mem.gov.cn/gk/zfxxgkpt/fdzdgknr/202204/t20220412_411518.shtml，最后访问日期：2023年4月14日。

安全发展理念强调统筹安全与发展，为风险治理工作提供了根本遵循，既要坚持发展，又要维护安全，经济高速增长积累了矛盾和风险，在面临安全生产风险和挑战时，以安全发展理念为引领，准确识别、及时化解，坚持发展和安全并重。

理念是行动的先导，近些年“两个至上”、安全发展等理念越来越深入人心，安全生产风险治理工作取得了很大的进展。

### （二）推动安全生产责任落实

责任制是安全生产的灵魂，在安全生产风险治理中起着主导性、决定性的作用。我国开展了大量的工作，推动安全生产责任进一步落实。

在压实企业主体责任方面，遵循企业是否有效落实主体责任与政府监管力度正相关的基本前提，坚持问题导向的工作思路，出台并实施了安全生产十五条硬措施，在全国范围内开展安全生产大检查，保障安全生产。针对重点行业、重点企业、重大隐患和第一责任人，通过加强执法、严厉打非治违、严肃事故责任追究等方面督促推动企业主体责任的落实，同时采取约谈、明察暗访、曝光、联合惩戒等措施。加大涉嫌危险作业罪的安全生产案件的查处力度和事故前违法行为的刑事责任的追究力度，通过明察暗访，对企业主要负责人实施行政处罚。在教育引导方面，加强专家指导服务、安全宣传教育和培训，加强安全生产标准化管理体系建设，引导企业由被动到主动自律转变。

落实部门监管责任方面，“三管三必须”已经被写入新修改的《安全生产法》中，国务院安委会发布的《“十四五”国家安全生产规划》，要求建立地方各级安委会成员单位主要负责人安全生产述职评议制度，强化地方各级安委会对各部门各地区安全生产工作落实情况的监督。

2022 年，国务院安委会第一次对其成员单位进行安全生产工作考核，进一步强化了各部门的安全监管职责。各级政府及其有关部门都制定了安全生产权责清单，将安全生产工作与各项业务工作深度融合。江苏省委编委印发了《江苏省省级部门及中央驻苏有关单位安全生产工作职责任务清单》，明确省安委会 55 家成员单位、16 家省有关部门和中央驻苏单位的安全生产工作职责①。

党政领导责任方面，《地方党政领导干部安全生产责任制规定》② 是新时代我国在安全生产领域实现全面从严治党的重大措施。在规定中将党政主要负责人同时作为安全生产的第一责任人，同时还明确地方各级党委要对安全生产重大问题及时组织研究。各地建章立制，在原有安全生产责任制度的基础上进一步深化、细化，纷纷出台相应的实施细则，形成了有地方特色的落实措施。

## （三）强化安全生产源头治理

坚持从安全生产源头出发，加强对重大工程和重大项目的安全风险评估与论证，建立部门间联合审查和检查制度。

2022 年，国务院安委会开展了危化品安全风险集中治理工作。危化品安全风险集中治理工作以服务指导、推动工作、解决难题为原则，重点开展了危化品安全风险集中治理、产业转移专项整治、精细化工“四个清零”、老旧装置安全风险防控等重点工作；形成一批本土化专家队伍，创建规模以上企业线上线下融合的员工培训空间，创建一个区域化工实训基地，形成“三个一”建设经验，以点带面，加快推进区域化工实训基地、规模以上企业安全培训空间和地方专家队伍建设，持续提升安全发展水平。为指导危险化学品重点县和相关企业做好重大安全风险治理工作，加快落实危险化学品安全风险集中治理任务，国务院安委会办公室在 2022 年共开展了两次危化品重点县专家指导服务工作③。以危险化学品安全专项整治三年行动和安全

① 江苏省委编委：《江苏省省级部门及中央驻苏有关单位安全生产工作职责任务清单》，2022 年 4 月 1 日印发。

② 《中共中央办公厅　国务院办公厅印发〈地方党政领导干部安全生产责任制规定〉》，中华人民共和国中央人民政府网站，2018 年 4 月 18 日，http：//www. gov. cn/zhengce/2018-04/18/content_ 5283814. htm，最后访问日期：2023 年 4 月 14 日。

③ 《国务院安委会办公室启动 2022 年第一轮危化品重点县专家指导服务》，中华人民共和国应急管理部网站，2022 年 3 月 2 日，https：//www. mem. gov. cn/xw/yjglbgzdt/202203/t20220302_ 408900. shtml，最后访问日期：2023 年 4 月 14 日。

风险集中治理为核心，对重点县工作质量进行评估，指导推动基层和企业做好“最后一公里”落实工作。

2022 年 7 月初至 10 月底，国务院安委办联合应急管理部、住房城乡建设部和市场监管总局开展了燃气安全“百日行动”。以公共安全为重点，对使用燃气的公共场所开展了一次全方位的排查，对占压燃气管道、穿越密闭空间、擅自改装等问题进行重点检查，对违规充装、居民区等人员密集场所非法储存“黑气瓶”“黑燃气”等行为严厉打击，对燃气灶具、燃气报警器生产销售的“地下市场”等进行重点整治，对涉及工程的违法违规转包分包及从业人员无证上岗、违章作业等问题进行严肃查处。2022 年 9 月份，应急管理部开展了燃气安全“百日行动”查访①，以餐饮等公共场所用气安全为重点，对“三项重点任务”落实情况进行督导，包括燃气使用单位自查、燃气企业入户安检、部门安全排查，推动各地、各相关部门切实将燃气安全“百日行动”深入燃气、餐饮企业等基层和一线，进行全面的排查整改，并督促燃气企业履行入户检查的义务。对存在重大安全隐患、不具备经营和使用条件的餐饮场所采取有效措施，依法从严执法处罚。2022 年 6～9 月，全国各级应急管理部门聚焦钢铁、铝加工、粉尘涉爆这 3 个重点行业领域，对照“钢 8 条”“铝 7 条”“粉尘 6 条”，开展专项排查和专家指导服务，排查“钢 8 条”隐患共 449 项、涉及“铝 7 条”隐患共 1164 项、涉及“粉尘 6 条”隐患共 4637 项②，一大批问题隐患得到有效整改，企业控制重大风险的基本能力有了显著的提高，有效地遏制了工贸行业事故多发势头，对落实企业主体责任和部门监管责任、推动专项整治三年行动圆满结束起到了显著的推动作用。

① 《国务院安委办组织开展燃气安全“百日行动”明查暗访》，光明网，2022 年 9 月 1 日，https：//www.mem.gov.cn/xw/yjglbgzdt/202209/t20220901_421625.shtml，最后访问日期：2023 年 4 月 14 日。

② 《应急管理部召开工贸行业安全生产专项整治“百日清零行动”总结视频会议》，中华人民共和国应急管理部网站，2022 年 10 月 10 日，https：//www.mem.gov.cn/xw/bndt/202210/t20221010_423727.shtml，最后访问日期：2023 年 4 月 14 日。

### （四）加强安全生产法律法规体系建设

党的十八大以来，我国的安全生产法治进程显著提速。修订完善了一批法律法规，为安全风险治理工作提供了坚强的法治支撑。先后修订并出台了《安全生产法》和《消防法》，行政法规方面，制定出台了《生产安全事故应急条例》，特别是《刑法修正案（十一）》中，新增了危险作业罪，增加了事前处罚，是我国在安全生产领域第一次将重大事故责任的追责标准从发生重大伤亡事故或者造成严重后果的结果导向，转变为结果导向和存在现实危险并行，实现全链条追责。

新修改的安全生产法实施以后，应急管理部通过召开新闻发布会、举办培训讲座等方式，开展《安全生产法》的宣传解读，并将“企业主要负责人必须严格履行第一责任人责任”的内容列入国务院安委会安全生产十五条措施之中，督促企业主要负责人履职尽责。北京、辽宁等地相继修订出台了安全生产条例，更好地落实《安全生产法》中的各项制度和要求，压实相关单位和部门的安全生产责任，防范化解各类风险隐患，为保护人民群众生命财产安全建立起一道坚固的法律防线，为实现安全发展奠定了基础。

### （五）夯实安全生产基层基础

强化基层安全生产，守牢前沿阵地。全国政协组织双周协商座谈，推动加强基层应急管理和安全生产能力建设。在江苏、山东、河南等地，建立了实体化运行的基层消防所，并设立事业编制，在此基础上，全国纷纷挂牌成立乡镇街道消防站所，明确专职工作人员，各地也纷纷采取措施加强安全生产基层基础工作。2022 年深圳市先后出台了《关于推进全市应急管理基层基础工作的暂行意见》和《深圳市街道（镇）应急管理机构规范化建设指引》①，组织召开了全市应急管理基层基础现场会议，明确了基

① 《广东省深圳市应急管理基层基础工作亮点纷呈》，中华人民共和国应急管理部网站，2023 年 2 月 13 日，https：//www. mem. gov. cn/xw/gdyj/202302/t20230213_ 442297. shtml，最后访问日期：2023 年 4 月 14 日。

层基础工作任务等。在深圳市11个区和78个街道（镇）设立应急管理机构，实现街道应急管理工作部门整合、职能整合、力量整合和指挥调度整合。还编制了《深圳市城市生命线工程安全建设工作方案》，在12个生命线重点行业领域设置45项监测指标和重点建设任务，通过逐步汇聚风险数据、预警数据和处置数据，支撑全市一盘棋、一张网的大数据库，实现扁平化、精准化、高效化的信息共享，提升快速处置联动水平和实战能力。

江苏省南通市紧盯提升本质安全水平这个目标，采取“制度化管理、实时化监控、自动化阻隔、现代化救援”四项举措，全力加强本质安全基层基础工作。南通市全面构建制度化管理体系。将在安全生产工作中形成的好经验、好做法上升固化为制度，指导帮助企业从人的因素、物的状态、环境条件、管理状况四个方面开展安全风险排查和辨识，力求将安全生产工作全部纳入制度化管理，确保安全管理链条始终处于良性运转状态。全面强化实时化监控效能。依托城市指挥中心，进一步发挥危化品、城镇燃气以及市政管网等专业平台优势，对南通市252家危化企业和53家重点工贸企业实行每日在线巡查，实时监测各类危险源，并进行精准分析，建立“日简况、周分析、月总结”工作机制，网上巡查7.5万家次，整治各类问题3814个，线上巡查立案53起[①]。

### （六）发挥社会力量共治

对企业安全生产信用风险分类管理，采取多种措施建设安全生产信用体系，积极构建以安全生产信用为参考的新型监管机制。北京市从健全制度规范、加强信用管理、推进信用监管等方面全面推进安全生产信用体系建设。探索安全生产信用修复，北京市应急管理局在明确各类违法行为公示期限和可依申请缩短公示期限的基础上，制定《北京市安全生产信用修复管理暂

① 《江苏省南通市以“四化”全力夯实本质安全基层基础》，中华人民共和国应急管理部网站，2023年2月15日，https：//www.mem.gov.cn/xw/gdyj/202302/t20230215_442439.shtml，最后访问日期：2023年4月14日。

行办法》[①]，明确信用修复条件和程序，并通过政府网站和政务新媒体开展政策宣传解读，引导当事人主动开展信用修复。

积极探索安全绩效“领跑者”制度，以表彰荣誉等激励方式促进企业向高水平高标准安全目标迈进。在有条件的地区，培养具有特色的国家安全应急产业基地。2022 年国家安全应急产业示范基地名单[②]中将徐州高新技术开发区等 8 家单位命名为国家安全应急产业综合类（或专业类）示范基地，将江门高新技术产业开发区等 18 家单位命名为国家安全应急产业综合类（或专业类）示范基地创建单位。在产业规划布局、公共安全专项、公共服务平台建设、深化产业融合作等方面，集中资源予以重点支持，引导企业发展安全应急产业，有效提升了防灾减灾救灾能力和重大突发事件的应急处置能力。

安全生产风险治理工作需要整个社会的支持。各地建立举报制度，充分发挥群众监督和舆论监督的作用，及时全面了解各生产经营单位的安全生产状况和迹象，发现安全生产风险管理活动中存在的问题。充分发挥群众监督和舆论监督的作用，及时全面了解各生产经营单位安全生产的状况，发现安全生产风险治理工作中存在的问题，提高治理工作的针对性。除了信箱举报等传统方式外，还在全国范围内设立了统一的安全生产举报电话“12350”，有的地方还根据实际情况，开发了不同的举报受理方式。

2022 年，“全国安全生产举报系统”和微信小程序上线运行。该系统利用应急管理部的应急云平台、信息资源门户网站、统一身份认证和大数据平台等相关资源，依托互联网平台向社会公开，建立健全安全生产投诉举报机制。安全生产举报微信小程序是“全国安全生产举报系统”增加的又一个

① 《北京市应急管理局关于印发〈北京市安全生产信用修复管理暂行办法〉的通知》（京应急规文〔2022〕2 号），北京市人民政府网站，2022 年 3 月 30 日，https://www.beijing.gov.cn/zhengce/zhengcefagui/202207/t20220712_2769497.html，最后访问日期：2023 年 4 月 14 日。

② 《三部门关于公布 2022 年国家安全应急产业示范基地（含创建单位）名单的通知》，中华人民共和国工业和信息化部网站，2022 年 12 月 28 日，https://www.miit.gov.cn/zwgk/zcwj/wjfb/tz/art/2022/art_284658635c054e1b92eb7d05d4fbd8c9.html，最后访问日期：2023 年 4 月 14 日。

重要的举报渠道，它具有查询方便、操作简单、使用方便等特点。社会大众可以通过登录这个小程序，快速对重大安全生产风险、事故隐患和违法行为进行举报，并且可以对举报办理情况实时查询。

### （七）加强安全生产宣传教育

2022 年，在全国范围内组织了“安全生产月”“消防宣传月”“防灾减灾日”等活动，开展集中宣传。

2022 年，第 21 个全国“安全生产月”的主题是“遵守安全生产法　当好第一责任人”，在活动中，持续深入学习贯彻习近平总书记关于安全生产的重要论述，集中学习了《生命重于泰山》专题片，通过专题研讨、集中宣讲、培训辅导等多种形式，切实把学习成果转化为推动安全发展的工作实效①。按照国务院安委办的统一部署，各地区和各部门紧紧围绕“遵守安全生产法　当好第一责任人”的主题，结合具体情况，创新形式、丰富载体，组织了一系列特色性活动，各地区各单位在“安全生产月”活动中，认真学习总书记关于安全生产的重要论述，认真收看了《生命重于泰山》专题片，大力开展了安全生产“班组会”“大家谈”“公开课”等专题学习。各地根据具体情况，开展了安全生产科普教育、互动体验和应急演练等多种参与范围广、互动强的安全生产科普教育，参与人数达到 1409 万人次；590.8 万人次参与了“第一责任人安全倡议书”活动；169.3 万人次参与了“我是安全吹哨人”“查找身边的隐患”等活动；组织 3946.4 万人次参与“主播讲安全”“专家远程会诊”“安全志愿者在行动”“进门入户送安全”等活动；曝光了 1.1 万个企业主体责任落实不到位的典型案例；曝光问题隐患 1.02 万个，收到 14.5 万条次重大隐患和违法违规行为举报。《湖北省生产经营单位主要负责人安全生产职责清单指引》和《湖北省生产经营单位全员安全生产责任清单指引》，对法律法规、政策文件中涉及企业主要负责人

① 《线上线下相结合　学法履责筑防线 2022 年全国“安全生产月”活动结束》，中华人民共和国应急管理部网站，2022 年 6 月 30 日，https://www.mem.gov.cn/xw/yjglbgzdt/202206/t20220630_417387.shtml，最后访问日期：2023 年 4 月 14 日。

和员工法定安全生产责任的相关条款进行整合归纳。江西省举办了第十七届井冈山安全发展论坛，邀请专家、学者与企业代表共同参加。天津市在海河沿岸重点景点，组织“人人讲安全、个个会应急”主题灯光秀活动。上海通过直播的形式与网友互动话安全。贵州黎平县肇兴苗族村寨以一首侗族歌曲《安全之歌》，为人们唱起了“安全之音”。通过以上各项活动的开展，深入贯彻落实了安全生产十五条措施，进一步压实了企业安全生产“第一责任人”的责任，使全社会进一步牢固树立安全发展理念。

在2022年的消防宣传月中，各地紧紧围绕“抓消防安全、保高质量发展”这一主题，充分发挥各种宣传教育阵地作用，着力将消防群防群治力量发展壮大起来，营造出各界关心、各方积极参与的良好氛围，提升消防领域的安全治理能力，以高水平安全服务高质量发展①。各地创新宣传教育的方式，将各类新媒体平台融合应用，通过人们喜闻乐见的方式，让宣传直入人心。各地聚焦消防领域的突出问题，加强典型火灾案例的警示教育，对高层建筑、大型综合体等重点场所加强消防安全培训，对中小学生、残疾人、空巢老人、留守儿童等重点人群进行针对性的消防安全宣传，保证宣传月活动取得实际成效。另外，各地还结合消防宣传月的活动，继续深入推进消防安全整治，动员各方力量，扎实推进冬春防火专项行动，坚决遏制大型综合体火灾、高层建筑火灾、民宅群死群伤等重大火灾事故。

## 三　中国安全生产风险治理面临的挑战

### （一）落实安全发展理念仍有差距

我国的经济正在进入高质量发展阶段，但有些地区和企业落实安全发展的理念仍有差距。有的企业忽视安全生产工作，没有守住安全生产红线，造

① 《国务院安委办　应急管理部召开视频会议　启动2022年全国消防宣传月活动》，国家消防救援局网站，2022年11月1日，https：//www.119.gov.cn/qmxfxw/xfyw/2022/33012.shtml，最后访问日期：2023年4月14日。

成了一次又一次的事故。一些地方没能正确处理好安全与发展的关系，发展理念仍存在偏差，没有扎实贯彻落实以人民为中心的安全理念，只注重经济效益，把安全生产当成阻碍发展的障碍，违背了安全发展的理念要求，忽视了人民生命财产安全。

### （二）经济社会发展、城乡和区域发展不平衡

我国在多年快速发展下积累的风险开始集中显现。全国共有约 74.5 万栋高层建筑，其中超高层建筑更是居世界首位，拥有 1000 余栋面积超过 10 万平方米的大型商业综合体。建成了 87 万多座的公路桥梁，开通了 6100 多公里的地铁运营里程和超过 35000 公里的高铁运营里程。陆上油气输送管道总里程有将近 17 万公里，城镇燃气管道有 60 多万公里[①]。这些城市基础设施快速发展，一方面为群众生产和生活带来了便利，另一方面也增加了大量风险。在城镇化建设不断加快的同时，一些城市存在规划有缺陷、管理有漏洞的问题，存在严重的安全隐患。

### （三）安全发展基础依然薄弱

目前，我国安全发展基础薄弱的现状并没有根本性改善。在某些高风险行业企业中，存在比较严重的转包、分包现象，这些转包、分包就导致管理人员和一线的从业人员的安全素质普遍不高，安全培训不到位，这些企业没有很好地依靠科技的力量强化安全生产工作。有些企业安全生产基础不牢固，安全的专业技术和专业安全管理团队普遍缺乏，缺少安全投入，从业人员技能素质较差，企业安全装备不够，本质安全保障能力较弱。有一些地方对安全生产违法违规行为打击力度不够，还有些地方在安全监督执法上存在执法不精准、不严格的问题。

### （四）新风险、新矛盾、新问题相继涌现

我国安全生产风险结构正在发生变化，出现了很多新矛盾、新问题和新

---

① 《生命重于泰山》，《中国应急管理报》2022 年 4 月。

风险，安全生产风险治理工作面临新的挑战。随着我国工业化和城镇化进程的不断推进，各种生产要素流动加速、安全风险进一步集聚，事故的隐蔽性和耦合性都显著增强。矿山、化工、传统工业、建筑业等传统行业有点多面广的特点，传统风险仍然存在。还有很多燃气管网、建筑工程、桥梁建设存在周期变化，随着时间推移逐渐进入老化阶段，这时又会呈现很多新的风险。此外，还有一些新产业、新业态、新技术带来了新风险，比如自动驾驶、特高压等新技术、新能源电池等新材料、电商仓储物流、网约车等新业态，都会带来新的风险，在信息技术飞速发展的今天，现实和虚拟两个空间相互联结，线上线下交互，使得风险治理变得更加复杂。

### （五）安全生产治理能力存在短板

某些事故和隐患反复出现，根本原因是尚未解决深层的矛盾和问题。安全生产治理方面仍然存在不足，与实际需求仍有一定的差距。安全生产的综合监管和行业监管职责还未完全理顺，体制机制还需进一步完善。安全生产监督执法干部队伍和人才队伍发展相对滞后，执法人员发现问题、解决问题的能力缺乏，在专业知识和专业能力方面存在短板。

## 四　中国加强安全生产风险治理的对策与建议

### （一）强化风险防控责任落实

要进一步建立严密的责任体系。各地要对党政领导干部安全生产职责清单进行明确，并制定权力和责任清单，将部门职能定位清晰化，将部门职责划分清楚，对部门职责边界清晰界定，建立权责一致、边界清晰、运行高效的安全生产监管体系，并加强对安全生产权力的监督和约束。负有安全生产监管责任的部门要对本行业、本领域的安全生产权力和责任事项进行全面梳理，确保权责一致，并做好公开公示、动态调整。

重点关注高危行业，筑牢安全生产防线。针对非煤矿山整治、危险化学品治理、交通运输监管、城镇燃气安全管理等重点行业领域的相关权责，拓宽治理维度，强化应急管理、交通运输、城市管理、工信等部门的职责，建立健全隐患排查治理机制，定期和不定期地开展安全生产风险辨识评估，在有毒害、有腐蚀性、易燃易爆等危险物品方面，明确生产、采购、运输、储存、使用以及废弃物管理全过程的监管责任分工，实现全链条监管，覆盖整个行业领域。

地方各级人民政府及有关部门要进一步落实安全生产工作职责，对行业监管部门任务分工进行优化。划清综合监管和行业监管之间的责任边界，避免监管漏洞。梳理发展快、风险高的新领域，厘清安全生产监管职责，明确新产业、新业态监管责任分工，及时消除安全生产监管漏洞。要持续不断强化企业的主体责任，推动生产经营单位建立从法定代表人、实际控制人等到一线员工的全员安全生产责任制，完善生产经营全过程安全生产责任可追溯制度。指导企业进一步完善安全生产管理体系，建立健全双重预防机制，并加强对安全生产严重违法失信主体的问责力度，推动对高危行业央企、国企、民企主要负责人和安全管理人员的安全管理能力考核工作。对易发生事故的地区和企业，广泛运用警示约谈、公开通报、媒体曝光等措施，推动责任全面落实。

要将安全生产工作纳入地区高质量发展考核体系。将安全生产工作绩效考核与职称评定、职务晋升挂钩，严格执行安全生产“一票否决”制。要建立安全生产述职评议制度，地方各级安委会成员单位主要负责人要对安全生产工作进行述职评议，加强地方各级安委会对本地区安全生产工作落实情况的监督。

### （二）创新安全监管执法机制

执法是推动企业落实安全生产主体责任的有力手段。

要进一步强化企业主体责任落实。把监管执法的重点放在推动企业主体责任特别是企业主要负责人责任履行上。各地结合实际积极探索，推动企业“第一责任人”扛起责任，防止在系统内、机关内打转。

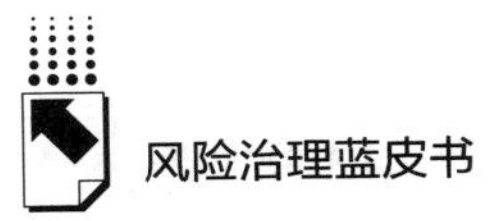


要继续加大打非治违的力度。在市场出现波动的时候，非法盗采、非法施工、非法生产等行为都会时常出现。违法违规行为是引发事故的主要原因，必须长期抓、反复抓。对于容易引发事故的非法采矿、火工品违规存储运输、无资质施工等严重违法行为，有关部门要加强合作，进一步加大查处和打击力度，最大限度地减少违法违规行为。针对违法盗采矿山、违法生产经营运输危化品、乱挖乱钻油气管道、电气焊无证作业、非法营运客车客船等突出的违法行为，采取停产整顿、关闭取缔、追究法律责任等执法措施。加强精准执法和指导服务。根据各地区的事故、隐患情况，绘制“安全生产风险地图”，评估风险等级，并及时向党委政府、相关部门以及社会进行公开，进行动态评估更新，对存在严重问题的重点地区进行针对性的重点整治。根据区域的实际风险和分级分类管控要求，科学测算、编制执法计划，按照“突出重点、抓住关键”的原则，将执法重心放到危险性高、发生过事故的、安全生产基础薄弱的生产经营单位，提高执法的针对性。明确各级各类的监管权限，既避免多头重复执法，又防止把监管责任一层层压到基层。同时组织开展更多专家服务、远程会诊，实行一企一策，帮助生产经营单位整改重大隐患。大力推进安全生产综合行政执法改革，强化技术检查力量，重点解决目前执法队伍人员缺乏、素质不高的问题；全面推进“互联网+执法”应用，建立健全执法效能评估机制，推进执法机构业务规范化建设，开展精准执法，着力解决执法流于形式、不闭环等问题，提高执法效能。定期公布典型执法案例，着力解决执法走形式、不形成闭环等问题。同时，还要正确把握严格执法和热情服务的关系，在重点地区建立“结对帮扶”机制，帮助企业消除隐患、确保安全。

联合执法，提高执法的多样性。以专项整治三年行动为纽带，应急管理部门充分发挥牵头抓总的作用，整合消防、住建、交通运输等其他负有安全监管职责单位的力量，形成并巩固部门联合执法管理机制，开展常态化联合执法，将执法效能最大化，争取“一次执法解决多项问题”，提高执法的实效性。

全面提升执法规范化水平。提升领导干部的法律素养，增强其法治思维，加强用法治方式解决问题的能力，重视对法律人才的引进和培养，加强执法力量建设。加快制定并出台一整套安全生产执法的制度办法，定期对执法工作进行评比，选出一批执法标兵和执法能手，营造出学法用法的良好氛围。把落实行政执法责任制作为重点，构建和完善执法评议考核制度，加强量化考评对存在违法、不当情形的行政处罚，依法依规责令改正，全面提升执法效能。

### （三）加强重点行业专项整治

开展安全生产专项整治工作，要做到标本兼治。强化事前预防，排查整治重点行业领域的突出问题和风险隐患，提升专项整治效能。深化对重大隐患的专项治理，全面辨识并管控重大安全生产风险，对矿山、危化品、工贸、消防、交通运输等重点行业领域持续发力，进一步发挥安委办协调指导作用，履行好监督检查职责，运用好联合会商、考核巡查、警示建议、挂牌督办、约谈通报等一系列行之有效的方法，提升综合监管权威，指导重点行业、重点领域开展高质量的安全专项整治。

在矿山领域，要持续加强对采空区、塌陷区和尾矿库的安全检查，重点对大班次、大采深、灾害重等高风险煤矿以及停产矿进行严密监管，开展露天矿、尾矿库等安全隐患整治，对无视安全超能力生产、私挖盗采、超层越界等严重违法违规行为进行严厉打击。要正确处理好保供应和保安全之间的关系，有序释放优质产能，加强对瓦斯、透水、冲击地压等灾害的防治工作。

在危化品领域，关注生产储存环节、危化品交通运输环节、废弃处置环节以及化工园区重大风险。继续开展对重大危险源企业的督导检查，继续推进化工园区整治提升；聚焦涉及硝化工艺、硝酸铵等极易发生爆炸的重点企业，推动安全达标情况的复核工作；对液化烃储罐区进行整治提升，对氟化、氯化等高危工艺企业安全问题动态清零；加大对油气储存企业的安全风险治理力度，强化海上油气平台、陆上停产油气井安全监管，严格烟花爆竹生产经营全链条的风险管控。

在工贸领域，以钢铁、粉尘涉爆、涉氨制冷、铝加工（深井铸造）、有限空间作业为重点，进一步巩固工贸“百日清零”专项行动的成果，结合工贸行业的专家指导服务，对冶金、粉尘涉爆和环保设施领域重大事故隐患进行精准整治，同时加强对市场化用工机制、环保工艺设备设施、工贸企业用危险化学品等新兴风险的专项整治。

在消防领域，持续开展冬春消防安全专项整治工作，持续深化畅通消防“生命通道”专项行动，进一步加强对经营性自建房、群租房和“三合一”等场所的消防安全检查，深入整治电动自行车进楼入户、堵塞消防通道、违规使用醇基燃料等突出隐患。在交通运输领域，继续深化道路交通安全专项整治行动，紧盯重点道路、重点违法和重点群体，持续开展全方位、全链条、多层次的整治行动，重点加大对大型客车、重型货车、危化品运输车等重点车辆的监管力度，严厉打击超速、超员、超载和疲劳驾驶、货车违法载人、“黑客车”、“黑校车”等违法违规行为。

在城市建设领域，重点整治违法转包分包，进一步加强建筑施工危大工程安全管控。加强对重点项目、重点区域和高风险时段的监督检查，继续深入推进全国城镇燃气专项整治，要对餐饮场所、农贸市场等人员密集场所的燃气安全隐患进行重点治理。

### （四）强化安全科技创新引领

加强安全生产领域的理论研究，如重特大事故发生和演变机制、复杂灾害和事故的风险防范和应急救援等重大理论问题，组织重大事故预防、关键基础设施安全风险评估等国家科技项目，深入开展风险智能感知与监测预警相关理论和方法研究。提升安全生产领域信息化、智能化水平。优先开发信息化、智能化、无人化的安全生产风险监测预警装备，重点提高危险工艺装备的机械化和自动化程度，破解对重大安全生产风险的动态监控、主动预警等关键技术。以物联网和大数据技术为支撑，加强对重点行业领域的安全监管，建立安全感知、评估、监测、预警与处置系统。基于大数据、AI 等先进技术对安全风险进行极早期预测预警，提示企业、政府监管部门和公众采取相应的措施，防范风险隐患演变为事故。加快构建全国灾害事件和安全事故的电子地图，建成和使用矿山安全风险监测“一张网”，推动危险化学品重大危险源监测和预警系统的整合，大力推广粉尘风险监测预警系统，提升安全风险监测预警的准确性和有效性。对城市安全风险综合监测预警平台建设试点经验进行总结推广。在多层、大体量、劳动密集型企业和人员密集场所，加快推动“智慧消防”建设，实现火灾早发现、早预警和早疏散。

打破部门壁垒，加强安全生产风险信息共享。促进政府、企业和社会之间各类数据的共享交流，加强跨部门、跨地区的信息交流与合作，推动不同监管部门之间的信息共享机制的建立与完善。建立和发展国家级安全生产科技创新平台。依托现有机构，进一步完善我国危化品安全研究支撑平台。加快创建国家级安全生产重点实验室、技术创新中心、创新合作中心和战略理论政策智库，促进安全生产科技创新资源的开放与共享，打造基础研究、技术创新和应用研究融合发展的安全生产科技创新生态。打造全生产服务信息平台、技术创新成果转化交易平台，进一步优化安全生产科技支撑产业的市场化运行机制。

### （五）推动全社会协同治理

推动全社会共同参与和支持安全生产工作，努力打造安全风险社会共治新模式。加强安全生产领域失信行为的联合惩处，及时将失信企业和人员列入惩戒名单。选出一批能为企业提供高水平安全管理和技术服务的专业化安全技术服务机构，不仅能帮助企业排查隐患，更能增强企业自身的安全管理能力，达到“授之以渔”的目的。进一步健全社会服务体系，推动各行业组织制定行约行规、自律规范、职业道德准则，完善标准和奖惩制度。鼓励第三方咨询技术服务机构参与企业的安全生产活动。加快推进检验检测认证机构市场化发展，培育新型服务市场。加强以保险为代表的市场机制在防范风险、补偿损失和恢复重建等方面的积极作用，研究构建多途径多层次的风险分担机制，发展巨灾保险，鼓励企业投保安责险，进一步丰富应急救援人员的人身安全保险种类。

各地进一步完善安全风险举报奖励办法，按照安全生产十五条措施中明确提出的重奖激励安全生产隐患举报，充分发挥政务热线、举报电话的功

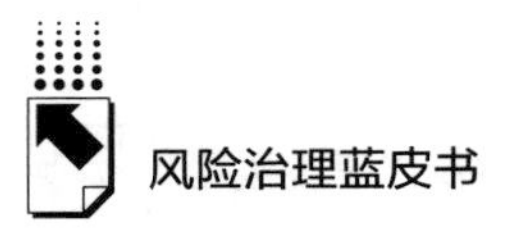


能，动员全社会为杜绝安全事故的发生贡献一分力量。通过强化安全生产举报奖励的责任考核、明确界定举报奖励内容、扩展举报方式和渠道、加大举报奖励政策宣传力度等方式，鼓励社会各界、群众团体、新闻媒体对重大事故隐患、非法违法行为进行监督。

## 五　中国安全生产风险治理的发展与展望

我国安全生产风险治理能力有了很大的提升，但我国安全生产风险治理领域的一些突出矛盾、基础性和根源性问题还未得到根本性解决。

党的二十大报告指出，要以新安全格局保障新发展格局，并将安全生产作为公共安全治理的重要内容。我国正处在经济社会发展的重要历史时期，在安全生产风险治理工作中，要始终坚持人民至上、生命至上，树牢安全发展理念。

推进建立安全生产风险治理共同体，构建生产经营单位负责、政府部门监管、行业自律、社会大众监督的安全生产风险治理机制。生产经营单位是安全生产风险治理的责任主体，企业要构建完善的安全生产风险治理制度规范，定期组织开展风险辨识评估，同时要强化与属地政府及其相关部门的安全风险联控。各级政府和各行业主管部门要做好本辖区和本行业的安全生产风险治理工作，积极引导全社会参与安全生产风险治理工作，推动高校、科研院所和其他专业机构参与安全生产风险辨识与管控，共同提升风险治理水平。

加强重大风险治理能力，加强安全风险源头治理。优化居民区、商业区、经济开发区、工业园区和其他功能区的空间布局。加强重点领域综合治理。加强对危化品生产经营单位分级分类管控，推动生产经营单位深入开展安全风险辨识和隐患排查治理。

继续强化安全生产风险治理中的科技保障。建立安全生产风险信息动态更新制度，根据风险情况的变化和风险管控的效果，及时更新风险信息，调整风险管控措施。进一步推动重点行业领域安全生产风险监测预警系统建

设，以物联网、大数据为基础，加强信息化的支撑保障作用，构建基于工业互联网的安全感知、评估、监测、预警与处置系统。在加强风险信息共享方面，要进一步突破部门阻隔，特别是加强政府和企业之间各类数据的共享，以问题为导向促进数据挖掘技术与智能决策技术的推广运用。

## 参考文献

《坚持“两个至上”加快推进应急管理体系和能力现代化——“中国这十年”系列主题新闻发布会聚焦新时代应急管理领域改革发展成效》，《中国应急管理报》2022 年 8 月 31 日。

代海军：《安全生产主体责任的实践检视及调适路径》，《中国行政管理》2022 年第 5 期。

张小明：《准确把握习近平总书记关于安全生产重要论述的核心要义和思想精髓》，《劳动保护》2020 年 11 月。

《直面风险挑战　勇担使命责任》，《中国应急管理报》2022 年 4 月 15 日。

于立志、岳清瑞、徐赵东：《落实安全发展理念　提升全社会安全保障能力》，《人民论坛》2020 年 11 月下。

吴超：《新时代社会治理的探索与创新》，《北京党史》2022 年第 5 期。

《应急管理部：把“打非治违”作为重点　提升安全监管执法效能》，《中国应急管理报》2022 年 1 月 6 日。

黄鑫、徐泽涵：《安全监管执法中标准规范应用亟待加强》，《中国应急管理报》2021 年 4 月 30 日。

杨安琪：《共建共治共享的社会治理新格局进一步完善》，《中国应急管理报》2021 年 12 月 25 日。

《强化依法治安　健全行刑衔接机制》，《中国应急管理》2021 年第 9 期。

富强：《聚焦新的安全生产风险　落实落细安全防范措施》，《中国应急管理报》2021 年 10 月 21 日。

宋守信、陈明利、翟怀远、刘路平：《新修〈安全生产法〉中的安全发展理念——从条款第三条谈起》，《安全》2021 年第 11 期。

王久平：《突出特点　抓住问题　全面优化安全生产治理体系和能力》，《中国应急管理》2020 年第 5 期。

# B.4 2022年中国公共卫生事件风险治理发展报告

郝晓宁　丰志强*

**摘　要：** 防范化解重大公共卫生事件风险，对提高应对突发重大公共卫生事件的能力具有重要意义，是健全国家治理体系、提升国家治理能力的必然要求。本文系统梳理了2022年我国公共卫生风险治理发展情况，并对当前我国公共卫生应对存在的问题和未来发展趋势进行了分析。尽管我国已经建立较为成熟的突发公共卫生事件风险治理体系，但未来仍面临传染性疾病防控形势严峻、慢性非传染性疾病威胁上升和基层公共卫生服务能力不足等挑战。完善风险治理能力需加强基层监测预警体系建设、优化完善指挥决策机制、建立健全应急联动机制、完善公共卫生人才队伍建设，并充分保障公共卫生应急物资储备。

**关键词：** 风险治理　公共卫生事件　应急管理

## 一　2022年度我国公共卫生事件情况

### （一）各类公共卫生事件发生发展情况分析

2022年，新冠疫情全球蔓延。面对疫情挑战，以习近平同志为核心的

* 郝晓宁，国家卫生健康委卫生发展研究中心研究员，博士生导师，研究方向为卫生应急管理、老龄健康研究等；丰志强，国家卫生健康委卫生发展研究中心助理研究员，研究方向为卫生应急管理。

党中央始终把人民群众生命安全和身体健康置于第一位，实事求是、因时因势、科学决策、以变应变，疫情防控成效显著。2022 年 11 月 11 日，国务院公布了《关于进一步优化新冠肺炎疫情防控措施　科学精准做好防控工作的通知》，进一步优化疫情防控的二十条措施，在《新型冠状病毒肺炎防控方案（第九版）》的基础上，进一步提升了防控的科学性、精准性。12 月 7 日，国务院联防联控机制综合组发布了《关于进一步优化落实新冠肺炎疫情防控的措施的通知》，进一步明确优化疫情防控的十条措施，对风险区划定和管理、核酸检测、隔离方式、保障群众就医购药需求、老年人疫苗接种、重点人群健康管理、社会正常运转、涉疫安全保障和学校疫情防控等工作提出了进一步的优化要求。随着“新十条”的发布，疫情防控政策逐渐放开。2022 年 12 月 26 日，中国宣布自 2023 年 1 月 8 日起，新冠病毒感染由“乙类甲管”调整为“乙类乙管”，这是我国新冠疫情防控政策调整进入全新阶段。至此我国疫情处置工作走过了从应急常态化防控到“乙类乙管”防控过渡转段多个阶段，我国取得疫情防控重大决定性胜利，成功彰显了中国共产党领导和中国特色社会主义制度的显著优势。

## （二）各类公共卫生事件发展特点

突发公共卫生事件其实质是一场社会危机，时间发生、发展具有阶段性，具体来说主要特点包括：成因的多样性、分布的差异性、传播的广泛性、危害的复杂性和长期性、治理的综合性等几个方面。

### 1. 成因的多样性

造成突发公共卫生事件的原因众多，包括自然灾害、人类活动、病原体变异等多个方面。成因的多样性表明了突发公共卫生事件具有不可预测性和不确定性，在应对措施的灵活性和适应性上有较高的要求。例如，自然灾害引发的突发公共卫生事件，例如地震、洪水、飓风等，往往具有突发性和规模较大的特点，需要快速响应和灾后恢复工作。而人类活动导致的突发公共卫生事件，例如环境污染、食品安全问题等，往往需要制定长期的预防和管理计划，以避免类似事件再次发生。

2. 分布的差异性

突发公共卫生事件分布的差异性主要表现在事件发生和影响的时间和空间范围不同两方面，其同样决定了应对措施的不同。在时间分布上，突发公共卫生事件可能是短期的或长期的。短期的突发公共卫生事件，例如暴发性传染病疫情，需要快速响应，采取紧急措施，尽快遏制疫情蔓延。而长期的突发公共卫生事件及造成的严重后果，例如环境污染、气候变化等，需要长期的管理和治理。另外，在不同的季节，传染病的发病率也会不同，如肠道传染病多发生在夏季，流行性呼吸道传染病往往发生在冬、春季节。在空间分布差异上，突发公共卫生事件可能是局部的或全球的。局部的突发公共卫生事件，例如地方性的食品中毒事件，需要针对具体地区制定应对方案，加强监测和治理。而全球性的突发公共卫生事件，需要各国联合应对，共同制定全球性的防控策略，实现跨国合作、协同应对。

3. 传播的广泛性

随着现代交通工具的发展，人们出行更加便捷，这造成了病毒传播扩散速度的倍增。传染病细菌和病毒可以轻易伴随宿主，通过飞机、高铁、轮船等现代交通工具，在短时间内跨区域快速流动。

4. 危害的复杂性

突发公共卫生事件对人类社会的影响是多方面的，不仅会对人的身体健康产生影响，还会对经济、社会和心理等方面产生重大影响，这种多方面的影响导致了突发公共卫生事件的危害复杂性。突发公共卫生事件还会引起社会的不同反应，这些反应可能会影响事件的发展和治理。例如，社会的恐慌和不理性行为可能会使疫情的传播更加严重，增加危害的复杂性。

5. 持续的长期性

突发公共卫生事件的长期性特点主要指事件对人类社会的影响是长期的。具体表现在以下几个方面：处置的长期性，突发公共卫生事件可能会经历多次暴发和反弹，因此事件的处理和控制需要一个相对长期的过程。健康影响的长期性，突发公共卫生事件可能对人的身体健康产生长期影响，如后遗症、伤残等。社会心理影响的长期性，突发公共卫生事件可能对人们的心理产生长期影响。例如，长期的隔离和限制措施可能会导致人们的情绪不稳定，产生焦虑、抑郁等负面情绪。

6. 治理的综合性

主要表现在以下几个方面：多学科综合治理，突发公共卫生事件涉及多个学科领域，需要医学、流行病学、传染病学、环境卫生学、社会心理学、公共管理等多个学科的综合治理，形成多部门、多学科、多方面的联合防控体系；综合性措施治理，突发公共卫生事件需要采取综合性措施治理，包括医学防治、环境治理、公共卫生宣传、经济保障等多种措施的综合应对，形成全方位、全链条、全过程的综合治理体系；综合性评估治理，突发公共卫生事件治理需要对疫情的传播情况、疫情防控措施的效果、社会心理的稳定情况、经济的恢复情况等进行综合评估，及时调整和改进治理措施，形成科学、有效的综合治理策略；综合性管理治理，突发公共卫生事件治理需要建立健全的综合性管理体系，包括领导体制、信息管理、应急预案、资源保障、协同合作等多个方面，实现资源的合理配置、信息的共享和协调管理，提高应对突发公共卫生事件的效率和能力。

## （三）我国公共卫生事件应对存在的问题

### 1. 公共卫生事件基层监测预警体系不健全

目前，我国公共卫生事件基层监测预警体系尚不完善，基层监测预警机构不足，监测预警基础设备严重缺失、卫生监测技术人员缺少、预警经费不足等问题比较突出①。另外，监测报告网络系统不健全，现行卫生网络监测系统尚未覆盖和辐射所有基层单位和各类公共卫生事件，导致早期监测信息难以及时收集②，监测预警能力有待提升。

① 韩锋：《浅谈我国突发公共卫生事件应急管理的困境及对策》，《中国集体经济》2015 年第 34 期，第 152~153 页。

② 《关于旺苍县公共卫生应急管理体系建设中存在的问题及对策建议》，旺苍县政府办县卫生健康局网站，2022 年 11 月 15 日，http：//www. scgw. gov. cn/Detail. aspx？ id = 20221115152722095，最后访问日期：2023 年 4 月 26 日。

2. 公共卫生事件指挥决策机制尚不完善

综合应急管理体系与公共卫生专项应急管理体系没有有机结合，各部门间管理职能划分不清晰、不协调。新成立的应急管理部，主要承担综合应对自然灾害和综合生产安全的职责，应急综合治理能力有待提升和完善，在公共卫生联防联控机制中综合性应急管理作用需要进一步加强，“总”与“分”、“管理”与“专业”的关系有待理顺[①]。另外，目前公共卫生事件应对以应急性、部门性和临时性决策为主，缺乏科学、综合、宏观和长效的公共卫生决策机制，难以有效解决日益复杂的公共卫生事件。

3. 公共卫生事件应急联动机制不到位

应对公共卫生事件需要多部门协作配合，如各级政府、疾病预防控制中心、医疗机构、公安警务、交通运输部门、教育系统以及社会组织等，建立健全公共卫生事件应急联动机制有利于充分调动利用各部门资源，制定应对方案，快速做出反应，有效控制公共卫生事件的发生发展。但目前各部门机构联动不够紧密、配合协作不顺畅以及资源未能充分共享，导致在应对公共卫生事件时，反应低效，权责交叉、边界不清，资源分散浪费。

4. 公共卫生人才队伍能力滞后

当前人才队伍难以满足公共卫生事件应对工作的需求。人力资源是公共卫生事件风险治理中的关键问题。然而，目前我国公共卫生人员短缺，人才流失严重，现有公共卫生人才队伍年龄、结构断层，专业技术水平不高，高学历和高职称人才匮乏，公共卫生、预防医学等专业人员紧缺，远不能满足当前公共卫生事件应对工作的需求。

5. 公共卫生应急物资保障不到位，储备管理机制尚需完善

公共卫生应急物资具有不确定性、不可替代性、时效性等特性，加之公共卫生事件的突发性、紧迫性、不确定性和复杂性，导致公共卫生物资保障信息共享不充分，应急物资储备数量和种类难以确定、应急物资分配效率不

① 李雪峰：《健全国家突发公共卫生事件应急管理体系的对策研究》，《行政管理改革》2020年第9期，第13~21页。

高等问题[①]，难以为日趋复杂多发的公共卫生事件提供充足的物资保障，亟须构建公共卫生应急物资储备管理长效机制。

## （四）公共卫生事件未来发展趋势

### 1. 加强公共卫生体系建设，注重医防结合

目前，我国公共卫生服务体系建设仍不平衡不充分，“重医轻卫”“防控—治疗分离”“重治疗、轻预防”等问题比较突出，造成“医疗”和“卫生”两大体系之间出现一定的裂痕[②]。这提示我们加强公共卫生体系建设，必须注重医防结合，深化公共卫生、疾病防控和医疗服务体系的分工协同，树立“大卫生、大健康”的理念，创新医防协同、医防融合机制，注重打通医疗救治、健康促进、健康管理、公共卫生应急救治等各个环节，提高卫生应急管理协同治理能力，形成维护和促进健康的强大合力。

### 2. 大数据技术“赋能”公共卫生事件应对机制

优化完善公共卫生大数据管理体制机制，建立健全地区统一的数据汇聚平台，融汇医药卫生、公安、交通运输、民政、应急物资等数据，实现跨行业、跨部门信息互通互享，形成综合、立体的防控体系，打造应对突发性公共卫生事件大数据平台，提升数据采集的专业化、精细化水平，强化公共卫生数据采集整合和共享利用，建立智能监测预警和快速响应机制[③]，有效支撑公共卫生事件的应急响应、高效处置，用数据赋能实现精准应对。

### 3. 发挥人工智能在公共卫生事件应对中的支撑作用

人工智能具有自主性、智能交互、实时响应、适应学习等特性，将人工智能技术应用到公共卫生事件应对中，不仅可实现对公共卫生事件的全面实

① 陈兴元：《国内卫生应急体系建设的探索与思考》，广汉市法学会微信公众号，2020 年 8 月 21 日，https：//mp. weixin. qq. com/s/oREJs1rS0uVKOLxJNIO8Gw，最后访问日期：2023 年 4 月 26 日。

② 管仲军：《我国公共卫生需补应急短板》，《光明日报》2020 年 4 月 19 日。

③ 陈宁：《提高重大突发性公共卫生事件中的大数据建设》，人民政协网站，2021 年 5 月 21 日，http：//www. rmzxb. com. cn/c/2021-05-12/2853169. shtml，最后访问日期：2023 年 4 月 26 日。

时监测与智能化处理，构建涵盖事前准备与预防、事中识别与反应以及事后恢复与评价的全过程智能数字化应急管理系统，转变传统的被动管理方式，实现主动监管①，还可以通过对人工智能的整合应用，打破以往碎片化治理状态，建立以人工智能为基础的突发公共卫生事件风险防范和应急处置一体化流程新模式②，提高公共卫生事件应对水平。

**4. 开展全民健康教育，提高公共卫生意识**

充分利用传统媒体（如广播、电视、报纸等）和新媒体（如微博、微信等），以线上、线下相结合方式，全方位、多层次地开展全民健康教育活动，引导公民养成健康的行为生活方式和疾病预防意识，降低或消除影响健康的危险因素，强化公共卫生意识和健康管理能力，提高应对突发公共卫生事件的常识、自我防护意识和自救互救能力，促进健康、提高生命质量。

## 二　我国公共卫生事件风险治理取得的成绩与启示

### （一）我国公共卫生事件风险治理取得的成绩

一年以来，党和国家以中国特色社会主义事业发展为重要目标，在国家安全和全民健康的战略高度下，不断加强我国公共卫生风险治理体系，并取得了一系列显著成效。

**1. 公共卫生风险治理体系不断转型升级**

公共卫生风险治理的专业化水平不断提升。2003 年在系统总结“非典”处置应对经验的基础上，我国建立了以“统一领导、综合协调、分类管理、分级负责、属地管理为原则的应急管理体系”，其中公共卫生事件的处置工作主要在党中央和国务院领导下以卫生等行政部门牵头，初步形成了以政府

① 张省、魏慧敏：《基于人工智能的突发公共卫生事件数字化应急管理系统构建研究》，《经济界》2022 年第 3 期，第 73~81 页。

② 徐辉：《COVID-19 防控背景下人工智能在全球性突发公共事件风险区域现代化治理中的应急体系模型与协同路径创新》，《中国软科学》2021 年第 7 期，第 52~63 页。

综合管理为主、卫生行政管理为辅的公共卫生风险治理体系。2018 年 3 月，随着国家卫生健康委员会的挂牌建立，公共卫生应急管理的职责划归至国家卫健委，进一步实现了“统一指挥、专长兼备、反应灵敏、上下联动、平战结合”的管理体制创新。2022 年随着新冠疫情防控形势变化，于 2021 年成立的国家疾病预防控制局在指导规划疾病预防控制体系、公共卫生监督管理等方面发挥了重要作用，其在指导公共卫生风险治理的专业化管理中迈出了更为坚实的一步。

公共卫生风险治理组织结构得到进一步优化。我国公共卫生风险治理体系依托各级疾病预防控制机构形成国家—省—市—县为主体的多级疾病防控体系，同时各级卫生行政部门遵从同级政府属地管理和上级行政管理部门的垂直管理。随着我国新冠疫情的发展，围绕同心抗疫的组织价值目标，以社会组织、公众为代表的多元主体的参与需求越来越强烈，对公共卫生风险治理的纵向管理创新不断显现。伴随着基层卫生机构的建设推进，以保基本、强基层、建机制为导向，在组织管理结构上更加强调以村民委员会、街道委员会为主体的多元主体参与公共卫生风险治理，充分发挥了村（居）委员会联系动员群众的优势，并以政务信息系统整合医疗卫生信息系统为抓手，推动跨部门、跨区域、跨层级的信息共享和行动协同。在公共卫生风险治理上，一个依托多元主体参与、高效协同的治理网络已经初步形成。

2. 公共卫生风险治理机制向科学规范迈进

应急准备能力得到强化提升。党和国家坚持预防为主的总方针，在疫苗接种、应急物资储备等方面强化应急准备能力。数据显示，截至 2022 年 12 月 30 日，31 个省（自治区、直辖市）和新疆生产建设兵团累计报告接种新冠病毒疫苗 347745. 3 万剂次。推动制定了《中华人民共和国疫苗管理法》，建立并完善了国家、省、市、县四级免疫规划监管接种网络，我国内地 27 种甲乙类法定传染病发病率由 2012 年的 238. 68/10 万下降到 2021 年的 192. 58/10 万，整体下降了 19. 3%。在应急物资储备上，省、市、县三级政府不断推进应急物资储备库建设，基本形成了“中央—省—市—县—乡”五级应急物资储备网络。目前，我国已基本形成以实物储备为基础、协议储备和产能储备相结合，以政府储备为主、社会储备为辅的应急物资储备模式。

监测预警体系不断转型升级。对于突发公共卫生事件的监测预警体系建设是我国风险治理能力提升的重点领域。从国家到地方，传染病监测预警系统不断建立完善。在国家层面，国家传染病网络直报系统和国家传染病自动预警系统不断健全完善，截至 2022 年，国家传染病网络直报系统覆盖了全国几乎所有二级以上各级各类医疗卫生机构，用户数近 37 万，法定传染病报告及时率达到 99.7%，从诊断到报告的平均时间约为 4 小时。在各个地方，区域传染病风险监测预警系统也在依托互联网技术、人工智能技术不断迭代升级，各个地方逐步探索了以直报系统为基础、扩展实现新冠核酸检测阳性结果的快速报告。网络直报系统为新冠肺炎病例和无症状感染者的密接追踪、流调溯源、疫情研判、大数据比对分析、健康码应用等提供了有力的数据支撑。监测预警体系的升级迭代，对于辅助各级疾控机构及时侦测、调查、处置传染病暴发疫情、监控发病趋势和特征变化方面发挥了重要作用。

应急处置和恢复机制不断创新。分级分类的管控机制为公共卫生风险治理实践提供了新的思路。新冠疫情期间，各级政府根据各地区的实际情况对管辖区域按照风险等级的高、中、低划分区域，实行分区域、分级别、差异化的管理措施。对比过去一刀切的防控管理手段，属地快速响应的应急应对，强化联防联控、群防群控工作机制，有效保障了区域内居民的生产和生活。我国将动态调整贯彻在行动的各个方面，围绕“保健康、防重症”，在系统分析的基础上不断调整疫情应对措施，从“二十条”到“新十条”再到“乙类乙管”，不断调整优化疫情防控和生产生活恢复措施，我国疫情防控工作取得重大成效。

3. 以公共卫生风险治理促“健康中国”提质升级

我国积极倡导的“健康中国”战略为公共卫生事件风险治理提供了坚实的支撑，在积极推进医疗卫生事业和健康服务的改革和发展的基础上，围绕防、控、治一体的建设路径，以提高全民健康素养为目标，全面促进健康中国“提质升级”，织牢国家公共卫生防护网。一是进一步推进覆盖城乡的基层医疗卫生服务体系建设，为公共卫生风险治理提供强大的支撑。国家统计局的数据显示，2022 年我国基层医疗卫生机构诊疗 15.9 亿人次，同比增长 2.8%，其中：乡镇卫生院诊疗 8.6 亿人次，同比增长 5.6%。二是以法律和制度逐步规范健康生活范式，推动公共卫生安全治理的变革，树立人人参与、共建共享的大健康理念，明确个人、政府、社会的健康防病责任。2022 年深入开展了“爱国卫生运动”“强化基层卫生防疫”等一系列活动，提高全民健康素养和公共卫生意识，促进健康中国“提质升级”。三是通过智能化的新技术，推广应用互联网+医疗服务新模式，打通医疗机构与公共卫生单位之间的协同衔接，在疾病诊疗与病理研究、流行病学监测、预防知识普及上形成“合力”。中国互联网络信息中心发布的第 51 次《中国互联网络发展状况统计报告》显示，截至 2022 年 12 月，互联网医疗用户规模达 3.63 亿，占网民整体的 34%，同比增长 21.7%，互联网医疗成为用户规模增长最快的应用。

**4. 积极开展国际合作，推动全球公共卫生事业发展**

享有健康是全人类的共同愿望，维护全球公共卫生安全是世界各国的共同责任。中国在世界公共卫生事业的发展中扮演着重要的角色，多次派遣援外医疗队援助他国，中国始终用实际行动与世界携手守护各国人民生命和健康，共同构建人类健康发展共同体。新冠疫情暴发后，我国发起了新中国成立以来最大规模的全球紧急人道主义行动，先后对 180 多个国家和国际组织分享疫情防控经验和诊疗方案，向 34 个国家派出 38 支医疗专家组，向 120 多个国家和国际组织提供超过 22 亿剂疫苗。中国充分发挥了中医药的各项优势，公开发布多语种版新冠肺炎中医药诊疗方案，向 150 多个国家和地区介绍中医药诊疗方案，并选派中医专家赴相关国家和地区帮助指导抗疫。在开展卫生合作时，中方积极帮助非洲国家提升卫生安全自我建设能力。中国坚持将人民至上、生命至上的理念用于卫生发展实践，秉持着人类卫生健康共同体理念，倡导弘扬全人类共同价值，坚定维护和践行真正的多边主义，号召国际社会齐心协力、守望相助、携手应对，护佑世界和人民康宁。

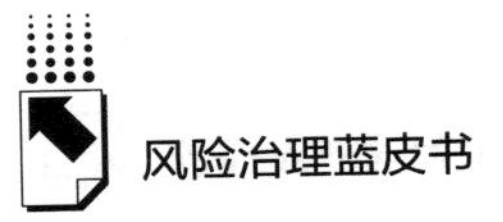


## （二）我国公共卫生风险治理体系建设取得的重要启示

### 1. 加强组织领导和管理

加强组织领导和管理是我国公共卫生风险治理体系建设过程中的重要经验和优势所在。加强组织领导和管理是提升行政、专业和社群治理协同性的必然要求。疫情防控不仅需要资金、硬件、人才、技术、信息等有形的资源要素，更需要组织领导和管理的加强和制度创新，从而实现上下联动、部门协同、区域合作，进而保证公共卫生风险治理系统的良性运转。在社区一线抗击疫情的工作中，组织领导和管理的加强有效实现了部门协同、社区治理以及疫情应对的多种考验，保证了政策下达的一致性，有效减少了执行摩擦成本。

### 2. 坚持人民至上的价值理念

总结公共卫生风险治理系列经验发现，坚持人民至上的理念，始终将人民生命安全和身体健康放在第一位尤为重要。党和政府始终把人民生命安全和身体健康放在第一位，始终把医疗救治作为重中之重，竭尽全力救治患者，最大限度地提高治愈率、降低病亡率。因此，着眼公共卫生风险治理，应秉持人民至上、生命至上的价值理念，不断增强危机意识、优化体制机制、强化公共卫生风险治理能力、提升专业能力，对做好新时代的公共卫生工作具有重要意义。

### 3. 完善基于健康的公共卫生风险治理体系

我国在新冠疫情的应对过程中已经展现适宜公共健康体系的雏形，具体表现为遵循了科学的规律、形成了各方协同的联防联控机制、形成了一整套高效健全的管理运行机制，整体取得了重大成果。不断完善公共卫生服务体系，进一步提高群众的获得感、幸福感；在未来要坚持问题导向，聚焦基层公共卫生体系建设的突出问题，进一步补短板、强弱项、夯基础，最大限度地提升满足群众就医需求和应对公共卫生突发事件的能力和水平；要全面加强保障，加大项目资金的争取力度和财政资金的投入力度，切实提高基层医疗机构的生存能力和保障服务能力；要出台科学合理的人才引进机制，健全医护人员继续教育和培训机制，提升基层人力资源建设水平；要加强公共卫生风险监测与评估，及时发现预防各类风险，提升公共卫生风险治理水平。

4. 坚持科学发展和技术创新的发展路径

科技创新新型举国体制是指以国家利益为目标，统筹发挥政府和市场作用，实现创新主体协同、创新资源集聚、创新环境优化，集中力量、协同攻关，解决满足特定领域或特定情境下国家重大科技需求的制度体系和运行机制问题，是中国特色社会主义制度优势在科技创新领域的集中体现。重大突发公共卫生事件下，必须更好地发挥科技创新新型举国体制的作用，在急需求、短时间的条件下，动员国家战略力量和优势资源，集中开展重大应急性科研攻关。

## 三　我国公共卫生事件风险治理面临的挑战

### （一）传染性疾病防控形势依然严峻

近 30 年来，全球约出现新发传染病 40 多种，并以接近每年新发 1 种的态势发展，如严重急性呼吸综合征（SARS）、中东呼吸综合征（MERS）、新型冠状病毒肺炎（COVID-19）等传染病，这些传染病传播范围广、传播速度快、社会危害大，给人类社会和经济发展带来了巨大的威胁和挑战，成为全球公共卫生的重点和难点领域。新冠疫情席卷全球，这是新中国成立以来面临的传播速度快、波及范围广、防控难度大的一次最严重的公共卫生危机。由此可见，近年来全球传染病发病率明显上升，发病和流行仍在持续。一方面，结核病、霍乱、白喉、疟疾等可控传染病卷土重来，成为对人类的威胁，传染病防治工作不得不面临新的问题和挑战。抗菌剂的广泛使用和病原体（例如疟疾、登革热、肺结核、霍乱、流感）的突变使病原体对多种抗菌剂产生耐药性。病原体的基因突变改变了病原体的抗原性和毒力，降低了疫苗接种控制的有效性。另一方面，一些原有的传染病流行病学因素发生了变化。人类生活方式的改变和各种人类活动会导致气候破坏和环境因素的生态变化

（土地开垦和森林砍伐导致登革热的出现和传播，气候变暖导致昆虫媒介的异常繁殖，导致登革热的传播）等。随着经济的发展，社会交往逐渐密切，人员流动更加频繁，流动范围和流动速度大大增加，多性伴侣、工业化生产消毒不到位等社会行为，助长了传染病的传播。与此同时，人们对传染病防治的要求也在不断提高，这使得传染病的防治难度越来越大。

## （二）慢性非传染性疾病威胁上升

20 世纪初，主要是急性和慢性非传染性疾病威胁人类的健康，在我国卫生医疗条件改善、疫苗接种普及和抗生素广泛使用的基础上，传染病的发病率逐渐呈稳定下降趋势。然而，20 世纪下半叶，研究表明，我国人口老龄化速度明显加快，平均预期寿命持续延长。我国的疾病谱发生了显著变化，由原发性传染病和营养不良等疾病，逐渐转变成慢性非传染性疾病。据世界卫生组织报告，中国慢性病早期死亡率为 17%，高于欧美、日韩等发达国家。《中国居民营养与慢性病状况报告（2020）》显示（见表 1），2019 年高血压、糖尿病、慢性阻塞性肺疾病、癌症四类慢性病患病率均呈现增长趋势，与 2015 年相比，18 岁及以上居民高血压和糖尿病患病率分别上升了 2. 3 个、2. 2 个百分点，40 岁及以上居民慢性阻塞性肺疾病患病率上升 3. 7 个百分点。癌症发病率由 2015 年的 235/10 万攀升至 2019 年的 293. 9/10 万，其中肺癌和乳腺癌分别居男、女性癌症发病首位。2019 年，我国死亡率 88. 51%是由于慢性非传染性疾病所致，致死率前 3 位是心脑血管疾病、癌症和慢性呼吸系统疾病。

**表 1　我国居民慢性病患病率对比**

| 人群 | 病种 | 2015 年患病率（%） | 2019 年患病率（%） |
|---|---|---|---|
| 18 岁及以上居民 | 高血压 | 25. 2 | 27. 5 |
| | 糖尿病 | 9. 7 | 11. 9 |
| 40 岁及以上居民 | 慢性阻塞性肺疾病 | 9. 9 | 13. 6 |
| 全部居民 | 癌症 | 235/10 万 | 293. 9/10 万 |

资料来源：《中国居民营养与慢性病状况报告（2020）》。

另外，未来人口老龄化压力将进一步加重我国慢性病的负担。《全国第六次卫生服务统计调查报告》显示，慢性病患病率随年龄的增长而增加，2018 年≥65 岁人群慢性病患病率高达 62.3%。与 2013 年比较，2018 年各年龄段的慢性病患病率均有所增加，其中 45 岁及以上年龄组，随着年龄的增长，患病率增加更加明显（见图 1）。随着我国社会经济发展和卫生健康服务水平的不断提高，居民平均寿命也不断增长。第七次全国人口普查数据显示，我国 60 岁以上老年人口已超 2.6 亿人，占总人口的 18.7%，人口老龄化日益严重，未来人口老龄化压力将进一步加重我国慢性病诊治的负担。随着我国经济社会的快速发展，我国人口老龄化速度加快，慢性非传染病的相关防控对我国公共卫生事件风险治理带来的挑战正在与日俱增。

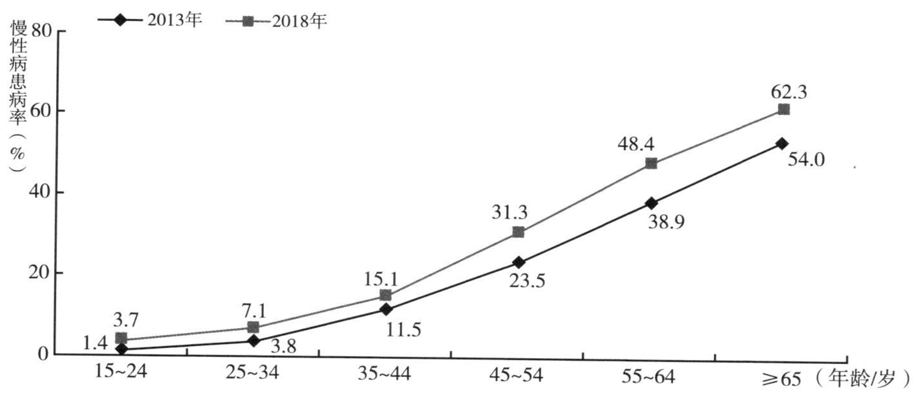


**图 1　我国居民不同年龄组别慢性病患病率**

资料来源：《全国第六次卫生服务统计调查报告》。

## （三）我国基层公共卫生服务能力有待提高

整体来看，我国基层医疗机构的服务能力还有待提升。长期以来，我国基层医疗机构存在能力偏弱、欠缺利益协调机制、建设发展不充分等问题。与城市相比，农村地区公共卫生服务体系不健全的问题尤为突出。具体而言，一是县、乡、村三级网络面对突发公共卫生事件相关的预警、防控、直报以及救助机制不健全①。当前，我国农村公共卫生体系形成了以县级医院为依托、乡镇卫生院为主体、村卫生室为基础的三级网络体系。此次新冠疫情防控，暴露出了三级网络的系统预警能力延迟、防控水平不足、直报体系不顺畅以及救助机制不健全等问题。二是乡镇卫生院和卫生室标准化建设滞后，机构配置存在不充足、不合理、不平衡问题②③。《中国卫生健康统计年鉴（2022）》数据显示，2021 年我国乡镇卫生院、村卫生室较 2015 年分别减少 1874 个、41244 个，社区卫生服务中心（站）较 2015 年增加了 1839 个（见表 2）。具体的，部分乡镇卫生院建筑面积达不到国家相关标准，同时还存在危房、租房等问题；业务科室设置不健全，医疗护理设备难以满足其功能定位需求；乡镇卫生院整体规模较小，外围环境绿化较差。三是农村村卫生室并未充分发挥其作用④。村卫生室作为农村最基础的服务机构之一，在农村公共卫生服务体系中可有重要的作为。但部分村卫生室条件简陋，留

**表 2　我国基层医疗机构数量变化情况**

单位：个

| 年份 | 乡镇卫生院 | 村卫生室 | 社区卫生服务中心(站) |
|---|---|---|---|
| 2015 | 36817 | 640536 | 34321 |
| 2016 | 36795 | 638763 | 34327 |
| 2017 | 36551 | 632057 | 34652 |
| 2018 | 36461 | 622001 | 34997 |
| 2019 | 36112 | 616094 | 35013 |
| 2020 | 35762 | 608828 | 35365 |
| 2021 | 34943 | 599292 | 36160 |

资料来源：《中国卫生健康统计年鉴（2022）》。

① 吴雪、黄鹏樾：《我国农村公共卫生体系存在的问题及其对策》，《经济研究导刊》2022 年第 32 期，第 24~26 页。

② 宛旭冉：《县域医疗共同体背景下的乡镇卫生院发展》，《中国农村卫生事业管理》2017 年第 11 期，第 1314~1315 页。

③ 罗明俊、黄岚：《乡镇卫生院发展瓶颈亟待破解》，《中国农村卫生》2020 年第 3 期，第 10~12 页。

④ 陈涛：《乡村振兴战略背景下村卫生室人才队伍建设的现状与思考》，《中国农村卫生》2022 年第 10 期，第 10~12 页。

观室、治疗室、门诊室以及药房等并未严格按照相关标准区分，符合要求的卫生厕所较少，医疗垃圾的集中处理能力欠佳等问题突出，这使得村卫生室农村公共卫生“毛细血管”作用发挥不够充分。

## 四　我国公共卫生事件风险治理优化建议

### （一）加强基层监测预警体系建设，提升监测预警能力

建立健全基层监测预警机构，配备齐全监测预警基础设备，加大经费投入和人力支持，同时完善监测报告网络系统和传染病监测哨点，及时采集病情数据和检测数据，为常态化公共卫生应急指挥部提供完备及时的疫情防控监测预警资料。

### （二）优化完善公共卫生事件指挥决策机制

坚持平战结合、常备不懈。发生突发公共卫生事件时，应立即建立指挥决策组织，根据事件性质、危害程度和波及范围，启动本级突发公共卫生事件应急预案，并明确各部门、各层级之间的任务分工及其职责权限，及时收集和研判有关信息，整合多方力量，统筹各类应急资源。同时，充分发挥科技引领作用，重视专家组的决策智囊作用，提高紧急情况下的决策效能，做到统一指挥、科学高效、反应灵敏、执行有力①。

### （三）建立健全公共卫生事件应急联动机制

需打破传统行政惯例的束缚，明确各部门协作职责，构建多层次、多角度的公共卫生事件联防与联控，实现政府机构、社会组织、公众等多方资源的充分调动利用，各部门协作高效通畅，发挥卫生应急联动的整体效能。保

① 曹海峰：《健全国家公共卫生应急管理体系的着力点》，求是网，2020 年 4 月 13 日，http：//www. qstheory. cn/llwx/2020-04/13/c_ 1125846830. htm，最后访问日期：2023 年 4 月 26 日。

证公共卫生安全信息的科学准确、透明规范和及时发布，实现重大风险及时发现预警报告和快速响应处置。

### （四）重视公共卫生人才队伍建设

应完善公共卫生人才引进、培养、聘用机制，落实落细“引、育、用、留”的一揽子措施，坚持全方位培养用好公共卫生人才，对现有公共卫生人才队伍进行培训，建立公共卫生专业人员进修学习机制，开展公共卫生与临床技能交叉培训，探索建立疾控、医疗和卫生健康行政柔性流动、多岗位锻炼机制，培养复合型管理人才，提升公共卫生事件应对技能和卫生应急能力。

### （五）充分保障公共卫生应急物资储备

根据实际情况开展公共卫生事件风险评估，在综合考虑各类公共卫生事件发生发展的规律、特点基础上，统一谋划、合理布局。依托疾病预防控制中心、医疗机构等储备医疗救治、卫生防护等医疗卫生物资；依托应急办、民政部门等储备救援物资，并根据需要及时添加完善各类应急物资储备，建立应急物资的储备管理长效机制，保障应急物资储备、管理、流转处于正常状态，确保发生公共卫生事件时能够及时应对、有效处置。

## 参考文献

王磊、王青芸：《韧性治理：后疫情时代重大公共卫生事件的常态化治理路径》，《河海大学学报》（哲学社会科学版）2020 年第 6 期。

李维安、陈春花、张新民等：《面对重大突发公共卫生事件的治理机制建设与危机管理——“应对新冠肺炎疫情”专家笔谈》，《经济管理》2020 年第 3 期。

欧阳桃花、郑舒文、程杨：《构建重大突发公共卫生事件治理体系：基于中国情景的案例研究》，《管理世界》2020 年第 8 期。

孙梅、吴丹、施建华等：《我国突发公共卫生事件应急处置政策变迁：2003—2013年》，《中国卫生政策研究》2014 年第 7 期。

张瑞利、丁学娜：《“互联网+”背景下突发公共卫生事件中社区应急管理研究》，《兰州学刊》2020 年第 7 期。

# B.5
# 2022~2023年中国社区风险治理发展报告

朱 伟　赵鹏霞*

**摘　要：** 本文从韧性社区的理论出发，基于综合减灾示范社区的建设和2022年社区应对新冠疫情冲击的风险治理实践，从组织机构与管理、空间和设施、文化氛围、信息沟通四个方面展开分析，发现我国社区风险治理面临着社区对居民需求不明确、社区能力底数不清晰、社区物资准备托底不精准、信息共享与工作融合不充分等问题，建议在社区层面坚持党建引领，重视风险治理在智慧社区中的场景应用，着力提升应急状态下的社区动员能力，尤其是极端条件下的社区第一响应能力建设。

**关键词：** 社区　风险治理　社区韧性

## 一　引言

党的二十大报告提出："要健全共建共治共享的社会治理制度，提升社会治理效能。"在实现国家治理体系与治理能力现代化的过程中，社区具有重要的作用，是我国社会治理的"神经末梢"。2023年3月，中共中央、国务院印发了《党和国家机构改革方案》，组建中央社会工作部，划入民政部

* 朱伟，北京市科学技术研究院科研处处长、城市系统工程研究所所长、研究员，研究方向为城市公共安全风险评估；赵鹏霞，北京市科学技术研究院城市安全与环境保护研究所副研究员，研究方向为社区风险治理。

的指导城乡社区治理体系和治理能力建设、拟订社会工作政策等职责，统筹推进党建引领基层治理和基层政权建设。社区服务关系民生，“十四五”时期加强城乡社区服务作用更加突出，“十四五”时期重点专项规划首次将城乡社区服务体系建设规划列入其中。在这样的背景之下，社区风险治理成为落实以人民为中心发展思想、践行党的群众路线、推进基层治理现代化建设的必然要求。

近年来，我国大力提升城市治理水平和效能，围绕城市精细化治理进行探索与创新，基层治理体系、能力、机制不断完善和提高，构建了逐步完善的城市基层治理体系。但基层社区治理体系仍面临脆弱性、精细化水平不足等挑战，社区风险治理需要完成从局部功能强化到治理体系系统化的转变，全面加强社区风险治理，打造可持续发展的基层治理新格局。

### （一）需要充分认识社区风险治理的重要性

我国目前正在积极探索城市基层治理之路，力争实现基层治理体系和治理能力现代化。社区风险治理扮演着极为重要的作用，在新冠疫情防控中，社区作为外防输入、内防扩散的第一现场，被证明是风险治理最有效的防线。因此，社区风险治理水平已成为推动社会基层治理体系化、规范化、精细化的重要组成部分，只有着力加强社区风险治理体系建设、推动社会治理重心向社区下移、发挥基层社区组织作用，才能实现政府治理和社会调节、居民自治的良性互动。

### （二）需要有效提升社区风险治理的精细化水平

社区是风险信息的采集者，是具体治理举措落地的实施者。社区风险治理参与部门多、涉及对象广，提升社区风险治理精细化水平对完善城市治理体系尤为重要，需要像“绣花”般精细，像钉钉子般务实卖力。要有效提升社区风险治理精细化水平，需要坚持系统思维、整合多方资源，用好专业化治理手段，有效防范常态风险、潜在风险、突发风险，从强化社区网格化治理、精细化对接居民需求、培养社区工作专业人才等多个方面推进精细化治理能力建设，提升社区组织对风险的感知力、管控力和处置力，不断提升社区治理效能和精细化水平。

### （三）需要不断创新社区风险治理模式

社区风险治理需要以人民为中心，坚持目标导向、问题导向，通过社区风险治理模式的不断创新，打造全链条、多元化、闭环化的社区风险治理模式。当前，作为最基层的治理单元，社区存在的自治度不高、专业化程度低、基础设施不完善等问题并没有得到改善，需要依托智慧城市建设、大数据管理平台不断赋能社区治理，创新社区风险治理模式，推动形成社区风险治理信息化、智能化、常态化机制。

### （四）以党建引领实现社区共建共治共享

社区治理关乎百姓生活，社区层面把风险治理与基层党建结合，将风险治理的资源、服务、管理放到基层，通过党对基层社会治理格局的统一领导、统筹协调，吸引辖区社会力量广泛参与，才能动员、组织、团结和凝聚群众，激活社区多元共建共治共享的能力，积极构建政府治理、社会调节、居民自治良性互动的社区治理体系。

## 二　政策进展

### （一）社区风险治理的国际动态

国际社会一直致力于采取措施预防和减少风险，但由于灾害规模和强度不断上升，给人类带来的风险加大，国际社会呼吁，应关注风险最大的社区的预警系统，使其具备足够的机构、财政和人力对预警采取行动，采取措施保护最脆弱的社区和弱势群体。

2022 年 5 月前，联合国减少灾害风险办公室（UNDRR）在“全球减少灾害风险平台”发布了题为“我们的世界正身处险境：创造具有恢复力的未来”的2022年全球评估报告。报告称，在过去20年间，每年都会发生350~500起大中型灾害事件，预计到2030年，灾害事件的数量将达到每年560起，即每天1.5起。灾害的规模和强度也在不断上升，但同时也缺乏保险来帮助人们更好地进行灾后重建工作①。

2022年5月，由联合国减少灾害风险办公室召集和组织、印度尼西亚政府主办的联合国全球减灾平台（GP2022）第七届会议，主题为“From Risk to Resilience：Towards Sustainable Development for All in a COVID-19 Transformed World”（从风险到韧性：在COVID-19转型世界中实现人人享有可持续发展），这是自新冠疫情暴发以来关于这一问题的第一个国际论坛，继续监测《2015-2030年仙台减轻灾害风险框架》（后文简称《仙台框架》）在全球层面的实施进展情况。联合国减灾峰会通过的《巴厘抗灾议程》呼吁更多的国家“思考韧性”，并紧急采用和改进早期预警系统，以降低全球越来越多的灾害带来的风险。2022年全球减少灾害风险平台表示，仅有95个国家报告拥有多种灾害预警系统，可以向政府、机构和公众发出即将发生灾害的通知，然而在非洲、最不发达国家和小岛屿发展中国家，预警系统的覆盖率非常低。联合国秘书长古特雷斯在此前曾发出呼吁，希望预警系统在五年内覆盖地球上的每一个人。《巴厘抗灾议程》表示，“预警系统应包括风险最大的社区，并具备足够的机构、财政和人力能力对发出的预警采取行动”。

联合国常务副秘书长阿明娜·穆罕默德表示“我们必须努力坚定专注于预防和减少风险，为所有人建立一个安全、可持续、有复原力和公平的未来”，“为最脆弱的社区，包括妇女和女孩、残疾人、穷人、边缘化和被孤立的群体，预防和减少灾害风险”，她呼吁公共部门和金融部门“防患于未然”。她表示，“我们需要‘思考复原力’，考虑灾害的实际成本，并激励减

① 《联合国报告：2030年全球每天将面临1.5起灾害　人类正被拖入“自我毁灭的漩涡”》，联合国中文网站，2022年4月26日，https://news.un.org/zh/story/2022/04/1102312，最后访问日期：2023年5月4日。

少风险，以阻止灾难损失的螺旋式上升”。①

2022 年 10 月，国际减少灾害风险日（International Day for Disaster Risk Reduction）的主题是“为所有人提供早期预警和早期行动”（Early Warning and Early Action for All），聚焦于实现《仙台框架》（The Sendai Framework）的目标 G：“到 2030 年大幅增加人民获得和利用多灾种早期预警系统以及灾害风险信息和评估结果的几率。”这些指标将《仙台框架》的实施与可持续发展目标和气候变化巴黎协定的实施相结合。《仙台框架》实施中地方一级的抗灾能力亟待加强，尤其是社区层面，灾害对地方一级的损害最为严重，可造成生命损失和巨大的社会及经济动荡。

联合国政府间气候变化专门委员会（以下简称气专委）第 58 次全会上，联合国秘书长古特雷斯在视频致辞中表示“各国还必须保护最脆弱的社区，增加适应、应对损失和损害的资金和能力”。阿黛尔·托马斯博士认为“损失和损害不可避免且分布不均，发展中国家和弱势群体（如社会经济地位低下的人、移民群体、老年人、妇女和儿童等）承受的损失和损害不成比例”，而“特别是在脆弱的发展中国家，现有的国际、国家和国家以下各级处理损失和损害的方法是不足的”。

### （二）社区风险治理的政策梳理

在我国新冠疫情转为“乙类乙管”之前，2022 年的疫情严峻形势，倒逼管理体制和机制不断下沉，基层的风险治理体制和机制框架不断完善，智慧社区推进风险治理工具向“智理”不断演化，基层力量建设与整体应急的标准化获得发展。

2022 年 1 月，国务院办公厅印发《“十四五”城乡社区服务体系建设规划》，这是我国第一次将“城乡社区”列入“十四五”的重点专项规划，明确社区服务体系建设的指导思想、主要目标、重点任务、组织保障等。

---

① 穆罕默德在第七届全球减少灾害风险平台开幕式上的讲话《防灾减灾对可持续的未来至关重要》，联合国中文网站，2022 年 5 月 25 日，https://news.un.org/zh/story/2022/05/1103662，最后访问日期：2023 年 8 月 14 日。

2022年5月，民政部、中央政法委、中央网信办等九部门《关于深入推进智慧社区建设的意见》，通过深化物联网、大数据、云计算和人工智能等信息技术在便民服务场景的应用，提升社区的智慧化水平，使得社区更加有序、有温度、有安全感。这是社区风险治理实现“智治”的重要指引。

2022年8月，民政部、中央文明办下发《关于推动社区社会组织广泛参与新时代文明实践活动的通知》，明确盘活基层、打牢基层是建设新时代文明实践中心的重要改革，是新形势下宣传群众、教育群众、引领群众、服务群众的重要抓手，社区社会组织是参与基层治理的重要主体和主要力量，这为社区风险治理中的社会动员指明了方向。

2022年5月，应急管理部出台的《“十四五”应急管理标准化发展计划》要求集中力量加快与人民生命安全关系最直接的标准供给，包括消防救援队伍建设、社会消防治理、风险监测和管控标准建设、应急管理信息化标准建设等。

2022年6月，应急管理部印发《“十四五”应急救援力量建设规划》，着重明确了“十四五”期间基层应急救援力量建设思路、发展目标、主要任务、重点工程和保障措施。通过提升基层应急救援力量，实现长期、持续增强社会“末梢”的风险防范能力和突发事件应对能力。

2022年10月，党的二十大报告强调“坚持安全第一、预防为主，建立大安全大应急框架，完善公共安全体系，推动公共安全治理模式向事前预防转型”，“提高防灾减灾救灾和重大突发公共事件处置保障能力，加强国家区域应急力量建设”，并指出“健全共建共治共享的社会治理制度，提升社会治理效能”，“完善网格化管理、精细化服务、信息化支撑的基层治理平台，健全城乡社区治理体系”。

## 三　社区风险治理进展及典型案例

社区是最基本的治理单元，事关居民群众的切身利益。2022年，我国以完善党建引领的社区风险治理体系建设为关键、以城市更新完善及空间和设施的精细化为基础、以风险特征和居民需求为导向、以文化营造和信息沟通为保障，不断完善社区风险治理体系。

## （一）组织机构与管理

社区风险治理的组织机构不断将治理重心下移、兼顾活力与秩序。社区以党建引领多元共治，通过激活社区多主体的活力，以激励、引导等方式，探索通过智慧社区使各类主体各负其责、协调配合、形成合力，有序凝聚各类主体、形成全社会参与社区风险治理的新局面。

**1. 党建引领的多元共治组织结构**

完善社区风险治理机制，社区党建是重要的前提，既是真正巩固党的执政根基，又是全面深化改革的宏观背景下探索基层党建与社会风险治理的创新整合。2022 年发布的《关于在城乡社区做好新型冠状病毒感染“乙类乙管”有关疫情防控工作的通知》指出，充分发挥村（社区）党组织领导作用，发挥村（居）民委员会、村（社区）卫生服务机构基础作用，细化分解村（居）民小组组长、楼门栋长、网格员责任，把防控措施落实到自然村、小区和网格。

深圳市南山区以党建引领聚拢各类主体，把建设社区风险治理共同体落实落细。针对当前社区风险治理“没核心、社区党委缺抓手、各方力量参与无秩序等困境”，把党组织建在矛盾和问题最突出的社区第一线，引导和凝聚各社会主体将社会治理共同体的责任落实落细。南山区各社区在兼顾活力与秩序的要求下，充分发挥“两新”党组织数量多、活力足的优势，在社区层面吸引物业服务企业、业主委员会以及小区居民参与风险治理，构建起各负其责、协调顺畅、凝聚合力的基层末梢阵地，通过以社区党支部为核心的党建引领，形成凝聚基层各类社会力量的“抱团效应”，完善小区议事规则、参与渠道，让居民深度参与社区事务，实现常态化和应急管理的动态切换与顺畅衔接，实现城市管理活力与秩序的统一。

山西省阳泉市通过强化社区党组织的战斗堡垒作用提升社区风险治理效能。一是积极推行社区党组织书记通过法定程序任职居委会主任，社区两委班子“交叉任职”，将党委和居委两个班子凝聚成一股力量，完善社区风险治理体制。二是通过“鸿雁”效应和“雁阵”培育计划对社区骨干进行全链条实训，精选矿区桥头街道段南沟社区等5个社区作为孵化基地，定期组织其他社区骨干到基地跟班学习，培育优秀的党组织带头人。三是推进社区风险治理的标准化，编制社区工作的标准化手册和考评体系，实行社区党组织书记星级化管理，让社区风险治理权责清晰、标准明确，加大执行力度。

朝阳区潘家园街道“六位一体”的社区风险治理工作机制。朝阳区潘家园街道建立了社区党组织、居民委员会、社区社会组织、物业服务企业（产权单位）、业主委员会（物管会）、辖区单位的统筹协商机制，共同推进辖区风险治理与隐患排查的双控机制，构建了从党建引领到“六位一体”的社区风险治理工作机制，促进社区的自治、法治和德治。

2. 疫情常态化下的社区动员

新冠疫情下，社区以党建为引领，开展疫情防控志愿服务工作，全面动员社区力量，广大党员、志愿者主动请缨，迎难而上，形成了疫情防控常态化下的社区动员经验。

朝阳区潘家园街道松榆里社区松六小区以疫情防控经验结合楼门治理逐渐探索建立“空间认领二三事”的参与机制。针对楼道疏散通道空间被占用、楼道卫生清洁等方面问题，松榆里社区党委运用“六位一体”的社区风险治理工作机制，在小区居民议事厅的基础上，吸纳有思想、有见识、有技术的社区居民，共同进行楼门文化的“头脑风暴”，研讨并策划楼门文化的合理化建议，居民议事厅负责收集建议，“空间认领”志愿者负责楼门文化的整理和布置。潘家园街道根据社区规模持续优化布局，将3000户以上、管理有难度的社区进行调整，优化管理与服务需求的匹配，以精细化的服务夯实应急管理社区动员的群众基础。

四川省成都市锦江区创新探索快递物流行业融入基层治理路径、擦亮“小牛哥”党建引领志愿服务。随着物流配送、共享出行等新兴行业的蓬勃发展，据不完全统计，全国快递物流业从业人数超1000万人，仅牛市口街道约3.2平方公里辖区就有“快递（外卖）小哥”超千人，他们每天奔走在小区院落、街头巷尾，高频次、近距离接触社区群众，广泛覆盖基层治理的各个微小单元和神经末梢，特别是在疫情期间，发挥了不可替代的作用，是基层稳定、社会治理、民生服务的重要力量。锦江区打造“小牛哥·先锋车手”党建品牌，发挥党建引领作用，由行业部门统筹指导、职能部门政策支持，培育“3”支队伍。一是着重培育党员先锋队，通过跨行业吸纳、跨区域整合、跨空间组织，吸纳业内流动党员创建“小牛哥·先锋车手”志愿服务队党支部并推选一名志愿者担任党支部书记，实施党员参与社区活动报到、参与社区教育等制度，持续激发志愿服务“红色动能”。二是培育“小牛哥·先锋车手”志愿服务队，依托他们熟悉人情地情的“流动探头”属性，赋予其“流动网格员”“平安巡查员”“红色跑小二”等新身份，引导其参与异常情况预警、突发事件直报、社情民意传递等基层治理工作。三是培育关心关爱队，常态化组织开展交友联谊、文体娱乐等定制活动，让“小牛哥”们切实感受城市温度，逐步建强“党员先锋队伍引领、志愿服务队伍参与、关心关爱队伍保障”的队伍体系。锦江区开发志愿者参与基层社会治理事务管理系统和车手身份认证系统，落实激励保障机制，建立线索直报“发现—核实—处理—积分”和服务项目“发布—认领—实施—反馈—积分”双流程线上便捷操作模式，实现24小时扫码进入“小牛哥·刹一脚”爱心智慧驿站获取自助服务。

“小牛哥·先锋车手”志愿服务品牌的培育发展，让奔跑在城市的“小牛哥”们成为社情民意“信息员”、城市运转“摆渡人”、疫情前线“逆行者”、美好生活“创造者”、基层治理“生力军”，壮大了多元参与、共建共享的社区风险治理“共同体”力量，扩大了基层风险治理的“朋友圈”，对完善基层治理体系和提升城市治理能力具有重要的借鉴意义。

以“微网格”激发基层应急动员。山西省阳泉市优化设置“微网格”，盘活基层治理中的人、地、事、物、组织等资源，将社区风险治理和应急管理整合嵌入在“一张网”内，通过从农村和社区的各类“正能量”力量中精选微网格员和网格志愿者，政府层面的机关干部和公职人员在突发事件和各类攻坚任务中就地转化为网格力量，从而实现资源在网格中整合、问题在网格中发现和解决。同时从人身保护、意外保险、临时性补贴、表彰激励等方面完善运行机制。

3. 智慧城市背景下的社区风险治理模式

社区风险在治理模式上，逐渐趋于多元化和成熟化，如老旧小区的治理模式、商住小区治理模式、商业区治理模式等，但令出多门、信息重复采集报送等基层低效运转问题，最终都需要在智慧城市背景下不断解决，才能构建精准有效的基层治理模式。习近平总书记深刻指出，当今世界信息技术日新月异，数字化、网络化、智能化深入发展，要用信息化手段更好地感知社会态势、畅通沟通渠道、辅助决策施政、方便群众办事。

平定县国家智能社会治理实验特色基地。山西省平定县以“在党委直接领导下进行社会治理专门机构改革、以基础网格单元为核心进行社区（村）管理机制改革”为目标，以网格化、智能化、多元化的智能社会治理“三化平台”为支撑，通过扁平、高效、协同的现代化社会治理模式，细化落实基层风险治理。平定县将数据信息汇集、视频资源整合作为数字赋能基层治理的发力点，建立完善了集网格、地标、组织、人口等内容于一体的基础数据库。优化信息录入条目，明确网格员统一工作清单，制定“网格员、群众提工单→管理平台转部门→相关部门做解答”的“三步走”工作步骤，能够有效调动群众参与的积极性，凝聚多部门工作合力，创新数字赋能基层风险治理的新模式，全面提升基层风险治理的精准化、精细化和智慧化水平。

深圳市罗湖区桂园街道的“智治”模式。桂园街道通过将“互联网+”、大数据、云计算、人工智能等科技创新运用在城市治理中，将数字化融入风险治理要素，努力实现基层治理难点趋零、安全隐患趋零、问题痛点清零。桂园街道的“街区大脑”将数据库和业务系统联通，利用倾斜摄影、激光点云、BIM 建模技术，打造数字孪生的“云上桂园”，实现对数据资源、治理要素的全息全景呈现，能够实现“用数据说话、用数据分析、用数据决策”。通过打破数据壁垒实现跨部门的风险协同治理与社区服务的融合；通过强化物联感知设备的智能感知和态势分析，提出最关键的管理体征，实现对安全隐患的实时监测；通过流程在线将人防技防紧密结合，推动事件应急处置全流程可管可控。

浙江省宁波市江北区营造“整体智治、协同安全”的治理生态。一是运用终端平台，以智慧促进协调治理。创新研发并使用消防生命通道数字化管理系统，以智慧的手段打通“数据孤岛”，将业务部门的执法数据通过区块链实时上链，实现精准智治。二是系统性地强化数据风险管控，以业务流程为指引，全面梳理可能出现的数据安全风险，持续迭代和升级系统，提升智慧感知的灵敏性和环境适应性，形成“源头查控+应急处置+精密智控”的风险管控机制。

北京市回天地区通过智慧城市让“回天有我”治理更加深入。“回天有我”是北京市的基层治理品牌，在健全党员领导干部面对面联系服务群众机制、培育“专业社工+社区工作者”服务模式、打造“回天志愿者发展中心”、启动民生保障志愿服务创投计划等的基础上，推广“线上楼门长”、建立可视实战的数字平台，探索搭建回天活力、交通出行、社区管理等应用场景，形成基层风险治理的新模式。

雄安新区在智慧社区建设中，重点面向企业、高校与科研院所进行解决方案征集，旨在将“5G+”与社区场景深度融合，助力社区数字化、智能化发展，构建融合创新和开放共享的社区新形态，推动形成可复制、可推广的社区建设成果，特别是雄安新区开展的《利用“智慧电”监测管控视频监测看不到的社区安全风险》智慧社区项目也取得了较好效果。

## （二）空间和设施

### 1. 社区空间韧性

城市更新是提升社区空间韧性的重要途径，是破解城市发展痛点、难点、堵点的前提和基础之一。

南京大阳沟老旧住宅区为建于20世纪60年代的三层红砖小楼，楼与楼之间间距非常窄，一楼违法搭建的棚屋放置液化气瓶作为厨房，没有路灯，安全隐患非常突出，通过老旧住宅片区综合更新项目，在原址原面积翻建后，消除建筑及附着物的风险后，进行道路整治和游园绿地建设，提升社区的空间韧性。

山东省菏泽市单县聚焦城市更新，推动新型城镇化建设中的城市韧性再提升。单县加快推进海绵城市、综合管廊建设以及河水环境综合治理，完善城市骨架路网，实施老旧小区改造，持续推进危房和抗震改造，率先建成了数字化综合服务平台，将城市空间功能与防灾功能逐渐融合、不断完善，群众的安全感、获得感显著增强。

2. 社区基础设施安全

北京市昌平区回天地区市政建设从基础建设向海绵城市、韧性城市跃升。该地区城市发展的可持续性明显增强。比如，供水管网改造、雨污分流，实现易积水点动态清零。回天地区将加快推进上坡、农学院等 110 千伏输变电项目建设，启动京藏高速公路东辅路雨水干线工程项目建设，完成天通苑老旧小区等供水管网与管道天然气改造，完善火灾防控体系，加快补充公共消防设施短板，进一步提高市政保障和防灾减灾效能。

雄安新区以智慧的方式增强基础设施安全。“利用智慧电监测管控视频监测看不到的社区安全风险”项目，通过在用电关键点安装具有无线传输功能的监测探测器，可以实时监测线路的温度、过电流和漏电。当发生泄漏、过载和温度异常时，系统可通过短信、电话等形式向管理员报警。电力安全负责人、电路维护人员和安全管理员也可以通过移动 App 实时了解变电站内电路的工作状态。

3. 社区防灾减灾设施建设

社区通过综合减灾示范社区不断完善防灾减灾设施，提升对突发事件的应对能力，国家应急管理局应急管理部风险监测和综合减灾司 2022 年底公布的 2021 年度全国综合减灾示范社区数量为 643 个①。

浙江省衢州市新新街道彩虹社区通过国家级综合减灾示范社区、省级综合减灾示范社区建设，建成 1 处应急安全体验馆、1 处避灾安置储藏室和 1

① 《2021 年度全国综合减灾示范社区公示公告》，中华人民共和国应急管理部网站，2022 年 11 月 14 日，https：//www. mem. gov. cn/gk/zfxxgkpt/fdzdgknr/202211/P020221118625809227152. pdf，最后访问日期：2023 年 5 月 5 日。

个微型消防站。应急安全体验馆场馆内包含了交通安全、校园安全（含防溺水）、气象灾害、逃生自救、消防安全及生产技术安全六大板块，通过人机互动的娱乐方式进行科普。应急物资储备室常备有救援工具、通信设备、应急药品、生活物品及发电机等应急物资。同时，设置应急避难场所和疏散通道规划图，设立防灾减灾工作图和应急避难标识和功能分区标识，便于在灾害发生时，一图看懂。建立了灾害危险隐患清单、脆弱人群清单、脆弱住房清单和脆弱公共设施清单等“四张清单”，编制了社区灾害风险地图，建成社区隐患数据库，以“街道+社区”综治监管平台为依托，实现社区险情灾情监管全覆盖，确保在灾害发生第一时间按照清单开展应急处置，减少人员伤亡、减轻灾害损失。

广州市荔湾区石塘街道为完善社区防灾减灾救灾能力“十个有”建设工作，为社区配置铜锣、手摇报警器、喊话器、对讲机、手电筒、移动照明设备（100W）、应急值班值守终端、大喇叭系统等。

江苏省盐城市盐南高新区伍佑街道珠溪社区设立救援物资储备点 3 个，保障物资储备充足；累计储备帐篷、抢险救灾等物资百余件；建立应急避难场所 5 个，确保居民遇险时安全疏散。同时，鼓励引导居民做好家庭储备，在家中放置急救包、逃生安全绳、口哨、常备药等逃生自救设备。严格按照综合减灾示范社区创建标准要求，逐项对照，查漏补缺，强化基础设施建设，不断完善应对突发事件所必要的硬件设施。

### （三）文化氛围

社区文化对于社区中的社会韧性塑造具有根本性的作用①。社区风险治理中，文化氛围对于激发社区各类组织、居民的文化认同至关重要②，常态下有益于均衡和满足居民的社区服务需求，在突发事件状态下，有益于社区

① 蓝煜昕、张雪：《社区韧性及其实现路径：基于治理体系现代化的视角》，《行政管理改革》2020 年第 7 期，第 73~82 页。

② 黄莹、刘金英：《城市社区怎样进行文化营造》，《人民论坛》2019 年第 1 期，第 96~97 页。

资源的优化配置。《"十四五"国家科学技术普及发展规划》中将应急科普工作单列出来，并作出明确的指示，"加强应急科普工作，建立健全国家应急科普协调联动机制，完善各级政府应急管理预案中的应急科普措施，推动将应急科普工作纳入政府应急管理考核范畴"。社区层面的安全文化逐渐向风险聚焦，形式多样的活动、"线上+线下"的多重体验、居民的主动参与，都是我国社区风险治理中文化氛围的新趋势和新变化。

1. 以预防风险为导向的社区安全文化正在形成

提升社区安全文化和社区应急科普精准性，是社区目前安全与应急科普存在"形式都有、效果不好"问题的关键所在。要实现社区安全应急科普的精准性，必须以预防风险为导向，需要社区风险辨识及其结果与社区安全文化和社区应急科普紧密关联。

北京市科学技术委员会 2022 年发布的"北京市公共安全应急科普示范社区建设与运营"项目，聚焦近两年来的安全热点事件，围绕公众关注和公共安全应急主题的科普需求，以北京市在应急领域所取得的科研成果为基础，结合科普宣传的手段，围绕社区公共安全应急科普的需求，打造 2 家公共安全应急科普示范社区。推进以风险为导向的精准科普。基于风险辨识和分级管控的理念、经验与社区安全应急科普紧密结合，将其创新与深化，形成符合社区需求的风险辨识工具和对应的科普系列产品，可有效地推广运用到各类社区中，通过风险地图目视化、风险提示目视化等做法，形成社区安全风险分级管控及目视化的经验和教育手段，提升日常和应急状态下的科普精准性。

珠海市香洲区吉大街道园林社区的防灾减灾小公园，增设色彩缤纷的防灾减灾卡通插画，为辖区防灾减灾宣传增添一处教育宣传阵地。门口放置社区《应急疏散路线示意图》及《灾害风险地图》，以便居民掌握社区的灾害风险点位及应急避难场所位置，内设立 6 个宣传卡通插画点位介绍十种灾害类型及抵御方式，内设家庭防灾计划专栏宣传家庭应急物品，同时帮助居民寻找家中的安全盲点，做好家庭应急安全工作。园林社区结合"5·12 防灾减灾日"等重要宣传节点及日常宣传教育工作，组织居民志愿者、中小学生开展防灾减灾宣传培训及消防应急演练活动，同时利用宣传阵地、LED屏、宣传海报等载体，多渠道进行防灾减灾教育宣传，推动防灾减灾宣传教育进楼宇、进小区、进学校，不断提升居民抵御突发灾害风险的能力。

2. “线上+线下”的社区安全文化逐渐形成

社区安全文化的传播和体验逐渐向线上转移，“线上+线下”的社区文化逐渐形成，通过在线知识传播、App互动式服务和体验，提高公众安全意识，提升公众风险辨识、隐患辨识、应急逃生、自救、互救的能力，增强公众的公共安全意识和法制意识。

通过组建社区群、楼门群、党员群，通过微信群进行安全知识的传播和安全提醒，已经成为各社区进行线上社区安全文化传播必不可少的高效途径。如天津仁和园社区网格员根据季节、天气等，在网格群里发送安全温馨提示，提醒居民和辖区商户出门及时关闭电源设备、燃气阀门，发布预警信息。

社区安全的各类App通过安全服务与安全文化营造结合，打造线上与线下安全文化传播的新模式。北京市科学技术委员会的“北京市公共安全应急科普示范社区建设与运营”项目针对社区风险特点，研发面向公众的社区风险辨识与安全隐患排查随手拍App。基于北京市应急管理局的北京市城市安全风险云服务系统的支撑，面向社区的特点和需求，开发“安全隐患排查随手拍”的功能模块，兼具互动式应急科普功能、社区风险辨识功能、安全隐患排查功能、数据统计与展示功能、预警信息推送等多项社区安全建设功能开发。通过积分、互动等措施，鼓励居民参与社区安全风险治理，在日常生活中发展安全隐患，用手机拍摄并上传系统，系统实时采集风险源，由社区安全管理人员和物业安全人员及时处理解决，助力社区安全风险管控提质增效；采集数据开展风险评估等工作，为市域应急安全管理工作提供数据支撑。在居民参与社区风险辨识与隐患排查的同时，提供对应的风险介绍、相关标准规定、预防与应对知识，同时利用新媒体可视化、传播范围广泛等优势，增加科普宣传内容，打造集安全警示、线上课堂、便民服务于一体的新媒体模式，以安全服务提升App的用户粘性，高效、准确地提升基层群众安全文化素养水平。

3. 居民主动参与社区安全文化建设与治理

习近平总书记强调，要把更多资源下沉到社区来，各地涌现出发动居民参与社区风险治理的经验和做法。湖北武汉武昌区滨湖社区创新工作方法，在社区中招募平安合伙人，组成社区巡查、宣传等小分队，经过3轮招募和筛选，共招募100多人，人员构成以辖区单位工作人员、网格员、下沉党员、物业人员等为主。巡查队伍通过日常巡查发现社区中的消防、用电、高空抛物等安全隐患，每个网格通过月度议事会共同商议解决共性问题，形成“居民报事—平安合伙人预警—多方联动协商—相关单位介入”的问题反馈和解决机制。同时宣传分队根据社区发现的隐患现状，有针对性地开展相关的安全宣传和教育，激发社区居民参与社区风险治理。

北京市昌平区回天地区以文化回天为载体，强化居民主动参与的社区安全文化。以回天文化促进居民融合，打造“回天有我”“回天好人”项目，选树回天好人，开展周末绿跑、回天春晚，让“回天精神”成为社区居民凝心聚力的核心，激发居民参与社区治理、参与风险治理，促进形成安全环境与人文环境相辅相成的社区文化。

## （四）信息沟通

在数字化转型的背景下，社区开始尝试以信息化、智慧化提高社区信息沟通水平，提升社区风险治理的精细化和精准化水平。《关于促进智慧城市健康发展的指导意见》指出，力争到2025年“基本构建起网格化管理、精细化服务、信息化支撑、开放共享的智慧社区服务平台，初步打造形成智慧共享、和睦共治的新型数字社区”。

1. 基于多种手段融合的信息沟通

我国各地的智慧社区建设不断推进，社区风险治理与信息技术融合逐步向纵深方向发展，如疫情期间各地推出的“智能化疫情地图”“社区防疫平台”，将大数据与疫情防控相结合，提高管理效率。不断涌现的社交软件、电子出入证、人脸识别系统、智能应用等均在社区防疫中将防控信息在社区中高效、便捷地精准传递。同时，针对出行不便和面临“信息鸿沟”的老年人，小区广播、楼道信息栏以及“敲门行动”等提供了传统的信息沟通与传递手段。

2. 以精准为目标的信息沟通

以精准为目标的信息沟通是社区风险治理的前提。《新冠重点人群健康服务工作方案》明确指出，应组织村（居）民委员会、村（社区）卫生服务机构，统筹村（居）民代表、村（居）民小组组长、楼门栋长、物业服务企业和志愿者等，采用群众乐意接受的方式加强联系，动态掌握辖区重点人群健康状况，及时完善重症高风险人员信息台账，以实现精准的信息沟通。各社区以此为目标，通过制定社区信息共享清单，建立标准统一、动态管理的社区数据资源体系，完善乡镇（街道）与部门政务信息系统数据资源共享交换机制，建立重点人群、弱势群体等的基础数据，构建数字技术辅助风险治理的决策机制。

浙江绍兴的“浙里兴村治社”，通过数字化理念和技术将“自上而下”的任务流程和“自下而上”民情回应结合，实现以精准为目标的信息沟通。在第 12 号台风“梅花”登陆前，嵊州市石璜镇农业、应急等各条线通过“浙里兴村治社”，用最短时间将应急响应指令、地质灾害转移信息等迅速传递到村干部，以快速减缓台风带来的影响。

## 四　社区风险治理面临的挑战

当前城市人口构成、产业结构、物态面貌等都在不断变化，导致社会重构快速化，尤其是 2022 年新冠疫情期间社区采取临时封控措施，这对我国社区风险治理提出了新的挑战。

### （一）社区对居民的需求不明确

1. 居民的需求底数不清

临时封控期间社区缺少需求底数清单。社区居委会虽然依靠《北京养老服务与管理信息平台》等提供行政服务的平台，已经掌握基本人口信息，但是缺少医疗和公共卫生信息。

2. 对居民的需求以电话问询为主

临时封控期间，上海、西安、武汉等城市采取的是被动地、以电话问询为主的个性化需求摸排方式[①][②]。临时采取以电话摸排为主的做法会导致：一是工作量激增，缺少人力；二是忙乱无序，降低效率；三是需求信息会有疏漏；四是特殊群体的紧急需求无法第一时间得到满足，导致极端事件出现。

## （二）社区能力底数不清

1. 社区内的医护专业服务力量底数不清

临时封控期间滞留在小区内的医护人员，同样可以发挥专业特长，为辖区内居民开展电话问诊、在线诊疗、用药咨询，以及对紧急情况开展第一时间处置等。北京每千常住户人口执业（助理）医师数居全国第一[③]，但社区没有辖区内医护人员的基本信息、专长（内科、产科、康复、心理等）与封控下愿意提供服务的底数。

2. 可以服务的社会力量不明

社区不能全面掌握能够提供服务的社会资源。社区服务以社区工作人员、机关“下沉”干部、党员积极分子、社区楼门长、活跃志愿者为主，但可以服务的社会力量底数不清。以北京为例，北京市第三产业占地区生产总值的83.97%[④]，这些业态分布在社区及周边，临时封控期间无法营业导

---

① 上海、西安、武汉等城市是以网格为单元、社区工作人员和志愿者逐一电话询问的方式摸排特殊群体的需求。

② 上海民政局在4月27日提出希望各区建立疫情期间的“特殊困难群体需求名单库”，在居民区建立专门的特殊困难群体服务志愿者小分队去了解特殊群体的需求。

③ 《北京统计年鉴2021》：北京每千常住户人口执业（助理）医师数为5.41人，居全国第一，东城和西城分别高达14.73人和12.84人。

④ 根据《北京统计年鉴2021》，三产各行业收入排名依次为：批发零售业、金融业、技术服务业、租赁和商务服务业、科学研究和技术服务业、交通运输仓储和邮政业、房地产业、教育、卫生和社会工作、文化体育和娱乐业，住宿餐饮、管理业、其他服务业。

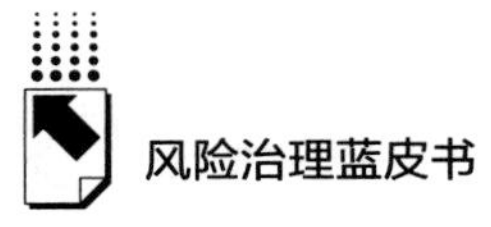


致大量人力赋闲并等待保供物资。如何规范有序地动员散居在封控区的社会力量，用以开展疫情期间的社区服务，社区没有明确的底数和预案准备。

## （三）社区物资准备不能精准托底

### 1. 前期物资准备缺乏

临时封控期间，部分居民可能因风险意识不足、封控时间超出预期、经济能力受限、行动不便等原因，未做好物资准备。社区或街道层面由于底数不清，只能解决“有没有”的问题，不能解决“够不够”和“好不好”的问题。一旦大面积封控，线上线下的物资供应和运输出现障碍后，很难短时间内获得各类物资。

### 2. 保供物资不易实现个性化

临时封控期间，市场网络会紊乱，统一化配置和社区化配置的集体配送抑制了多样化的需求，虽然能够满足多数群体的物资需求，但对特殊群体的个性化需求无法“兜底”，可能会影响他们的正常生活。

## （四）信息共享与工作融合不充分

### 1. 社区卫生服务中心（站）和街道（社区）的工作融合不充分

例如特殊群体的需求统计主要是在社区居委会，没有融合社区卫生服务中心（站），包括后者已经开展的公共卫生和医疗的基本信息及相关力量①②。实际上，社区卫生服务中心（站）掌握了孕产妇健康管理、0~6岁儿童健康管理、高血压患者健康管理、2型糖尿病患者健康管理等大部分特

---

① 《国家基本公共卫生服务规范》明确规定社区卫生服务中心（站）“以儿童、孕产妇、老年人、慢性疾病患者为重点人群，面向全体居民免费提供最基本的公共卫生服务”，“通过多种渠道动态更新和完善档案内容，包括个人基本信息、健康体检信息、重点人群健康管理记录和其他医疗卫生服务记录”。

② 《北京市2021年国家基本公共卫生服务项目绩效目标》明确从“孕产妇系统管理率≥90%、3岁以下儿童系统管理率≥80%、居民规范化电子档案覆盖率≥60%、高血压患者规范管理率≥65%、2型糖尿病患者规范管理率≥65%、65岁以上老年人城乡社区规范健康服务率≥60%、社区在册居家严重精神障碍患者管理率≥90%等方面”对社区卫生服务中心（站）2021年的工作进行绩效目标考核。

殊群体就医、用药的底数。

2. 社区“助医”信息无法与医院互通互联

医院的门急诊信息不能动态同步更新。临时封控期间，由于缺医少药和人们“不想添麻烦的心理”，门急诊人数会陡增，上海120调度指挥中心单日呼入电话数是上年日均来电量的12.3倍①。但医院信息变化很快，社区无法实时与医院互联互通，这会增加社区“助医”的无序性，导致紧急突发疾病难以得到及时救治。

3. 社区无序“助医”挤占紧缺的医疗资源

由于社区居委会和社区卫生服务站之间缺少工作融合，导致无序的志愿“助医”行为，破坏了常态的分级诊疗体系，挤占了紧缺的医疗资源。大面积封控期间，非定点医院需要抽调医护力量支援定点医院和方舱医院，加之部分医院因疫情停诊，使得医疗资源较常态化情况下紧张很多，但无序“助医”会导致医疗资源低效运转，甚至出现社区配药志愿者在三甲医院，拿着整个小区慢性病病人的病历卡到门诊开药的现象②。

## 五　发展展望

### （一）坚持以党建引领推进社区风险治理

党建引领将成为筑牢共建共治共享的基层社会治理制度的重要抓手。社区风险治理过程中，坚持和加强党对基层治理的全面领导并不是包办一切，而是要管大事、议大事，做好顶层设计、总体部署，着力提高党把方向、谋大局、定政策、促改革的能力。社区风险治理应结合各自实际情况，以党建为引领，找准症结、精准施策。通过完善党建引领的社区风险治理体制机

① 《冰点　上海急诊，急!》，中国青年报客户端，2022年4月27日，https://s.cyol.com/articles/2022-04/27/content_r54yBBSM.html，最后访问日期：2023年5月4日。

② 《冰点　上海急诊，急!》，中国青年报客户端，2022年4月27日，https://s.cyol.com/articles/2022-04/27/content_r54yBBSM.html，最后访问日期：2023年5月4日。

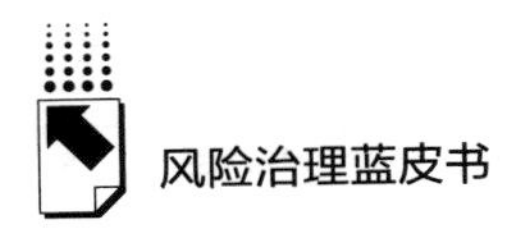


制，引导社区正能量“队伍”不断壮大，扩大多主体的参与积极性。健全完善群众参与社区风险治理的机制，畅通社区居民参与风险治理的渠道，优化社区居民参与非限制的方式方法，才能够将基层的首创精神激发出来。

## （二）智慧社区建设将成为社区风险治理的重要方向

社区风险治理是一项基础性、系统性、长期性工作，在抓好顶层设计和系统谋划、夯实社区多元共治的群众基础之外，还要不断推进智慧社区建设，才能扎实推进社区治理体系和治理能力现代化。

第一，智慧社区建设需要推动不同层级、不同部门的各类社区信息系统与智慧社区平台的对接或迁移集成。

第二，智慧社区建设需要拓展和深化社区风险治理场景。依托智慧社区平台建立起以风险为导向的风险研判、应急响应、舆情应对机制等智慧服务，同时结合社区服务，拓展更多的社区风险治理场景。

第三，完善大数据在社区风险治理中的作用。尝试通过完善标准构建规范统一的数据资源体系，进而完善乡镇（街道）与部门政务信息系统的社区风险数据资源共享交换机制，通过大数据挖掘构建数字技术辅助决策机制。

第四。完善自助便民服务网络以及水电气热的智慧化建设，丰富社区风险治理的数据来源。

## （三）重视极端条件下社区第一响应能力建设

社区作为出现突发极端事件后的第一响应单元，能在第一时间在现场，具有快速组织、指挥协调、专业处置能力。社区在突发极端情况下的响应能力建设，成为提升社区风险治理能力的重要因素。在这样的导向之下，需要从以下方面强化社区响应能力。

第一，加强社区人员密集场所安全管理，尤其是社区嵌入式养老机构，夯实日常的风险评估与隐患治理基础，同时做好疏散准备工作或等待救援的应急准备工作。

第二，完善社区应急组织体系和流程。根据社区的实际情况设置结构合理、分工明确的应急组织体系，明确信息上报的渠道、方式、时限以及内容要求，做好最后一公里的预警信息发布工作，保障信息没有盲点和漏点，同时优化应急避难场所建设和管理运行机制。

第三，支持各类专业组织、机构在社区开展社会服务。通过完善机制体制，引导社区组织加入社区风险治理，开展强化精神慰藉、心理疏导、关系调适、社会融入等服务。

## （四）着力提升应急状态下的社区动员能力

提升社区组织动员能力、激励引导群众参与城乡社区治理才能有效推进社区回归和增强自治功能，释放和激发群众参与社区治理的潜能和活力。要发掘社区的真实需求，激发和引导群众深度参与，需要在治理中培育群众的自我管理与自我服务意识，让社区成为有机的治理共同体。

第一，社区动员能力的提升，需要坚持以人民为中心。只有尊重群众主体地位，从群众差异化和个性化需求出发，才能满足群众物质、文化、心理、情感等不同方面的合理需求。

第二，需要在建章立制、开展活动过程中多听取群众的意见。社区动员需要让群众在形式、内容、效果等方面的实质性参与和切身体验中，不断降解无权感、强化社区认同感，才能推动形成参与社区治理的“自觉”，让群众主体地位和主人翁意识得到充分彰显。

第三，激励引导群众参与社区风险治理。注重从家国情怀、乡风家风、个人修养等多层面，增强村居民群众“主人翁”的主体意识，通过健全社区道德评议机制，开展道德模范评选表彰活动，建立社区荣誉体系和表扬制度，打造社区荣誉墙、荣誉室。推行“积分制”、“时间银行”、以服务换服务和“民生微实事”、公益创投等方式，激励引导社区居民积极参与城乡社区治理。

## （五）重点提升全员应急准备能力

社区风险治理应该重点做好全员应急准备能力的提升，提高每一个社会单元、每一个社会成员的应急准备能力。

第一，分级分类做好社区安全服务体系建设。组织社区居委会、卫生服务机构，统筹楼门栋长、物业服务企业和志愿者等，及时完善辖区重点人群和高风险人员台账。

第二，健全社区居委会联系群众机制。组织社区居委会人员、社会工作者、志愿者等开展入户走访，及时了解居民群众在安全方面的“急难愁盼”问题。

第三，鼓励社会力量承接政府购买服务事项。引导社会力量参与社区风险治理，完善社区风险治理工作信息化支撑，推动社区工作与居民群众需求精准对接。

## 参考文献

《联合国报告：2030 年全球每天将面临 1.5 起灾害　人类正被拖入“自我毁灭的漩涡”》，联合国中文网站，2022 年 4 月 26 日，https：//news. un. org/zh/story/2022/04/1102312，最后访问日期：2023 年 5 月 4 日。

中共中央、国务院：《党和国家机构改革方案》，《中华人民共和国国务院公报》，2023 年 3 月 30 日。

国务院办公厅：《“十四五”城乡社区服务体系建设规划》，《新华每日电讯》2022 年 1 月 22 日。

习近平：《高举中国特色社会主义伟大旗帜　为全面建设社会主义现代化国家而团结奋斗——在中国共产党第二十次全国代表大会上的报告》，新华网，2022 年 10 月 15 日。

聂志刚、韩冰曦、魏飞：《在党的全面领导下构建社会治理共同体——深圳市南山区的创新实践与经验启示》，人民论坛网，2021 年 8 月 25 日。

人民智库专题课题组：《红色领航　治理赋能——抓党建促基层治理能力提升的山西阳泉实践》，人民论坛网，2022 年 10 月 25 日。

安娜：《超大城市社区治理的“朝阳答案”》，《中国社会报》2023 年 1 月 12 日。

《发挥好信息化对城乡社区治理服务的驱动引领作用——民政部负责人就〈关于深入推进智慧社区建设的意见〉答记者问》，《中国民政》2022 年第 1 期。

《加快推进基层治理体系和治理能力现代化建设——2021 年度全国基层治理创新典

型案例集萃（下）》，《中国民政》2022 年第 6 期。

《2021 年度全国综合减灾示范社区公示公告》，中华人民共和国应急管理部官网，2022 年 11 月 14 日。

蓝煜昕、张雪：《社区韧性及其实现路径：基于治理体系现代化的视角》，《行政管理改革》2020 年第 7 期。

黄莹、刘金英：《城市社区怎样进行文化营造》，《人民论坛》2019 年第 1 期。

## B.6

# 2022~2023年中国校园安全创新发展报告

韩自强　孙　瑞*

**摘　要：** 校园安全是教育治理的重要组成部分，也是社会安全的重要基石之一。目前中国校园安全呈现隐患风险多样复杂且安全防控体系有待完善、社会关注不断增长且政府回应更加及时、治理力度不断加强且安全形势总体趋好等特点。此外，科技的发展与社交媒体的推广、非传统风险的演变等为统筹校园安全与发展带来新的挑战。基于联合国综合学校安全框架和我国政策与实践，本文进一步提出四“全”校园安全建设和评估框架，为校园安全建设提供理论支撑。通过梳理近一年的校园安全相关政策并总结高校安全治理典型案例，为校园安全建设提供实践引领。最后从完善法治体系与推动政策落实、重视安全教育与加强科学研究、以学生为中心并激发其主体性、加强主体协作与促进国际交流、强化应急理念与提升风险意识五方面提出校园安全治理展望，以期进一步推动我国学校安全创新发展与深入协同。

**关键词：** 校园安全　应急管理　安全教育

* 韩自强，博士，山东大学政治学与公共管理学院教授、博士生导师，风险治理与应急管理研究中心执行主任，研究方向为风险、灾害和应急管理；孙瑞，山东大学政治学与公共管理学院博士研究生，风险治理与应急管理研究中心研究助理，研究方向为应急管理。

## 一　2022~2023年校园安全概述

学校安全是社会关注的焦点。究其原因，一方面，因为学校安全的保护对象具有特殊性，学生是社会和家庭的未来，然而其自我保护能力有待提升，需要给予其特殊的关注；另一方面，校园安全关乎千千万万个家庭的幸福，一旦发生校园安全事故，会给相关联的家庭带来痛苦与不安，进而产生社会隐患，因此校园安全是社会安全的重要组成部分。① 此外，新冠疫情突发、科技的发展与社交媒体的推广也为学校安全管理工作带来新的挑战。做好学校安全防治工作，需要了解校园安全的内涵与类型、现状与问题、原因与挑战。

### （一）校园安全内涵与类型

在《中国应急教育与校园安全发展报告 2017》中，作者结合学术界的定义，将校园安全定义为“学校内工作、学习、生活等一切人员在校园没有受到任何人身、财产等方面的威胁，并且行动结果处于可控的状态”。② 也有学者认为不受威胁的安全状态不仅指客观环境中没有危险，也包括生活于其中的师生没有受到威胁的主观感受。③ 还有学者认为校园安全除了涉及学生、教师之外，还包括环境，即校园环境和学校周边环境。④ 基于此，本文认为校园安全应是学生、教师和环境不同主体，人身、财产和心理不同维度，工作、学习和生活不同方面的全方位、立体化的安全格局。与此相关的“校园安全治理”指的是“校园安全的相关主体运用一切资源和方法，努力

---

① 冯华：《基于公共治理思维的小学安全管理工作开展——评〈中国学校安全治理研究〉》，《安全与环境学报》2022 年第 2 期，第 1119~1120 页。

② 高山主编《中国应急教育与校园安全发展报告 2017》，科学出版社，2017。

③ 韦延海：《新时代背景下高校校园安全治理的问题与对策》，《区域治理》2019 年第 47 期，第 186~188 页。

④ 赵晶：《系统论视域下高校校园安全治理》，《高校后勤研究》2022 年第 6 期，第 29~32+35 页。

解决各种安全问题的过程”。[①]

关于校园安全（事件）的类型，有学者基于国家突发事件分类的标准和校园安全自身的特点，区分出自然灾害事故、设施安全事故、公共卫生与食品安全事件、校园欺凌事件、环境污染事件、意外伤害事件、校园暴力事件以及个体健康事件八大类；[②]《学校安全事故预防与处理指导手册》一书中提到了消防安全、水电气安全、实验室管理、住宿学生安全、校车安全、安全工作档案、教学安全、大型集体活动安全、体育活动安全、预防性骚扰等几个方面；[③] 还有学者针对中小学校补充了交通安全、网络安全、生产实习与社会实践安全、宏观层面的国家安全等。[④] 以上内容都属于广义层面的校园安全范畴，总体来看，校园安全涉及范围广泛，且在高校、中小学和托幼机构等不同类型的学校中具体内容存在区别，应采取针对性举措，如实验室安全在高校校园安全中受到更多关注，校车安全在中小学校园安全中得到强调；此外，随着对校园安全治理认识的逐步深化，校园安全管理不局限于校园内部，更是逐渐向学校周边环境以及网络空间延伸，如校园周边安全管理和未成年人网络安全已成为全社会重点关注的问题。

维护校园稳定和安全，需要对学校安全工作的特点有合理的认识，总体来看，主要包括以下三个方面：一是学校安全风险的集中性，因为学校是人员密集场所，学生因其活泼好动、安全认知能力有限等因素本身就是安全事故高发人群，学校开展的体育活动、课外活动等也具有一定的风险性。二是学校安全事故的多元性，具体表现为校园安全风险类型的多样性，包括食品安全、校园欺凌等；学校安全事故相关利益主体的多元性，涉及学校、家庭、社会等多方面；事故后果危害的多样性，包括人员伤亡、财产损失等。

---

① 韦延海：《新时代背景下高校校园安全治理的问题与对策》，《区域治理》2019 年第 47 期，第 186~188 页。

② 高山主编《中国应急教育与校园安全发展报告 2017》，科学出版社，2017。

③ 教育部政策法规司、中国教育科学研究院编《学校安全事故预防与处理指导手册》，教育科学出版社，2022。

④ 张超：《中小学校安全科技教育新特征与新方法——评〈校园安全教育〉》，《安全与环境学报》2022 年第 2 期，第 1113~1114 页。

三是学校安全工作的复杂性，事故的多元性直接导致了工作的复杂性，多种风险相互交织，事故处理不当可能会引发“校闹”事件，产生社会舆情；既需要关注师生群体的身体安全，也需要关注其心理安全；需要统筹兼顾学生的安全与发展，既要降低事故发生率，又要保障开展合理有益的校园活动。

## （二）中国校园安全的现状与问题

校园安全工作的现状可归纳为以下三点：一是隐患风险多样复杂且安全防控体系有待完善，目前关于全国校园安全的全面调查的数据很少，但通过新闻报道的事故案例可知，安全事故仍层出不穷，如 2022 年“湖北省襄阳一幼儿园被曝使用过期奶制品和发臭肉”“江西安福一男子在幼儿园行凶致 3 死 6 伤”“四川绵阳一女生被同校三名女生殴打”“安徽一高校宿舍楼发生火灾”等，[①] 还有人民网舆情数据中心发布的《2022 中国青少年防溺水大数据报告》指出，因溺水造成的伤亡位居我国 0～17 岁年龄段首位，[②] 可见校园安全综合治理仍需加强，然而，目前学校安全防控体系有待进一步完善，如治理主体责任体系尚未健全、安全事故应急处理机制尚待完善等。二是社会关注不断增长，且政府回应更加及时，随着焦点事件的发生、对校园安全的呼吁倡导以及疫情带来的不确定性，公众、媒体对校园安全的关注度不断上升，对提升校园安全水平的需求不断上涨，与之相应的是，政府陆续

---

① 《襄阳市被曝存在食品问题的幼儿园被停业整顿》，新华网，2022 年 4 月 28 日，http：//www. news. cn/local/2022-04/28/c_ 1128606338. htm，最后访问日期：2023 年 4 月 27 日。
《江西一歹徒持械在幼儿园行凶致 3 死 6 伤，警方正全力追捕》，观察者网，2022 年 8 月 3 日，https：//www. guancha. cn/politics/2022_ 08_ 03_ 652163. shtml，最后访问日期：2023 年 4 月 27 日。
《13 岁女生被 3 名女生殴打！警方连发通报》，澎湃新闻网，2022 年 11 月 21 日，https：//www. thepaper. cn/newsDetail_ forward_ 20839654，最后访问日期：2023 年 4 月 27 日。
《合肥一高校宿舍楼发生火灾官方通报》，凤凰网，2022 年 11 月 26 日，https：//news. ifeng. com/c/8LF6waKbtl7，最后访问日期：2023 年 4 月 27 日。

② 《快来看！人民网舆情数据中心发布〈2022 中国青少年防溺水大数据报告〉》，澎湃新闻网，2022 年 7 月 27 日，https：//www. thepaper. cn/newsDetail_ forward_ 19201322，最后访问日期：2023 年 4 月 24 日。

出台相关政策，及时有效地作出调整部署，如对于校园欺凌问题出台法治副校长相关文件，对于高校实验室安全出台实验室安全检查工作的通知，对于疫情防控出台技术方案等通知，并不断更新调适。三是校园安全治理力度不断加大，且校园安全形势总体趋好，公安部、教育部自 2019 年起联合开展全国中小学安全防范建设三年行动计划，[①] 旨在用 3 年时间逐步构建全方位的校园安防体系，自实施以来，公安机关在校园周边设立警务室及治安岗亭 25 万个、“护学岗” 15 万个，选派 30 余万名优秀民警担任学校法治辅导员，[②] 此外 3.9 万余名检察官在 7.7 万余所学校担任法治副校长，[③] 全国检察机关通过帮教回访、心理疏导等形式开展特殊预防 1 万余次，开展法治巡讲 2.7 万次、法治讲座 65.6 万次。[④] 在多部门联合行动下，校园安全水平进一步提升，师生安全保障进一步加强。

校园安全管理中存在的问题可以从宏观、中观与微观三个层面进行简要概括。宏观制度层面主要包括校园安全法制体系有待健全，如应对以新冠疫情为代表的重大突发风险的法律依据不足；协同防治制度中各主体的权责关系有待于进一步厘清。中观组织层面包括学校安全治理主体责任体系尚未健全；学校安全事故应急处理机制尚待完善，事故发生后先期处置的程序化、规范化水平不高，未能有效防止事态的扩大升级；此外财政、物资等保障力度不足，“三防”（人防、物防、技防）建设存在完善空间。微观个体层面主要包括学校师生、家长等主体的校园安全意识、知识、技能与能力有待提升，具体包括部分学校教职员工安全意识淡薄、应急处置能力不足，学生自

---

① 彭景晖、杜雨欣：《公安部推出新举措进一步维护校园及学生安全》，《光明日报》2021 年 3 月 27 日，第 2 版。

② 《公安部发布会通报部署全国公安机关切实维护中小学校园安全等情况》，中华人民共和国中央人民政府网站，2021 年 3 月 26 日，https：//www. gov. cn/xinwen/2021-03/26/content_ 5596041. htm，最后访问日期：2023 年 4 月 24 日。

③ 《两部门：检察官担任法治副校长应协助学校建立完善预防性侵害等制度》，中华人民共和国中央人民政府网站，2022 年 1 月 10 日，https：//www. gov. cn/xinwen/2022-01/10/content_ 5667527. htm，最后访问日期：2023 年 4 月 27 日。

④ 《2022 年全国检察机关主要办案数据》，中华人民共和国最高人民检察院网站，2023 年 3 月 7 日，https：//www. spp. gov. cn/xwfbh/wsfbt/202303/t20230307_ 606553. shtml#1，最后访问日期：2023 年 4 月 27 日。

我保护的知识和能力欠缺，家长出于工作繁忙等原因参与校园安全防治的动力不足、时间精力有限。

## （三）中国校园安全事件的原因分析

学校安全工作不断完善的原因之一就是每次事故发生后对其进行分析、思考，总结经验教训，并据此采取针对性的改善措施。不同类型的校园安全事件的致因机理存在差异，如影响校园治安事件发生的原因包括内部和外部两个方面，即内部师生的个体行为和学校安全管理工作的漏洞，还有外部的学校周边环境氛围的作用；影响食品安全事件发生的主要原因有监管惩罚环节的缺失。[①] 总体来看，可以从内因和外因两个方面进行归纳，其中内因可从以下方面考虑：学校安全管理体系，如应急管理组织体系不健全，重善后轻预防等；教职员工和师生的安全意识和行为，学校安全教育的内容和形式实效不佳。外因可从以下方面考虑：校园周边的环境氛围，具体包括环境治安方面、食品安全方面和交通安全方面；相关政府部门的监管力度和协作程度、法律政策的完善程度以及社会的安全意识文化氛围。当学校安全的内部隐患和外部隐患被减轻或消除后，校园安全水平也会进一步提升。

此外，风险隐患只是引发事故的可能因素，事故的真正发生往往还需要行为的触发机制，因此加强监管和预防，阻止风险源向事故发生的转化也十分重要。还有一些校园事故（如自然灾害事故）由于其突发性，人们虽然知道风险因素和影响机理，但也无法让事故免于发生，此时需要提升师生的应急能力来提升韧性，减轻事故带来的伤害，最大限度地减少损失，具体提升应急技能的方式包括科普宣教、应急演练等。

## （四）中国校园安全管理面临的新挑战

一是随着科技的发展，如何合理使用网络这把双刃剑？随着互联网的普

① 焦憬：《致因机理在校园安全防控管理工作的应用——评〈校园安全事件致因机理与风险防控〉》，《安全与环境学报》2022 年第 2 期，第 1115~1116 页。

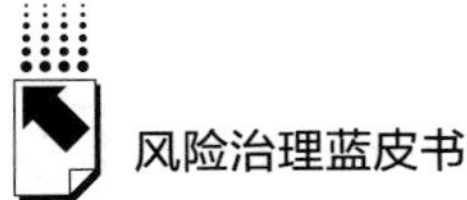



及，网络世界已是青少年的聚集地，虽然网络为学习交流带来了便利，但是其所产生的隐患引发了社会各界的担忧。第一，校园欺凌、校园暴力、性侵犯罪等通过网络延伸，我国28.89%的未成年人在社交软件、网络社区等网络场域遭受过暴力辱骂，[①] 此外，不法分子利用网络进行新形态的犯罪，比如诱骗未成年人发送不雅照片等。[②] 第二，网络消费异常问题频现，如网络充值打赏、网络贷等问题层出不穷。第三，网络沉迷成瘾现象越发突出，学生本身好奇心强且自制力弱，再加上游戏厂商吸睛的设计，使得未成年人容易沉迷网络无法自拔。此外，未成年人在上网过程中容易泄露个人隐私，而未成年人本身对网络安全威胁的认识普遍不足。[③] 网络是把双刃剑，安全使用是关键，为解决网络安全新风险、营造清朗的网络空间环境，目前社会各界纷纷建言献策，并主张对青少年加强网络安全教育，为“互联网一代”青少年的健康成长保驾护航。

二是以新冠疫情为例，在非传统风险中如何统筹校园管理的安全与发展？新冠疫情是典型的非传统风险，为校园安全工作带来极大的挑战，为应对此次风险，学校实行封闭式管理、常态化防控和应急性处置，如采用线上教学、每日进行健康监测等，不仅正常的教学生活秩序和师生的身心健康受到了影响，学校安全工作的人力、物力和财力资源也承受了较大压力。此外，一些有益的教育教学活动也出于安全考虑而按下了暂停键。如何在风险情境中既高度重视安全，又可以兼顾学生的发展成长是疫情留给我们思考的课题。

三是在化解多重风险中，如何凝聚各方共识、形成治理合力？学校安全管理工作往往同时面临着多种风险共存的局面，当事故发生后，若先期处置

---

① 《〈青少年蓝皮书：中国未成年人互联网运用报告（2019）〉指出——中国未成年人面临四大主要网络风险》，人民网，2019年6月13日，http://world.people.com.cn/n1/2019/0603/c190973-31117506.html，最后访问日期：2023年4月27日。

② 高山主编《中国应急教育与校园安全发展报告2020》，中国社会科学出版社，2020。

③ 叶俊、李沐芸：《未成年人的网络安全及用网保护》，载方勇、季为民、沈杰主编《青少年蓝皮书：中国未成年人互联网运用报告（2022）》，社会科学文献出版社，2022，第209~226页。

不当，事态升级扩大后再经由媒体放大，易导致舆情事件或校闹事件，进一步增加学校处置危机的难度。在应对危机的过程中，不同政府部门、学校、家庭和社会需要通力合作，然而不同主体的利益、信念存在差异，凝聚各方共识、协力化解危机是对我们耐心和智慧的考验。

## 二　校园安全理论进展

### （一）联合国综合学校安全框架

国际组织特别是联合国系统在校园安全的倡导、话语建构等方面发挥着重要作用。联合国减灾署和儿童基金会等在 2012 年提出了综合校园安全（Comprehensive School Safety）的概念框架，并在 2017 年根据新的《2015~2030 年仙台减轻灾害风险框架》进行了修订。该框架包括三个支柱，第一个支柱是学习设施安全，第二个支柱是学校灾害和应急管理，第三个支柱为减防灾和韧性教育。[①] 2022 年联合国系统对该框架进一步完善，提出综合校园安全框架 2022~2030（Comprehensive School Safety Framework 2022-2030），该框架有四个关键组成部分，分别是一个基础和三个交叉的支柱（见图 1），一个基础是赋能体系和政策（Enabling Systems and Policies），三个交叉的支柱分别是更安全的学习设施（Safer Learning Facilities）、学校安全和教育连续性管理（School Safety and Educational Continuity Management）、减防灾和韧性教育（Risk Reduction and Resilience Education）。[②] 赋能体系和政策侧重于加强体系层面的韧性，包括提供有效的教育连续性措施、保护教育部门的投资，促进安全和韧性的文化，以及采用风险知情的政策和规划方法来提高

① 韩自强：《综合校园安全建设与评估框架建构》，《国家治理与公共安全评论》2020 年第 1 期，第 67~83 页。

② Global Alliance for Disaster Risk Reduction and Resilience in the Education Sector，“Comprehensive School Safety Framework 2022 - 2030”，2022，https：//www. preventionweb. net/publication/comprehensive-school-safety-framework-2022-2030，最后访问日期：2023 年 6 月 1 日。

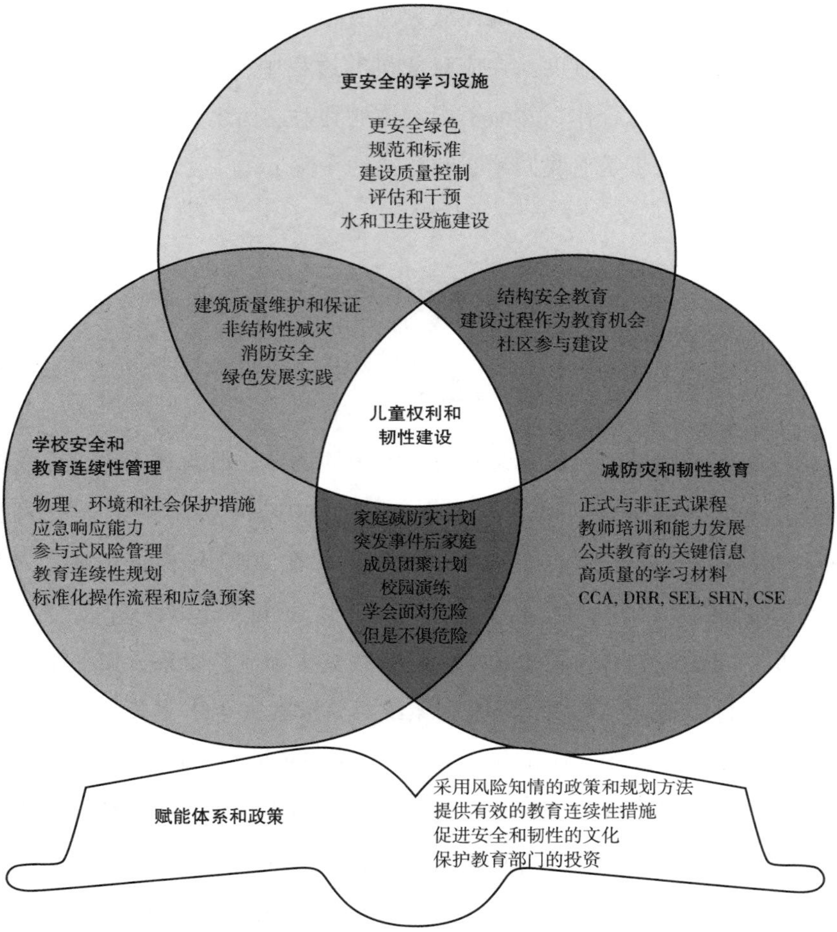

更安全的学习设施
更安全绿色
规范和标准
建设质量控制
评估和干预
水和卫生设施建设

建筑质量维护和保证
非结构性减灾
消防安全
绿色发展实践

结构安全教育
建设过程作为教育机会
社区参与建设

儿童权利和
韧性建设

学校安全和
教育连续性管理
物理、环境和社会保护措施
应急响应能力
参与式风险管理
教育连续性规划
标准化操作流程和应急预案

家庭减防灾计划
突发事件后家庭
成员团聚计划
校园演练
学会面对危险
但是不惧危险

减防灾和韧性教育
正式与非正式课程
教师培训和能力发展
公共教育的关键信息
高质量的学习材料
CCA, DRR, SEL, SHN, CSE

赋能体系和政策
采用风险知情的政策和规划方法
提供有效的教育连续性措施
促进安全和韧性的文化
保护教育部门的投资

**图 1　综合校园安全框架 2022~2030**

资料来源：Global Alliance for Disaster Risk Reduction and Resilience in the Education Sector，“Comprehensive School Safety Framework 2022-2030”，本文作者进行翻译。

公平性、预防和减少风险以及提高能力。更安全的学习设施包括更安全绿色、规范和标准、建设质量控制、评估和干预、水和卫生设施建设等方面。学校安全和教育连续性管理包括物理、环境和社会保护措施，应急响应能力，参与式风险管理，教育连续性规划，标准化操作流程和应急预案等方面。减防灾和韧性教育包括正式与非正式课程、教师培训和能力发展、公共教育的关键信息、高质量的学习材料等方面。其中建筑质量维护和保证、非结构性减灾、消防安全、绿色发展实践可以被视为更安全的学习设施与学校安全和教育连续性管理的重合部分；结构安全教育、建设过程作为教育机会、社区参与建设是更安全的学习设施与减防灾和韧性教育的交叉部分；家庭减防灾计划、突发事件后家庭成员团聚计划、校园演练、学会面对危险但是不惧危险是减防灾和韧性教育与学校安全和教育连续性管理的重合部分。该框架的核心内容是儿童权利和韧性建设。

### （二）中国学校安全治理框架

联合国儿童基金会和减灾署提出的综合校园安全框架 2022~2030 为构建中国的学校安全治理框架提供了启示。在 2012 年第一版中第三个支柱主要是减防灾教育，之后在 2017 年第二版中在第三个支柱中加入了韧性教育，随后在最新的校园安全框架中，第二个支柱由“学校灾害和应急管理”发展成为“学校安全和教育连续性管理”，并增添了一个基础“赋能体系和政策”，这说明校园安全框架是在不断发展演化的。此外在中国，校园安全综合治理需要涉及多元主体，如政府、学校、社会和家庭；依据应急管理生命周期的理念，校园安全治理的过程也应覆盖事前、事中、事后全流程。也有学者指出不仅要注重校园内的安全，也要关注校园周边环境的安全；① 以及需要构建“物防、人防、技防和心防”“四位一体”的安全治理网络。②

基于联合国提出的综合校园安全框架、我国校园安全相关政策和我国综合校园安全建设实践，本文提出四“全”校园安全建设和评估框架（见图 2）。四“全”的具体内容包括：一是全社会的参与，如政府、学校、家庭、企业和社会组织。政府发挥支柱性的引领和保障作用，学校和家庭是更为具体的执行者，志愿组织等社会力量是多元治理格局的有益补

① 甘富兰：《浅谈学校安全防范和校园周边环境治理》，《科学咨询（教育科研）》2020 年第 12 期，第 133 页。

② 赵晶：《系统论视域下高校校园安全治理》，《高校后勤研究》2022 年第 6 期，第 29~32+35 页。

充。二是全流程的管理，包括风险与资源识别、预防、设防和保护、准备、响应、恢复等环节。在平常需要进行风险分析和资源识别，从而对一些可以消除的风险进行预防，并做好准备工作，保证在响应阶段可以有效应对，以及在事后可以快速恢复。三是全方位的建设，既要包括校内的设施配备、环境建设、安全教育等，也要包括校外社区的软硬件建设。因为学校和所在社区是一个有机的整体，既相互联系又相互影响，一方面安全的社区环境可以成为校园安全的保障，另一方面如果发生突发事件或者灾害，学校也可以为社区提供临时避难场所等应急资源。四是全方位的投入，首先，需要增强社会所有相关主体的防范意识；其次，需要具体从人力资源、技术资源和物质资源等方面加强建设。由此形成全面的、系统的、韧性的中国学校安全治理框架。

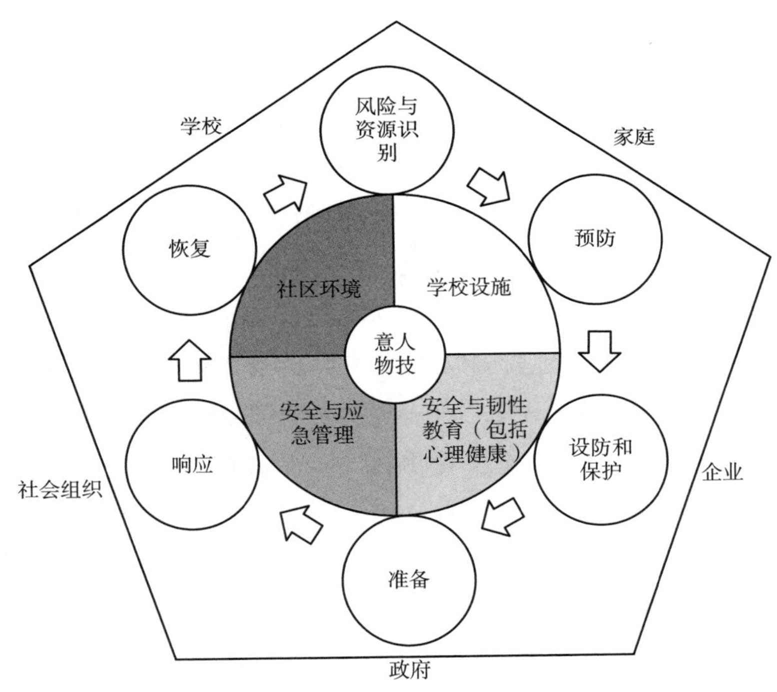


**图2　四“全”校园安全建设和评估框架**

资料来源：韩自强《综合校园安全建设与评估框架建构》，《国家治理与公共安全评论》2020年第1期，第67~83页。

## 三　校园安全政策与实践

### （一）校园安全政策梳理

自2002年《学生伤害事故处理办法》发布以来，教育部陆续出台了多项与校园安全相关的政策文件，不断回应学校安全事故处置中的难点和痛点问题，推动构建多元参与共治的全方位的治理体系，如《中小学幼儿园安全管理办法》《国务院办公厅关于加强中小学幼儿园安全风险防控体系建设的意见》《教育部等五部门关于完善安全事故处理机制　维护学校教育教学秩序的意见》等。从校园安全的具体领域来看，政策文件的数量不断上升、内容不断完善。如在校园欺凌方面，规定详细且影响较大的文件有《国务院教育督导委员会办公室关于开展校园欺凌专项治理的通知》（以下简称《通知》）、《教育部等九部门关于防治中小学生欺凌和暴力的指导意见》（以下简称《意见》）、《加强中小学生欺凌综合治理方案》（以下简称《方案》）等，其中《通知》初步界定了校园欺凌的内涵并列举了学校的职责，《意见》具有注重加强部门统筹协调、建立多元主体沟通协作机制等显著特征，《方案》在《通知》和《意见》的基础上进一步完善，更加强调各个部门具体的职责分工。此外，在学校食品安全、学校安全教育、预防性骚扰等方面也相继出台了一系列的政策文件，全方位守护校园安全。

以“校园安全”“校园欺凌”“校园暴力”为关键词，通过检索北大法宝和教育部官网，本文对近一年与校园安全相关的政策进行梳理，并按照时间顺序排序（见表1），并将从内容、主体（发文机关）、时间三个方面总结政策特征。从内容来看，近一年校园安全政策主要围绕“疫情防控”“食品安全”“实验室安全”“关键主体”这四方面展开。新冠疫情的突发给校园安全管理带来了极大的挑战，为确保师生健康和教学秩序，教育部多次发文，分类引导教职员工和学生采取合宜的措施应对疫情，如为学生的学习生活健康提供指南、为教职员工的行为提供指引等。学校作为人群较为密集的

**表 1　校园安全相关政策梳理**

| 成文日期 | 政策名称 | 发文机关 |
| --- | --- | --- |
| 2021 年 12 月 | 关于印发《检察官担任法治副校长工作规定》的通知 | 最高人民检察院　教育部 |
| 2021 年 12 月 | 中小学法治副校长聘任与管理办法 | 中华人民共和国教育部 |
| 2021 年 12 月 | 教育部关于开展中小学幼儿园校(园)长任期结束综合督导评估工作的意见 | 教育部 |
| 2022 年 1 月 | 教育部办公厅关于切实做好岁末年初及寒假期间校园安全工作的通知 | 教育部办公厅 |
| 2022 年 1 月 | 教育部办公厅等五部门关于贯彻落实《中小学法治副校长聘任与管理办法》的通知 | 教育部办公厅　最高人民法院办公厅　最高人民检察院办公厅　公安部办公厅　司法部办公厅 |
| 2022 年 1 月 | 市场监管总局　教育部　公安部关于开展面向未成年人无底线营销食品专项治理工作的通知 | 市场监管总局　教育部　公安部 |
| 2022 年 2 月 | 市场监管总局办公厅　教育部办公厅　国家卫生健康委办公厅　公安部办公厅关于统筹做好 2022 年春季学校新冠肺炎疫情防控和食品安全工作的通知 | 市场监管总局办公厅　教育部办公厅　国家卫生健康委办公厅　公安部办公厅 |
| 2022 年 2 月 | 教育部办公厅关于开展 2022 年“师生健康中国健康”主题健康教育活动的通知 | 教育部办公厅 |
| 2022 年 3 月 | 教育部办公厅关于组织开展 2022 年高等学校实验室安全检查工作的通知 | 教育部办公厅 |
| 2022 年 3 月 | 教育部办公厅关于印发学生疫情防控期间学习生活健康指南的通知 | 教育部办公厅 |
| 2022 年 4 月 | 关于印发高等学校、中小学校和托幼机构新冠肺炎疫情防控技术方案(第五版)的通知 | 国家卫生健康委办公厅　教育部办公厅 |
| 2022 年 4 月 | 教育部办公厅关于印发《学校教职员工疫情防控期间行为指引(试行)》的通知 | 教育部办公厅 |
| 2022 年 4 月 | 教育部办公厅关于印发《全国依法治校示范校创建指南(中小学)》的通知 | 教育部办公厅 |
| 2022 年 5 月 | 教育部办公厅关于开展 2022 年教育系统“安全生产月”活动的通知 | 教育部办公厅 |
| 2022 年 5 月 | 教育部办公厅关于加强学校校外供餐管理工作的通知 | 教育部办公厅 |

续表

| 成文日期 | 政策名称 | 发文机关 |
| --- | --- | --- |
| 2022 年 8 月 | 市场监管总局办公厅　教育部办公厅　国家卫生健康委办公厅　公安部办公厅关于做好 2022 年秋季学校食品安全工作的通知 | 市场监管总局办公厅　教育部办公厅　国家卫生健康委办公厅　公安部办公厅 |
| 2022 年 8 月 | 教育部办公厅　国家疾控局综合司关于印发高等学校、中小学校和托幼机构新冠肺炎疫情防控技术方案（第六版）的通知 | 教育部办公厅　国家疾控局综合司 |
| 2022 年 11 月 | 最高人民法院　最高人民检察院　教育部印发《关于落实从业禁止制度的意见》的通知 | 最高人民法院　最高人民检察院　教育部 |
| 2023 年 1 月 | 教育部等十三部门关于健全学校家庭社会协同育人机制的意见 | 教育部　中央宣传部　中央网信办　中央文明办　公安部　民政部　文化和旅游部　国家文物局　国务院妇儿工委办公室　共青团中央　全国妇联　中国关工委　中国科协 |
| 2023 年 2 月 | 教育部办公厅关于印发《高等学校实验室安全规范》的通知 | 教育部办公厅 |
| 2023 年 2 月 | 教育部办公厅　国家卫生健康委办公厅　国家疾病预防控制局综合司关于印发高等学校、中小学校和托幼机构新型冠状病毒感染防控技术方案（第七版）的通知 | 教育部办公厅　国家卫生健康委办公厅　国家疾病预防控制局综合司 |

资料来源：表中内容均由作者依据官网检索结果自行整理所得。

区域，一直是食品安全领域防护的重点，新冠疫情的突发更是引发了社会各界对于食品安全与卫生健康的关注，为此教育部联合相关部门也多次发文，就学校食品安全工作、校外供餐管理等作出指示。实验在科研中占有重要地位，实验室安全关乎科研人员等的人身和财产安全，教育部就高校实验室安全多次发文，从中可以看出实验室安全应是常抓不懈的一项重点工作。最后，关键主体包括法治副校长、校（园）长、教职员工等，法治副校长来自法院、检察院、公安机关以及司法行政部门，承担的职责主要是开展法治宣传教育和参与校园安全建设、加强未成年学生保护，在预防性侵害、性骚扰、校园欺凌和校园暴力等方面发挥重要作用。校（园）长是学校管理的总负责人，加强对其的督导评估，有助于教育政策的落实。教职员工是校园安全的利益相关者，也是学生成长的引路人，对学生的发展具有重要的影响，规范引导教职员工的行为、落实从业禁止制度，目的在于保障校园安全、净化校园环境。从主体（发文机关）来看，首先，可以发现参与主体多元化，既有多个不同的政府部门参与，又吸纳了妇联、共青团等群团组织，形成多元共治的治理格局。其次，根据发文频次，可以得知教育部门主要和两类政府部门合作密切，一类是法院、检察院、公安部和司法部等部门，所发布的政策内容多与法治教育、打击违法犯罪等主题相关；另一类是国家卫生健康委和国家疾病预防控制局，所发布的政策内容多与疫情防控、食品安全、卫生健康主题相关。从时间来看，首先，政策的发布会与重要的时间节点密切相关，比如假期前会发布校园安全工作的通知，以及依托“安全生产月”开展活动等。其次，政策内容会随着具体情况和时间的演变而作出调整，比如新冠疫情防控技术方案从第五版调整到第七版。

校园安全政策进一步明确了各方主体的职责以及工作重点和方法，发挥了强有力的导向作用，进而对政策执行与实践产生影响。

### （二）校园安全治理典型案例——高校“一站式”学生社区综合管理模式建设

教育部积极推进“一站式”学生社区综合管理模式建设工作，指导各地各高校不断探索完善，逐步形成“集成化、网格化、精细化和信息化”的综合管理模式，将资源下沉到学生社区，促进智慧校园和平安校园建设，在2022年疫情防控中也发挥重要作用，主要体现在建设“三全育人”实践园地、打造智慧服务创新基地、争创平安校园样板高地等方面。[①]

① 《用最温暖的关爱陪伴学生成长——高校“一站式”学生社区综合管理模式建设工作综述》，中华人民共和国教育部网站，2023年1月29日，http：//www.moe.gov.cn/jyb_ xwfb/gzdt_ gzdt/s5987/202301/t20230129_ 1040665.html，最后访问日期：2023年4月21日。

一是建设“三全育人”实践园地，专兼职辅导员、心理健康教育人员、朋辈心理辅导队伍等广泛普及心理健康知识，帮助同学提升心理健康素养。二是打造智慧服务创新基地，通过“人脸识别+身份认证”技术，及时发现校园安全管理的潜在风险，提升安保人员的工作效能。三是争创平安校园样板高地，2022年疫情期间，各高校依据“一站式”学生社区构建群防群治网络，将学生社区网格化日常管理模式高效转变为应急管理机制，进一步维护疫情期间的校园安全稳定。院校领导干部、辅导员队伍、志愿者队伍下沉到学生单元开展工作，建立校内疫情防控联动机制，以多方常态化联动加强校园安全教育。

以山东大学为例，山东大学建设新冠感染疫情防控专题网站，[①] 及时更新通知公告、疫情动态和防控知识等信息，组织防控培训会以落实安全保障工作，通过人防、物防、技防等加强校园安保管理。院校领导、辅导员队伍在疫情严峻期与学生在一起，聚焦学生所急所需，适时调整教学、科研、服务等方面的工作，用心呵护学生身心健康成长。教师、饮食中心工作人员、物业工作人员、校医院工作人员等齐心协力共同守护校园安全，此外，学生成立疫情防控先锋志愿者队伍，在物资登记与发放、信息统计与核实等方面贡献力量，共同守卫山大安全，形成疫情防控校园治理合力。山东大学是“一校三地”的模式，在济南、青岛和威海都有校区，校园安全管理挑战大，近年来在高校安全治理体系和能力现代化方面开展了一些探索，比如成立学校安全工作委员会，设置安全工作办公室，用来统筹协调各类安全工作；探索校园安全共建共治共享新机制，加强师生自救互救能力培训，探索应急管理研究教学与高校安全管理协同融合等。

## 四　校园安全治理展望

### （一）完善法治体系，推动政策落实，加强政策执行监督与效果评估

建立完善校园安全综合治理法治体系，可从以下几方面着手：配套完善

① 《山东大学新冠肺炎疫情防控专题》，山东大学新闻网，https：//www. view. sdu. edu. cn/sddxxxfyfkztwz/sddxxgfyyqfkztwz. htm，最后访问日期：2023 年 4 月 28 日。

相关法律法规，明确各主体权责关系；完善学校法治副校长工作联席会议制度，健全遴选机制和考核机制，激励法治副校长履职尽责，完善沟通联络机制和日常工作协调机制；完善校园警务制度；[①] 完善学校安全事故调解纠纷、赔付、诉讼制度。推动政策落实，进一步加强政策执行监督与效果评估，为之后的政策制定提供依据和参照。

### （二）重视安全教育，加强科学研究，为学校安全工作积累理论和实践经验

重视安全教育，学校安全教育和安全管理相辅相成，第一，创新校园安全教育形式和内容，利用科技赋能，更加精准地为学生提供形式多样的安全教育；第二，安全教育应符合青少年成长规律和认知特点，以提升教育实效；第三，既要培养学生的法治意识和思维，也要重视其道德品质和人际交往共情能力的培育。

加强科学研究，推动教育学、心理学、管理学、社会学、法学等跨学科交叉探索，深入进行调查分析，吸取有关专家意见，为学校安全政策的完善积累理论和实践成果。促进科技研发，提升“技防”水平。

### （三）以学生为中心，激发其主体性，统筹学生安全与发展

为学生赋能，激发其主观能动性，“人人都说小孩小，其实人小心不小，你若小看小孩子，就比小孩还要小”，比如责任心强的孩子会提醒大家注意安全，有利于将一些风险因素消灭在萌芽状态。关注边远、贫困地区的学生，推动资源倾斜，对其加强保护。统筹学生安全与发展，既要降低校园安全事故发生率，又要保障开展有益的教育教学活动，促进学生全面发展。

### （四）加强主体协作，促进国际交流，构建学校安全共治格局

在国内，立足于党的全面领导，优化并落实党和国家机构改革方案，探

---

① 方益权、张玉：《公共安全治理视野下我国学校校园警务制度研究》，《社会科学家》2017年第3期，第116~120页。

索学校安全治理体系和能力现代化。推动不同政府部门之间，政府与学校、家庭、社会和市场之间的协作，有效发挥志愿组织的优势，加强沟通、公开信息、推动参与，构建校园安全综合治理体系，促进“共建共治共享”。校园安全是世界各国普遍面临的重要课题，可加强国际经验交流学习，取长补短，不断提升我国校园安全工作水平。

### （五）强化应急理念，提升风险意识，优化事故应急处置程序

将应急管理理念应用于校园安全管理工作中，一是强化风险意识，注重风险预防和风险管理。二是进行校园安全全流程管理，涵盖事前、事中、事后各个阶段，比如在校园食品安全管理流程中，每一个环节都需要安排专人负责，当出现问题时，可以迅速找出原因进行处置。[①] 三是落实完善学校安全事故应急处置的程序和预案，先期处置得当可以有效减少损害，避免事态升级扩大。

校园安全管理需要各方主体凝聚共识、加强协同，促进工作深入化、常态化，久久为功；也应提升韧性建设水平，适时作出必要的调整，保持动态发展。

## 参考文献

方芳、杨春芳、汪莉：《中小学校园安全治理之困境与突破》，《天津市教科院学报》2018 年第 2 期。

付金鹏：《风险意识下的校园安全规范制度建设与完善——评〈中小学校园安全风险规制研究〉》，《安全与环境学报》2023 年第 2 期。

李宗茂：《危机应急处理观念下大学生校园安全管理方法——评〈校园安全与危机处理〉》，《中国安全科学学报》2023 年第 1 期。

唐钧、黄莹莹、王纪平：《学校安全的风险治理与管理创新——北京大兴区校园安

① 陈喜顺：《学校安全教育与管理策略探索——评〈学校安全〉》，《安全与环境学报》2023 年第 2 期，第 629~630 页。

全“主动防、科学管”体系建设》，《中国行政管理》2011 年第 11 期。

汪艳丽：《中小学生安全管理方法改善途径思考——评〈中小学校安全管理〉》，《安全与环境学报》2022 年第 2 期。

徐明春：《非传统安全视域下高校安全治理困境研究》，《黑龙江教育（高教研究与评估）》2021 年第 6 期。

张静：《校园欺凌问题的社会化成因及协同防治策略》，《教育理论与实践》2022 年第 19 期。

张丽娟：《校园安全管理流程优化与改进——评〈学校安全管理：过程内容与方法〉》，《中国安全科学学报》2022 年第 10 期。

张士涛：《高校校园管理安全策略研究——评〈校园安全事件风险分析〉》，《科技管理研究》2022 年第 15 期。

B.7

# 2022~2023年中国社会组织参与风险治理发展报告*

卢 毅 李健强**

**摘 要：** 社会组织凭借其灵活机动性、技能丰富性、动员社会性等独特优势，近年来在灾害风险治理和突发事件应对方面积累了丰富的经验、获得了长足的发展，成为中国风险治理的重要力量。本文梳理2022~2023年度中国社会组织参与风险治理的概况和相关政策，以新冠疫情、重庆山火、土耳其-叙利亚地震为例，总结了社会组织参与突发公共卫生事件应对、国内灾害应急响应、国际人道主义救援的宝贵经验。运用PEST方法归纳社会组织参与风险治理的现实困境，包括政社协同不够、筹资渠道不畅、公众参与不足、专业支撑不强等；进而构建了中国社会组织参与风险治理的路径优化框架，表现为内部"自主化→网络化→信息化"与外部"权责扩充→群众动员→公信重塑"的互促良性循环。

**关键词：** 社会组织 风险治理 应急响应 国际救援

---

* 本文获得国家自然科学基金面上项目"社会应急力量联合救灾网络的构建、运行与评估研究"（编号：72274131）的资助。

** 卢毅，四川大学商学院研究员、博士生导师，应急管理研究中心副主任，四川尚明公益发展研究中心研究员，研究方向为社会应急力量参与灾害治理；李健强，四川尚明公益发展研究中心主任，研究方向为社区治理、灾害管理。卢毅老师团队研究生张芝粤、李蕊、甘雨桐、余露、王宇航、于嘉欣、喻飞菲共同参与了资料搜集与报告撰写工作。

# 一　概述

## （一）社会组织的分类及发展

社会组织广义指人们从事共同活动的群体形式，狭义指在民政部门登记管理的社会团体、民办非企业单位（社会服务机构）① 和基金会，如表 1 所示，在本报告中，特指狭义的社会组织。自党的十六届六中全会使用“社会组织”这一概念后，社会组织就被明确为一个独立部门，是公共关系的三大构成要素之一。《“十四五”社会组织发展规划》提出，到 2025 年，我国社会组织专职工作人员数量或将达 1250 万人，固定资产或将达 5900 亿元。

表 1　不同类别社会组织分类定义

| 名称 | 定　义 | 示例 | 依据 |
| --- | --- | --- | --- |
| 社会团体 | 由公民或企事业单位自愿组成、按章程开展活动的社会组织，包括行业性、学术性、专业性和联合性社团 | 协会、学会、研究会、商会、促进会、联合会等 | 《社会团体登记管理条例》 |
| 民办非企业单位（社会服务机构） | 由企业事业单位、社会团体和其他社会力量以及公民个人利用非国有资产举办的、从事社会服务活动的社会组织，分为教育、卫生、科技、文化、劳动、民政、体育、中介服务和法律服务等十大类 | 民办教育机构、福利院、卫生院所、科研机构、文化艺术单位等 | 《民办非企业单位登记管理暂行条例》 |
| 基金会 | 利用自然人、法人或其他组织捐赠财产，以从事公益事业为目的、按照一定规则成立、开展非营利性活动的社会组织，包括公募基金会和非公募基金会 | 壹基金等公募基金会，腾讯基金会等非公募基金会 | 《基金会管理条例》 |

资料来源：课题组依据相关条例梳理编制。

① 2016 年颁布的《中华人民共和国慈善法》将民办非企业单位改为社会服务机构。相较于民办非企业单位，这一命名更能准确反映其社会组织性质和社会服务功能。在本报告中，两者可通用。

社会组织在应急管理和风险治理中发挥着重要作用，成为国家应急管理体系中的重要力量①。自2013年芦山地震到2019年，我国各类社会组织均呈现增长趋势，如图1所示。2019年以后，受新冠疫情的影响，我国各类社会组织数量保持相对稳定。2021年3月，民政部联合其他21个部门印发了《关于铲除非法社会组织滋生土壤　净化社会组织生态空间的通知》，带动了全国各地严格地开展打击整治专项行动，清除了部分“僵尸型”社会组织，使得社会组织整体增速更加缓慢。2022年，我国社会团体和民办非企业单位出现了负增长，而由于基金会的审查管理制度相对更为严格，且近年来各类灾害事件频发，基金会数量仍保持正增长。

**图1　2013~2022年社会组织数量变化**

资料来源：国家统计局网站，《2022年3季度民政统计数据》，中华人民共和国民政部网站，https：//www. mca. gov. cn/article/sj/tjjb/2022/202203qgsj. html，最后访问日期：2023年5月31日。

通过民政一体化政务服务平台，② 共查询到12231家慈善组织的数据，其中具有公开募捐资格的慈善组织有2811家，另有已领取公募资格证书

① 向春玲、吴闫、傅佳薇：《社会组织参与应急管理：理论、功能和前景》，《中国应急管理科学》2022年第11期，第27~39页。

② 民政一体化政务服务平台，https：//cszg. mca. gov. cn/biz/ma/csmh/a/csmhaindex. html，最后访问日期：2023年5月31日。

的红十字会 1372 家。与此同时，通过“全国社会组织信用信息公示平台”[①] 查询，可知参与到风险治理的大多数社会组织的总体情况，如图 2 所示，有救援业务的社会组织数量最多，其中占大头的是民办非企业单位。

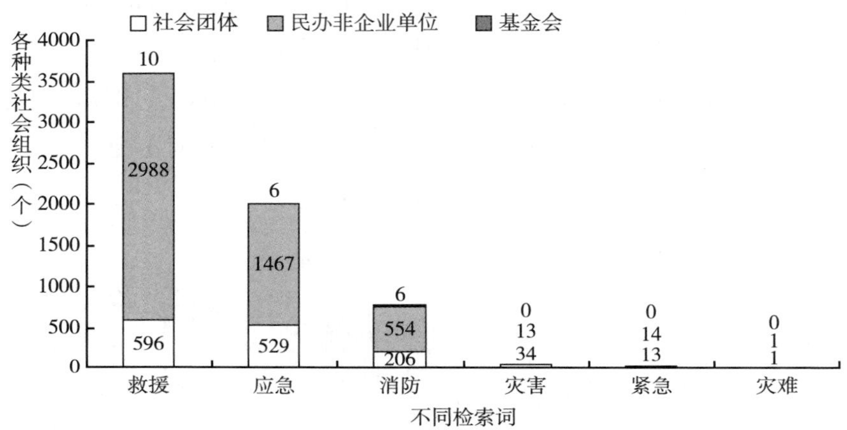


**图 2 参与风险治理的各种类社会组织数量**

资料来源：全国社会组织信用信息公示平台。

## （二）社会组织参与风险治理的功能及方式

风险治理是维护国家安全的重要组成部分，需要整合各类资源，建立从灾害预防到灾害治理的全套体系[②]。社会组织是我国风险治理体系的重要组成部分，在风险治理的各个阶段、各种情况中扮演重要角色。目前社会组织的主要功能可以分为五点：公众参与培育、沟通平台构建、社会资源整合、

① 全国社会组织信用信息公示平台，https：//xxgs. chinanpo. mca. gov. cn/gsxt/newList，最后访问日期：2023 年 5 月 31 日。

② 《做好从“应急管理”到“应急治理”理论范式的转变》，中华人民共和国应急管理部网站，2019 年 11 月 21 日，https：//www. mem. gov. cn/xw/ztzl/2019/xxgcddsjjszqhjs/thwz/201911/t20191121_ 341444. shtml，最后访问日期：2023 年 5 月 5 日。

专业服务供给、政策规划咨询①。在具体实践中，社会组织已经广泛参与到了各类自然风险和人因风险的应对中，无论是民办非企业单位，还是社会团体，抑或是基金会，都在各自的专业领域发挥着重要作用。按照职能划分，社会组织可以在未成年人保护、减灾演练与实践、环境保护、社区治理等方面发挥作用。按照内容划分，社会组织参与风险治理可以分为技术、行动、资源、理念四个方面。按照时间划分，社会组织参与风险治理可以分为防灾减灾时期、应急救援时期和灾后重建时期。在灾前进行风险预警和辅助决策、产业发展和技术应用、基层治理能力培养，在灾中进行资源整合、专业服务、自救互救，在灾后进行风险评估、心理疏导、资金支持（见表2）。由于其民间性、自愿性、公益性、非营利性等禀赋，相较于政府，社会组织在风险治理中能够发挥专业特长、进退灵活，具有更为精准、高效、便捷、合德的优势。

**表2　社会组织参与风险治理方式**

| 阶　段 | 内　容 |
| --- | --- |
| 防灾减灾 | 风险防范预警与应急决策辅助、应急产业发展和技术应用、基层风险治理能力建设组织 |
| 应急救援 | 慈善组织：快速响应的资源整合；志愿者团队：应急救援的专业服务；基层社区组织：互助自救的合作 |
| 灾后恢复重建 | 灾后危机调查评估、灾后特殊群体的心理服务、灾后秩序恢复与经济发展的推动 |

资料来源：向春玲、吴闫、傅佳薇《社会组织参与应急管理：理论、功能和前景》，《中国应急管理科学》2022年第11期，第27~39页。

## 二　相关政策进展

### （一）国家层面

习近平总书记在党的二十大报告中明确提出："引导、支持有意愿有能

① 董幼鸿：《社会组织参与城市公共安全风险治理的困境与优化路径——以上海联合减灾与应急管理促进中心为例》，《上海师范大学学报》（哲学社会科学版）2018年第4期，第50~57页。

力的企业、社会组织和个人积极参与公益慈善事业。”这一最高指示，为社会组织参与风险治理指明了前进方向、提供了根本遵循。“十四五”以来，社会组织在风险治理中的作用，受到越来越多的重视，国务院、应急管理部、民政部等部门相继发布规划、规范和政策，引导其高质量发展。国家层面相关规划和政策，如表3所示。

**表3　2022年前后发布的国家层面相关规划和政策**

| 序号 | 名　称 | 发文单位 | 发文年月 |
|---|---|---|---|
| 1 | 《“十四五”社会组织发展规划》 | 民政部 | 2021.9 |
| 2 | 《“十四五”国家应急体系规划》 | 国务院 | 2022.2 |
| 3 | 《“十四五”应急救援力量建设规划》 | 应急管理部 | 2022.6 |
| 4 | 《社会应急力量建设基础规范　第1部分:总体要求》 | 应急管理部 | 2022.9 |
| 5 | 《关于进一步推进社会应急力量健康发展的意见》 | 应急管理部、中央文明办、民政部、共青团中央 | 2022.11 |

资料来源：课题组根据2022年前后政府各部门发布的相关规划和政策整理而成。

2021年9月，民政部印发《“十四五”社会组织发展规划》，提出要以高质量发展为主题，推动社会组织从注重数量增长、规模扩张，向能力提升、作用发挥转型，持续稳定、向好发展；要推动出台《社会组织登记管理条例》、修订《中华人民共和国慈善法》。

2022年2月，国务院印发《“十四五”国家应急体系规划》，在主要目标中提出，进一步优化社会应急力量发展环境；在专项任务中提出，引导社会应急力量有序发展，包括制定相关意见、开展技能培训、举办技能竞赛、组织实施分级分类测评，深入基层参与风险治理等。这一规划作为应急领域的基本规划，有助于推动社会组织依法有序参与灾害应急响应和风险治理。

2022年6月，应急管理部印发《“十四五”应急救援力量建设规划》，专门提出引导社会应急力量有序发展的任务，实施社会应急力量建设项目，要建立社会应急力量参与灾害抢险救援行动现场协调机制、拓展救援协调系统、开展救援实战训练，这表明社会组织参与风险治理将以提高应急救援能力为新风向。

2022 年 9 月，应急管理部发布了《社会应急力量建设基础规范　第 1 部分：总体要求》等 6 项标准，包括总体要求和建筑物倒塌搜救、山地搜救、水上搜救、潜水救援、应急医疗救护 5 个专业类别的行动要求和规范流程。同月，应急管理部举办全国骨干社会应急力量培训班，培训骨干队员 230 余人，内容包括建筑物倒塌搜救、山地搜救和水上搜救等三个科目的实操实训，以及现场协调机制建立、应急医疗处置和事故心理疏导等专题培训。

2022 年 11 月，应急管理部等四部门联合印发《关于进一步推进社会应急力量健康发展的意见》，主要对从事防灾减灾救灾工作的社会组织、城乡社区应急志愿者等社会应急力量健康发展方面明确了有关要求，旨在充分发挥社会组织在防灾减灾救灾、维护人民群众生命财产安全中的重要作用。这一意见为参与风险治理的社会组织明确目标方向、把握功能定位、找准发展路径，指引了前进方向、提供了重要指导。

## （二）地方层面

以下梳理 2022 年以来地方层面的重要政策，分析其对社会组织参与风险治理的影响。摘录部分省市应急和民政部门制定社会组织参与风险治理政策，如表 4 所示。

**表 4　2022 年以来发布的地方层面相关政策**

| 序号 | 名　称 | 发文单位 | 发文年月 |
| --- | --- | --- | --- |
| 1 | 《乡镇（街道）“六有”、行政村（社区）“三有”建设细化标准》 | 江西省应急管理厅 | 2022 年 7 月 |
| 2 | 《关于深化社会应急力量救援队伍培育和管理的意见》 | 浙江省应急管理厅、财政厅、民政厅、红十字会 | 2022 年 8 月 |
| 3 | 《社会组织有序参与突发公共事件动员响应工作机制（试行）》 | 成都市民政局、财政局、应急管理局 | 2022 年 8 月 |
| 4 | 《关于促进社会组织参与社区治理的意见》 | 北京市民政局 | 2022 年 11 月 |
| 5 | 《关于进一步推进天津市社会应急力量健康发展的意见》 | 天津市应急管理局、市文明办、市民政局、团市委 | 2023 年 2 月 |

资料来源：课题组根据 2022 年前后政府各部门发布的相关法律和政策整理而成。

2022 年 7 月，江西省应急管理厅出台《乡镇（街道）“六有”、行政村（社区）“三有”建设细化标准》。标准提出，对乡镇（街道）要做到有机构、有机制、有预案、有队伍、有物资、有培训演练；对行政村（社区）要做到有场地设施、有物资装备、有工作制度。基层乡镇和村社的防灾减灾和风险治理，离不开社会组织的参与；标准中也明确提出，要积极引导防灾减灾救灾、安全生产、应急救援等领域社会组织参与辖区防灾减灾救灾活动。

2022 年 8 月，浙江省应急管理厅、财政厅、民政厅、红十字会联合制定印发了《关于深化社会应急力量救援队伍培育和管理的意见》，鼓励支持社会应急力量救援队伍提高建设水平，不断提升社会应急力量综合救援能力，明确了建立规范化管理制度、加强保障设施建设、加强人才队伍建设、实施能力建设测评四大任务，积极引导社会组织参与灾害事故抢险救援行动，实现行动高效有序，增强风险治理能力。

2022 年 8 月，成都市民政局、财政局、应急管理局联合印发《社会组织有序参与突发公共事件动员响应工作机制（试行）》，提出要坚持市应急管理指挥部统一领导，依托社会组织登记管理服务体系，以业务部门、区（市）县、镇（街道）、村（社区）为动员主体，组织动员社会组织就近、快速、有序参与突发公共事件应对，实现政府主导，专业力量与社会组织无缝衔接、密切配合，高效应对突发公共事件。

2022 年 11 月，北京市民政局印发《关于促进社会组织参与社区治理的意见》，提出需要着力提升社会组织参与社区治理的专业性、系统性，助力提升社区治理精准性、实效性。意见指出，社会组织要重点参与平安社区建设，积极参与社区应急预案编制，组织应急演练培训，开展社区防灾减灾科普知识宣传等，帮助社区提升应对突发事件的能力，对社会组织参与社区层面的风险治理作出了指引、提出了要求。

2023 年 2 月，天津市应急管理局、市文明办、市民政局、团市委联合印发《关于进一步推进天津市社会应急力量健康发展的意见》，提出科学规划培育、强化能力建设、构建联动机制、注重管理保障、加大动员宣传、严格奖励惩戒等6项主要任务，积极引导成立和培育发展一批管理规范、技能精湛、作风过硬、严格自律、情怀高尚的社会应急力量，使其成为天津市应急救援力量体系的重要组成部分。

## 三　2022~2023年度社会组织参与风险治理的案例分析

本节根据2022~2023年度内时间顺序和不同类型，选取了新冠疫情、重庆山火和土耳其-叙利亚地震三个案例，分别代表重大突发公共卫生事件、国内应急响应与国际人道救援，分析社会组织参与风险治理的实际过程，总结治理经验。

### （一）新冠疫情

2022年，新冠疫情多点散发，中国政府秉持“以人民为中心”的安全观，最大限度地保障了中国人民的安全，在抗疫中交出了亮眼的答卷。2月内蒙古、3月上海、8月新疆、10月广州，多地先后暴发疫情，且呈现不同的特征，为抗击疫情带来了巨大挑战。在党的领导下，全国各地的社会组织深度参与了“疫前”“疫时”“疫后”的风险治理工作。

依据突发公共卫生事件的演化规律，社会组织参与新冠疫情的风险治理可以分为三个时期，业务内容有不同侧重。疫情前期：公共卫生应急资源的储备，志愿者的专业培训；疫情时期：防疫资金、医药资源、民生物资的筹集，志愿者的调配，应急物资的采购、运输及分配；疫情后期：抗疫行动复盘，参与社区疫情防控工作。在前期经验积累下，社会组织在应对更加严峻的情形时能够进一步做到快速响应、专业且有组织地行动、配合政府机关完成复杂区域疫情防控工作，但同时，新的情形下也表现出新的特点，呈现新的问题。接下来以上海疫情为例，进行社会组织参与公共卫生事件风险治理的行动分析和经验总结。

1. 实况梳理

（1）基本情况

上海受疫情冲击较大，自 2022 年 2 月 26 日 0 时至 6 月 1 日 24 时，累计本土确诊 58005 例，治愈出院 56327 例，累计死亡 588 例。

（2）社会组织参与整体情况

2022 年 3 月 30 日，上海市民政局发布《有关做好疫情捐赠工作提示》，动员全市基金会等慈善组织主动筹措、积极对接社会爱心资源，参与疫情防控工作①。上海市各类慈善组织贯彻市委、市政府部署要求，响应民政局的号召，闻令而动，全力以赴，积极投身疫情防控攻坚战，组织开展各类疫情防控慈善活动，同社会各界一起投入上海的防疫抗疫大军中。截至 5 月 11 日，上海市有 210 家慈善组织在此轮疫情下开展了慈善募捐活动，社会捐赠收入达 10. 85 亿元，凸显了慈善救助的社会效益。此外，广大社会组织还积极开展心理援助、驰援方舱、守护者支援等项目，回应疫情中的居民需求、社会需求和医护工作者需求。

（3）社会组织组织线上募捐及物流支持

在传播性疫情发生后，区域会产生大量的医药、民生物资需求，社会组织积极参与，动员力量巨大，为疫情地区提供物资保障。上海及全国各地的社会组织快速且持续地参与到了资金及物资筹集当中。上海市慈善基金会于 3 月 26 日开启“抗疫援助专项行动”线上募捐通道，截至 4 月 17 日 8 时，共收到 2616 笔捐赠，总金额 1943717. 42 元。上海联劝公益基金会则利用自有的网络募捐平台联劝网，于 3 月 23 日上线针对上海防疫的公开募捐项目，截至 4 月 15 日 18 时，共收到 8033 笔捐赠，总金额 1506635. 33 元。上海市志愿服务公益基金会筹集各类疫情防控物资，为应急志愿服务工作提供有力支持；上海壹棵松公益基金会链接各类社会运输力量，为社区、医院、养老院等重点场所运送急需物资。

① 姜雪芹、马国平：《一场与疫情竞跑的沪上“爱心接力”》，《中国社会报》2022 年 5 月 16 日，https：//www. mca. gov. cn/article/xw/mtbd/202205/20220500041823. shtml，最后访问日期：2023 年 6 月 15 日。

（4）社会组织参与特殊人群援助

疫情期间，困境老人、女性工作者、特殊疾病患者的医疗卫生需求和身心健康状况受到重视。恩派公益和北大上海公益联合会联合发起“帮助上海困境老人”行动，搭建求助信息平台、整合供应和物流资源、服务关爱双老家庭和独居老人；上海联劝公益基金会发起“守护上海抗疫济困”行动，为3万多名困境老人和200余家养老机构提供物资支持；上海宋庆龄基金会联合几家基金会组织捐赠卫生用品，满足战疫最前方女性医护人员的特殊需求；上海市红十字会为肿瘤患者、精神病患者、失智特困老人等2.39万名重症患者配送生活物资，采购发放了2万个守“沪”家庭箱。

（5）社会组织搭建紧急求助志愿服务平台

上海仁德基金会、爱德基金会、上海壹棵松公益基金会、上海宝龙公益基金会，于4月10日联合上线“守护志愿者——社区志愿者互助平台”项目。平台聚焦于上海各社区志愿者团队，旨在为志愿者团队链接资源，提供物资采购、运输和消杀等帮助。该平台开通了社区志愿者抗疫需求征集、采购渠道支持、志愿者报名、捐助信息登记、心理援助热线等服务功能。此外，上海真爱梦想公益基金会创始人潘江雪、儿童友好社区创始人周惟彦、益社创始人李磊和NCP生命支援创始人郝南，几位知名公益人联合发起抗疫紧急志愿行动，于4月9日开通线上求助渠道，为老弱病残幼、一线医护人员、社区抗疫志愿者等特殊群体，提供力所能及的应急志愿服务和心理援助支持。

（6）社会组织参与多主体协同疫情援助

上海市慈善基金会、仁德基金会、爱德基金会等基金会，联合志愿者组织、社会服务机构等合作伙伴，与政府部门、企事业单位协同合作，聚焦社会急难愁盼问题，紧盯新冠疫情防控，拾遗补阙，雪中送炭，在助力社区战疫、支持医护人员、关爱“一老一小”、帮扶困难群体等领域，贡献了社会慈善力量。上海市各类企业也勇于担当社会责任，纷纷出手共同抗疫，上海市浙江商会公益基金会组织200多家企业参与社区防疫消杀、卫生保洁、物资保供、垃圾清运等工作，展现了社企联动的合作抗疫风范。

2. 经验总结

社会组织应提升自身专业性、增强应急反应及高效协同能力，这对响应突发公共卫生事件很重要。本次社会组织的响应吸取了以往的经验，但由于现实环境的特殊性，社会组织在参与上海疫情援助中也表现出了不同的特征。

（1）“政社企”合作加强，在抗疫中根据实际情况不断调整规划

上海市民政局下发《有关做好疫情捐赠工作提示》，积极支持社会慈善组织依法规范开展慈善募捐、引导民间公益力量合理有序开展志愿服务活动；同时，严格按照《中华人民共和国慈善法》，加强社会捐赠款物信息公开，依法依规用好每一笔善款，凝聚更多社会力量和慈善资源，共同打赢疫情防控的硬仗。对于社会组织如何有效参与社会救援，北京师范大学中国公益研究院院长王振耀在接受媒体采访时提出两条建议：一是社会组织应该主动和有关信息部门、应急管理部门搭建沟通机制，建立良好的政社合作关系；二是社会组织发挥其机动性、灵活性的特点，在救援过程中注意规划战略和重点。这两点建议在本次上海疫情期间得到了体现。

此外，迅速调整风控管理中对于货运车辆、物流运输人员的管理条例，使企业、社会组织能够畅通地提供保供服务，满足民生及医护的需求。在物资供应方面，采用“居民下单、商超配送、志愿者送单”的形式，通过居委会、业委会、物业汇总居民差异化需求，社会组织提供保障。由上海市慈善基金会为代表的社会组织汇总各地物资，做好物资的接受、管理、分派、分配和派送等工作，并制定“信息清单”“收发清单”“证件清单”“感谢清单”“保障清单”，对捐赠物资一一登记入册，严格管理并接受监督。

（2）协助完成精准快速分流，实现脆弱人群保护

本轮疫情期间，社会组织对于老年人、残疾人、重大疾病患者、青少年以及流浪汉等特殊群体，都给予了特别的关注。社区的网格化管理使政府及社会组织对于区域人员组成有详细的了解，在相关部门的指挥协同下，各类社会组织通过发放温暖包、开展公益课堂以及支援支持等方式，对他们进行了专项帮扶。

（3）开展多样化社工、志愿者服务，社会组织筑牢屏障

上海市社会工作者协会发布上海社工应急服务团召集令，号召全市社工机构和社会工作者联动社区防疫志愿者，为社区内老幼病残等困难群体提供防疫援助、生活救助、资源链接等支援服务。此轮疫情期间，全市累计投入8000多名医务、社区、儿童社工，在各自机构、社区、园区开展防疫宣传、心理疏导、保障支持等专业抗疫服务。上海华龄涉老产业发展中心社工针对独居老人、纯老家庭残障人士开展线上关怀服务，帮助解决配药难题。多样化的社会组织发挥各自的专业优势，满足疫情中民众的民生、心理及特殊需求。

## （二）重庆山火

2022年，“火炉城市”重庆出现近60年来最严重的极端连晴高温天气。8月中下旬，由于持续高温干旱，重庆市江津、大足、铜梁、开州、巴南、北碚、涪陵、南川等区县陆续发生21起山林火灾。起火点山势陡峭、风向不定形成乱流，给灭火工作增加了难度。数千名消防员、数万名志愿者顶着高温酷暑，夜以继日全力灭火。整个灭火过程中，社会组织和志愿者广泛参与、协力灭火。由于当地地势陡峭，依靠人力很难将救灾物资运上山，“摩托大军”志愿者往返于山上山下进行救灾物资的运送，社会组织在后方进行物资采购和供应，如此规模巨大、协作紧密、分工合理的志愿行动经各大社交媒体转发，在社会上引起了广泛的关注。

1. 实况梳理

（1）社会组织和志愿者广泛参与

在此次山火的救援过程中，专业消防官兵在一线负责山火的扑救，志愿者和社会组织则驰援在后，负责一线消防官兵的物资补给。面对密集发生的21起山火，参与救火的志愿者达24000余人次，志愿服务组织近300家[①]。

① 周思颖、李云波：《重庆山火扑灭背后的志愿服务力量：汇聚点滴之力，共筑灭火长城》，《中国民政》2022年第24期，第50页。

社会组织和志愿者成为救灾后勤的中坚力量，在此次山火救援中，社会组织和志愿者响应非常积极，火灾点附近的社区也很快就成立了由党员、退伍军人和志愿青年组成的志愿者服务队，应急志愿者队伍充分发挥反应迅速、运转灵活、熟悉地形的优势，与消防、武警等一线救援人员共同筑起了灭火长城。重庆山火扑灭过程中涌现的一个个平民英雄，感动了无数网友。克服高温酷暑、山高路险等重重困难，火线战场上消防战士夜以继日、拼尽全力，后方保障上志愿者自组织行动、送水送粮，尽可能送上自己的一份绵薄之力。

（2）基金会提供充足的物资保障

在此次山火发生后，众多基金会迅速响应，启动了救援行动。8 月 24 日，腾讯公益慈善基金会、中国乡村发展基金会为重庆北碚区歇马街道发放的灭火器、头灯、充电宝等支持物资就已经送达，驰援重庆山火一线救援。除了运送支持性物资，这些社会组织还大量采购了救火急需的水基型手提灭火器、油锯、风力灭火机、隔热服等物资，还在政府有关部门的协调下，筹集到了挖掘机、摩托车、头灯等急缺的救援设备，协助消防人员抢挖隔离带，阻隔火势蔓延。这些救火物资和救援设备不仅型号质量达标，种类也非常齐全，为此次重庆山火的扑救工作提供了充足的物资保障。

（3）各界社会力量充分有效协同

由于此次重庆山火发生迅速，灾害周期较短，灾害面也较小，因此参与救援的社会力量大多是没有救灾经验的志愿者，因此社会力量中也缺少相应的统筹和协调平台。然而与预想中的结果不同的是，整个社会力量却在志愿精神的引领下，以自组织的形式自发地形成了充分有效的协同模式，由当地社会组织联系爱心企业、商家进行物资采购，包括消费官兵的食品、饮用水、防暑用品以及部分消防用品，志愿者用摩托车将物资运至救灾前线，保障了消防官兵的物资需求。在人员安排与物资分配方面，各个救灾点之间相互协调，有需求的地方，当地的社会组织和志愿者就会义无反顾地冲上去，利用自身优势为一线救灾人员筑起牢牢的后方阵线。

2. 经验总结

（1）充分发挥社会组织志愿性优势

志愿性是社会组织的基本属性之一，而志愿精神则是社会应急力量首要的价值驱动因素。此次重庆山火中，基层群众自发式积极响应，社会组织和爱心企业积极协调配合，山火救灾最终完美收场，无一不证明了发挥志愿精神的价值引领、保持社会组织的纯洁性的重要意义。因此，在未来社会组织的发展，以及参与风险治理的过程中，必须坚持志愿精神的价值引领，坚定社会组织的初心使命，才能在风险治理的过程中充分发挥社会组织的自身优势，创造出更大的价值。

（2）合理利用媒体舆情引导

此次重庆山火中的志愿行动在网络上引起了极大的反响，有关“重庆山火救援”的信息在网络中广泛传播。在社交媒体中，众多志愿者的无畏精神感动了不少网友，“摩托骑士”在山火中勇敢逆行运输救灾物资、重庆市民踊跃报名参加应急志愿服务等话题一次次登上热搜。现实中，重庆的众多志愿者挺身而出，而在媒体的报道中，所塑造的英雄形象、传播的志愿精神、形成的重庆人民的形象符号，都为社会组织、志愿者以及基层人民参与风险治理塑造了良好的社会环境。因此合理利用媒体舆情，做好救灾英雄的报道，弘扬志愿精神，能够吸引广大群众参与到社会风险治理的工作中。

（3）建立有效的政社协同应急响应机制

在大多数的灾害应急响应过程中，政府都发挥着主导作用，社会组织也可以作为政府救灾角色的重要补充，在后勤保障以及恢复重建工作中发挥重要作用。在此次山火扑救过程中，消防官兵在一线救火、社会组织和志愿者自发地给予其物资支持的协同模式，就有效地保证了一线救援工作的顺利进行。因此，社会组织应该成为参与社会风险治理的重要主体，政府需要在顶层设计上建立应急管理部门与社会组织的协同机制，建立统一指挥与管理机制、联合准备机制、信息沟通机制、利益表达机制、资源协同机制、互为监督机制，使得社会组织在社会风险治理中可以充分发挥协同参与的作用。

## （三）土耳其-叙利亚地震

1. 实况梳理

2023 年 2 月 6 日，土耳其和叙利亚边境地区发生了 7.8 级强烈地震，造成了极大的破坏和大量人员伤亡。该地震震中位于土耳其东南部的卡赫拉曼马拉什省，至少 10 个省份受到强震影响，大量建筑物损毁，房屋整排倒塌。当地时间 4 月 5 日，土耳其内政部长索伊卢表示，土耳其东南部强震已致该国 50399 人遇难。

地震发生后，土耳其政府立即启动了救援机制，派遣应急救援队伍和救援物资到灾区，以挽救生命与解决灾区民众的困难。2 月 7 日，土耳其政府向国际社会发出了救援请求，并邀请其他国家和国际组织协助灾区救援工作。此次土耳其地震参与国际救援的队伍多、人员众，据统计，有 80 多个国家、200 余支队伍、上万名救援人员跨国奔赴土耳其地震灾区，在 10 个搜救区域开展广泛救援，是有史以来最大规模的国际救援应急响应行动。

其中，中国有 18 支队伍近 600 人参与到灾区救援中。地震发生后，中国社会力量响应迅速，首支奔赴土耳其的社会应急力量——公羊救援队于 2 月 7 日启程，2 月 8 日到达。2 月 10 日，土耳其政府宣布灾区状态为“灾难区”，启动了一项“重建和复兴计划”，以帮助灾区民众重建家园和生活。一些社会组织从 2 月 15 日起开始向灾区居民提供长期帮助和支持，以协助他们开始新的生活。

（1）国际社会组织参与灾后救援

在灾难发生后，许多社会组织参与了灾区救援工作，包括救援队、慈善机构和志愿者组织等。在土耳其地震灾区，土耳其红新月会部署了 4000 多名工作人员和志愿者，向受灾民众发放 350 万份热餐，同时向 28.4 万人分发即食食品包，用以支持受伤人员和疏散人员。为满足日益增长的血液需求，土耳其红新月会将全国范围内的血液储备送往受影响地区，并呼吁土耳其各地民众献血。在叙利亚地震灾区，叙利亚阿拉伯红新月会派出 4000 名志愿者和工作人员，在受灾最严重的地区为近 6 万人提供救生支持。红十字国际委员会工作组与叙利亚阿拉伯红新月会合作，持续响应阿勒颇、拉塔基亚和塔尔图斯的紧急需求，提供洁净水、医疗用品、罐装食品、卫生用品等，尽最大努力帮助地震灾区尽快从这场可怕的灾难中恢复过来。

（2）中国社会应急力量参与跨国救援

据中国外交部 15 日消息，土耳其强震发生后，除了中国政府和中国香港特区政府派出的 141 名救援队队员外，还有 17 支中国国内社会应急力量 441 人前往土耳其地震灾区开展救援①。其中，浙江公羊救援队 8 名队员携 1 条搜救犬 8 日率先抵达土耳其哈塔伊省，成为首支抵达土耳其灾区的中国社会应急救援力量。与此同时，蓝天救援队、深圳公益救援队、绿舟应急救援队、平澜公益救援队等多支救援力量，也携带生命探测仪、破拆装备、搜索装备等设备陆续抵达灾区现场。中国社会应急力量在积极营救幸存者的同时，也播撒了国际人道主义的“种子”。

2. 经验总结

（1）中国应急力量救援经验

设立协调中心，统筹规划救援行动。为使中国社会应急力量能够安全、有序、有效地参与国际人道救援行动，在应急管理部的指导下，成都授渔公益、爱德基金会等多家公益组织联合成立“中国社会力量参与土耳其地震响应协调大本营”（以下简称“大本营”），为奔赴前线的救援队伍提供登记报备、后勤支持、协助对接等职能。大本营于 2 月 9 日成立后，立即向在一线和拟前往的队伍发布《关于中国社会力量参与土耳其地震应急响应的倡议》，建立线上沟通群，开展协调统筹服务中国社会力量的工作。

积极开展沟通协作，实现信息共享、合作共救。通过大本营迅速对接联合国人道主义事务协调厅（United Nations Office for the Coordination of

① 《2023 年 2 月 15 日外交部发言人汪文斌主持例行记者会》，中华人民共和国外交部网站，2023 年 2 月 15 日，http：//switzerlandemb. fmprc. gov. cn/fyrbt_ 673021/202302/t20230215_ 11025417. shtml，最后访问日期：2023 年 6 月 15 日。

Humanitarian Affair，OCHA）和土耳其灾害与应急管理署，抵达伊斯坦布尔后第一时间通过土耳其灾害与应急管理署安排专机抵达灾区现场；及时了解OCHA和土耳其灾害与应急管理署的应急管理模式，为中国社会应急力量顺利到达灾区、有序开展救援提供通行引导和国际人道主义援助的紧急培训。从单一的表单形式到在群内接龙收集关键信息、队伍简报，主动抓取媒体信息，电话追踪等多种形式并行，实现快速、高效、简洁地收集和传递信息。为让各队伍了解彼此的行动位置、在必要时可提供支援，大本营后台工作人员及时收集各救援队在灾区开展作业的位置，制作“中国社会力量土耳其救援现场分布图”。

中国社会应急力量团结互助、共同奋战。在哈塔伊省地震灾区，深圳公益救援队、绿舟应急救援队、平澜公益救援队、三一基金会等都驻扎在同一营区，相互照应。为改善队伍后勤供应，深圳公益救援队为其他伙伴购买厨具、生火做饭。通过紧急协调当地客户和经销商，三一重工和徐工等中国工程机械企业动用了几十台挖掘机等重型设备，支援我国救援力量现场作业，提升搜救效率。

（2）跨国应急救援协同机制的建议

建立国内社会力量协调机制。一是由于重特大灾害跨国救援时效性要求高，派出救援队等工作专业复杂，建议强化重大灾害国际人道主义援助部际层面协调联动机制，应急管理部与外事机构加强对接合作，快速为救援队伍办理救援签证、统一向灾害国大使馆报备名单等；二是梳理国内基金会、救援队、基金会协调平台和灾害信息志愿者组织等不同类型的社会力量及其专业优势，建立社会应急力量分级分类名单；三是建立以应急管理部为主导、多类型社会力量辅助的常态化合作机制，引导和聚集国内的社会应急力量，发挥各自优势，形成合力，统一调配。

建立社会力量现场协调机制。一是应急管理部门赋予社会应急力量现场协调大本营资金、授权和角色职能认可，明确现场协调大本营构建主体，纳入灾害响应应急预案；二是明确国外协调大本营和国内后方协调中心的功能互补和角色定位，更好地交互信息和协同行动；三是建立虚拟和实体协调大本营，线上线下协同；四是大本营掌握灾区情况、文化差异、交通路线等重要事项，为国内应急力量奔赴国外灾区提供信息支持和物资支援；五是现场协调大本营尽快与联合国及受灾国应急指挥协调体系对接，协助中国救援力量接入国际救援体系。

进一步加强队伍国际合作、提升救援能力。一是进行国际救援课程培训，让社会应急力量了解参与国际人道援助的流程和准则，按照国际救援通则行事；二是制定社会应急力量国际救援能力评测标准，定期展开评估，通过测评的纳入中国社会应急力量国际救援名录；三是引导名录内民间救援队接入联合国国际救援标准和体系；四是制定全球灾害频发国家国际救援的指南和手册，提供文化禁忌、宗教信仰、当地应急体制等基础信息；五是规范社会应急力量参与国际救援程序。

## 四　社会组织参与风险治理的发展展望

2022~2023年，中国社会组织参与了新冠疫情防控，以及重庆山火与土耳其-叙利亚地震等国内与国际的灾后应急响应工作。在重庆山火的应对中出色地完成了消防物资采购、物资运送等任务；在土耳其-叙利亚地震发生后，中国社会组织全面而快速地参与到了国际灾害救援工作中，这是中国社会组织参与国际风险治理里程碑式的事件和成就。然而，由于风险治理中的专业性需求高，以及国际灾后应急响应中存在机制、语言和文化壁垒，社会组织在参与风险治理的过程中也暴露出了一些亟待解决的问题。本节将运用PEST方法分析中国社会组织参与风险治理的困境，并提出可行的优化路径。

### （一）中国社会组织参与风险治理的现实困境

从政治（Political）、经济（Economic）、社会（Social）和技术（Technological）四个方面的因素分析社会组织参与风险治理的现实困境，从总体上把握社会组织生存发展的宏观环境，如表5所示。

**表 5　社会组织参与风险治理的现实困境 PEST 分析**

| 政治因素(Political Factors)<br>社会协同模式不成熟<br>社会组织行动受限<br>缺乏政策支撑 | 经济因素(Economic Factors)<br>资金来源单一<br>资源分配不平衡<br>备灾资金匮乏 |
|---|---|
| 社会因素(Social Factors)<br>公众参与度不高<br>社会公信力不足<br>缺乏社会组织合作网络 | 技术因素(Technological Factors)<br>专业能力与风险治理需求存在差距<br>专职人员不足<br>缺乏信息集成平台 |

资料来源：课题组自制。

### 1. 政治环境方面

当前在以政府为主体的风险治理体系中缺少有效的政社协同模式。近年来，随着经济的发展和对风险治理的重视，政府在风险治理方面的能力得到了进一步提升，而作为政府职能的有效补充，社会组织在风险治理中作用发挥的路径仍不够清晰，成效仍不够显著，政社协同机制仍不够完善。这就需要政府部门针对社会组织的优势与特点，对于参与自然灾害、事故灾难、公共卫生事件等不同类型灾害应急响应，以及参与国际人道主义救援的具体路径、方法及政社协同机制，制定出有效的政策依据和行业指引。

### 2. 经济环境方面

随着经济社会的快速发展，社会组织总体数量仍在稳步增加，社会组织参与灾害应急响应和风险治理的意愿也愈发强烈。但专业开展应急救援和风险治理的社会组织则相对较少，其主要原因是资金来源单一和资源分配不平衡。首先，从对 2022～2023 年度社会组织参与风险治理的实践观察来看，社会组织的资金主要来源于公众筹资，来自政府的资助和购买服务较少，资金来源单一；其次，一些重大灾害和热点事件中社会组织的筹资较多，但在中小型灾害、日常备灾与演练、风险防控、国际人道主义救援等方面，则资金较为匮乏。这就使得社会组织关于风险治理的专业性发挥不足，成效也有限。

3. 社会环境方面

在社会环境方面，首先，公众参与风险治理活动能力不足和积极性不高。公众参与是志愿服务的基石，是社会组织开展风险治理的基础，公众的积极性、参与的有效性，直接影响社会组织参与风险治理的规模和成效；其次，志愿失灵问题容易造成社会组织在提供志愿服务、满足社会需求过程中产生功能缺陷或效率困境，影响社会组织公信力的提升；再次，现阶段我国一些发展较好的社会组织已经形成较为成熟的跨地区协同的联合救灾网络，但由于政策改革、资金缺乏等原因，社会组织网络化、协同化的发展进程逐渐停滞；最后，在共同参与重大灾害救援中，许多的救援队、基金会与志愿者组织间都建立了良好的合作关系，但由于缺乏一个联合救援队、基金会、志愿者和协调平台等的救灾网络，这样的合作关系难以维持和传承下来。

4. 技术环境方面

在技术环境方面，一是目前中国大多数社会组织，特别是草根社会组织自身专业能力与风险治理的技术需求之间还存在差距。风险治理是一个专业性很强、技术要求高的系统工程，需要一定的专业能力和技术支撑，且需要政策、人力、资金等资源保障。当前许多社会组织成员大多为志愿者这样的流动人员，专职人员匮乏，专业性得不到保证。二是在应急响应过程中缺乏统一的信息集成系统：一方面，由于政府与社会组织的协同模式还不成熟，社会组织由民政部门管理，而灾后的救灾与物资需求信息一般由应急管理部门统筹，这使得社会组织履行其救灾职能时遇到了阻碍；另一方面，在国际应急响应过程中，各社会组织间缺乏统一的信息交互平台，使得许多救援队进入灾区后并不了解实际情况，文化、信息差异方面的壁垒没有打破。

## （二）中国社会组织参与风险治理的路径优化

针对以上现实困境，构建中国社会组织参与风险治理的路径优化框架（见图3），包含“自主化→网络化→信息化”的内部优化路径与“权责扩充→群众动员→公信重塑”的外部优化路径，内部优化推动外部优化，外部优化进一步促进内部优化，形成逻辑闭环，实现良性循环。

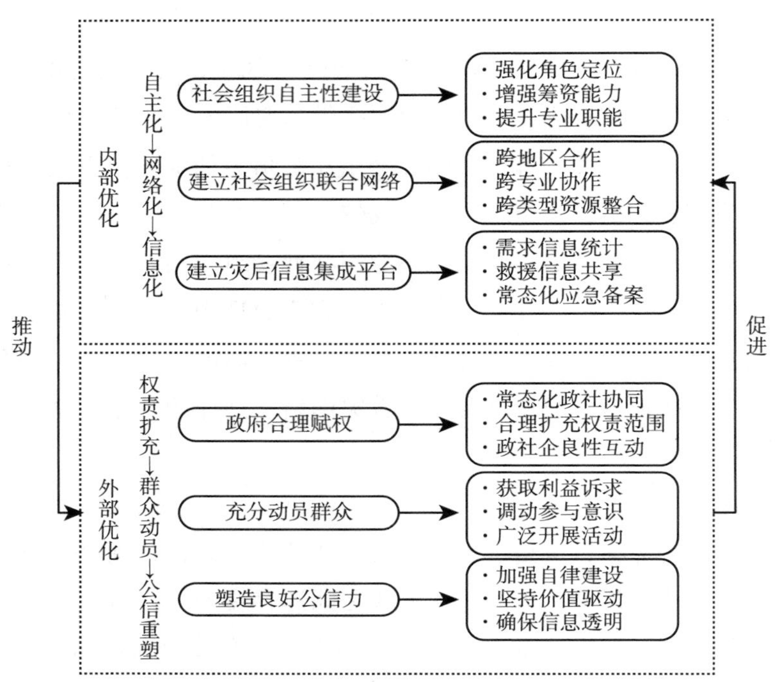


**图 3　中国社会组织参与风险治理的路径优化框架**

资料来源：课题组自制。

一是推动社会组织向积极行动者的角色转变。对于社会组织参与风险治理的专业性建设，根本上是要加强社会组织的自主性建设，需要厘清其功能优势和专业优势，促成社会组织从被动的反应者到积极主动的支持者的转变。因此，社会组织必须强化角色定位、增强身份认同、提升群体形象，积极推进专业化能力建设，这包括要提高自身筹资能力、建立制度规范体系、吸纳具有先进公益理念和专业运营能力的青年人才等，建立灾害响应与参与机制，并不断改进和完善，提高自身的适应能力和更新能力。

二是实现救援队、基金会、志愿者与协调平台方面的联合，建立一个跨地区、跨类型、跨领域的风险治理网络，实现各社会组织间的充分协作、资源互通、信息共享。一方面为社会组织创造资金来源，为基金会创造项目资金投放窗口，为志愿者提供服务平台；另一方面提升各社会组织在应急响应中的凝聚度、中心度，提高其参与社会风险治理的效能。

三是实现应急响应全过程的信息化转变。对于国内灾后应急响应，建立完善的灾后信息集成平台，做到实时更新灾区救援需求与物资需求，切实了解受灾民众生活物资基本需要与特殊需求，保障应急物资配送过程的信息互通共享。对于国际灾后应急响应，社会组织应做好常态化的国际应急响应备案，包括可能响应地区的语言、文化、习俗、政府应急体系等方面的信息整理，在应急响应阶段充分实现先遣者对其他社会组织的信息互通，使得参与国际应急响应的社会组织都能做好充分准备，克服文化壁垒驰援灾区，展现中国社会组织的国际人道主义责任。

四是要建立充分的信任与常态化的协同模式。一方面，社会组织需要加强与政府的互动，积极构建与政府的沟通联系，配合政府开展应急救援与其他风险治理活动，既要立足自身资源优势寻找能够参与的公共空间，又要瞄准风险治理的空隙寻找与政府的利益交叉点，培养信任感、增强双方的互信，才能维系长远的协作关系；另一方面，政府需要对社会组织在风险治理相关的权利范围和相应责任方面进行合理扩充，改善社会组织参与风险治理的生态，促进其常态化参与，使政府与社会组织在风险治理全过程优势互补、良性互动，共同降低灾害风险。

五是推动风险治理中群众的自主参与。一方面，政府、社会组织在风险治理规划、风险隐患排查等活动中积极鼓励公众参与，注重获取公众意见与利益诉求，调动其参与积极性，从而转变其参与理念，树立其主体意识；另一方面，广泛开展宣传、教育活动，以强化公众对风险的防范意识和化解能力，提高其参与风险治理活动的自觉性，增强其配合政府、社会组织行动的协调性。

六是推动社会组织社会公信力建设。一方面要加强组织自律建设，坚持以价值驱动为内在动力机制，维持队伍的纯洁性；另一方面要确保社会组织特别是公益慈善类组织内部信息的透明，这是对公益慈善组织社会公信力的基本要求。此外，社会组织需要深入基层社区，在解决实际风险问题的过程中凸显其职能优势，累积社会资本，提升品牌的知名度与美誉度，提高社会的认可度和信任度。

## 参考文献

龚维斌：《应急管理的中国模式——基于结构、过程与功能的视角》，《社会学研究》2020 年第 35 期。

刘耀东：《中国枢纽型社会组织发展的理性逻辑、风险题域与应对策略——基于共生理论的视角》，《行政论坛》2020 年第 27 期。

张海：《基层政府购买社会组织服务中的目标置换问题及其治理》，《学习与实践》2021 年第 4 期。

徐家良：《疫情防控中社会组织的优势与作用——以北京市社会组织为例》，《人民论坛》2020 年第 23 期。

张舜禹、郁建兴、朱心怡：《政府与社会组织合作治理的形成机制——一个组织间构建共识性认知的分析框架》，《浙江大学学报》（人文社会科学版）2022 年第 52 期。

王伟进、何立军：《目标、渠道、能力与环境——一个社会组织协同应急管理的分析框架》，《学习论坛》2022 年第 1 期。

刘丽娟：《社会治理创新背景下社会组织发展研究》，《领导科学》2022 年第 8 期。

张汝立、刘帅顺、包娈：《社会组织参与政府购买公共服务的困境与优化——基于制度场域框架的分析》，《中国行政管理》2020 年第 2 期。

张军、刘雨：《新冠肺炎疫情防控中的“志愿者+社区社会组织”模式服务效力及其反思》，《天津行政学院学报》2020 年第 22 期。

陈科霖、张演锋：《政社关系的理顺与法治化塑造——社会组织参与社区治理的空间与进路》，《北京行政学院学报》2020 年第 1 期。

B.8

# 2022年中国企业参与风险治理发展报告

石 琳　郭沛源　彭纪来*

**摘　要：** 企业是风险治理过程中的重要相关方，为了解2022年中国企业参与风险治理的情况，本文梳理了近年来的相关理论进展，当前企业面临的重要风险类型和主要参与方式，以及中国应对泸定地震、地区疫情、气候风险的实践案例。研究发现，“十四五”规划、“双碳”目标、ESG正在成为中国企业参与风险治理的新动力。相比安全生产、自然灾害、突发公共卫生事件三类具体的风险，企业对气候风险的关注增强，更多企业在战略层面，制定主动性措施积极应对气候风险。此外，受多重因素影响，2022年企业参与风险治理的捐赠总额有所回落，但企业参与风险治理的方式也有一定程度创新。未来，企业参与风险治理，除了继续发挥企业优势专长、创新自身产品和服务外；也可以通过创新合作模式，强化与利益相关方的合作，支持社会可持续发展。

**关键词：** 风险治理　气候风险　“双碳”　ESG

## 一　企业参与风险治理的基本情况

企业是参与风险治理的重要力量，通常认为企业参与风险治理的动力来

* 石琳，商道研究院研究员，研究方向为企业社会责任与ESG；郭沛源，商道咨询首席专家、商道纵横创办人，研究方向为企业可持续发展与ESG投资；彭纪来，商道咨询北京总经理、合伙人，研究方向为企业可持续发展、公益项目评估。哥伦比亚大学硕士研究生房嘉滢对本文也有贡献。

自三个方面，包括政策要求、企业社会责任和自身风险管理的要求。然而近年来，来自政策层面、商业趋势层面的新兴因素，也都在影响企业参与风险治理的决策制定以及行动模式，并塑造出企业参与风险治理的新格局。

## （一）相关理论进展

### 1. 规划出台，锚定发展方向

2022 年 2 月，国务院发布《“十四五”国家应急体系规划》，积极推进应急管理体系和能力现代化，成为“十四五”时期，我国风险治理领域的重要的基础性文件。2022 年，在部委层面，应急管理部陆续印发《“十四五”应急物资保障规划》《“十四五”国家安全生产规划》《“十四五”应急救援力量建设规划》《“十四五”国家综合防灾减灾规划》等专项规划，针对重点环节、重点领域部署工作。在地方层面，各地发布了相应的应急体系规划文件，指导相关工作，提升安全水平（见表 1）。这一系列规划文件的出台，为我国应急体系建设奠定了基础，谋划了发展方向。根据《“十四五”国家应急体系规划》，我国计划到 2025 年，建成统一领导、权责一致、权威高效的国家应急能力体系；到 2035 年，建立与基本实现现代化相适应的中国特色大国应急体系，全面实现依法应急、科学应急、智慧应急，形成共建共治共享的应急管理新格局①。

企业是风险治理的重要力量，《“十四五”国家应急体系规划》（以下简称《规划》）在为国家应急管理体系建设指明方向的同时，也为企业有序参与风险治理、应急管理体系建设提供了理论基础和路径指引。在目标层面，《规划》提出了科技信息化的要求，而不少企业在信息化、数字化方面存有优势，已经形成成熟的商业化运作模式。因此，企业在这方面的优势资源和相关经验，可以帮助推进信息技术与应急管理的有效融合、规模应用，有助于实现智慧应急的远大目标。在实践层面，《规划》部署了七类重点任

---

① 《国务院关于印发“十四五”国家应急体系规划的通知》，中华人民共和国中央人民政府网站，2021 年 12 月 30 日，http：//www.gov.cn/zhengce/content/2022-02/14/content_5673424.htm，最后访问日期：2023 年 4 月 24 日。

**表 1　企业参与风险治理相关政策文件（部分）**

| | | | |
|---|---|---|---|
| 国家层面 | 2022 年 2 月 14 日发布 | 《"十四五"国家应急体系规划》 | 建立企业全员安全生产责任制度，重点行业规模以上企业新增从业人员安全技能培训率达到 100%，并组建安全生产管理和技术团队。鼓励先进企业创建应急管理相关国际标准，推动企业标准化与企业安全生产治理体系深度融合。<br>安全基础薄弱、安全保障能力低下且整改后仍不达标的企业退出市场，引导企业实现安全管理、操作行为、设施设备和作业环境规范化。高危行业重点领域企业提升安全装备水平，推广新技术、新工艺、新材料和新装备，实施智能化矿山、智能化工厂、数字化车间改造，开展智能化作业和危险岗位机器人替代示范。<br>建设企业所属各行业领域专业救援力量，如大型民航企业、航空货运企业，建设一定规模的专业航空应急队伍。<br>安全应急领域有实力的企业做强做优，提供安全应急一体化综合解决方案和服务产品，壮大安全应急产业。鼓励企业投保安全生产责任保险，丰富应急救援人员人身安全保险品种。 |
| 部委层面 | 2022 年 4 月 12 日发布 | 《"十四五"国家安全生产规划》 | 强化企业主体责任，企业健全安全风险分级管控和隐患排查治理双重预防工作机制，构建自我约束、持续改进的安全生产内生机制。高危行业领域企业主要负责人、安全生产管理人员和特种作业人员等从业人员提升安全素质，防范遏制重特大事故发生。加强重点行业领域企业安全生产风险监测预警系统建设，加大仓储物流、储能设施、农村道路、防疫物资生产企业的隐患排查治理力度。推动工业园区、开发区等产业聚集区内企业联合建立专职救援队伍。企业内部进行安全文化建设，提高安全素质。实施危险化学品企业安全改造工程，推动安全管理数字化转型试点。完善企业安全生产费用提取和使用制度，鼓励创业投资企业、股权投资企业和社会捐赠资金增加安全生产公益性投入，鼓励企业投保安全生产责任保险。 |
| | 2022 年 7 月 21 日发布 | 《"十四五"国家综合防灾减灾规划》 | 商业卫星协同参与应急卫星星座建设。专业施工领域大型企业、大型国有森工企业等参与灾害抢险救援队伍建设。鼓励社会应急力量深入基层社区排查风险隐患、普及应急知识、参与应急处置。搭建应急物资重点生产企业数据库，社会化物流配送企业等加入应急救援运输队伍。利用保险行业资源优势，保险机构、保险研究机构、行业社会组织等协助参与建立防灾减灾保险研究基地和大数据创新应用实验室。鼓励和动员社会化资金投入。 |

续表

|  |  |  |  |
|---|---|---|---|
|  | 2022 年 6 月 30 日发布 | 《“十四五”应急救援力量建设规划》 | 高危行业企业依法加强专职安全生产应急救援队伍建设。民航企业和航空货运企业建设具备一定规模的专业航空应急救援力量，增强快速运输、综合救援、高原救援能力。中型以上高危行业企业，建设企业专兼职应急救援队伍，配备应急救援装备，满足企业安全风险防范和事故抢险救援需要。 |
|  | 2023 年 2 月 2 日发布 | 《“十四五”应急物资保障规划》 | 企业共同参与物资储备和调配，条件较好的企业纳入产能储备企业范围，提升企业产能储备能力。鼓励物流企业、社会组织和志愿者参与应急物资“最后一公里”发放。提升应急物资企业生产能力，优化产能区域布局。发挥重点企业产学研优势，加强核心技术攻关，研发一批质量优良、简易快捷、方便使用、适应需求的高科技新产品，强化应急物资领域先进技术储备。与市场化程度高、集散能力强的物流企业建立合作。建立健全政府、企业和社会组织相结合的资金投入保障机制。 |
| 地方层面 | 2021 年 12 月 27 日发布 | 《四川省“十四五”应急体系规划》 | 推行企业全员安全生产责任制和安全生产承诺制，将企业法定代表人、实际控制人、主要负责人同时列为企业安全生产第一责任人。淘汰企业落后工艺技术装备和产能。企业加大安全投入，自查自改自报，从根本上消除事故隐患。危险化学品企业进行安全改造，城镇人口密集区的生产企业进行搬迁改造，企业对内部不满足安全要求的平面布局进行改造。重点整治企业燃气煤气、涉爆粉尘等风险隐患。加强企业救援队伍建设。高危行业提升安全技能。 |
|  | 2021 年 11 月 17 日发布 | 《广东省应急管理“十四五”规划》 | 鼓励社会团队和企业聚焦应急管理新技术、新产业、新业态和新模式，制定团体标准和企业标准。健全社会力量激励机制和调用机制。企业单位加强物资储备，发挥物流企业配送优势。企业参与构建集约融合的智慧应急体系。落实企业主体责任，坚持安全生产。推动化工产业转型升级，淘汰不安全产能，城镇人口密集区不符合安全和卫生防护距离要求的危险化学品生产企业搬迁改造，不具备安全生产条件的企业强制退出市场。提升社会化服务能力和社会监督作用。鼓励企业进行应急领域科技合作交流，如高交会应急科技展和广州应急博览会，在珠三角地区形成以技术研发和总部基地为核心的安全应急产业聚集区。 |

资料来源：商道咨询根据相关资料整理。

务，这些内容里也包含了对企业的要求和期待。以“强化灾害应对准备，凝聚同舟共济的保障合力”任务为例，与企业相关的内容包括但不限于，强化应急物资准备，支持政企共建或委托企业代建应急物资储备库；强化紧急运输准备，依托大型骨干物流企业，保障重特大灾害事故应急资源快速高效投送；强化救助恢复准备，引导社会捐赠资金参与灾后恢复重建等。

2.“双碳”目标，应对气候风险

2020 年 9 月，习近平总书记在第七十五届联合国大会上，宣布中国将提高国家自主贡献力度，力争“2030 年前碳达峰、2060 年前碳中和”，“双碳”目标被正式提出。2021 年，“双碳”被写入政府工作报告；“十四五”规划要求积极应对气候变化；顶层设计“1+N”政策体系出炉，2021 年被称为“双碳元年”①。2022 年，“1+N”政策体系持续完善；上海、江西、吉林、海南、天津、黑龙江、辽宁、江苏、北京、湖南等多个省份和地市陆续发布碳达峰实施方案；党的二十大再次强调积极稳妥推进碳达峰碳中和，实现碳达峰碳中和是一场广泛而深刻的经济社会系统性变革②。除了在减缓气候变化上持续发力外，我国也更新了适应气候变化的战略方针，于 2022 年 5 月印发了《国家适应气候变化战略 2035》③，根据不同领域、区域对气候变化不利影响和风险的暴露度和脆弱性，明确重点领域、区域格局和保障措施，进一步强化适应气候变化行动举措，防范潜在风险（见表 2）。

---

① 《“瞄准”碳中和：2021 年绿色低碳发展扫描》，中华人民共和国中央人民政府网站，2021 年 12 月 22 日，http：//www. gov. cn/xinwen/2021-12/22/content_ 5664043. htm，最后访问日期：2023 年 4 月 26 日。

② 《习近平：高举中国特色社会主义伟大旗帜　为全面建设社会主义现代化国家而团结奋斗——在中国共产党第二十次全国代表大会上的报告》，新华网，2022 年 10 月 25 日，http：//www. news. cn/politics/cpc20/2022-10/25/c_ 1129079429. htm，最后访问日期：2023 年 6 月 19 日。

③ 《关于印发〈国家适应气候变化战略 2035〉的通知》，中华人民共和国中央人民政府网站，2022 年 5 月 10 日，http：//www. gov. cn/zhengce/zhengceku/2022-06/14/content_ 5695555. htm，最后访问日期：2023 年 4 月 26 日。

**表 2 “双碳”目标相关政策文件（部分）**

| 1+N 顶层设计 | 发布日期 | 政策名称 | 发布机构 |
|---|---|---|---|
| “1” | 2021 年 10 月 24 日 | 《中共中央　国务院关于完整准确全面贯彻新发展理念做好碳达峰碳中和工作的意见》 | 中共中央　国务院 |
| “N” | 2021 年 10 月 26 日 | 《2030 年前碳达峰行动方案》 | 国务院 |
| 1+N 重点领域行业政策 | 发布日期 | 政策名称 | 发布机构 |
| 能源绿色低碳转型行动 | 2022 年 2 月 10 日 | 《国家发展改革委　国家能源局关于完善能源绿色低碳转型体制机制和政策措施的意见》 | 国家发展改革委<br>国家能源局 |
| | 2022 年 3 月 22 日 | 《“十四五”现代能源体系规划》 | 国家发展改革委<br>国家能源局 |
| | 2022 年 3 月 23 日 | 《氢能产业发展中长期规划（2021－2035 年）》 | 国家发展改革委<br>国家能源局 |
| | 2022 年 5 月 10 日 | 《煤炭清洁高效利用重点领域标杆水平和基准水平（2022 年版）》 | 国家发展改革委等六部门 |
| | 2022 年 6 月 1 日 | 《“十四五”可再生能源发展规划》 | 国家发展改革委等九部门 |
| 节能降碳增效行动 | 2022 年 1 月 24 日 | 《“十四五”节能减排综合工作方案》 | 国务院 |
| | 2022 年 2 月 11 日 | 《高耗能行业重点领域节能降碳改造升级实施指南（2022 年版）》 | 国家发展改革委等四部门 |
| | 2022 年 6 月 13 日 | 《减污降碳协同增效实施方案》 | 生态环境部等七部门 |
| 工业领域碳达峰行动 | 2021 年 12 月 3 日 | 《“十四五”工业绿色发展规划》 | 工业和信息化部 |
| | 2022 年 1 月 30 日 | 《“十四五”医药工业发展规划》 | 工业和信息化部等九部门 |
| | 2022 年 2 月 7 日 | 《工业和信息化部　国家发展和改革委员会　生态环境部关于促进钢铁工业高质量发展的指导意见》 | 工业和信息化部<br>国家发展改革委<br>生态环境部 |
| | 2022 年 2 月 11 日 | 《水泥行业节能降碳改造升级实施指南》 | 国家发展改革委等多部门 |
| | 2022 年 4 月 7 日 | 《工业和信息化部　国家发展和改革委员会　科学技术部　生态环境部　应急管理部　国家能源局关于“十四五”推动石化化工行业高质量发展的指导意见》 | 工业和信息化部等六部门 |

续表

| 1+N 重点领域行业政策 | 发布日期 | 政策名称 | 发布机构 |
| --- | --- | --- | --- |
| | 2022 年 4 月 21 日 | 《工业和信息化部　国家发展和改革委员会关于化纤工业高质量发展的指导意见》 | 工业和信息化部<br>国家发展和改革委 |
| | 2022 年 4 月 21 日 | 《工业和信息化部　国家发展和改革委员会关于产业用纺织品行业高质量发展的指导意见》 | 工业和信息化部<br>国家发展和改革委 |
| | 2022 年 6 月 17 日 | 《工业和信息化部　人力资源社会保障部　生态环境部　商务部　市场监管总局关于推动轻工业高质量发展的指导意见》 | 工业和信息化部等五部门 |
| | 2022 年 6 月 21 日 | 《工业水效提升行动计划》 | 工业和信息化部等六部门 |
| | 2022 年 6 月 29 日 | 《工业能效提升行动计划》 | 工业和信息化部等六部门 |
| | 2022 年 8 月 1 日 | 《工业领域碳达峰实施方案》 | 工业和信息化部<br>国家发展改革委<br>生态环境部 |
| 城乡建设碳达峰行动 | 2021 年 10 月 21 日 | 《关于推动城乡建设绿色发展的意见》 | 中共中央办公厅<br>国务院办公厅 |
| | 2021 年 11 月 17 日 | 《农业农村部关于拓展农业多种功能促进乡村产业高质量发展的指导意见》 | 农业农村部 |
| | 2022 年 1 月 6 日 | 《“十四五”推动长江经济带发展城乡建设行动方案》 | 住房和城乡建设部 |
| | 2022 年 1 月 6 日 | 《“十四五”黄河流域生态保护和高质量发展城乡建设行动方案》 | 住房和城乡建设部 |
| | 2022 年 1 月 19 日 | 《“十四五”建筑业发展规划》 | 住房和城乡建设部 |
| | 2022 年 2 月 11 日 | 《“十四五”推进农业农村现代化规划》 | 国务院 |
| | 2022 年 3 月 1 日 | 《“十四五”住房和城乡建设科技发展规划》 | 住房和城乡建设部 |
| | 2022 年 3 月 1 日 | 《“十四五”建筑节能与绿色建筑发展规划》 | 住房和城乡建设部 |
| | 2022 年 6 月 30 日 | 《农业农村减排固碳实施方案》 | 农业农村部<br>国家发展改革委 |
| | 2022 年 6 月 30 日 | 《城乡建设领域碳达峰实施方案》 | 住房和城乡建设部<br>国家发展改革委 |

续表

| 1+N 重点领域行业政策 | 发布日期 | 政策名称 | 发布机构 |
|---|---|---|---|
| 交通运输绿色低碳行动 | 2022 年 1 月 18 日 | 《“十四五”现代综合交通运输体系发展规划》 | 国务院 |
| | 2022 年 1 月 21 日 | 《绿色交通“十四五”发展规划》 | 交通运输部 |
| | 2022 年 3 月 1 日 | 《新时代推动中部地区交通运输高质量发展的实施意见》 | 交通运输部<br>国家铁路局<br>中国民用航空局<br>国家邮政局 |
| | 2022 年 6 月 24 日 | 贯彻落实《中共中央　国务院关于完整准确全面贯彻新发展理念做好碳达峰碳中和工作的意见》的实施意见 | 交通运输部<br>国家铁路局<br>中国民用航空局<br>国家邮政局 |
| 循环经济助力降碳行动 | 2021 年 7 月 7 日 | 《“十四五”循环经济发展规划》 | 国家发展改革委 |
| | 2022 年 2 月 10 日 | 《关于加快推动工业资源综合利用的实施方案》 | 工业和信息化部等八部门 |
| 绿色低碳科技创新行动 | 2022 年 4 月 2 日 | 《“十四五”能源领域科技创新规划》 | 国家能源局<br>科技部 |
| | 2022 年 8 月 18 日 | 《科技支撑碳达峰碳中和实施方案（2022—2030 年）》 | 科技部等九部门 |
| 碳汇能力巩固提升行动 | 2021 年 12 月 31 日 | 《林业碳汇项目审定和核证指南》（GB/T 41198-2021） | 国家林业和草原局 |
| | 2022 年 2 月 21 日 | 《海洋碳汇经济价值核算方法》 | 自然资源部 |
| 绿色低碳全民行动 | 2022 年 5 月 7 日 | 《加强碳达峰碳中和高等教育人才培养体系建设工作方案》 | 教育部 |
| 各地区梯次有序碳达峰行动 | 2021 年 6 月 8 日 | 《浙江省碳达峰碳中和科技创新行动方案》 | 浙江省委科技强省建设领导小组 |
| | 2021 年 12 月 16 日 | 《中共吉林省委　吉林省人民政府关于完整准确全面贯彻新发展理念做好碳达峰碳中和工作的实施意见》 | 中共吉林省委<br>吉林省人民政府 |
| | 2022 年 1 月 5 日 | 《关于完整准确全面贯彻新发展理念认真做好碳达峰碳中和工作的实施意见》 | 中共河北省委　河北省人民政府 |

续表

| 1+N 重点领域行业政策 | 发布日期 | 政策名称 | 发布机构 |
| --- | --- | --- | --- |
| | 2022 年 2 月 17 日 | 《中共浙江省委　浙江省人民政府关于完整准确全面贯彻新发展理念做好碳达峰碳中和工作的实施意见》 | 中共浙江省委<br>浙江省人民政府 |
| | 2022 年 2 月 22 日 | 《河南省“十四五”现代能源体系和碳达峰碳中和规划》 | 河南省人民政府 |
| | 2022 年 3 月 31 日 | 《中共四川省委　四川省人民政府关于完整准确全面贯彻新发展理念做好碳达峰碳中和工作的实施意见》 | 中共四川省委<br>四川省人民政府 |
| | 2022 年 4 月 6 日 | 《中共江西省委　江西省人民政府关于完整准确全面贯彻新发展理念做好碳达峰碳中和工作的实施意见》 | 中共江西省委<br>江西省人民政府 |
| | 2022 年 4 月 19 日 | 《河北省工业领域碳达峰实施方案》 | 河北省工业和信息化厅、河北省发展改革委、河北省生态环境厅 |
| | 2022 年 4 月 28 日 | 《中共广西壮族自治区委员会　广西壮族自治区人民政府关于完整准确全面贯彻新发展理念做好碳达峰碳中和工作的实施意见》 | 中共广西壮族自治区委员会　广西壮族自治区人民政府 |
| | 2022 年 6 月 28 日 | 《内蒙古自治区党委　自治区人民政府关于完整准确全面贯彻新发展理念做好碳达峰碳中和工作的实施意见》 | 内蒙古自治区党委<br>自治区人民政府 |
| | 2022 年 7 月 18 日 | 《江西省碳达峰实施方案》 | 江西省人民政府 |
| | 2022 年 7 月 25 日 | 《中共广东省委　广东省人民政府关于完整准确全面贯彻新发展理念推进碳达峰碳中和工作的实施意见》 | 中共广东省委<br>广东省人民政府 |
| | 2022 年 7 月 28 日 | 《上海市碳达峰实施方案》 | 上海市人民政府 |
| | 2022 年 8 月 1 日 | 《吉林省碳达峰实施方案》 | 吉林省人民政府 |
| | 2022 年 8 月 15 日 | 《云南省碳达峰实施方案》 | 云南省人民政府 |

续表

| 1+N 重点领域行业政策 | 发布日期 | 政策名称 | 发布机构 |
| --- | --- | --- | --- |
| | 2022 年 8 月 21 日 | 中共福建省委、福建省人民政府印发《关于完整准确全面贯彻新发展理念做好碳达峰碳中和工作的实施意见》 | 中共福建省委<br>福建省人民政府 |
| | 2022 年 8 月 22 日 | 《海南省碳达峰实施方案》 | 海南省人民政府 |
| | 2022 年 9 月 5 日 | 《黑龙江省碳达峰实施方案》 | 黑龙江省人民政府 |
| | 2022 年 9 月 14 日 | 《天津市碳达峰实施方案》 | 天津市人民政府 |
| | 2022 年 10 月 2 日 | 《江苏省碳达峰实施方案》 | 江苏省人民政府 |
| | 2022 年 10 月 13 日 | 《北京市碳达峰实施方案》 | 北京市人民政府 |
| | 2022 年 10 月 25 日 | 《宁夏回族自治区碳达峰实施方案》 | 中共宁夏回族自治区委员会<br>宁夏回族自治区人民政府 |
| | 2022 年 10 月 28 日 | 《湖南省碳达峰实施方案》 | 湖南省人民政府 |
| | 2022 年 11 月 10 日 | 《四川省碳市场能力提升行动方案》 | 四川省生态环境厅 |
| | 2022 年 11 月 16 日 | 《湖南省科技支撑碳达峰碳中和实施方案(2022—2030 年)》 | 湖南省科学技术厅等多部门 |
| | 2022 年 11 月 19 日 | 《内蒙古自治区碳达峰实施方案》 | 内蒙古自治区党委<br>自治区人民政府 |
| | 2022 年 11 月 21 日 | 《贵州省碳达峰实施方案》 | 中共贵州省委<br>贵州省人民政府 |
| | 2022 年 12 月 14 日 | 《黑龙江省工业领域碳达峰实施方案》 | 黑龙江省工信厅、黑龙江省发改委、黑龙江省省环境厅 |
| | 2022 年 12 月 18 日 | 《青海省碳达峰实施方案》 | 青海省人民政府 |
| | 2023 年 2 月 17 日 | 《陕西省碳达峰实施方案》 | 陕西省人民政府 |
| | 2023 年 2 月 22 日 | 《安徽省工业领域碳达峰实施方案》 | 安徽省经济和信息化厅、安徽省发展和改革委员会、安徽省生态环境厅 |
| | 2023 年 4 月 25 日 | 《辽宁省碳达峰实施方案》 | 辽宁省人民政府 |

资料来源：商道咨询根据相关资料整理。

气候风险，作为一种新兴风险正在成为全球关注的热点。“双碳”目标既强调气候风险，又关注发展机遇；在衔接全球应对气候变化行动方案的同时，也开辟出了中国可持续发展新范式。企业是温室气体的主要排放者，有责任落实“双碳”目标；同时，企业也是气候友好型解决方案的提供方，有能力把握低碳转型的发展机遇。在《2030 年前碳达峰行动方案》部署的十项重点任务中，每一项都有不同行业企业参与的空间。因此，自 2020 年起，商道纵横在每年发布的《企业社会责任十大趋势》中，都呼吁企业做好低碳转型的顶层设计、设定转型路径、强化气候风险管理，以实际行动支持应对气候变化。

3. ESG 兴起，助推企业行动

（1）ESG 加速发展

ESG 是英文 Environment、Social、Governance，即环境、社会和治理的简称。虽然 ESG 的概念雏形在责任投资领域早有讨论，但是一般认为，ESG 的概念正式提出于联合国全球契约组织 2004 年发布的《有心者胜》（Who Cares Wins）[①] 报告。在报告中，联合国全球契约组织和 20 余家金融机构一起呼吁金融行业将 ESG 等传统上认为的非财务因素纳入投资研究中，为长期价值增长做好准备。随后，ESG 的概念不断被丰富，并在资本市场上被应用于投资实践。当前，经历 20 余载的发展，ESG 投资也在全球资本市场实现了主流化。根据全球可持续投资联盟（GSIA）的统计，截至 2020 年，欧洲、美国、日本、加拿大、澳大利亚和新西兰的 ESG 投资规模从 2016 年的 22.8 万亿美元增长到 35.3 万亿美元；纳入 ESG 投资理念的资金管理规模占比达 35.9%[②]。

伴随着 ESG 体系建设，以及利益相关方在全球气候、生态保护方面达成共识，ESG 在应对气候变化、减少生物多样性丧失等风险议题上也被寄予厚望。在 ESG 体系中，环境（E）领域下气候和环境等议题在信息披露、评级等众多应用环节的重要性不断提升。以气候议题为例，2015 年 G20 金

① Who Cares Wins, The Global Compact, https://documents1.worldbank.org/curated/en/280911488968799581/pdf/113237-WP-WhoCaresWins-2004.pdf，最后访问日期：2023 年 4 月 18 日。

② Global Sustainable Investment Review 2020, GSIA, https://www.gsi-alliance.org/wp-content/uploads/2021/08/GSIR-20201.pdf，最后访问日期：2023 年 4 月 18 日。

融稳定理事会成立气候相关财务信息披露工作组（TCFD），2017 年气候相关财务信息披露工作组明确了气候相关信息披露标准，此后多国政府和组织通过制定法律法规的形式强化气候信息披露，TCFD 被纳入相关 ESG 框架。根据 TCFD 调查，披露 TCFD 建议信息的企业所占的百分比每年都有增加，2021 财年有 70%以上的公司披露了气候相关信息，而 2017 财年该比例仅有 45%①。

对于企业而言，开展 ESG 管理的驱动力主要来自两个方面，一是来自资本市场的利益驱动，二是来自政府、交易所、行业组织等机构的履责要求。ESG 投资在资本市场的蓬勃发展，催生出大量的 ESG 评级体系，而评级的压力促使企业，特别是被评级企业开展 ESG 管理实践，提升评级成绩。面对 ESG 热潮，政府、交易所等监管机构也在不断更新、强化相应的监管要求，如欧盟出台的《金融服务业可持续性相关披露条例》，强化对金融机构和金融产品的信息披露要求②，这也促使企业从履责和合规的角度推行 ESG 管理、提升 ESG 信息披露质量。相比企业社会责任（CSR），ESG 首先在概念层面与企业的经营业绩更加密切相关；其次在实践层面，ESG 的讨论热度更高，影响范围更广，企业内部也更加重视 ESG。在一定程度上，ESG 正在替代 CSR 成为企业兼顾经营效益和社会价值、实现可持续发展的新抓手。

（2）中国特色 ESG

自 2019 年底以来，中国责任投资市场增速很快，ESG 在中国进入主流③，当前与 ESG 相关的讨论热度居高不下，不论是政府、投资机构还是企

① 《气候相关财务信息披露工作组 2022 年状况报告》，气候相关财务信息披露工作组网站，2022 年 10 月，https：//assets. bbhub. io/company/sites/60/2023/02/tcfd-2022-status-report-simplified-chinese. pdf，最后访问日期：2023 年 4 月 19 日。

② 郭沛源：《披露不当可能被罚，ESG 反漂绿进行时 | 周评》，郭沛源说 ESG 微信号，2022 年 6 月 12 日，https：//mp. weixin. qq. com/s/HPnTSNDUNVIvQHR7YgHXHA，最后访问日期：2023 年 4 月 20 日。

③ 《中国责任投资年度报告 2020》，商道融绿网站，2021 年 11 月，https：//www. syntaogf. com/products/中国责任投资年度报告 2020，最后访问日期：2023 年 4 月 20 日。

业，都力图在可持续发展浪潮中抓住转型机遇。从市场规模来看，2022 年中国可统计的主要的责任投资类型的市场规模达 24.6 万亿元，同比增长约 33.4%；从责任投资机构数量来看，截至 2022 年 10 月末，中国大陆地区签署联合国负责任投资原则（Principles for Responsible Investment，简称 PRI）的机构共有 117 家，签约机构数量较上年新增 36 家，增长 44.4%，增幅超过全球平均水平①。

在 ESG 概念和相关市场繁荣发展的同时，监管部门也在不断出台规范指引，推动国内的 ESG 生态建设。2018 年 9 月，证监会修订了《上市公司治理准则》，增加了利益相关者、环境保护与社会责任章节，并在修订说明中指出“积极借鉴国际经验，推动机构投资者参与公司治理，强化董事会审计委员会作用，确立环境、社会责任和公司治理（ESG）信息披露的基本框架”②。2021 年 6 月，证监会进一步明确了上市公司年度报告和半年度报告格式准则，将环境保护、社会责任从旧版的“重要事项”中独立出来，成为单独的“环境和社会责任”。随着政策的完善，企业 ESG 报告发布数量也在逐年增加。根据商道咨询的统计，A 股上市公司 ESG 相关报告（含 ESG 报告、CSR 报告和可持续发展报告）发布数量近两年增幅呈明显上升趋势，2022 年共有 1429 家 A 股上市公司发布 2021 年相关报告，较 2021 年增长 337 家，其中 188 家公司发布 ESG 报告。③（见图 1）

2022 年，中国 ESG 生态建设脚步加快，首先，中国特色 ESG 的顶层设计显露雏形。3 月，国资委成立社会责任局，强调要突出抓好中央企业碳达峰碳中和有关工作，以“一企一策”有力有序推进“双碳”工作；抓好安

① 《中国责任投资年度报告 2022》，商道融绿网站，2022 年 12 月，https://www.syntaogf.com/products/csir2022，最后访问日期：2023 年 4 月 20 日。

② 《证监会发布修订后的〈上市公司治理准则〉》，中国证券监督管理委员会网站，2018 年 9 月 30 日，http://www.csrc.gov.cn/csrc/c100028/c1001175/content.shtml，最后访问日期：2023 年 4 月 20 日。

③ 《A 股上市公司 2021 年度 ESG 信息披露统计研究报告》，商道纵横微信公众号，2022 年 9 月 1 日，https://mp.weixin.qq.com/s/dWmm6wen_ _ 1-4RINKL4vOw，最后访问日期：2023 年 4 月 20 日。

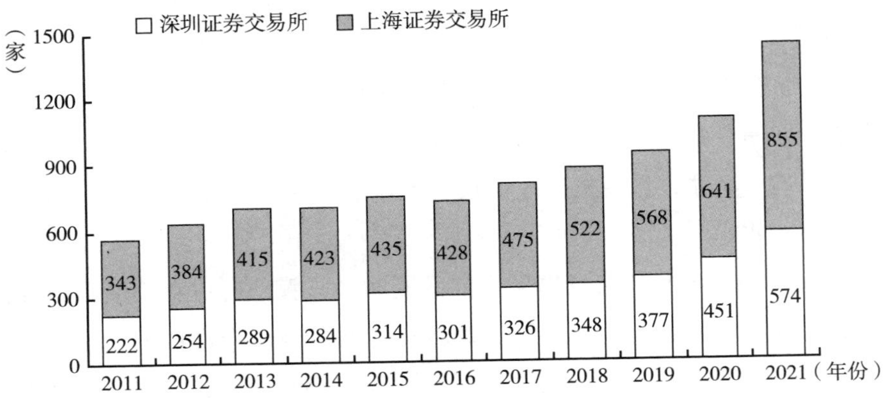


**图 1　A 股上市公司 2011~2021 年 ESG 报告发布情况**①

资料来源：商道咨询统计。

全环保工作，推动企业全过程、全链条完善风险防控体系；抓好中央企业乡村振兴和援疆援藏援青工作；抓好中央企业质量管理和品牌建设，打造一批国际知名高端品牌；抓好中央企业社会责任体系构建工作，指导推动企业积极践行 ESG 理念，主动适应、引领国际规则标准制定，更好地推动可持续发展。② 5 月，国资委印发《提高央企控股上市公司质量工作方案》③，提出要贯彻落实新发展理念，探索建立健全 ESG 体系；立足国有企业实际，积极参与构建具有中国特色的 ESG 信息披露规则、ESG 绩效评级和 ESG 投资指引，为中国 ESG 发展贡献力量。其次，基于中国特色 ESG 的各类团体标准的讨论和制定层出不穷，中国特色 ESG 生态建设步入加速发展期。

① A 股上市公司 2011~2021 年 ESG 报告发布情况，其中 2011~2021 年指报告覆盖年份，即 2022 年发布 2021 年 ESG 报告，其中 2021 年为报告覆盖年份。

② 《国务院国资委成立科技创新局社会责任局更好推动中央企业科技创新和社会责任工作高标准高质量开展》，国务院国有资产监督管理委员会网站，2022 年 3 月 16 日，http：//www.sasac.gov.cn/n2588025/n2643314/c23711009/content.html，最后访问日期：2023 年 4 月 20 日。

③ 《提高央企控股上市公司质量工作方案》，国务院国有资产监督管理委员会网站，2022 年 5 月 27 日，http：//www.sasac.gov.cn/n2588035/n2588320/n2588335/c24789613/content.html，最后访问日期：2023 年 4 月 21 日。

符合中国国情是中国特色 ESG 的核心要求之一。从过往实践来看，西方的 ESG 标准和评级在评价中国企业的 ESG 表现方面存在不适宜、不合理的地方，比如标准和评级不关注公益捐赠，但是从符合国情的角度来看，通过公益捐赠等方式参与风险治理、支持乡村振兴、助力共同富裕正是中国企业的常规做法。中国特色 ESG 理念的提出，丰富了 ESG 的理念内涵，在引导企业践行 ESG 理念、实现高质量发展的同时，也为企业以更加高效、以企业经营为核心的方式，践行企业社会责任、参与风险治理提供了新理论基础。

## （二）重点风险类型

### 1. 安全生产

安全生产是企业重点关注的一类风险，特别是对于危险化学品、矿山、建筑施工、交通道路等特定行业而言，一旦发生严重事故，不仅会给企业造成人员伤亡、经济损失，而且会对周边社区甚至全社会产生重大不良影响。另外，企业是安全生产的主体，在造成严重后果的情况下，相关责任人将被追究刑事责任。同时，安全生产对企业也是最特殊的一类风险，因为企业具备从根源上消除安全隐患、将安全关口前置的责任和能力。2021 年新修订的《安全生产法》中，要求进一步落实生产经营单位的主体责任，包括要求建立全员安全生产责任制、建立安全风险分级管控机制、重大事故隐患排查及报告制度等。

2022 年我国安全生产形势总体稳定。应急管理部的数据显示，2022 年全国生产安全事故、较大事故、重特大事故起数和死亡人数实现“三个双下降”①；上半年全国共发生各类生产安全事故 11076 起、死亡 8870 人②。

① 《2022 年应急管理成绩单新鲜出炉》，中华人民共和国应急管理部网站，2023 年 1 月 5 日，https：//www. mem. gov. cn/zl/202301/t20230105_ 440115. shtml，最后访问日期：2023 年 4 月 23 日。

② 《应急管理部：2022 年上半年全国共发生各类生产安全事故 11076 起，死亡 8870 人》，人民网，2022 年 7 月 21 日，http：//society. people. com. cn/n1/2022/0721/c1008 - 32481850. html，最后访问日期：2023 年 4 月 23 日。

但是在整体数据向好的同时，个别重大安全事故仍有发生，如贵州三河顺勋煤矿顶板事故、广东茂名石化火灾、云南鹤庆在建高速隧道塌方、云南富盛煤矿顶板事故等。

2. 自然灾害

相较于安全生产只对个别企业产生影响，自然灾害的影响范围更加广泛，会在短期内，对更大范围的人、社区产生重大不良影响，而且灾害发生之时，受灾企业的生产经营活动也受到影响，这更限制了相关企业在参与风险治理时在资源调配方面的能力。此外，自然灾害类风险不可控因素更高，企业参与这类风险治理的行动，多集中在灾时应急响应、灾后恢复重建阶段，在灾害预防上能采取的行动相对有限。

2022 年，我国的自然灾害以洪涝、干旱、风雹、地震和地质灾害为主，台风、低温冷冻和雪灾、沙尘暴、森林草原火灾和海洋灾害等也有不同程度发生；应急管理部的数据显示，全年各种自然灾害共造成 1.12 亿人次受灾，因灾死亡失踪 554 人，紧急转移安置 242.8 万人次；直接经济损失 2386.5 亿元[①]。值得关注的是，自 2021 年起，极端天气事件的影响正在加剧，在应急管理部发布的全国十大自然灾害中，一半以上的事件都与极端天气相关。

3. 公共卫生

目前，企业在公共卫生事件中除了资金和物资捐赠外，还可以在医药科技研发、健康产业、应急救援等方面发挥力量。国家已出台相应政策支持部分企业更有针对性地参与到公共卫生事件的救助中。如《“十四五”国民健康规划》中提到，鼓励企业加强应急物资储备，参与健康管理服务包、传染病科普等行动中。此外，政府亦出台《支持国有企业办医疗机构高质量发展工作方案》，鼓励国有企业办医疗机构在应对重大疫情和突发公共卫生风险中发挥相应作用。

① 《应急管理部发布 2022 年全国自然灾害基本情况》，中华人民共和国应急管理部网站，2023 年 1 月 13 日，https://www.mem.gov.cn/xw/yjglbgzdt/202301/t20230113_440478.shtml，最后访问日期：2023 年 4 月 23 日。

2022 年，我国的突发公共卫生事件仍以新型冠状病毒肺炎为主，具有强传染性的奥密克戎变异株输入中国。国家卫健委官方数据显示，截至 12 月 23 日 24 时，新型冠状病毒肺炎累计死亡病例 5241 例，累计报告确诊病例 397195 例[①]。上海、北京等多地经历封控，“停工停业停课”对居民日常生活、社会经济发展造成重大影响。截至 2023 年 4 月底，根据中国疾病预防控制中心消息，我国整体疫情处于低水平流行阶段，对全国新型冠状病毒感染疫情情况的监测仍在继续。2023 年 5 月 5 日，世界卫生组织宣布，新冠疫情是一个既定且持续的健康问题，不再构成国际关注的突发公共卫生事件[②]。此外，世界卫生组织于 2022 年 7 月宣布猴痘为新的国际突发公共卫生事件[③]，9 月在中国内地出现首例输入性猴痘病例，但未形成社区传播。

4. 气候风险

根据世界经济论坛《2023 全球风险报告》，气候相关风险占据了未来十年全球十大风险的前三项，分别是气候行动失败、气候适应失败、自然灾害及极端天气事件[④]。气候风险的影响不仅在于其本身，还在于它的潜在性和系统性、极易与其他灾害产生关联，从而对社会的安全与稳定造成重大打击。在我国风险治理的相关文件规划里，气候风险已经被反复提及，如《“十四五”国家应急体系规划》的规划背景部分提到“随着全球气候变暖，我国自然灾害风险进一步加剧，极端天气趋强趋重趋频”。

---

① 《截至 12 月 23 日 24 时新型冠状病毒肺炎疫情最新情况》，中华人民共和国国家卫生健康委员会网站，2022 年 12 月 24 日，http://www.nhc.gov.cn/xcs/yqtb/202212/cb666dbd11864171b6586887c964791c.shtml，最后访问日期：2023 年 4 月 28 日。

② 《关于 2019 冠状病毒病（COVID-19）大流行的〈国际卫生条例（2005）〉突发事件委员会第十五次会议声明》，世界卫生组织官网，2023 年 5 月 5 日，https://www.who.int/zh/news/item/05-05-2023-statement-on-the-fifteenth-meeting-of-the-international-health-regulations-(2005)-emergency-committee-regarding-the-coronavirus-disease-(covid-19)-pandemic，最后访问日期：2023 年 6 月 1 日。

③ 《世卫组织 2022 年卫生概要》，世界卫生组织官网，https://www.who.int/zh/news-room/spotlight/health-highlights-2022，最后访问日期：2023 年 4 月 28 日。

④ World Economic Forum, “The Global Risks Report 2023” (18th Edition), 11 January 2023, https://www.weforum.org/reports/global-risks-report-2023/，最后访问日期：2023 年 4 月 26 日。

企业是社会的有机组成部分，气候风险也影响着企业的可持续发展。根据 TCFD 的分析框架①，气候风险被分为两类，一是与低碳经济转型相关的转型风险，包括政策法律、技术、市场及声誉风险；二是与气候变化的物理影响相关的风险，包括急性风险和慢性风险。虽然物理风险如极端天气事件和持续的高温等，给企业造成的负面影响更加显性化，但是转型风险的潜在威胁也不容忽视。目前，部分企业已经行动起来，通过制定零碳目标、进行能源转型、开展碳汇项目等方式，应对气候风险。

### （三）主要参与方式

#### 1. 捐款捐物

捐款捐物是企业参与风险治理最为普遍的方式，它具有及时性的特点，可以在灾时应急响应、灾后恢复重建阶段发挥较大价值，帮助解决受灾群众、受灾地区急需的问题。相对于捐物，捐款需要对接的内外部相关方少，所以捐款这类参与形式也更为常见；而捐物更多地集中在食品、饮料、日化等快消行业。为应对突发的自然灾害，部分企业在内部相关部门设置了专门的资金池，并建立了应急响应机制，以方便在第一时间做出响应。但是以捐款捐物的形式参与风险治理，也存在盲区，如：部分企业的捐赠仅停留在新闻稿上，没有落到实处；同一类型的捐赠物资过多，造成积压和浪费；部分捐赠物资，无法匹配受灾群众需求等。

#### 2. 设立公益项目

设立公益项目是企业践行企业社会责任的主要方式，因此不少企业也将它应用于风险治理领域。公益项目通常具有长期性，根据项目内容的不同，它可以在灾前、灾时、灾后等不同环节发挥作用，帮助受助人群更好地应对灾情、减少损失。相较于捐款捐物，在公益项目的设计上，企业可以结合企业公益战略，在实现减灾救灾目标的同时，形成差异化、有企业

① 《气候相关财务信息披露工作组建议》，气候相关财务信息披露工作组网站，https：//www. tcfdhub. org/cn/，最后访问日期：2023 年 4 月 26 日。

特点的公益项目。但另外，公益项目从项目筹备到落地执行的生命周期更长，需要对接的内外部相关方更多，因此对企业而言，实际操作的难度更大。为保障项目的实施，企业在部门设置、人员架构、项目评估等方面投入的资源也更多。

3. 创新产品和服务

创新产品和服务是指企业在应对风险的过程中，创新性地运用企业已有的技术和优势资源，帮助满足需求和解决问题。这也是《“十四五”国家应急体系规划》对企业参与应急管理的潜在诉求。相比以捐款捐物、设立公益项目方式参与风险治理，创新产品和服务更能凸显企业特色，更具备内外部的可持续性，也能为企业在面向公众的传播中吸引更多关注。目前，创新产品和服务也已经成为企业参与风险治理的新趋势，在过往的实践中已经涌现部分优秀案例，如车企应急生产口罩、医药企业提升药品流通效率。但是创新产品和服务，创新是关键，而且紧急状态下的创新，不仅对企业内的直接相关部门在项目管理、资源配置方面提出挑战，也对企业宏观层面与创新相关的战略设立、制度建设、流程管理提出更高的要求。

## 二　2022年度中国企业参与风险治理的实践与分析

2022 年，中国企业参与的风险治理，主要应对的风险包括三大类，分别是自然灾害、公共卫生以及气候风险①。针对自然灾害，下文主要选取“9·5”泸定地震中企业参与情况为例加以讨论；针对公共卫生，主要基于“益企撑广州”企业行动案例进行探讨；而考虑到气候风险作为一种复杂的系统风险，企业的应对行动更加个性化和碎片化，主要参考商道咨询《中国企业低碳转型与高质量发展报告（2022）》加以分析。

① 2022 年虽然也发生了重大的安全生产类事故，但影响相对集中，没有进一步带动更多企业参与，因此不纳入分析与讨论。

## （一）2022年度中国企业参与风险治理实践案例

### 1. 应对自然灾害，中国企业参与“9·5”泸定地震情况

2022 年 9 月 5 日，四川省甘孜州泸定县发生 6.8 级地震。地震发生后，习近平总书记作出指示，“要把抢救生命作为首要任务，全力救援受灾群众，最大限度减少人员伤亡”。[①] 鉴于灾情严重，相关部门迅速调整了国家应急层面的响应级别，将国家地震应急响应级别提升至二级，将国家救灾应急响应级别提升至Ⅲ级[②]。作为继 2017 年九寨沟地震后四川境内发生的最大地震，泸定地震给甘孜州、雅安市人民造成重大生命财产损失，截至 11 日 17 时，地震共造成 93 人遇难、25 人失联[③]。

灾情发生后，企业纷纷行动起来，向泸定捐款捐物。根据商道咨询统计，首批企业自 9 月 6 日开始行动，7 日进入企业捐赠高潮，12 日随着四川省终止地震一级应急响应，企业捐赠行动结束。其间企业累计捐款总额达 176724.3991 万元；从捐赠企业类型来看，央企是捐赠主力，捐款总额为 126700 万元；然后分别是民企、国企及其下属公司、外资、合资企业。在本次抗震救灾的过程中，本地企业的积极参与是一大亮点，参考商道咨询的统计数据，四川当地企业的捐款总额为 31478 万元。而四川省国资委公布的数据显示，截至 9 月 9 日，19 家四川省属监管企业捐款总额达 10150 万元[④]。

客观上，四川复杂的地形和恶劣的天气条件，加大了此次救援的难度；同时疫情防控因素的叠加，也阻碍了社会救援力量的有效参与。因此，泸定

---

① 《习近平对四川甘孜泸定县 6.8 级地震作出重要指示》，中华人民共和国中央人民政府网站，2022 年 9 月 5 日，http：//www. gov. cn/xinwen/2022-09/05/content_ 5708378. htm，最后访问日期：2023 年 2 月 21 日。

② 《国家地震应急响应级别提升至二级　国务院抗震救灾指挥部工作组紧急赴四川》，中华人民共和国中央人民政府网站，2022 年 9 月 6 日，http：//www. gov. cn/xinwen/2022-09/06/content_ 5708416. htm，最后访问日期：2023 年 2 月 21 日。

③ 《四川泸定地震已造成 93 人遇难 25 人失联》，新华网，2022 年 9 月 12 日，http：//www. news. cn/local/2022-09/12/c_ 1128996240. htm，最后访问日期：2023 年 2 月 21 日。

④ 《四川省国资委组织省属监管企业向“9·5”泸定地震捐款》，四川省政府国有资产监督管理委员会网站，2022 年 9 月 9 日，http：//gzw. sc. gov. cn/scsgzw/c100112/2022/9/9/9c2ad3be089c4abf970a911d8d24b368. shtml，最后访问日期：2023 年 4 月 27 日。

地震虽然是2022年十大自然灾害事件中媒体关注度最高并形成大规模企业参与的事件，但是相较于往年的类似自然灾害事件，企业捐赠总额有所缩减。另外，在本次事件中，值得关注的是四川省以省为单位公布了捐赠单位和个人名单，并在2023年1月印发了《“9·5”泸定地震灾后恢复重建总体规划》①，规划对灾后重建的资金及用途进行了更清晰的说明，这类反馈机制的建立，提升了企业的捐赠体验，也在一定程度上提升了捐赠资金使用的透明度。

2. 应对疫情，“益企撑广州”企业行动案例

2022年新冠疫情期间，“益企撑广州”企业行动分别于4月和11月两次启动，助力广州地区的抗疫工作。“益企撑广州”企业助力广州社区抗疫行动，由CSR环球网、广州市社会创新中心、爱德基金会、千禾社区基金会、和众泽益五家机构于2021年共同发起，通过筹措资源，对接需求，联合公益伙伴、爱心企业和媒体资源等，为支持广州抗疫的企业和一线社区工作者提供支持，协同抗疫。2022年11月8日至30日，“益企撑广州”最后一次启动，接收到来自组织和个人的77项物资需求，收到65个来自爱心企业和个人的捐赠意向②。

“益企撑广州”为企业深度参与风险治理提供了一种创新模式。在这个模式下，企业更加紧密地融入社会互助的网络中，针对个性化的问题，与其他社会力量协同应对风险。而在这个过程中，企业的优势和专长被放大，企业参与路径被缩短，从而能够更快、更直接、更有效地参与到风险治理中。例如“益企撑广州”和壹心理合作，开通公益心理援助热线，为市民提供免费心理咨询，并开展专业的心理直播；“益企撑广州”联动大参林帮助海珠区客村片区居民解决购药、用药难题。

---

① 《“9·5”泸定地震灾后恢复重建总体规划》，四川省人民政府网站，2022年12月，https://www.sc.gov.cn/10462/zfwjts/2023/1/5/81fea82b5df84516bbc442c32f5a09c0/files/“9·5”泸定地震灾后恢复重建总体规划.pdf，最后访问日期：2023年4月27日。

② 《“益企撑广州”，2022万幸有你》，CSR环球微信公众号，2023年1月12日，https://mp.weixin.qq.com/s/-FO1_Arby53GsgSiPD9Gjg，最后访问日期：2023年4月27日。

### 3. 应对气候风险，中国企业实践案例

在“双碳”目标及政策的引领下，中国企业进入低碳转型与高质量发展的快车道。商道咨询基于 100 家企业发布的碳达峰碳中和行动报告、ESG 相关报告、CDP 气候问卷等公开信息，归纳整理企业的脱碳举措，总结出企业助力实现碳中和的六大路径，分别是电力脱碳化、用能电气化、燃料脱碳化、原料脱碳化、能源资源利用高效化、环境影响负碳化；根据企业可以控制的运营边界，总结出企业在低碳转型过程中的双重作用，减小碳足迹，放大碳手印（见图 2）。

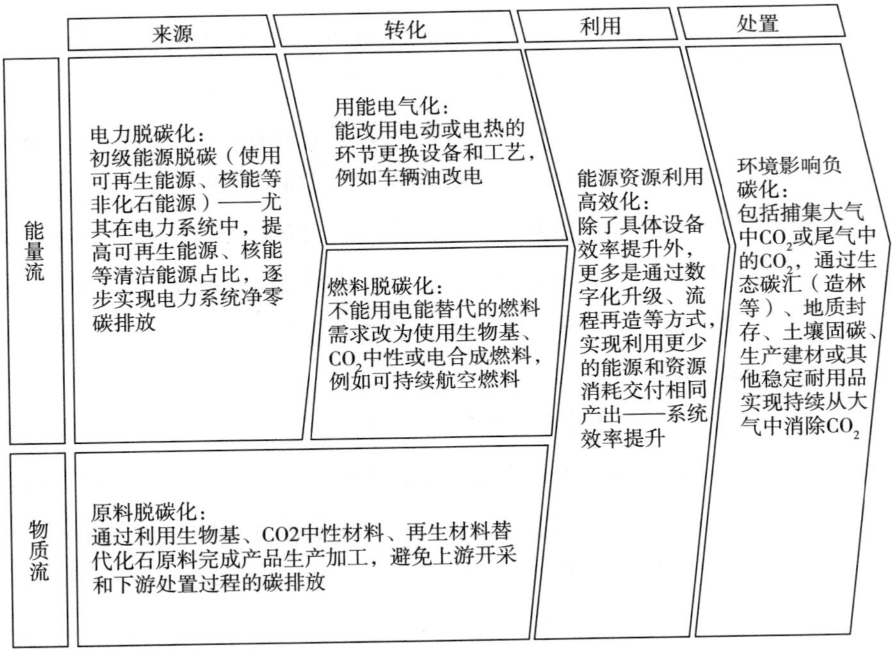

来源
转化
利用
处置
能量流
电力脱碳化：初级能源脱碳（使用可再生能源、核能等非化石能源）——尤其在电力系统中，提高可再生能源、核能等清洁能源占比，逐步实现电力系统净零碳排放
用能电气化：能改用电动或电热的环节更换设备和工艺，例如车辆油改电
燃料脱碳化：不能用电能替代的燃料需求改为使用生物基、$CO_2$中性或电合成燃料，例如可持续航空燃料
能源资源利用高效化：除了具体设备效率提升外，更多是通过数字化升级、流程再造等方式，实现利用更少的能源和资源消耗交付相同产出——系统效率提升
环境影响负碳化：包括捕集大气中$CO_2$或尾气中的$CO_2$，通过生态碳汇（造林等）、地质封存、土壤固碳、生产建材或其他稳定耐用品实现持续从大气中消除$CO_2$
物质流
原料脱碳化：通过利用生物基、CO2中性材料、再生材料替代化石原料完成产品生产加工，避免上游开采和下游处置过程的碳排放

**图 2　企业实现碳中和六大路径**

资料来源：《中国企业低碳转型与高质量发展报告（2022）》，商道咨询，2022 年 9 月，http：//www. syntao. com/newsinfo/4315790. html，最后访问日期：2023 年 6 月 1 日。

企业在制定碳中和行动方案时需要充分结合自身特点，这也促成了企业在选择具体碳中和举措方面出现较大的差异性。以阿里巴巴集团为例，2021 年发布《阿里巴巴碳中和行动报告》，提出在 2030 年前实现自身运营层碳

中和（范围 1 和 2）目标，协同上下游价值链实现碳排放强度比 2020 年降低 50%（范围 3），其中云计算作为数字化基础设施率先实现范围 3 的碳中和；除此之外，承诺用平台的方式，通过助力消费者和企业，激发更大范围的社会参与，到 2035 年带动生态累计减碳 15 亿吨[①]。以中国海洋石油为例，目标是到 2025 年推动实现清洁低碳能源占比提升至 60%以上，重点的减碳举措包括持续升级生产工艺和设备，降低清洁能源开采过程碳足迹、大力发展新能源，推动业务结构绿色发展、开展二氧化碳封存示范，布局负碳技术。

相比全球领先企业，国内企业碳中和行动的起步较晚。但随着“双碳”目标的宣布、各项政策保障措施的出台，经历过运动式“减碳”误区，不少领先企业已经加速行动，宣布碳中和目标，明确提出碳中和目标年及减碳路径规划。先驱企业的行动也将影响更多企业减碳意识的觉醒，促成企业界共同应对气候变化。

## （二）2022年度中国企业参与风险治理特征总结

### 1. 认识升级：扩大风险内涵

企业对风险的认识正在经历从狭义到广义、从具体到抽象的转变。传统上企业参与风险治理，面临的风险是具体的，如地震、山火、暴雨和突发公共卫生事件等。应对这类风险，企业更多的是从公益的角度，履行企业社会责任，采取的措施包括捐款捐物，考虑的重点事项包括提升参与效率、贡献品牌声誉等。而随着科学发展、政策推动，以气候风险为代表的新型风险，日益受到企业的重视。

相较于传统认识上的风险，气候风险是抽象且复杂的，它既可以成为极端天气事件的推手，增加灾害发生频次、放大灾害不利影响；又可以在长期尺度上影响社会可持续发展。捐款捐物、设立公益项目这类临时性的防御性

① 阿里巴巴集团：《2021 阿里巴巴碳中和行动报告》，https：//sustainability. alibabagroup. com/download/Alibaba%20Group%20Carbon%20Neutrality%20Action%20Report_ 20211217_ SC_ Final. pdf，最后访问日期：2023 年 4 月 29 日。

措施在应对气候风险上难以奏效。因此，应对气候风险，更多企业选择从战略层面，制定主动性措施，防范潜在风险，如越来越多的企业选择在内部完善碳管理体系、设立碳中和目标制定行动路径，并在 ESG 相关报告中将应对气候变化作为重点内容。

2. 挑战加剧：平衡内外需求

受疫情和国际政治影响，全球可持续发展进程放缓，企业可持续发展面临更多考验，企业参与风险治理可以调配的资源有限。相比 2020 年，企业围绕抗击疫情开展灾害救助，捐赠总额超过 300 亿元；2021 年，企业为应对河南郑州“7·20”特大暴雨灾害，捐赠总额 534732.6 万元；2022 年，企业在参与“9·5”泸定地震抗震救灾时，捐赠总额有较大下落，参与企业数量也有大幅下降。虽然数据差异的背后有受灾程度以及媒体关注程度的影响，但也从侧面反映出企业参与风险治理的新处境，需要平衡内外需求、提升参与效率。

针对这种情况，部分企业通过继续挖掘企业的优势资源，从产品和服务出发，提升参与效率、贡献企业价值。如在泸定地震中，字节跳动旗下产品抖音、今日头条上线了“抗震帮忙求助通道”，为地震灾区提供紧急寻人服务。也有企业通过与其他社会组织携手的方式，创新合作模式，以“1+1 大于 2”的方式，参与风险治理。如在“益企撑广州”行动下的不同企业，与社会组织一起形成高效协作机制，发挥企业专长，满足疫情下的差异化需求。

3. 关注机遇：化被动为主动

“双碳”目标、中国特色 ESG、TCFD 框架在成为企业参与风险治理推力的同时，也为企业参与风险治理提供了新视角和发展机遇。实现碳达峰碳中和是一场广泛而深刻的经济社会系统性变革，对企业而言，应对气候变化不仅是防范风险，也是在变革中发掘发展机遇。不同于捐款捐物、设立公益项目的事后防守型策略；结合企业特点，在创新产品和服务的基础上更进一步，未雨绸缪以应对不确定的风险，是一种进攻型策略。

在应对风险中发掘机遇，也对企业管理提出更高要求，需要企业在战略、治理、目标、措施等层面提前布局。目前，企业在应对气候风险方面已经形成一套相对成型的框架模型和路径参考，但如何将这套方法推广到其他灾害应对范畴，同时适应更加多变的外部形势，还需要进一步探索与实践。

## 三　总结与展望

2022 年，企业参与风险治理的动力，在原有基础上进行了升级。这主要涵盖三方面的内容，首先是“十四五”规划出台以及相关应急管理政策体系的完善，为企业参与风险治理提供了新动力，指明了重点方向；其次是“双碳”目标的制定，一方面推动企业更加积极地应对气候风险，另一方面也引领企业思考如何将风险转化为发展机遇；最后是 ESG 浪潮下，中国特色 ESG 的提出强化了企业与风险治理、慈善捐赠的联系，并将这些传统社会责任议题带入企业战略层面，助力实现企业价值与社会价值的双赢。

受疫情影响和国际政治等多重因素影响，2022 年企业参与风险治理能够调配的资源更加有限，因此在应对自然灾害以及疫情上，企业的捐赠总额有所回落。但新形势下，企业参与风险治理的方式更加多样化，资源互助型平台的搭建，降低了企业的参与门槛，激活了不同类型企业的参与热情，对以往因为资源能力有限、参与风险治理不充分的中小型企业具有示范作用。与此同时，中国企业加速进入应对气候风险的行列，而由于气候风险本身的特殊性，企业应对气候风险的行动也可以在一定程度上，体现从救灾向备灾延伸、从狭义灾害向广义风险延伸的应急管理体系建设思路。但是企业当前的气候行动仍以减缓气候变化为主，如何提升对气候变化的适应，如何扩大受益范围，帮助社会预防和应对潜在的气候风险，仍然是需要去共同探讨并解决的问题。

在政策的推动下，在企业社会责任和 ESG 理念的影响下，企业参与风险治理已经是企业的“必选题”，但是如何在风险应对过程中，发挥企业价值，甚至发掘机遇，依然是一道难题。一方面，企业需要坚持创新，继续运用企业的优势资源和专长，创新产品和服务，满足救灾过程中个性化的需求；创新救灾模式，优化救灾流程，为防灾减灾做好更多准备。另一方面，企业需要加强合作，通过组建、加入创新合作模式，携手利益相关方共同致力于社会可持续发展。

## 参考文献

商道融绿：《中国责任投资年度报告 2022》，2022 年 12 月。

商道咨询：《中国企业低碳转型与高质量发展报告（2022）》，2022 年 9 月。

郭沛源、周文慧、安国俊：《2021 年企业社会责任报告》，《中国慈善发展报告（2022）》，社会科学文献出版社，2022。

张强、钟开斌、陆奇斌：《2020～2021 年中国风险治理发展报告》，《中国风险治理发展报告（2020～2021）》，社会科学文献出版社，2022。

# B.9 2022年中国志愿服务参与风险治理发展报告

朱晓红　翟　雁　李闻羽*

**摘　要：** 志愿服务是风险社会治理的重要力量之一，2008 年汶川地震以来，志愿服务基础不断扩大，参与风险治理的社会化、多元化、专业化特征初现。为加强对志愿服务的监管和服务，鼓励更多的志愿者参与风险治理，中央和地方政府层面基本形成了从生态建设到体系建设，从组织建设到项目开展、团队建设的政策框架。2022 年，基层中年群众是参与风险治理志愿服务的主力军，多数拥有大专及本科学历，注册率超过八成，以线下志愿服务为主，活跃且乐于捐赠，在疫情防控和抢险救灾等领域发挥重要作用。参与风险治理的志愿服务组织中社团居多，初步建立了志愿者管理体系，人工成本低，志愿者贡献率高，经费结构多元化。目前，志愿服务参与风险治理还存在诸多困境和挑战，如志愿服务投入少，使用成本较低，激励和保障不到位，参与风险治理的志愿服务组织总体数量少，规模小，资金和资源少，影响力不够，志愿服务组织与其他主体合作参与风险治理机制还需要完善。有必要通过政策支持和倡导建立多元主体合作机制，建立和完善风险治理志愿服务组织体系、保障体系和管理体系，以赋能志愿服务组织来推动专业志愿者参与风险治理，加强志愿服务的

* 朱晓红，华北电力大学人文学院教授，社会企业研究中心主任，研究方向为社会组织与社会治理、社会企业、志愿服务；翟雁，北京博能志愿公益基金会理事长，北京市社会心理工作联合会副会长、北京市志愿服务联合会常务理事，研究方向为志愿服务行动研究与能力建设；李闻羽，华北电力大学人文学院研究生，研究方向为志愿服务。

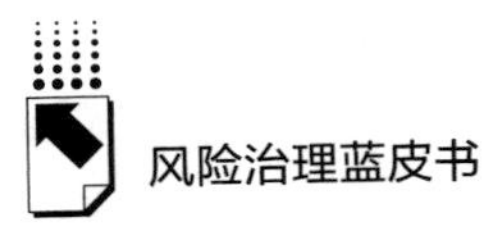



社会认知和宣传，推动志愿服务深度参与风险治理。

**关键词：** 志愿服务 应急管理 风险治理

志愿服务在风险识别与预防、风险应对与救援、灾民安置与灾后重建等各个环节发挥重要作用，是风险社会治理的重要力量之一，从中央到地方，各级政府部门纷纷出台相关政策推动志愿服务参与风险治理。从参与风险治理的志愿者和志愿服务组织及其参与成效等角度，梳理我国志愿服务参与风险治理的现状、困境与挑战，并提出相应政策建议，以期推动志愿服务更加广泛而深入地参与风险社会治理进程。本报告基于2022年中国志愿服务指数调查数据①和易善网数据②，部分数据来自志愿中国信息平台。

## 一 志愿服务参与风险治理的理论回顾

志愿服务在形成社会凝聚力、加强团体内和团体间的团结以及建立网络和关系方面都特别有效，有助于提升社区抗击风险的韧性。③ 2017年通过的《志愿服务条例》界定志愿服务为"志愿者、志愿服务组织和其他组织自愿、无偿向社会或者他人提供的公益服务"。现阶段，我国学界对志愿服务参与风险社会治理的研究主要集中在以下几个方面。

---

① 2022年，中国志愿服务指数调研课题组（组长翟雁，组员张杨、朱晓红、李晓、郑凤鸣、李闻羽等）面向200家指数组织发放问卷，回收了参与风险治理志愿服务的组织问卷150份和参与风险治理的志愿者问卷18598份，剔除未成年人及大学生志愿者后，为7659人（53.53%是普通志愿者，22.10%为骨干志愿者，中层管理者占12.57%，核心管理者占10.78%，呈现金字塔式正态分布）。

② 感谢易善网（http：//www.yishancredit.com）陶泽团队提供部分关于志愿服务参与风险治理的数据，包括组织数据和项目数据。在易善网数据库中，根据组织名称及业务范围，检索到志愿服务参与风险治理的5665家正式注册社会组织（根据组织名称或业务范围关键词筛选）；检索到在互联网平台上以参与风险管理志愿服务项目来筹款的组织共计1302家（含非正式组织）。

③ UNV：《2018年世界志愿服务状况报告：联结社区的纽带——志愿服务与社区韧性》，2018。

## （一）志愿服务参与风险治理的意义与价值

全球风险社会给人类发展带来巨大挑战，特别是自2020年新冠疫情大流行以来，志愿服务参与风险治理的作用日益突出。关于风险社会的特征，朱嘉明认为当今人类社会进入“不确定时代”，系统性的不确定性正在重塑社会转型的关系与过程。[①] 李友梅将现阶段的社会风险称为具有社会性、弥散性以及普遍性的常态化社会风险，认为这使得全社会动员成为可能。[②] 但钱亚梅看到风险社会在责任主体模糊和缺位方面的问题，认为决策机构、利益集团、专家系统乃至个体民众在现代风险中尝试推卸责任。[③]

因此，学者提出应促进志愿服务参与风险社会治理。学者认为，我国社会风险日益呈现扁平化特征，而积极扶持、引导和开展旨在协助他人改善社会的志愿服务活动，有利于我国社会风险管理机制的改善和优化。[④] 一方面，现代社会风险治理是一个政府与社会合作互动的过程，中央在创新社会治理、应对危机与风险方面的要求也明确了政府与各类社会组织参与风险治理的现实需求与紧迫任务，志愿服务成为重要力量；[⑤] 风险社会政府当局的意识形态和包容性对自发志愿者的接纳和整合至关重要。[⑥] 另一方面，志愿服务是完善危机治理体系、弥补政府与市场双“失灵”的重要手段，志愿服务自身特点与公共危机治理是相契合的[⑦]，志愿服务参与危机

① 朱嘉明：《超级不确定性时代和“商业理念”》，《风口：不确定时代的需求、矛盾与拐点》，电子工业出版社，2017。

② 李友梅：《从财富分配到风险分配：中国社会结构重组的一种新路径》，《社会》2008年第6期，第1~14+223页。

③ 钱亚梅：《论风险社会的责任机理》，《湖北师范大学学报》（哲学社会科学版）2017年第1期，第71~77页。

④ 罗公利、丁东铭：《论志愿服务在我国社会风险管理中的作用》，《社会科学》2012年第6期，第34~38页。

⑤ 张成福、谢一帆：《风险社会及其有效治理战略》，《中国人民大学学报》2009年第5期，第26~30页。

⑥ Laurits Rauer Nielsen, “Embracing and Integrating Spontaneous Volunteers in Emergency Response—a Climate Related Incident in Denmark,” *Safety Science* 2019 (120): 897-905.

⑦ 史云贵、黄炯竑：《公共危机治理中的志愿服务机制研究——基于汶川大地震的实证分析》，《河南师范大学学报》（哲学社会科学版）2010年第1期，第70~73页。

和风险治理能够增强社会公众应对风险危机的信心，并同步降低风险治理的成本。[①]

## （二）志愿服务参与风险社会治理的场域

自2008年汶川地震后，关于志愿服务参与自然灾害风险治理有了深入研究。

志愿服务是自然灾害发生后不可或缺的救援力量。徐敏、徐华宇在分析灾区志愿服务管理时提出，志愿力量以其无私的精神成为能够长期在灾区发挥作用并加速灾区重建的重要力量，应为志愿者提供区域风险信息、协助志愿者开展专业训练、行动时提供信息指导。[②]

与此同时，志愿服务参与自然灾害风险治理也存在不足之处。汶川地震志愿服务暴露出了志愿服务缺失了整合机制、服务协调机制、信息发布机制和保障机制，导致志愿者被置于多头管理之下，志愿服务即时信息“中断”，可持续性差[③]；侯保龙提出志愿者存在热情保持不足、专业志愿者参与不足、本土志愿者未被有效动员等问题，而针对志愿组织来说，存在扶持力度不足和政府过多干预并存的情况。[④] 杨旭辉研究雅安地震救援，指出存在应急志愿者的无组织化、政府救援与应急志愿服务之间缺乏协调统一、应急志愿服务者缺乏专业技能等问题。[⑤]

关于志愿服务参与公共卫生事件风险治理的研究。2020年新冠疫情的全球性流行引发了学界对于重大公共卫生事件的研究和关注，对于风险社会下应急志愿服务的关注逐渐走高。陆士桢、吕文康、王志伟认为，公共卫生

① 张勤、范如意：《风险治理中志愿服务参与的路径探析》，《行政论坛》2017年第5期，第131~137页。

② 徐敏、徐华宇：《灾区志愿服务管理浅议》，《中国应急救援》2019年第1期，第25~28页。

③ 史云贵、黄炯竑：《公共危机治理中的志愿服务机制研究——基于汶川大地震的实证分析》，《河南师范大学学报》（哲学社会科学版）2010年第1期，第70~73页。

④ 侯保龙：《公民参与重大自然灾害性公共危机治理问题研究》，苏州大学博士学位论文，2011，第107~113页。

⑤ 杨旭辉：《从雅安地震看我国应急志愿服务发展的不足及完善》，《广西政法管理干部学院学报》2014年第1期，第32~36页。

事件和志愿服务二者之间存在人本上的连接以及发展上的共同属性，两者均对人与人群有着前所未有的影响，并存在内在要素上的一致性。① 陶国根提出志愿服务是突发公共卫生事件应急管理中的有效人力供给渠道、高效服务供给渠道和应急物资筹集渠道。② 朱晓红、翟雁梳理 iwill 志愿者联合行动参与疫情防控的经典案例，强调了志愿者联合行动的意义、价值，并分析了专业志愿服务参与风险治理的成功模式。③

但公共卫生事件因其安全风险，也对志愿服务的参与提出了挑战和要求。陶国根指出志愿服务参与公共卫生事件存在相关法律法规不完善、专业化水平有待提高、协调联动机制不健全和激励保障机制不完善的问题。魏娜、王焕指出新冠疫情防控中，志愿者称谓被滥用，没有形成个体志愿者和志愿组织的共同行动，志愿者管理存在临时招募、缺乏培训、保障不力等问题。④

关于志愿服务参与社区风险治理的研究。一方面，学者从社区所面临的风险角度，切入志愿服务参与风险社会治理的情况。丁辉认为在社区中投入的志愿者需进行应急救援、预防准备、检测预警、隐患排查和风险识别等日常的风险治理行为，而来自本社区的居民更容易得到社区居民的尊重和信任。⑤ 王腾认为要鼓励非营利组织及志愿者共同参与社区公共事务的协商与管理，通过捐赠、志愿服务等形式增加社区公共服务的供给，缩小社区居民需求期望值与实际供给之间的差距，从而把控社区风险。⑥ 另一方面，学者

① 陆士桢、吕文康、王志伟：《公共卫生事件中的志愿服务体系建设——以社会治理现代化为视角》，《广东青年研究》2020 年第 1 期，第 3~11 页。

② 陶国根：《志愿服务参与突发公共卫生事件应急管理的能力提升探析——以抗击新型冠状病毒肺炎疫情为例》，《桂海论丛》2021 年第 1 期，第 81~86 页。

③ 朱晓红、翟雁：《专业志愿服务在风险治理中的实践——以“iwill 志愿者联合行动”为例》，《中国风险治理发展报告（2020~2021）》，社会科学文献出版社，2022，第 160~186 页。

④ 魏娜、王焕：《突发公共卫生事件下应急志愿服务体系与行动机制研究》，《南通大学学报》（社会科学版）2020 年第 5 期，第 71~80 页。

⑤ 丁辉：《城市社区风险治理若干问题探讨》，《安全》2020 年第 3 期，第 18~22 页。

⑥ 王腾：《基于社会风险治理的社区管理模式创新研究》，中南大学硕士学位论文，2013，第 36~37 页。

研究第一响应人在社区风险防控与治理中的作用及现状。吴思珪指出应急管理中社区“第一响应人”具有信息沟通、危机教育、快速救援、灾后安置等作用。[①] 张毅博等运用定量分析方法从韧性城市建设视角进行研究，指出第一响应人制度已基本形成但队伍建设有待完善。[②]

### （三）志愿服务参与风险社会治理的问题及措施

学者也从宏观和微观角度提出了目前志愿服务所遇到的问题及其发展中可采取的措施。赵云亭、张祖平认为外国政府高度重视志愿者应急队伍建设，注重健全相关法律体系和激励机制，并拥有科学、健全的应急志愿者组织管理系统。[③] 但其中也不乏问题，肯尼思等学者强调，为自发志愿者提供技术含量较低的职能，缺乏健康和安全培训，责任、动机和期望不明确是利用自发志愿者的最大挑战，自发志愿者的人身安全和权益保障被列为最高风险。[④]

促进志愿者参与风险治理，奥梅拉等认为需要吸引志愿者、政府和社区合作，还需要透明的表彰制度和教育培训资源[⑤]；马里特等建议构建平台，通过应急规划和培训把个人志愿者吸纳进正式的应急管理机制，通过立法规范志愿者救援行为。[⑥]

志愿者服务中存在各自为政、专业水平参差不齐、工作内容简单、流动

---

① 吴思珪：《应急管理中社区“第一响应人”机制的构建》，西北大学硕士学位论文，2016，第 27~30 页。

② 张毅博、邹浩、周沿汝、先洪、蒋沐娟：《韧性城市基层应急第一响应人制度的实践分析与探讨——以雅安市芦山县为例》，《西部经济管理论坛》2022 年第 6 期，第 79~86 页。

③ 赵云亭、张祖平：《国外应急志愿服务：演化轨迹、理论研究与反思》，《青年探索》2023 年第 1 期，第 105~112 页。

④ Leilad, Kenneth J. M. & Stevee, “Spontaneous Volunteer Coordination during Disasters and Emergencies: Opportunities, Challenges and Risks,” *International Journal of Disaster Risk Reduction* 2021 (65): 1-11.

⑤ Peter O'Meara, Tourle V., Rae J., “Factors Influencing the Successful Integration of Ambulance Volunteers and First Responders into Ambulance Services,” *Health & Social Care in the Community* 2012, 20 (5): 488-496.

⑥ Skar M., Sydnes M., Sydnes A. K., “Integrating Unorganized Volunteers in Emergency Response Management,” *International Journal of Emergency Services* 2016, 5 (1): 52-65.

性大等问题，因此探索志愿服务的可持续机制应成为今后建设风险社会应急救援体系的工作重点①；张勤、范如意认为志愿服务还面临专业能力相对较弱、组织能力不足、信息共享受限、缺乏有效沟通等困境，需要以志愿服务的协作治理建构风险社会治理中的合作逻辑。②

学者主要从志愿者个体、志愿服务组织和国家政策社会环境的层面提出发展建议和解决措施。侯保龙认为，应确立筛选志愿者、志愿服务组织参与风险治理和应急救灾的条件，并通过畅通和规范参与渠道降低志愿服务参与风险治理的成本。③ 史云贵、黄炯竑则从志愿服务流程的角度，提出应构建志愿服务生成、培训、参与、协调、保障机制。④ 朱晓红、翟雁认为要把志愿服务专业经验与社会资本融合，基于需求加强对专业志愿者的管理与赋能，打造政社研合作常态化志愿服务机制，实现专业志愿服务的组织即兴。⑤

## （四）文献述评

国外学者较早地认识到了志愿服务在风险社会治理中所能创造的价值和维护稳定的作用，并进行了较为系统的研究，国内在此方面的研究和应用起步较晚，回顾已有研究和实践可以发现：从研究起因和时间看，国内对志愿服务参与风险社会治理的研究多集中出现在特定事件爆发之后，突发事件促使学者关注志愿服务的作用发挥；从研究角度和学科领域看，我国学者更多地从管理学、政治学或法学视角分析探讨志愿服务参与风险社会治理的原因

① 冯华：《建立志愿服务的可持续机制探析——以5·12汶川大地震为例》，《社会工作》2008年第20期，第58~60页。

② 张勤、范如意：《风险治理中志愿服务参与的路径探析》，《行政论坛》2017年第5期，第131~137页。

③ 侯保龙：《公民参与重大自然灾害性公共危机治理问题研究》，苏州大学博士学位论文，2011，第154~159页。

④ 史云贵、黄炯竑：《公共危机治理中的志愿服务机制研究——基于汶川大地震的实证分析》，《河南师范大学学报》（哲学社会科学版）2010年第1期，第70~73页。

⑤ 朱晓红、翟雁：《专业志愿服务在风险治理中的实践——以“iwill志愿者联合行动”为例》，《中国风险治理发展报告（2020~2021）》，社会科学文献出版社，2022，第160~186页。

和问题；从研究内容看，志愿服务参与风险治理的政策研究、案例研究较多，定量研究相对较少。

## 二 中国志愿服务参与风险治理的历史进程

### （一）2008年之前

在 2008 年之前，我国志愿服务事业经历了从国家动员义务劳动阶段到学习“雷锋精神”阶段，再到与国际志愿服务接轨发展，在全国范围广泛铺开，并形成了多元体系探索发展的格局。“社会志愿服务体系”理念开始深入人心，为志愿服务参与风险治理奠定了坚实基础。

### （二）2008~2019年

2008 年因志愿服务在汶川地震的救灾中爆发出巨大能量而被称为“中国志愿服务元年”，此外，大量的志愿者参与南方冰冻雪灾、强台风“莫拉克”、玉树地震、舟曲特大泥石流等灾难救援。自 2008 年以来，中国政府开始加大对志愿服务的支持力度，并引导社会组织参与到志愿服务中来。政府颁布了一系列涉及志愿服务的政策法规，如《关于推进志愿服务制度化的意见》，以及 2017 年 12 月实施的《志愿服务条例》等，加强了志愿服务的管理和保障。2010 年 3 月，中德政府联合推广联合国“第一响应人教官培训”，我国应急管理第一响应人队伍建设工作逐步走向制度化、标准化。应急管理部的成立进一步系统推动了志愿服务有效参与风险治理。可以说，自 2008 年以来，中国志愿服务发展迅速，志愿服务基础不断扩大，参与风险治理的社会化、多元化、专业化特征初现。

### （三）2020年至今

全球新冠疫情蔓延，中国积极防控疫情，并加大志愿服务的规范和监管力度。政府大力支持志愿服务的组织和实施，促进更多的社会群体参与其中。2020 年初，国家卫生健康委员会发布通知，明确要求各级政府加强对志愿服务组织的指导和协调，以及对志愿者的保障和监督。各级政府相继出台了应对新冠疫情的志愿服务措施，进一步促进了志愿服务的开展和规范。志愿服务组织和志愿者也积极响应国家的号召，投身到疫情防控的工作中。在抗击疫情的过程中，志愿服务组织和志愿者所起到的作用得到了广泛认可和赞誉。

政府也加强了对志愿服务的监管和服务。在志愿服务组织的注册、评估和监管方面，各级政府都加大了力度。志愿服务参与风险治理的管理和培训也得到了进一步完善。此外，政府还加强了对志愿者的保障和服务，为志愿者提供了更多的服务和支持。总之，面对新冠疫情，中国政府加强了对志愿服务的规范和监管，同时也积极支持和推广志愿服务，鼓励更多的志愿者参与风险治理，为疫情防控和社会发展做出了重要贡献。截至 2023 年 1 月 1 日，在志愿中国信息平台上注册的应急救援志愿服务团队 67435 家、志愿消防团队 18233 家、疫情防控团队 29205 家，合计 114873 家（正式注册登记的社会组织占比 11.20%，其他在党政机关、企事业单位等内部成立的志愿服务队伍占比 88.80%）；其中，2022 年新增了应急救援团队 6848 家，志愿消防团队 4250 家，疫情防控团队 26488 家，合计 37586 家。从志愿服务队伍总量上比较，2022 年较 2021 年增长了 48.63%，较 2017 年增长了 543.37%。统计每年新增志愿服务队伍，可以发现，自 2019 年开始，每年在志愿中国信息平台上新增登记的志愿服务队伍数量总体呈现增长态势，如图 1 所示，2021 年应急救援的志愿服务团队增幅最大，较 2020 年增长了 107.15%；2022 年新增的疫情防控的志愿服务团队增速最快，是 2021 年的 26.67 倍。

近年来，在志愿中国新增登记的志愿服务项目数量总体呈增长态势。受疫情影响，2021 年新增的志愿服务项目数量有所下降，但 2022 年疫情防控志愿服务项目明显增长。截至 2023 年 1 月 1 日，在志愿中国信息平台上录入的与风险治理相关的志愿服务项目共计 432441 个，其中应急救援志愿服务项目 193636 个（占比 44.78%），志愿消防 62798 个（占比 14.52%），疫

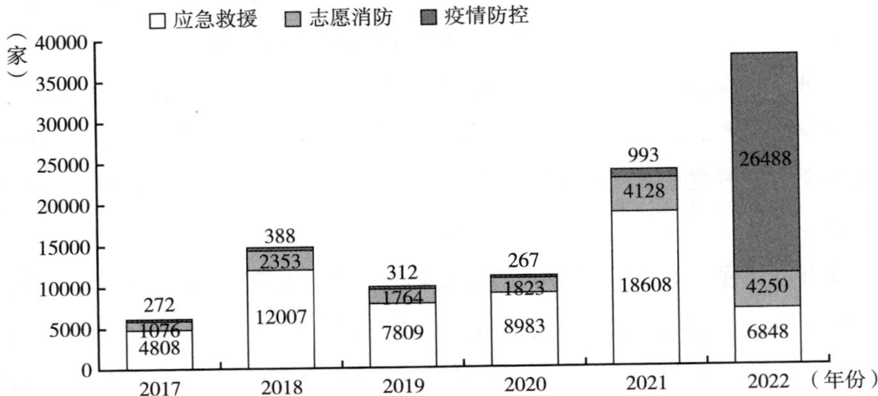


**图 1　2017~2022 年三类参与风险治理志愿服务队伍年内增长数量**

资料来源：志愿中国。

情防控 176007 个（占比 40.70%）。仅 2022 年度三类项目就新增 216525 个，较 2021 年增长了 573.32%；其中，新增应急救援项目 29523 个，较 2021 年增长了 51.07%；新增志愿消防项目增长了 135.18%；新增疫情防控项目增长了 43 倍，见图 2。

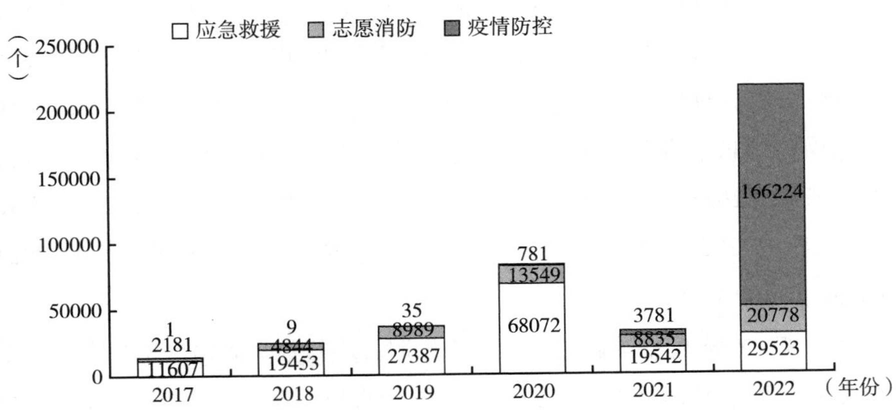


**图 2　2017~2022 年三类风险治理志愿服务项目年内增长数量**

资料来源：志愿中国。

## 三 志愿服务参与风险治理的现行政策体系

### （一）中央层面

2005 年，国务院办公厅印发《应急管理科普宣教工作总体实施方案》，提出要针对志愿者开展公共安全教育培训，组织青年志愿者参与科普宣传活动。2006 年共青团中央发布了《中国注册志愿者管理办法》，明确把“应急救助”纳入志愿服务的范围。2007 年，《国家综合减灾“十一五”规划》中提出应研究制定减灾志愿服务的指导意见；要促进应急志愿者队伍的发展壮大，培育和发展社会公益组织和志愿者团体，要在 85%的城乡社区建立减灾救灾志愿者队伍。2009 年国务院出台《加强基层应急队伍建设的意见》，鼓励现有各类志愿者组织在工作范围内充实和加强应急志愿服务内容，为社会各界力量参与应急志愿服务提供渠道，同时也强调了志愿者的专业化、志愿者管理的信息化。2016 年，中央深改组第 24 次会议再次强调扶持发展志愿服务组织，鼓励志愿服务规范有序参与风险治理。2017 年，《国家突发事件应急体系建设“十三五”规划》提出完善应急志愿服务体系，逐步提升应急志愿队伍的专业性。同年发布的《志愿服务条例》，明确了政府和志愿服务组织及志愿者在突发事件应对过程中的指挥与协调关系，政府应当建立协调机制，提供需求信息，引导志愿服务组织和志愿者及时有序地开展志愿服务活动以应对突发事件。

2022 年，应急管理部、中央文明办、民政部、共青团中央联合印发《关于进一步推进社会应急力量健康发展的意见》，明确提出从事防灾减灾救灾工作的社会组织、城乡社区应急志愿者等社会应急力量健康发展的要求，指出要根据时代发展对应急志愿服务的要求，探索建立城乡社区应急志愿者网络体系，有规划、分专业、常态化做好志愿者骨干队伍的建设储备，努力打造适应多个领域需求的应急志愿者队伍；要求相关部门依职责推动社会应急力量完善应急救援、应急志愿服务预案，开展实案化、实战化训练，提高快速反应能力；同时要打造高质量的应急志愿服务项目；相关部门要创新管理方式，研究培育应急救援领域志愿服务组织、枢纽型组织等社会组织。由此，志愿服务作为社会应急力量的重要组成，基本形成了从生态建设到体系建设，从组织建设到项目开展、团队建设的政策框架。

## （二）地方层面

汶川地震后，各地纷纷制定应急志愿者专项管理办法，如《成都市应急志愿者管理暂行办法（试行）》（2009 年）、《广东省应急志愿者管理办法（试行）》（2010 年）、《北京市应急志愿者管理暂行办法》（2013 年）、《重庆市应急志愿者管理办法》（2014 年）等。目前，多地办法试行后，已经正式发布，如《北京市应急志愿服务管理办法》（2022 年）。为了创新应急志愿服务的组织动员方式，打造应急志愿者队伍，建立应急志愿者服务的常态机制，提升风险治理的社会动员水平，各地管理办法明确了应急志愿者的概念、领域、级别，规范了应急志愿管理流程和服务内容。此外，各地还制定了社区层面的应急服务管理办法，如《成都市社区应急志愿服务队管理办法》（2017 年）。地方政策推动了志愿服务参与风险治理体制机制建设进程，如 2019 年，阜新市建立阜新公安 110 社会应急联动工作机制，由 110 报警中心牵头，依托应急指挥、社会资源整合，将阜新市志愿服务组织参与救援服务工作纳入局 110 社会联勤联动体；黑龙江 2020 年成立了黑龙江省应急志愿服务联盟，以及 13 个市级和 128 个县级应急志愿服务联盟。

2020 年在全国疫情防控中，民政部于 7 月 26 日联合卫生健康委、疾控局印发《新冠肺炎疫情社区防控志愿服务工作指引》《新冠肺炎疫情社区防控工作指引》。2022 年各地出台了一系列疫情防控志愿服务工作指引，将志愿服务纳入基层疫情防控工作体系中，如北京市委社会工委市民政局会同首都文明办、团市委、市志愿服务联合会制定了《北京市新冠肺炎疫情社区防控志愿服务工作指引》；四川省成都市编制了《关于社会组织及志愿服务组织协调组织志愿者科学参与疫情防控志愿服务的工作指引》；广东省民政厅修订颁布了第三版《社会工作者、志愿者参与新型冠状病毒感染的肺炎疫情防控工作指引》，并印发《关于发挥“五社联动”作用助力基层疫情防控工作的通知》。此外，地方也出台了志愿服务参与抢险救灾的相关政策，如《社会志愿服务应急力量参与营口市重特大自然灾害与事故灾难抢险救援指挥协调工作机制》（2022 年），广东省应急管理厅出台《社会应急力量参与事故灾害应急救援管理办法》（2022 年）。通过推动志愿服务参与疫情防治及紧急救援，进一步完善了志愿服务参与风险治理的政策体系。

综上可见，政府把志愿服务纳入应急管理社会力量中，和社会组织进一步加强合作和共建，共同推动志愿服务参与风险治理的工作，建立健全的志愿服务管理体系和风险治理体系，提高了志愿服务参与风险治理的整体效能。

## 四　2022年志愿服务参与风险治理的现状与成就

### （一）参与风险治理的志愿者

#### 1. 志愿者画像

根据 2022 年中国志愿服务指数调查，我国参与风险治理的志愿者以中年人、群众、大专及本科学历的志愿者为主体，注册率超过八成（如图 3 所示）。

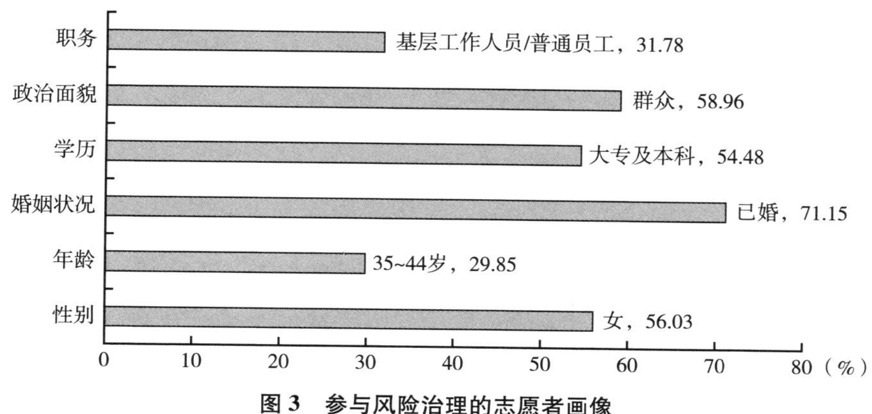


**图 3　参与风险治理的志愿者画像**

资料来源：2022 年中国志愿服务指数调查。

第一，志愿者性别差异不大，女性稍多。在参与风险治理的志愿者中，女性志愿者占比 56.03%。

第二，基层中年群众是中国风险治理志愿服务的主力军。参与风险治理志愿者以基层工作人员/普通员工为主，占比 31.78%；16.52%的志愿者是教师、科研人员等专业技术人员，10.61%为中层管理人员。年龄结构上，35~44 岁的占比 29.85%，65 岁以上的志愿者占比 2.24%。政治面貌上，群众占比 58.96%，26.17%为中共党员，13.87%为共青团员。中年群体具有积极、乐观、经验丰富的特点，他们在社区、单位、互联网平台等场所积极参与各类应急救援志愿服务活动，发挥了重要作用。

第三，大专以上学历占比最多，专业技术人员占比近两成。参与风险治理的志愿者有较高的文化程度，为提供专业志愿服务奠定了基础。据 2022 年中国志愿服务指数调查，54.48%的志愿者拥有大专及本科学历，此外，硕士占比 2.75%，博士占比 0.71%。专业技术人员（占比 16.52%）是风险治理志愿服务队伍的重要组成，通常具有某一领域的专业知识和技能，如医生、护士、心理咨询师等专业人士在灾难救援、突发事件处置等方面发挥专业技能，可以在相应的领域内为风险治理提供精细化、专业化的支持。

第四，志愿者注册率超过八成。如图 4 所示，风险社会治理志愿者在多样化的线上平台中进行注册，其中，超三成志愿者使用了志愿汇等共青团系统平台及国家官方平台中国志愿服务网，占比分别达 38.84%及 37.97%；有 25.17%的志愿者使用组织内部的线上平台，此外有 17.47%的志愿者一直没有在平台注册。

第五，参与风险治理的志愿者非常活跃，乐于捐赠。77.54%的志愿者曾给公益组织或慈善项目捐赠善款，以小额捐赠为主，25.36%的志愿者捐赠金额在 101~500 元，也有 9.11%的志愿者捐赠超千元（见图 5）。

参与风险治理的志愿者非常活跃。其中，每年参与 1~2 次志愿服务活动的占比 27.52%，每月 1~2 次以及每季度 1~2 次的分别占比 24.22%和 22.84%；还有 22.11%的高频志愿者，每周都有参与（见图 6）。

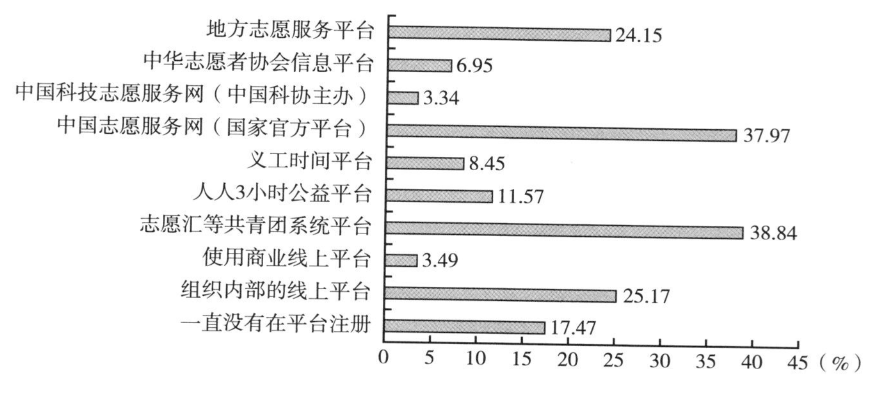


**图 4　志愿者注册情况**

资料来源：2022 年中国志愿服务指数调查。

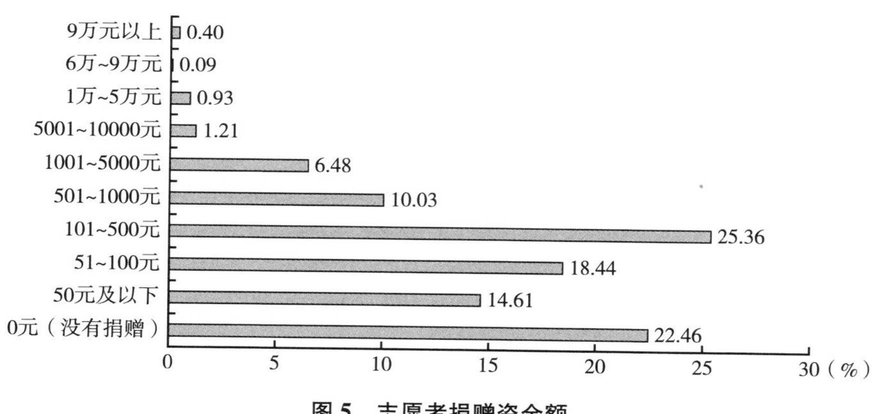


**图 5　志愿者捐赠资金额**

资料来源：2022 年中国志愿服务指数调查。

2. 志愿者参与风险治理的场景

志愿者参与风险治理的场景和领域非常广泛。在自然灾害方面，志愿者在地震、洪涝、飓风等灾难中积极参与救援和灾后重建工作。2022 年，在疫情防控方面，志愿者积极参与新冠疫情防控工作，作用突出。本报告聚焦疫情防控和抢险救灾两个领域分析志愿者参与情况。

第一，志愿服务参与疫情防控。疫情防控志愿服务包括募捐类、执勤排

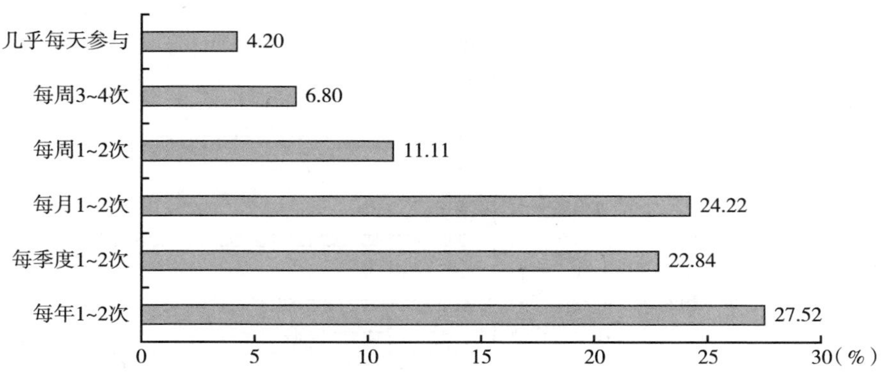


**图6　风险治理志愿者参与志愿服务的频率**

资料来源：2022 年中国志愿服务指数调查。

查类、救护类、服务类、支持类五大类型，其中疫情防控志愿者提供的募捐类服务主要是物资供给、物资输送和筹集善款。如图 7 所示，居民物资供给、物资输送和筹集善款类志愿服务居多，分别占比 40. 91%、37. 29%和 30. 28%。

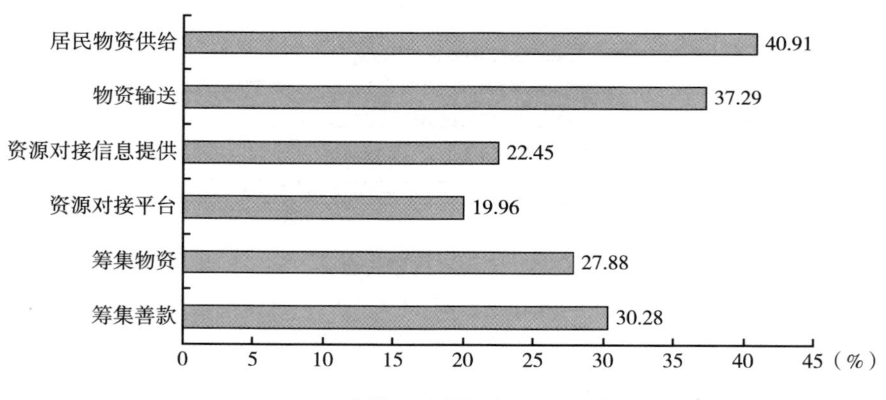


**图7　疫情防控募捐类志愿服务**

资料来源：2022 年中国志愿服务指数调查。

疫情防控志愿者面向社区提供的执勤排查类服务最多。超七成志愿者在社区开展了防疫执勤，占比达 75. 24%，32. 50%的志愿者在本单位进行防疫执勤（见图 8）。

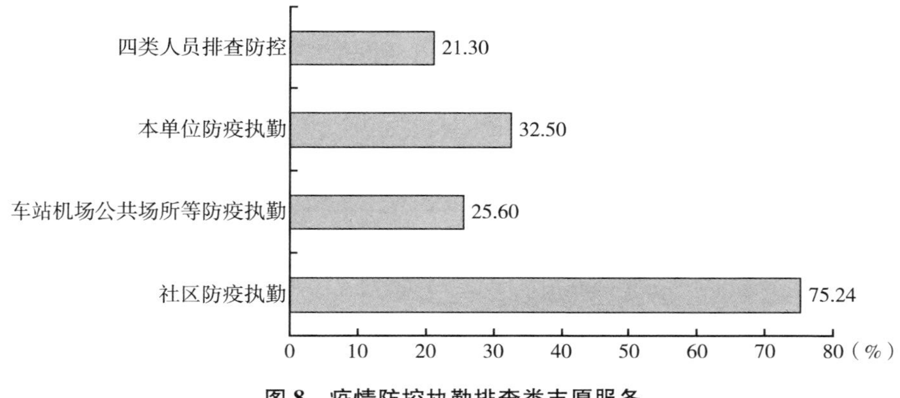


**图 8　疫情防控执勤排查类志愿服务**

资料来源：2022 年中国志愿服务指数调查。

救护类的疫情防控志愿服务中，以面向医务人员家属生活需求服务为主，占比 45.74%；提供紧急救援和爱心车队接送医务人员等服务的志愿者均超三成（见图 9）。

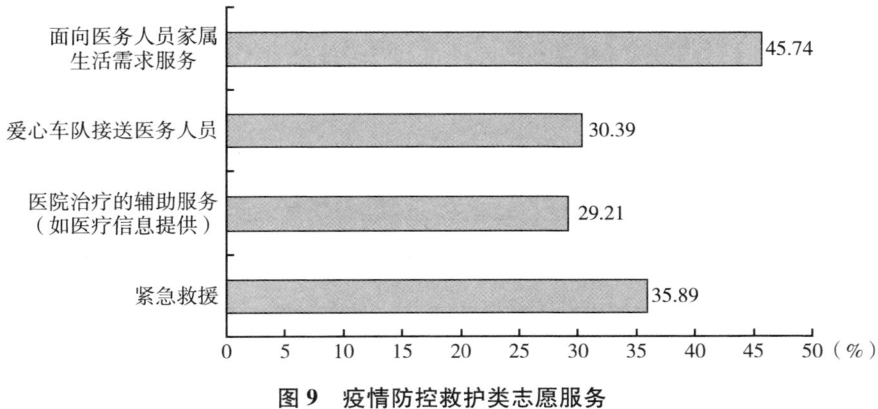


**图 9　疫情防控救护类志愿服务**

资料来源：2022 年中国志愿服务指数调查。

服务类的疫情防控志愿服务中，以邻里互助、特殊困难群体帮扶、心理咨询与疏导居多。如图 10 所示，44.66%的志愿者进行邻里间的互助服务，另有 39.34%的志愿者针对特殊困难群体提供帮扶，37.07%的志愿者提供了心理咨询与疏导。

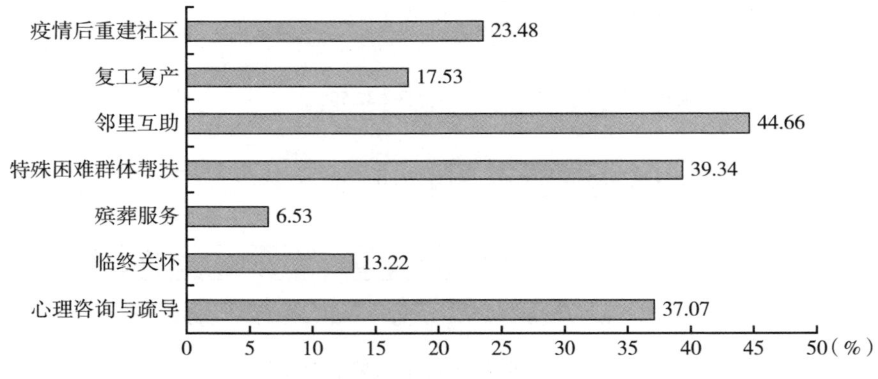


**图 10　疫情防控服务类志愿服务**

资料来源：2022 年中国志愿服务指数调查。

支持类疫情防控志愿服务中，如图 11 所示，40.06%的志愿者提供了社会组织能力建设支持服务，此外另有超三成志愿者提供了防控科普宣传和抗疫防疫指引指南、信息技术支持，分别占比 38.21%和 33.82%。

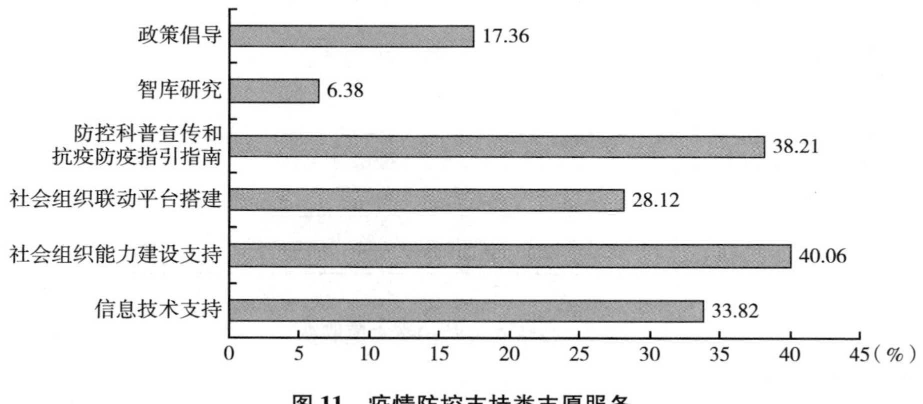


**图 11　疫情防控支持类志愿服务**

资料来源：2022 年中国志愿服务指数调查。

第二，志愿服务参与抢险救灾。如图 12 所示，在抢险救灾志愿者提供的募捐类志愿服务中，有 42.97%的志愿者提供了物资输送服务，超三成志愿者提供了居民物资供给、筹集物资、筹集善款等服务。此外，还有11.88%的志愿者为患者提供急救物资供给和整合（如药品、制氧机、氧气瓶等）。

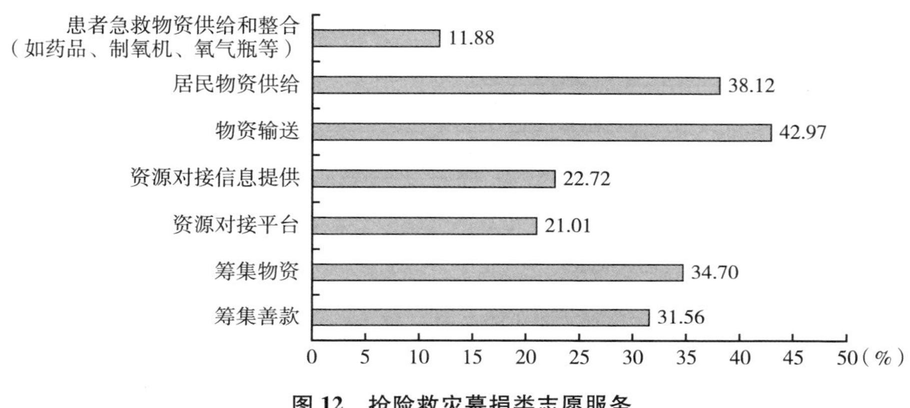


**图12　抢险救灾募捐类志愿服务**

资料来源：2022年中国志愿服务指数调查。

在抢险救灾志愿者提供的救护类志愿服务中，如图13所示，近半数志愿者提供了紧急救援服务（47.34%）；40.40%的志愿者组建爱心车队接送医务人员。

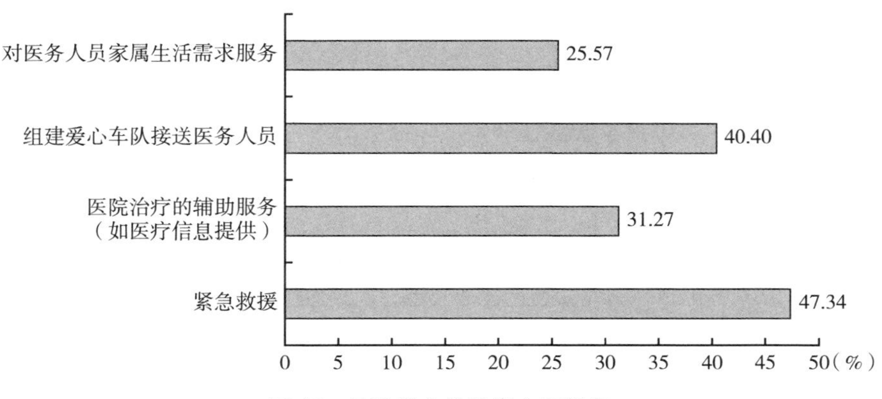


**图13　抢险救灾救护类志愿服务**

资料来源：2022年中国志愿服务指数调查。

在抢险救灾志愿者提供的服务类志愿服务中，如图 14 所示，特殊困难群体帮扶占比最高（51.05%），其次是邻里互助和心理咨询与疏导服务，分别占比 48.48%和 33.46%。

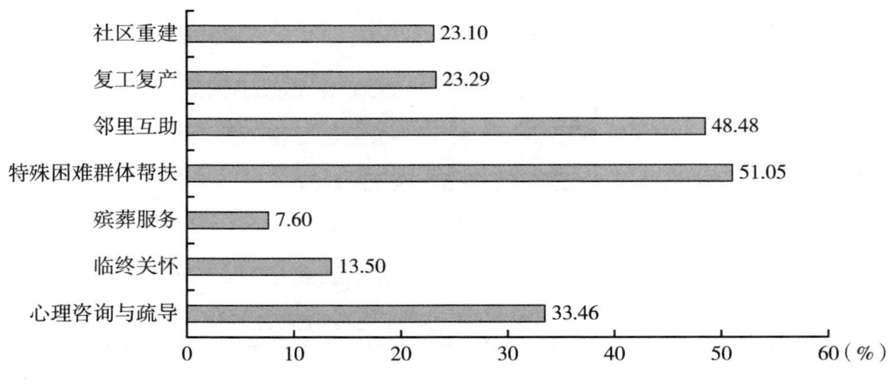


**图 14　抢险救灾服务类志愿服务**

资料来源：2022 年中国志愿服务指数调查。

在抢险救灾志愿者提供的支持类志愿服务中，如图 15 所示，应急科普宣传、救灾指引指南和社会组织能力建设支持均超过四成，分别占比 47.24%和 46.01%，其次，志愿者还协助社会组织进行联动平台搭建（37.17%）和提供信息技术支持（29.47%）。

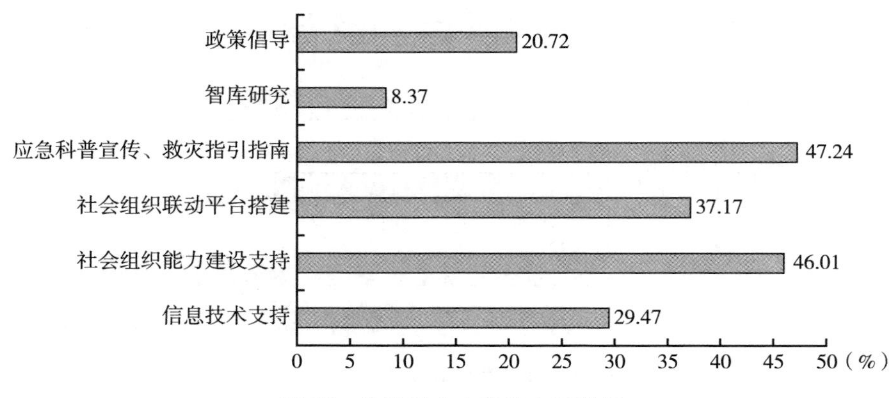


**图 15　抢险救灾支持类志愿服务**

资料来源：2022 年中国志愿服务指数调查。

3. 志愿者参与风险治理的方式与模式

第一，社交网络和新媒体是获取风险治理志愿服务信息的主要途径。如图 16 所示，风险治理志愿者获取信息的途径多样，其中，通过亲戚/朋友、熟人/同事介绍的占比最多，达 59. 09%；其次是互联网络、微信、微博、小程序等（40. 07%）和本单位（或学校）要求或统一安排（30. 58%）。新媒体途径比广播、报纸、电视等传统媒体渠道占比多出了 19. 35 个百分点。

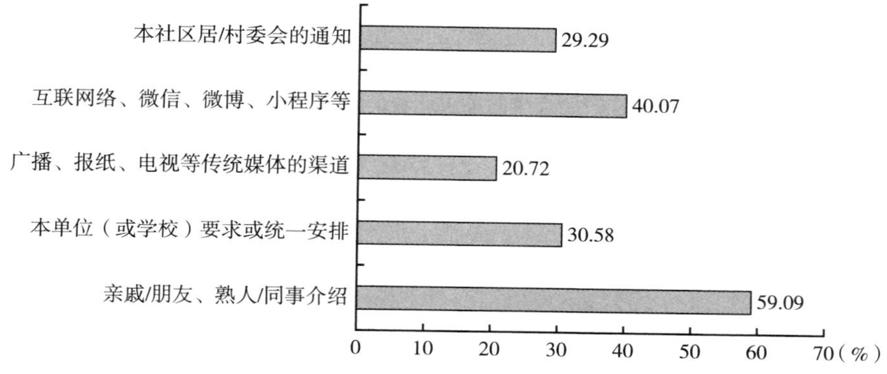


**图 16　风险治理志愿者获取志愿服务信息的途径**

资料来源：2022 年中国志愿服务指数调查。

第二，志愿服务动员部门受到风险类型影响。疫情防控志愿者的动员方式社会化特征明显。如图 17 所示，由志愿者自组织动员占比 39. 40%，本人所在工作单位动员占比 39. 30%，社会化的动员方式和行政化的动员方式看似平分秋色，但是加上社区社会组织动员方式（30. 65%）和本人直接对接志愿服务岗位（16. 07%），那么总体上看参与疫情防控志愿服务的社会化动员方式已经占据主导地位。

与疫情防控志愿者不同，参与抢险救灾的志愿者动员类型多元化，如图 18 所示，主要是由在民政部门注册的志愿服务组织动员的（49. 24%）。此外，备案志愿者组织和社区社会组织也是重要的动员力量，分别占比 36. 22%和 34. 32%，还有 31. 37%的志愿者受到本人所在工作单位的动员。

第三，风险治理志愿服务以线下服务为主。如图 19 所示，线上志愿服

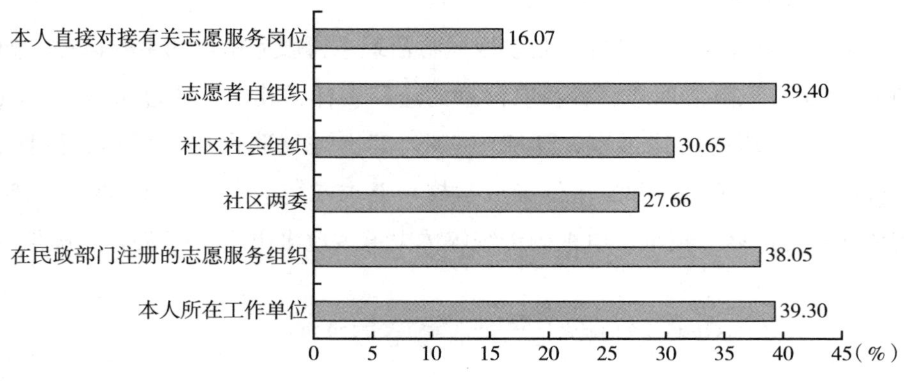


**图 17　疫情防控志愿者的动员方式**

资料来源：2022 年中国志愿服务指数调查。

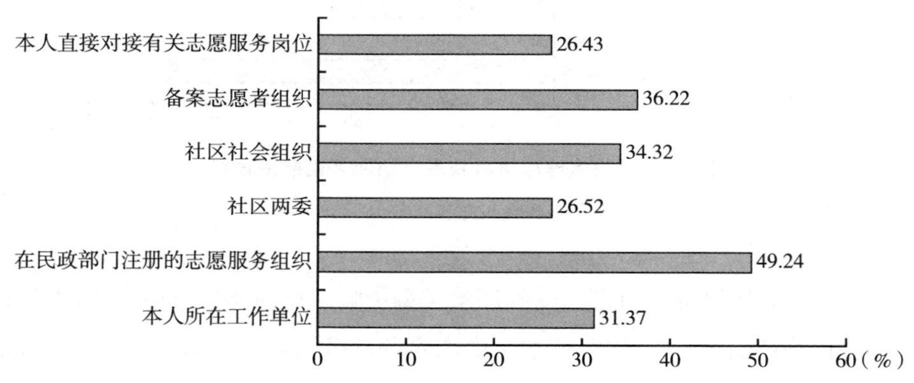


**图 18　抢险救灾与应急服务动员组织部门**

资料来源：2022 年中国志愿服务指数调查。

务还未成为风险社会治理志愿服务的主流方式，线上志愿服务时间占 20%及以下的志愿者数量最多，占比 62.40%，线上志愿服务占 81%及以上时间的志愿者仅占 4.31%。

## （二）参与风险治理的志愿服务组织

参与风险治理的志愿服务组织以社团居多，多由政府部门主管，绝大多

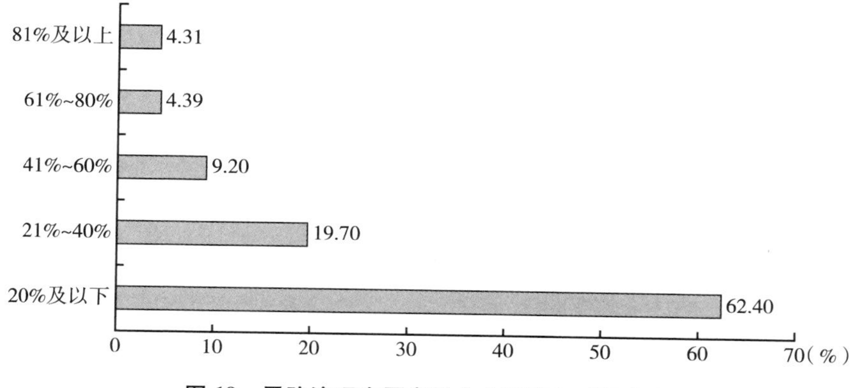


**图 19　风险治理志愿者线上志愿服务时间占比**

资料来源：2022 年中国志愿服务指数调查。

数为 2016 年以后成立，初步建立了志愿者管理体系，非常活跃，管理成本低，经费结构多元化。

1. 组织类型与特征

第一，组织类型以社团居多。根据易善网检索的 5665 家参与风险治理的志愿服务组织中，社会团体最多，达到 3795 家（占比 66. 99%），其次是社会服务机构（31. 14%），基金会仅占比 1. 87%。

第二，多数以政府为业务主管单位。依据主管单位不同，划分为直接登记，及政府部门、党委、群团组织、街道办事处/居委会/村委会、科协和其他（含已脱钩）主管七类。在 5201 家参与风险治理的志愿服务组织中（另有 464 家该数据缺失），直接登记的有 313 家，占比 6. 01%；由政府部门主管的有 2359 家，占比 45. 36%；由党委主管的有 387 家，占比 7. 44%；由群团组织主管的有 1381 家，占比 26. 55%（见表 1）。

第三，超过半数为 2016~2020 年成立。在 5660 家参与风险治理的志愿服务组织中（另有 5 家组织数据缺失），绝大多数是 2016~2020 年登记成立的，占比 50. 48%，2021 年及以后登记成立的有 1511 家，占比 26. 70%（见图 20）。

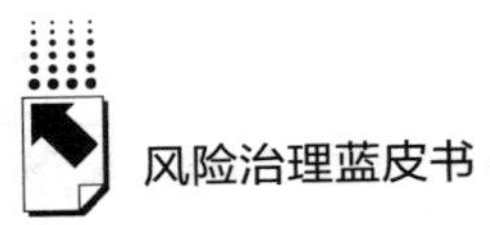


表1 参与风险治理的志愿服务组织的业务主管单位（N=5201）

单位：个，%

| 业务主管单位 | 机构数 | 占比 |
|---|---|---|
| 直接登记 | 313 | 6.01 |
| 政府部门 | 2359 | 45.36 |
| 党委 | 387 | 7.44 |
| 群团组织 | 1381 | 26.55 |
| 街道办事处、居委会、村委会 | 316 | 6.08 |
| 科协 | 6 | 0.12 |
| 其他（含已脱钩） | 439 | 8.44 |
| 合　计 | 5201 | 100.00 |

资料来源：易善网数据。

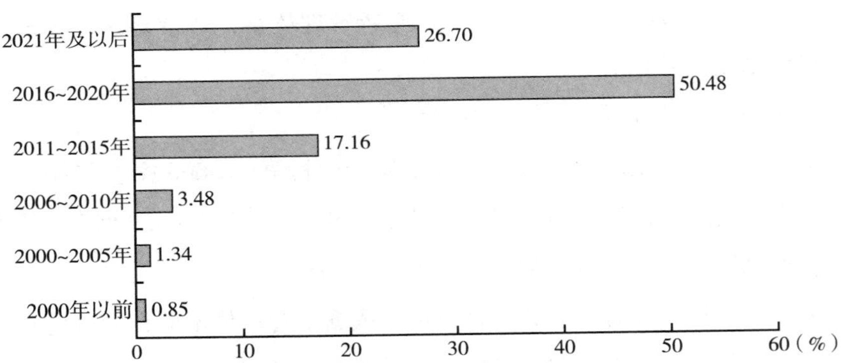


图20 参与风险治理的志愿服务组织登记成立时间（$N$=5660）

资料来源：易善网数据。

第四，绝大多数能正常运营。在5665家参与风险治理的志愿服务组织中，依据其运营状态，分为正常、注销、撤销三类。其中，状态为"正常"的有5252家，占比92.71%；"注销"的占比6.05%，"撤销"的占比1.24%。

2. 志愿服务组织的治理与管理

参与过风险治理的志愿服务组织为志愿者管理提供了志愿服务时间记录

和志愿服务基础知识培训、专业技能培训、人身保险等多样化的服务，人工成本低，志愿者贡献率高，经费结构多元。

第一，志愿者管理体系初步建构。参与过风险治理的志愿服务组织为志愿者管理提供了多样化的服务，其中以志愿服务时间记录和志愿服务基础知识培训为两大主要服务，均有86.67%的组织提供该服务；此外，提供志愿服务活动所需的专业技能培训、志愿者人身意外伤害保险占比分别为64.00%和61.33%（见图21）。

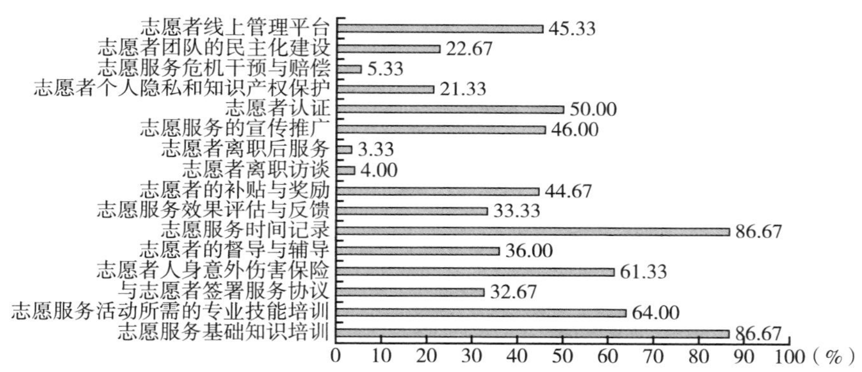


**图21　风险治理志愿者管理方面提供的服务**

资料来源：2022年中国志愿服务指数调查。

第二，组织管理人工成本低，志愿者贡献率高。根据2022年中国志愿服务指数调查，参与风险治理的已注册志愿服务组织中，专职工作人员普遍较少，如图22所示，人数在10人及以下的占比达80.70%，有21.93%的组织没有专职工作人员；也有7家组织的专职工作人员在50人以上。从指数调查数据推断，大部分内部管理工作是依靠志愿者资源进行的。如蓝天救援系的志愿服务组织，组织核心骨干大多是志愿者。北京市博能志愿公益基金会和北京惠泽人公益服务中心参与疫情防控和抢险救灾的志愿者管理团队，也是以志愿者为核心，组织自身的专职团队主要负责志愿服务支持体系——iwill中台系统的运行。

但是，志愿服务组织为风险治理志愿服务承担了超过一半的服务成本。

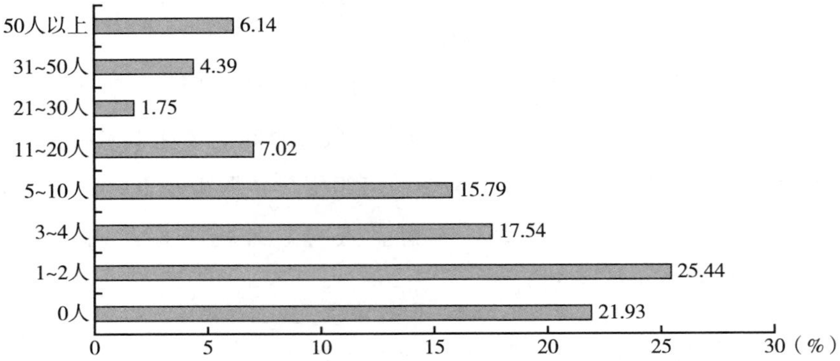


**图 22　参与风险治理志愿服务组织专职工作人员数量（*n*=114，注册组织数）**

资料来源：2022 年中国志愿服务指数调查。

2022 年指数调查显示，有 44.89%的志愿服务成本由组织承担，有 23.21%的志愿者承担了 50 元及以下的服务成本（见图 23）。

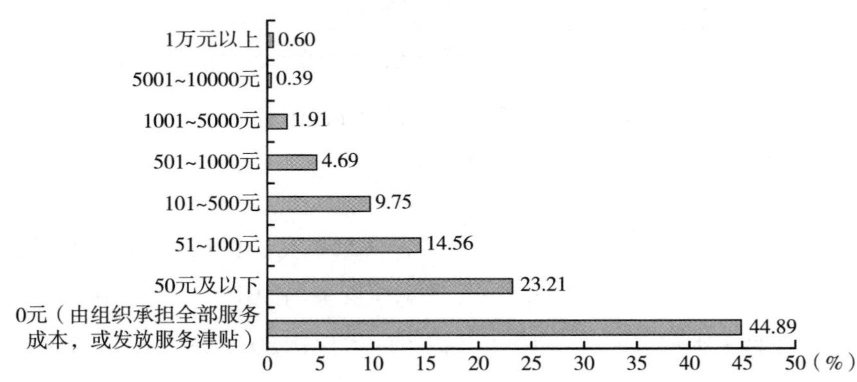


**图 23　参与风险治理志愿者个人承担的服务成本**

资料来源：2022 年中国志愿服务指数调查。

第三，志愿服务频率较高，经费来源多元化。

有 70.00%的组织能够做到开展志愿服务活动的频率保持在每周一次或双周一次及以上（见图 24）。

组织管理经费和志愿服务项目经费结构多元化，一般来自社会各界捐赠

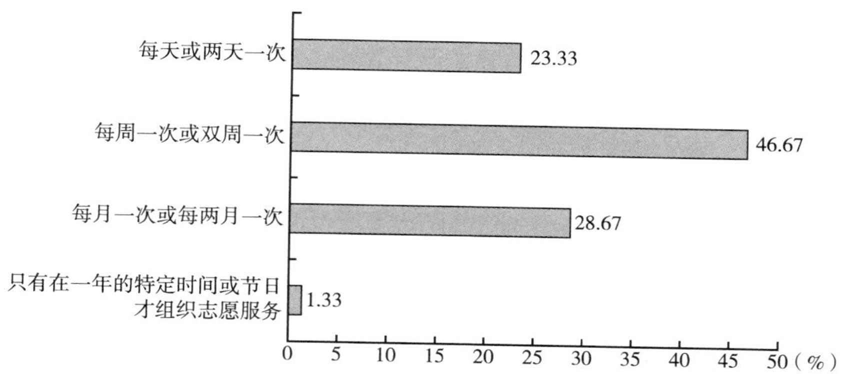


**图 24　风险治理志愿服务组织的服务频率**

资料来源：2022 年中国志愿服务指数调查。

和政府支持。其中，组织管理经费主要源自社会或个人捐赠（62.00%）、政府购买服务或政府资助（50.67%）及基金会/基金或社团、社会服务机构资助（40.67%）（见图 25）。而志愿服务活动或项目经费来源结构相对均衡，志愿者自行承担或捐赠、社会或个人捐赠及由基金会/基金或社团、社会服务机构资助均超四成；政府购买服务或财政支付、企业赞助也是组织开展活动的重要资金来源，分别占比 39.33%和 36.00%（见图 26。）

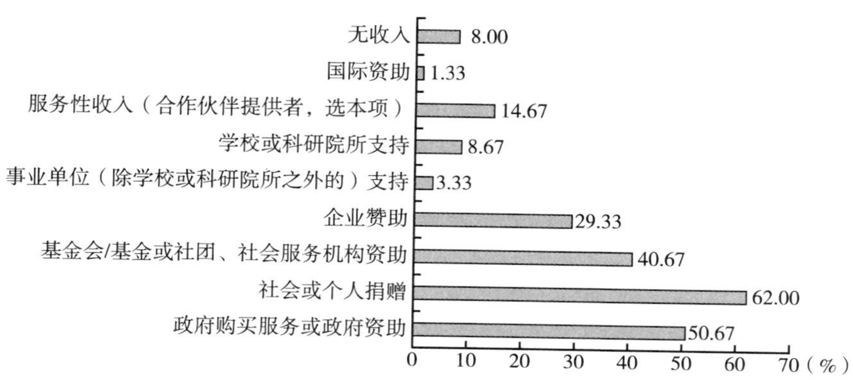


**图 25　志愿服务组织管理经费来源结构**

资料来源：2022 年中国志愿服务指数调查。

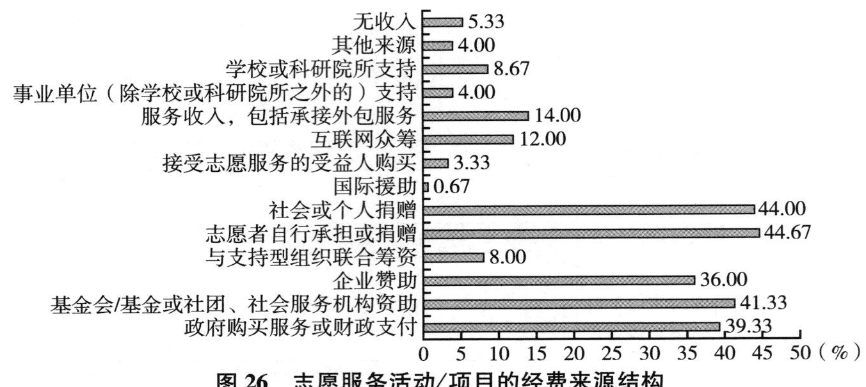


**图 26　志愿服务活动/项目的经费来源结构**

资料来源：2022 年中国志愿服务指数调查。

## （三）志愿服务参与风险治理的成效

### 1. 服务时长与频率

志愿者参与风险治理的服务时间，涵盖了危机前准备、危机中救援和危机后重建等多个阶段，在不同场景和领域中的服务时长不同。2022 年中国志愿服务指数调查数据显示，志愿者提供了共计 1330400 小时的抢险救灾和疫情防控志愿服务。其中，7582 名志愿者在过去一年参与了疫情防控志愿服务，服务时长达 1263942 小时，人均中位数时长为 33 小时。有 1052 名志愿者参与抢险救灾志愿服务，占比 13. 74%，人均中位数时长为 10 小时。其中参与广东暴雨洪涝灾害抢险的志愿者占比 16. 25%，芦山地震（16. 25%），海外/国际救灾和人道援助（15. 30%）和重庆山火救援（14. 83%）等抢险救灾也有应急志愿服务力量的参与。

### 2. 服务内容

志愿服务在风险治理的不同阶段（预防、应急、救援、安置、灾后恢复），提供科普、信息搜集、定点帮扶、在线咨询、现场支援等服务。

需要特别指出的是，志愿者是应急管理第一响应人的重要构成，作用重大。第一响应人在专业应急救援队伍之前先到达灾害、事故现场，开展现场疏导、自救互救、信息收集上报等初期就近应急处置工作，承担安全信息员、急救员的重要功能。2022 年，全国各级灾害信息员累计报送灾情险情信息 49.3 万条，及时传递暴雨、山洪、地质灾害等预警信息，先期果断处置突发险情灾情，第一时间转移安置受灾群众，有效避免了人员伤亡，减少了财产损失。①

3. 服务对象与质量

志愿服务参与风险治理的服务对象广泛，新冠疫情防控以社区居民为主要服务对象，抢险救灾以农村居民为主要服务对象。志愿者的服务质量和效率得到了政府和社会各界的高度评价和认可。

第一，疫情防控志愿服务对象以社区居民为主。如图 27 所示，疫情防控志愿服务的对象中，社区居民占比最多，达 84.12%，服务被隔离观察的居民的志愿者占比 24.76%，政府也是重要的被服务对象，占比 19.12%。此外，为感染新冠病毒患者服务的志愿者占比达到 14.05%，其中，老人和少儿占比略高于中青年患者。

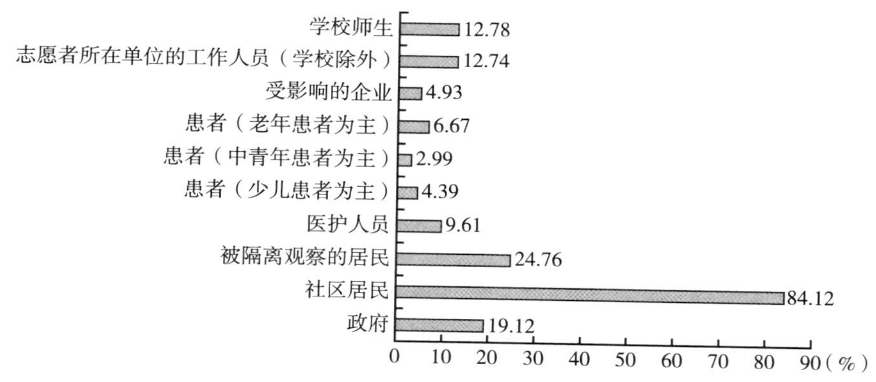


**图 27　疫情防控志愿服务对象分布**

资料来源：2022 年中国志愿服务指数调查。

第二，抢险救灾志愿服务的对象以农村居民为主。2022 年中国志愿服务指数调查显示（见图 28），由于农村地区自然灾害发生的概率较大，因此为农村灾民提供志愿服务的占到了 46.01%，为城市灾民提供志愿服务的仅占

① 邱超奕、刘温馨、郑壹、王欣悦、申智林：《我国持续加强基层应急力量建设——培育“第一响应人”安全守护在身边》，《人民日报》2023 年 5 月 6 日，第 4 版。

28.99%。政府及其参与救灾团队（35.65%）、志愿者所在单位的工作人员（学校除外）（27.28%）也是重要服务对象。

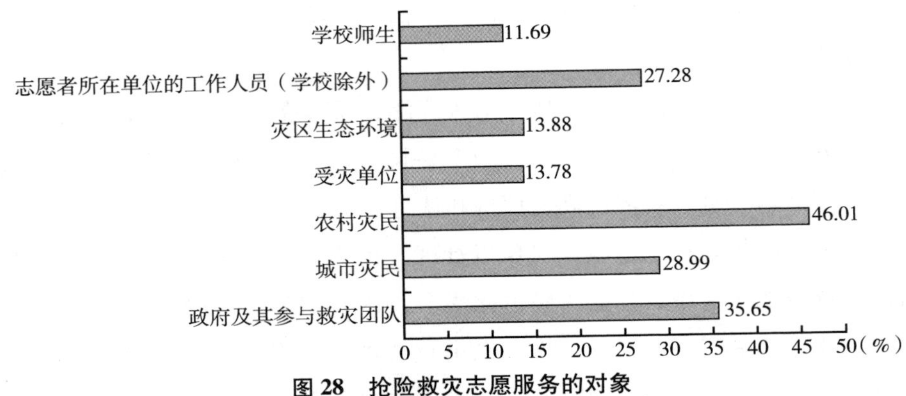


**图 28　抢险救灾志愿服务的对象**

资料来源：2022 年中国志愿服务指数调查。

4. 风险治理参与率

风险治理参与率增长显著，以疫情防控志愿服务为例，2022 年中国志愿服务指数调查显示，相较 2021 年，不同类型抗疫志愿服务均有所增长，平均增长了 18.34%。其中，募捐类占比 83.86%，较 2021 年增长了 20.48 个百分点；执勤排查类占比 85.75%，较 2021 年增长了 20.24 个百分点；救护类占比 71.75%，较 2021 年增长了 16.76 个百分点；服务类占比 78.46%，较 2021 年增长了 16.98 个百分点；支持类占比 76.17%，较 2021 年增长了 17.26 个百分点（见表 2）。

**表 2　2021~2022 年疫情防控志愿服务主要服务领域比较**

单位：%，个百分点

| 领域 | 比例 | | 增长 | 细分类型（多选） | 比例 | | 增长 |
|---|---|---|---|---|---|---|---|
| | 2021 年 | 2022 年 | | | 2021 年 | 2022 年 | |
| 募捐类 | 63.38 | 83.86 | 20.48 | 资源对接平台 | 16.98 | 22.25 | 5.27 |
| | | | | 资源对接信息提供 | 21.53 | 23.37 | 1.84 |
| | | | | 筹集物资 | 13.21 | 26.60 | 13.39 |
| | | | | 物资输送 | 24.59 | 30.34 | 5.75 |
| | | | | 筹集善款 | 18.10 | 32.35 | 14.25 |
| | | | | 居民物资供给 | 27.48 | 30.04 | 2.56 |

续表

| 领域 | 比例 |  | 增长 | 细分类型（多选） | 比例 |  | 增长 |
|---|---|---|---|---|---|---|---|
|  | 2021 年 | 2022 年 |  |  | 2021 年 | 2022 年 |  |
| 执勤排查类 | 65.51 | 85.75 | 20.24 | 四类人员排查防控 | 15.27 | 19.19 | 3.92 |
|  |  |  |  | 车站机场公共场所等防疫执勤 | 22.37 | 27.32 | 4.95 |
|  |  |  |  | 本单位防疫执勤 | 24.90 | 33.60 | 8.70 |
|  |  |  |  | 社区防疫执勤 | 50.17 | 66.15 | 15.98 |
| 救护类 | 54.99 | 71.75 | 16.76 | 面向医务人员家属生活需求服务 | 22.31 | 27.35 | 5.04 |
|  |  |  |  | 爱心车队接送医务人员 | 22.80 | 30.50 | 7.70 |
|  |  |  |  | 医院治疗的辅助服务（如医疗信息提供） | 23.13 | 33.28 | 10.15 |
|  |  |  |  | 紧急救援 | 26.72 | 33.59 | 6.87 |
| 服务类 | 61.48 | 78.46 | 16.98 | 殡葬服务 | 5.60 | 9.79 | 4.19 |
|  |  |  |  | 复工复产 | 11.21 | 13.75 | 2.54 |
|  |  |  |  | 临终关怀 | 12.56 | 18.58 | 6.02 |
|  |  |  |  | 疫情后社区重建 | 16.51 | 20.08 | 3.57 |
|  |  |  |  | 特殊困难群体帮扶 | 29.32 | 31.85 | 2.53 |
|  |  |  |  | 邻里互助 | 29.48 | 37.65 | 8.17 |
|  |  |  |  | 心理咨询与疏导 | 31.30 | 42.35 | 11.05 |
| 支持类 | 58.91 | 76.17 | 17.26 | 智库研究 | 6.47 | 9.32 | 2.85 |
|  |  |  |  | 政策倡导 | 13.67 | 16.24 | 2.57 |
|  |  |  |  | 社会组织联动平台搭建 | 22.61 | 27.86 | 5.25 |
|  |  |  |  | 防控科普宣传抗疫防疫指引指南 | 27.54 | 33.14 | 5.60 |
|  |  |  |  | 社会组织能力建设支持 | 30.19 | 37.06 | 6.87 |
|  |  |  |  | 信息技术支持 | 26.44 | 37.82 | 11.38 |

资料来源：2021~2022 年中国志愿服务指数调查。

## 五　志愿服务参与风险治理存在的问题与建议

### （一）问题

#### 1. 志愿服务参与风险治理的外部环境有待优化

高度的不确定性和高度的复杂性给志愿服务组织自身带来巨大挑战，

也给志愿服务组织参与风险治理带来挑战。一方面，随着气候变化和环境污染等问题的加剧，自然灾害频发，加大了志愿者在风险治理中的工作难度，挑战志愿服务组织的能力。另一方面，志愿服务组织与其他主体合作参与风险治理机制还需要完善。虽然在应对风险过程中，政府高度重视志愿服务的参与，也明确了要建立党委领导、政府负责、社会协同、公众参与、法治保障的管理格局，然而，政府和各类志愿服务组织，以及企事业单位等社会力量之间的协同框架还需要落地和完善。各个主体在应急志愿服务中的作用、角色、行为规范、协同机制、协同原则还需要更多的细则、具有可操作性的措施来保证。例如，在信息共享方面，需要政府和社会之间的共享联动。但是由于我国应急力量较为分散，政府数据尚未打通，这给志愿服务组织之间的信息共享、政府和志愿服务组织的信息共享带来一定的挑战。

2. 志愿服务组织参与风险治理的能力有待提升

一方面，参与风险治理的志愿服务组织总体数量少、规模小、影响力不够。虽然由于调研样本数据少，但是从整体看，有专业能力参与志愿服务的志愿者和志愿服务组织数量均有限。易善网数据显示，在 5663 家参与风险治理的志愿服务组织中（另有 2 家组织数据缺失），绝大多数注册资金是 1 万~5 万元（占比 71. 83%），此外，还有 1. 82%的注册资金为 0 元（为非正式组织）（见图 29）。

志愿服务组织开发在线服务的能力不足，限制了志愿服务参与风险治理的成效。2022 年中国志愿服务指数调查数据显示，参与过风险治理的志愿服务组织在 2022 年面临的最大困难，是受疫情影响严重、无法正常开展工作（68. 67%）。

另一方面，资金和资源存在可持续性困境。据 2022 年中国志愿服务指数调查数据，参与风险治理的志愿服务组织收支情况并不理想，收不抵支的占比 44. 67%，48. 67%的组织维持收支平衡，仅有 6. 67%的组织收大于支。此外，还存在缺少外部资源支持（46. 00%）、缺少政策支持（38. 00%）等困境。

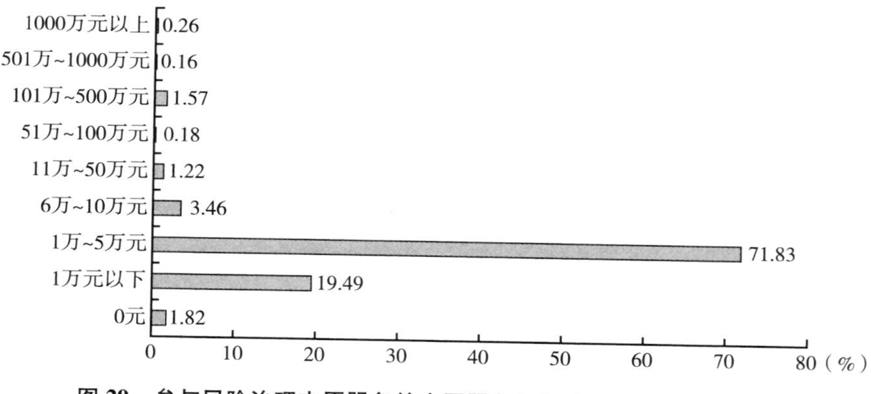


**图 29　参与风险治理志愿服务的志愿服务组织注册资金（$N$=5663）**

资料来源：易善网数据。

3. 志愿服务投入少且保障不到位

志愿者参与风险治理的专业能力培养需要一个周期，但是由于志愿服务组织资源的有限，组织赋能能力的有限，合格的专业志愿者参与风险治理的数量有限。一方面，志愿服务投入少，志愿服务成本控制在较低的水平上，有 29.33%的组织支出的管理成本在 1 万元以下，1 万 ~ 5 万元的占比 26.67%，还有 27.33%的组织是由志愿者个人来承担全部服务成本，仅 2 家组织支出了 51 万 ~ 100 万元的管理成本（见图 30）。在参与风险治理过程中，志愿者可能会遇到危险和安全问题，如自然灾害、公共卫生事件等，需要面对风险并采取措施保障自身安全。一些志愿者可能缺乏专业知识和技能，导致志愿服务质量参差不齐。

另一方面，志愿服务保障和激励不到位。2022 年指数调查数据显示，风险治理志愿者获得的服务津贴非常低，有 83.59%的志愿者从未获得过服务津贴，只有 2.19%的志愿者平均每次能够获得 100 元以上的服务津贴。参与风险治理的志愿者中有 37.22%认为缺少匹配的志愿服务项目，34.87%的志愿者认为缺少认可与激励机制，21.16%的志愿者认为其提供的服务缺少评估与反馈（见图 31）。

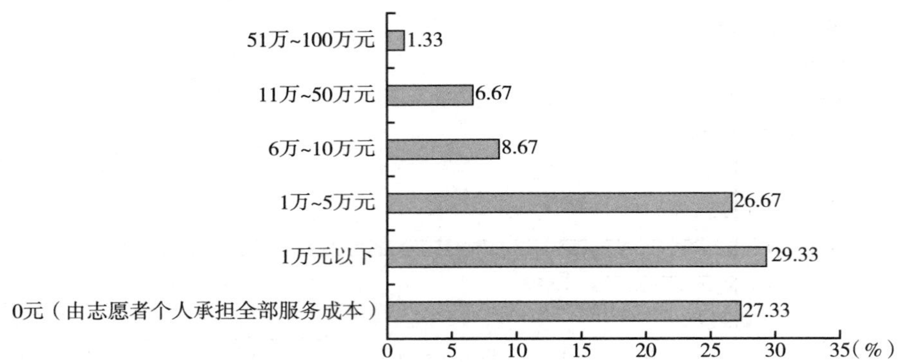


**图 30　组织为风险治理志愿者支出的服务成本**

资料来源：2022 年中国志愿服务指数调查。

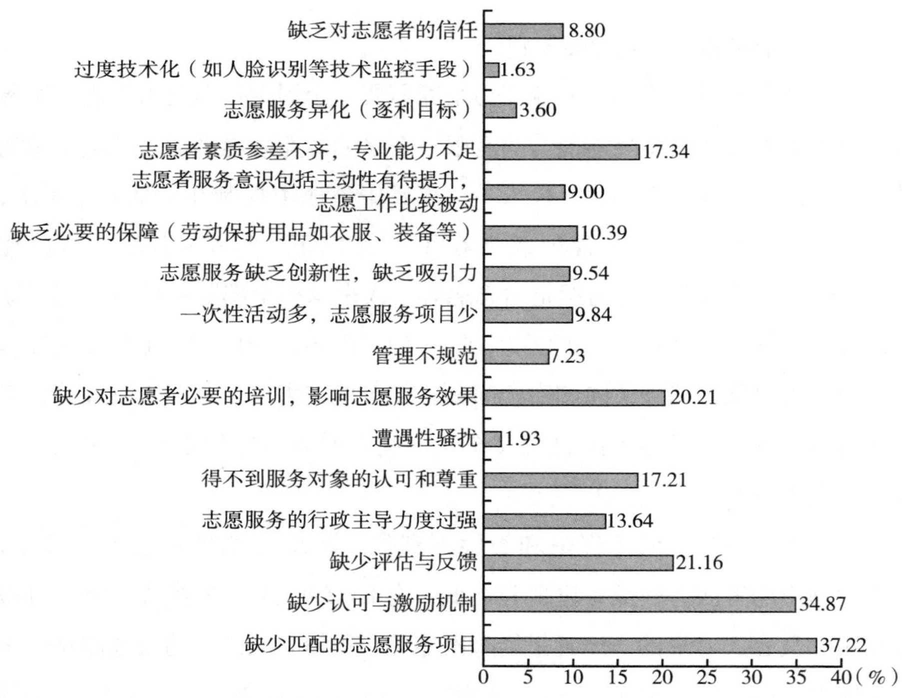


**图 31　当前志愿服务过程中存在的主要问题**

资料来源：2022 年中国志愿服务指数调查。

## （二）建议

**1. 建立多元主体合作机制，促进志愿服务与风险治理有效结合**

建议加大政策支持和倡导力度，建立在共同统一的信息平台基础之上的多元主体的信息共享机制，将“互联网+”政务服务和应急志愿服务结合起来，依托大数据资源平台和人工智能算法，实现志愿服务信息数据统一归集管理、共享交换、互联互通和智能推送。[①] 加强志愿服务参与风险治理的统筹管理，强化组织间横向联动与协作，提高应急救援和处置信息共享能力，促进志愿服务组织与各方合作、沟通交流与互动、联动。

**2. 建立和完善风险治理志愿服务组织体系、保障体系和管理体系**

储备参与风险治理的志愿者，加强对包括第一响应人在内的志愿者的培训、管理和评估。采用社会化和市场化机制，借鉴第一反应的志愿马拉松赛事应急救援志愿者的自我造血式的志愿者培训服务模式，实现财务可持续，提高参与风险治理的志愿服务组织发展能力。加强对参与风险治理志愿者的风险保障机制，借鉴友成基金会和三一基金会的运作模式，建立志愿者人身保险专项基金，设立面向参与风险治理的志愿者的保护基金或专门账户，通过社会捐赠、商业保险等机制分担、转移和降低风险治理志愿服务本身的风险。建立健全志愿服务管理体系，加强对志愿者的培训、管理和评估、激励和保障，提高志愿者参与风险治理的质量和效率。同时，也要加强对志愿服务的监督和评估，提高志愿服务的透明度和规范化水平，为志愿服务参与风险治理提供有力保障。

**3. 以赋能志愿服务组织来带动专业志愿者参与风险治理**

这就需要志愿服务组织自身的专业化。因此，要大力培育更多有参与风险治理能力的志愿服务组织，重视各风险治理类型的志愿服务组织的培育，使其在数量、规模、能力上有质的提升。对自组织类型的风险治理类志愿服

① 张晓蒙：《不断完善我国应急志愿服务体系》，《中国应急管理报》2023 年 3 月 10 日，第 001 版。

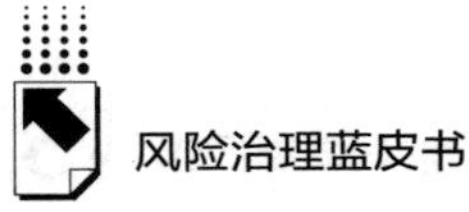


务组织需要提高其专业化管理水平。通过创新志愿服务模式（如线上志愿服务），拓宽志愿服务的渠道和方式，提高志愿服务的灵活性和适应性。鼓励和支持志愿服务组织的发展，提高组织的专业化水平和组织能力，增强组织的影响力和服务能力，为风险治理提供更好的志愿服务。

4. 加大志愿服务宣传和推广、保障与激励的力度

加大宣传力度，提高社会对志愿服务价值的认知和理解；制定有效政策倡导和激励志愿服务，打造和倡导人人参与志愿服务的氛围，特别是推动专业技术人员积极参与志愿服务，从而为志愿服务参与风险治理奠定坚实基础。

## 参考文献

张强、钟开斌、陆奇斌主编《中国风险治理发展报告（2020～2021）》，社会科学文献出版社，2022。

张勤：《志愿服务参与应急管理》，中共中央党校出版社，2021。

张虎祥：《社会风险常态化背景下青年志愿服务的专业化发展》，《青年学报》2020年第4期。

陈纬：《中国需要什么样的志愿服务体系——从北川灾区志愿者谈起》，《中国青年政治学院学报》2009年第3期。

谭建光：《汶川大地震灾区志愿服务调查分析》，《中国党政干部论坛》2008年第7期。

# 案例报告

Case Reports

## B.10 地方政府风险治理实践报告

——以长三角地区为例

彭彬彬 *

**摘　要：** 本文围绕长三角地区各地方政府近几年来针对突发事件的应急管理和风险治理实践展开分析。通过对比三省一市基于信息技术支撑风险治理实践发现，我国长三角地区已经形成较为成熟的数字政府治理新范式，在应急管理实践上取得了长足的进步。特别是在风险识别、了解、定位与利用，以及借助信息化手段沟通和管理风险的方式上，已基本形成数字化和智能化的新格局。本文建议，在未来，长三角地区的各级政府需要进一步加强信息化建设，探索数字化技术在风险治理中的应用，建立起数字智能化的风险管理体系，利用人工智能算法和大数据技术，通过数据分析和模拟，提高风险应对和处理效率。同时，政府还需要加强与社

* 彭彬彬，南京大学政府管理学院助理研究员，研究方向为城市灾害应急管理、城市热岛效应、健康风险评估、绿色出行与健康。

会组织和企业的合作，构建基于协同管理和共治的风险治理新模式，形成政府、企业和社会的共同治理格局，推动形成天然的风险管理区域。

**关键词：** 地方政府 风险治理 信息化建设

## 一 地方政府风险治理的背景和意义

### （一）地方政府风险治理历史

中国地方政府突发事件风险治理理论可以溯源到20世纪80年代中期的国际风险治理理论。20世纪80年代，随着国际上技术发展和全球化进程的加速，突发事件的风险和影响逐渐加大，国际社会开始逐步重视风险治理的问题。1992年，联合国环境与发展大会通过的《环境与发展宣言》和《21世纪议程》提出“可持续发展”概念，对全球环境、经济和社会问题进行系统性分析和治理。同时，国际上也开始出现大规模突发事件和事故，如1986年切尔诺贝利核电站事故、1989年美国“埃克森”号油轮泄漏等。20世纪90年代初期，随着我国经济的快速发展和城市化进程的加速，地方政府在面对突发事件时的风险管理问题变得越来越突出。1994年，国务院印发的《突发事件应急预案》开始对突发事件的应急预案和组织管理提出明确要求。此后，随着2003年“非典”疫情、2008年汶川地震等一系列突发事件的发生，中国地方政府在突发事件风险治理方面的经验积累和理论研究逐渐加强，并逐渐形成了一些具有中国特色的理论和实践模式。

在突发事件的风险治理过程中，地方政府扮演着举足轻重的重要角色。地方政府作为基层政府，对本地区的自然环境、社会经济发展状况、公共服务水平等情况有更加深入的了解，能够更加精准地识别本地区存在的突发事件风险，同时也更加贴近本地区的民众，能够更加及时有效地组织和指挥应急救援工作[1]。地方政府还承担着与民众沟通、协调各方面资源和支持、现场指挥、后续恢复重建等重要职责，因此相比中央政府，地方政府在突发事件风险治理中有不可替代性。具体而言，首先，地方政府更加了解本地的地理、气候、人口、经济等情况，对民众需求的反应更为敏锐，能够更加准确地判断风险和危险的程度。同时地方政府掌握着本地区的资源配置和基础设施建设等信息，便于制定更为精准的风险管理方案。其次，地方政府具有更加灵活的应对机制，能够在突发事件发生时更加迅速地做出反应。地方政府是突发事件发生后的第一响应组织，在动员当地社会力量和资源方面有着最为直接的渠道，参与救援、现场指挥，以及后续恢复重建等效率也是最高的。此外，地方政府通过对本地区各相关部门的协调、合作和资源整合，较为容易形成统一、高效的工作机制，提高应急响应和救援工作的协调性。最后，地方政府往往也是当地民众和企业接触最为密切的机构，是优化政府形象的最直接代表。

### （二）长三角地区各级政府风险治理实践概述

长三角地区是中国经济最为发达的地区之一，包括苏浙沪皖四个省份的41个城市。近年来，随着长三角地区经济的快速发展和城市化进程的加速，突发事件的风险和影响也逐渐增大，因此长三角地方政府在风险治理方面进行了积极探索和实践。

1. 长三角地区风险治理实践历史与内容

长三角地区各级政府在风险治理方面的实践可以追溯到20世纪90年代初期，当时我国经历了一系列重大自然灾害和事故，如1991年广东台风、1994年黄山游客踩踏事件等。这些事件促使长三角地区各级政府开始意识到应急管理和风险治理的重要性，并开始逐渐建立相关机制和体系。随着时间的推移，长三角地区各级政府在风险治理方面的实践不断深化和完善，主

① 郭亮：《基层政府的风险治理：问题与出路》，《杭州师范大学学报》（社会科学版）2023年第2期，第118~126页。

要包括以下几个方面。

（1）风险识别和评估：长三角地区各级政府利用现代信息技术手段加强风险识别和评估工作，逐步建立了完善的风险评估体系和标准。如上海市通过建设“上海市群测群防”平台，实现了对城市突发事件的实时监测和评估；杭州市制定了《杭州市综合安全防范规划》，明确了突发事件预警、排查和处置等一系列工作内容。

（2）应急管理和救援：长三角地区各级政府在应急管理和救援方面建立了较为完备的机制和体系。例如，苏州市建立了八项应急机制，包括预案编制、联合演练、应急培训等；宁波市成立了由市委书记任组长的“特大灾害应急指挥部”，实行24小时值班制度。

（3）信息化支撑风险治理：长三角地区各级政府积极利用信息化技术手段，建立数字化和智能化的风险治理新模式。例如，南京市建设了“智慧消防大脑”，集成了火灾预警、调度、指挥等一系列功能；杭州市推行“数字政府”建设，实现了政务服务的线上化、智能化和高效化。

2. 长三角地区风险治理实践进展与展望

长三角地区各级政府在风险治理方面取得了显著进展，在应对突发事件和保障社会安全方面发挥了重要作用。未来，长三角地区各级政府需要继续深化风险治理实践，特别是在以下方面。

（1）加强协同合作：长三角地区各级政府应进一步加强协同合作，建立更加紧密的联防联控体系。要加强区域内部和跨区域之间信息共享，提高风险识别和预警能力。

（2）优化机制管理：长三角地区各级政府应结合实际情况，不断优化应急管理和救援机制，提高机制管理水平。要加强应急演练和培训，提高应急处置能力。

（3）推进数字化转型：长三角地区各级政府应积极推进数字化转型，建设智慧城市、智慧政府等数字化基础设施，为风险治理提供更加科学有效的技术支持。

长三角地区各级政府在风险治理方面的实践是一个不断完善和发展的过

程，其重要性和紧迫性不容忽视。为确保人民群众的生命财产安全，促进长三角地区的经济社会可持续发展，各级政府亟须持续加强其风险治理能力。只有通过全社会的共同努力，长三角地区的风险治理才能取得更好的成果。这将为人民群众提供更安全、稳定的生活环境，为经济社会的可持续发展提供有力支撑。在这个过程中，各级政府应当加强信息共享和合作，推动区域间的协同发展，构建更加紧密的风险治理网络，以共同应对挑战并实现长三角地区的共同繁荣和发展。

## 二　2022年长三角地区各地方政府应急管理实践

### （一）江苏省应急指挥体系建设

2021 年，江苏省针对突发事件和应急情况建立了一套指挥体系，并开展“智慧应急”试点，在现有基础上，进一步构建监测预警体系，打造“智慧应急大脑”，开展业务创新，重塑应急指挥体系，强化统筹协调，全面提升防范化解重大安全风险能力。该体系由江苏省政府领导小组为指挥机构，下设应急管理厅、公安厅、消防救援总队、卫生健康委员会、气象局、地质矿产局、应急广电局、水利厅、农业农村厅等 9 个应急管理部门和 1 个通信指挥中心，构建了涵盖政府、军队、公安、消防、医疗、交通、通信等各个领域的应急指挥体系①。

该应急指挥体系以应急指挥中心为核心，下设调度中心、信息中心、视频监控中心、通信中心等部门，具有远程调度指挥、信息快速处理和应急响应能力，集中指挥、调度、协调突发事件中的各个环节。江苏省公安、消防、医疗等部门加强了应急救援力量建设，装备先进的救援设备和器材，提

① 《江苏省“十四五”综合防灾减灾规划》《江苏省应急管理厅关于加快建设省级智慧应急一张图系统的实施意见》，江苏省人民政府办公厅网站，2021 年 9 月 10 日，http：//www. jiangsu. gov. cn/art/2021/9/26/art_ 46144_ 10028115. html，最后访问日期：2023 年 6 月 13 日。

高应急救援能力。

1. 监测预警体系

江苏省对检测预警设施建设一直持续投入，特别是在防汛抗洪、气象灾害预警等方面，投入了大量的人力、物力、财力。江苏省积极引入人工智能、大数据等新技术，建立了监测预警信息共享平台，实现了各部门之间的信息共享和联动，实现了监测预警指挥体系的全面升级。

2. “智慧应急大脑”

建设信息化平台：江苏省建设了信息化平台，集成了各类应急救援资源、监测预警数据、灾害信息等数据，形成了应急救援信息化的统一平台。引入人工智能技术：江苏省采用人工智能技术，对监测预警数据进行实时分析和处理，提高了预警的准确性和时效性。强化大数据分析：江苏省利用大数据技术，对历史灾害事件和应急救援过程进行数据分析，形成应急救援的智能化指导。

推进物联网技术应用：江苏省推进物联网技术应用，实现了对应急救援现场的全面监测和实时控制。建立统一的指挥调度平台：江苏省建立了统一的指挥调度平台，实现了各级指挥机构之间的信息共享和联动，提高了指挥调度的效率和准确性。加强应急救援演练：江苏省加强应急救援演练，利用智慧应急大脑技术对演练情况进行监测和评估，提高了应急救援能力和效率。

江苏省通过建设信息化平台、引入人工智能技术、强化大数据分析、推进物联网技术应用、建立统一的指挥调度平台和加强应急救援演练等措施，打造了智慧应急大脑，提高了应急救援能力和效率，保障了人民群众生命财产安全。

## （二）浙江省智慧应急“一张图”系统

浙江省智慧应急“一张图”系统是浙江省应急管理厅打造的一项基于GIS（地理信息系统）技术的综合性应急指挥系统，它将各类应急救援资源、监测预警数据、灾害信息等数据整合到一个平台上，形成了一张包含全省各地的综合性地图。该系统旨在提供一种集中、标准化和高效的信息化指挥平台，以便于灾害事故发生时快速响应、决策指挥和资源调度，进而提供高效、智能的应急管理和决策支持。

以温州市迭代升级智慧应急“一张图”系统为例，通过增加更多应用模块，该系统将多种数据源整合到一个统一的地理信息系统（GIS）平台上，通过实时数据采集、传输和分析，实现对灾害和突发事件的实时监测、预警、应对和处置。这张城市综合安全风险地图，已整合全市 23 个部门数据，汇聚 13 大类 6.9 万余处风险源信息、200 多类减灾救灾资源。在温州防汛防台和风险源管控方面，“一张图”起到了提前预警、辅助救援等作用①。

如表 1 所示，浙江省智慧应急“一张图”系统通过集成各类数据，提供实时监测和预警功能，以及应急资源调度、信息发布和指挥调度等功能，实现了应急救援信息化的智能化和集中化，提高了应急救援的效率和准确性，同时也为公众提供了便捷、高效的信息服务。

**表 1　浙江省智慧应急“一张图”系统主要功能、内涵、具体数据和信息**

| 主要功能 | 主要内涵 | 具体数据/信息 |
| --- | --- | --- |
| 实时数据监测 | 对全省各地的各类监测数据进行实时监测和收集 | 气象、地震、水文、环境 |
| 智能预警 | 通过对监测数据的实时分析，提供灾害预警信息和建议 | 包括台风、暴雨、山洪等 |
| 应急资源调度 | 集中管理全省各类应急救援资源信息 | 消防、救援队伍、医疗资源 |
| 综合信息发布 | 发布全省各地便于公众及时获取的相关信息 | 灾害信息、救援指南、路况信息 |
| 作战决策 | 为指挥员提供一站式的应急指挥调度平台 | 应急演练、演练评估、指挥决策 |
| 案件管理 | 对应急救授中的案件信息进行管理 | 任务派发、进展情况 |

资料来源：表中内容均由作者依据官网检索结果自行整理所得。

### 1.“一张图”与风险研判

温州市智慧应急一张图系统是浙江省温州市应急管理局开发的一种基于 GIS 技术的应急指挥系统。该系统将全市范围内的各类应急救援资源、监测预警数据、灾害信息等数据整合到一个平台上，形成了一张全面、实时的城

① 施力维、张亦盈、李攀等：《温州智慧应急“一张图”助力防灾减灾——“人算”追“天算”》，《安全与健康》2021 年第 3 期，第 2 页。

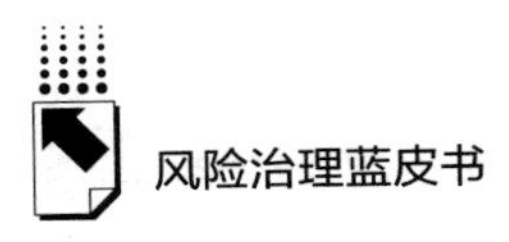


市应急信息图谱，方便应急指挥员、救援人员和公众快速获取、共享和利用相关信息，以便于有效地应对各类突发事件。该系统主要功能包括：

（1）数据采集和监测：该系统可以实时收集和监测各类数据，包括气象、水文、地质、交通等信息。

（2）智能预警和预报：通过对监测数据的实时分析，系统可以进行各种灾害预警和预报，包括暴雨、台风、地震等。

（3）应急资源调度和管理：该系统可以管理全市范围内各类应急救援资源，包括消防、医疗、物资等，以便于及时调度和使用。

（4）综合信息发布：该系统可以发布全市范围内的灾害信息、救援指南、路况信息等，以便于公众及时获取相关信息。

（5）作战决策和指挥：该系统可以提供一站式的应急指挥调度平台，方便指挥员进行应急演练、演练评估、指挥决策等操作。

（6）案件管理：该系统可以管理应急救援中的各类案件信息，包括任务派发、进展情况等。

2. 精准决策与高效指挥

（1）数据整合与共享：系统整合了多个部门和机构的数据源，包括气象、地震、环境、交通等多个领域的数据，实现了信息共享和交互。这有助于各级政府和应急部门在应对突发事件时更好地了解全局情况。

（2）实时监测与预警：系统通过接收实时数据，如气象预报、地震监测、环境监测等，能够实时监测灾害和突发事件的发生和发展趋势。同时，系统还能自动进行预警信息的推送，以便相关部门和群众及时采取相应的防护和应对措施。

（3）多维数据分析：系统能够对收集到的各种数据进行分析和处理，包括空间数据、时间数据和属性数据等。通过数据挖掘和模型分析，可以帮助决策者更好地理解事件的发展态势和影响范围，从而采取针对性的措施。

（4）应急资源调度：系统中还集成了应急资源管理模块，可以实时了解各类应急资源的位置、数量和状态。在灾害事件发生时，系统能够帮助快速调度和分配资源，提高救援效率。

（5）信息发布与互动：系统支持信息的发布和共享，包括发布紧急通知、救援指南、安全提示等。同时，系统还提供互动平台，让公众可以及时获取和提供相关信息，实现多方面的信息交流和互动。

## （三）上海市“一网统管”开创风险治理新范式

作为我国经济中心城市、沿海口岸城市，上海市的应急管理制度逻辑与实践模式因其自身的城市资源基础和风险背景而呈现区域特征。一方面，上海面临着诸多威胁其社会和经济发展的自然灾害，如台风、暴雨内涝、高温、旱灾等，作为超大城市具有复杂巨系统特征，人口、各类建筑、经济要素和重要基础设施高度密集，致灾因素容易叠加，一旦发生自然灾害和事故灾难，可能引发连锁反应、形成灾害链。另一方面，传统风险、转型风险和新的风险复杂交织，传统经济加快转型，创新型经济超常规发展，城市老旧基础设施改造和新增扩能建设规模、体量巨大，城市生命体的脆弱性不容忽视，不确定性和潜在风险增加，安全管控更加艰巨①。

在上海市城市运行管理中心的大力支持下，复旦大学组织团队撰写了《城市治理的范式创新——上海城市运行“一网统管”》一书，对上海“一网统管”做了详细呈现与解读。此书以上海市的“一网统管”治理实践为主要案例，揭示了“一网统管”如何实现城市治理的流程再造与数字化转型，做到“一屏观天下，一网观全城”②。

### 1. 强化灾害事故预防体系

上海市通过建立“一网统管”信息平台，强化灾害事故预防体系。该平台整合了各部门和单位的数据和信息，并利用大数据、人工智能等技术进行分析和研判，早期发现和防范重大风险，目前，该平台已经汇聚 360 类感知终端、51 万个物联感知设备，日均数据增量 840 万条，已有 1000 万端感

① 《上海市人民政府办公厅关于印发〈上海市应急管理“十四五”规划〉的通知》，上海市人民政府网站，2021 年 8 月 16 日，https://www.shanghai.gov.cn/nw12344/20210816/7c35057f10ff46a1a47f1be37e1a01f9.html，最后访问日期：2023 年 6 月 13 日。

② 熊易寒主编《城市治理的范式创新——上海城市运行“一网统管”》，中信出版集团，2023。

知设备数据接入①。

上海市还加强了对城市基础设施的监测和维护，建立了全面、多层次、立体化的城市应急管理体系，形成从预测预警、紧急处置到恢复重建的完整应急链条。就城市生命线和基础设施而言，上海市的事故预防体系监测系统已将监测细化到各个单位和具体的道路桥梁，详细信息如表 2 所示。同时，上海市还开展了大规模的应急演练和培训，提高了应急管理人员的应变能力和应急救援水平。

**表 2　上海市事故预防体系监测系统**

| 类型 | 项目名称 | 监测指标 | 监测单位 | 监测频率 |
|---|---|---|---|---|
| 桥梁 | A 桥 | 主桥荷载、桥面变形、裂缝等 | 市政工程部 | 每月一次 |
| 桥梁 | B 桥 | 水平位移、倾斜角度等 | 市政工程部 | 每季度一次 |
| 道路 | C 路 | 路面平整度、路面状况等 | 交通运输局 | 每周一次 |
| 道路 | D 路 | 路灯照度、交通信号灯状态等 | 交通运输局 | 每日两次 |
| 电缆 | E 缆线 | 输电能力、阻抗等 | 电力公司 | 每月一次 |
| 电缆 | F 缆线 | 温度、电流负荷等 | 电力公司 | 每日一次 |

资料来源：表中内容均由作者依据官网检索结果自行整理所得。

### 2. 强化应急综合救援体系

强化应急综合救援体系是当前防范和化解突发事件风险的重要任务之一。在长三角地区，各级政府已经积极推进应急综合救援体系建设②，以提高应急处置能力和响应速度，减少突发事件对社会生产、生活和公共安全的影响。具体来说，在强化应急综合救援体系方面，长三角地区各级政府需要采取以下措施。

（1）完善机制体系：加强顶层设计，并明确各级政府和相关部门的职责和分工，建立健全应急预案和处置流程，可以有效降低应急事件对城市运

① 庄嘉：《柔性更新：提升人居生活品质》，《检察风云》2022 年第 7 期，第 18~19 页。

② 上海市安全生产委员会：《上海市应急救援体系建设“十四五”规划》，上海市应急管理局网站，2021 年 9 月 20 日，https://yjglj.sh.gov.cn/xxgk/xxgkml/ghkj/aqgh/20210929/3a68b075a0654da78170244026646829.html，最后访问日期：2023 年 6 月 13 日。

营和社会稳定造成的风险。同时，通过完善信息化支撑系统，将应急管理与智慧城市建设相结合，可以使应急响应更加高效和精准。

（2）强化应急力量：加强应急力量的建设、培训和配备必要的装备和物资，可以提高应急救援能力和效率，进而降低应急事件对城市和民众的影响。通过与民间组织和志愿者等的合作，形成多元化、协调配合的应急救援体系，也可以提升应急力量的响应速度和适应性。

（3）提高装备水平：加强应急物资库存和调配能力，提高灾害应急处置装备的质量和数量，特别是通信、交通、水、电等关键设施的保障能力，可以更好地满足应急救援的需求，提高应急救援的效率和成功率。

（4）加强协调配合：各级政府要加强沟通与协调，形成统一指挥、分工协作的应急救援机制，以便快速响应和高效处置突发事件。同时，在跨区域应急救援方面加强协作联动，提高各地应急救援力量的响应速度和效率，也可以降低应急事件对大范围地区造成的影响和损失。

总之，长三角地区各级政府需要进一步加强应急综合救援体系建设，提高突发事件风险防范和处置的能力。在未来，各级政府还需要根据实际情况，不断进行优化和完善，为经济社会发展提供更加坚实的安全保障。

**3. 推进长三角应急管理协同发展**

推进长三角应急管理协同发展是当前长三角地区应对突发事件风险的重要任务之一。作为中国经济最为发达和人口密集的地区之一，长三角地区各级政府之间应加强合作和协调，形成更加紧密的联防联控机制，以应对复杂多变的突发事件。具体来说，在推进长三角应急管理协同发展方面，需要采取以下几个措施。

（1）加强信息共享：长三角地区各级政府应建立信息共享平台，包括实时监测、预警、信息发布等，提高风险识别和预警能力。同时，加强跨部门和跨地区之间的信息共享，形成统一的信息汇聚和发布渠道。

（2）强化联合演练：长三角地区各级政府应定期开展跨区域联合演练和培训，加强救援力量的协同配合和应急处置能力的提升。同时，演练应模拟各种可能发生的突发事件，不断提高应对灾害事故的能力。

（3）完善工作机制：长三角地区各级政府应建立健全应急管理联席会议制度，加强政府及有关部门之间的沟通和协调。同时，完善信息交流、指挥调度、物资保障等机制，提高救援处置效率。

（4）推进专业化建设：长三角地区各级政府应不断完善应急救援力量的专业化建设，特别是针对复杂事件的应急处置能力。同时，加强培训和技术支持，提高应急救援人员的专业素质。

长三角地区各级政府需要加强合作和协调，形成统一的应急管理体系和工作机制，提高应对突发事件的能力。在未来，各级政府还需要根据实际情况，不断进行优化和完善，为长三角地区的安全发展提供坚实的保障。

## （四）安徽省风险治理体系建设

安徽省地处南北气候过渡带，雷雨、大风、冰雹、龙卷风、强雷电、短时强降水等强对流天气现象频发重发，常常引发构筑物倒塌、树木折倒、庄稼倒伏、设施农业受损及城市内涝、山洪、泥石流等灾害，威胁人民群众生命财产安全。

### 1. 建立健全风险评估和预警机制

安徽省各级政府在建立健全风险评估和预警机制方面取得了一些成绩。具体来说，安徽省已经建立基于 GIS 技术的灾害风险评估系统，能够对洪涝、地震、台风等多种自然灾害进行评估和预测，目前，安徽省已经在一些城市建立了基于 GIS 技术的灾害风险评估系统，比如合肥、芜湖、蚌埠等。同时，该省还在不断扩大覆盖面，提升应对自然灾害的能力和水平。此外，安徽省还加强了与气象、水文等各类监测机构的协作，及时发布灾害预警信息，提高了社会公众的防范意识和应急处置能力。在安徽省合肥市，当地政府与气象局合作建立了市级气象预警信息共享平台，并将其与市民服务热线、手机 App 等多个渠道进行对接，方便市民及时获取气象预警信息。该平台不仅可以实现监测和发布天气、暴雨等灾害预警信息，还能够进行数据分析和模拟预测，为城市的防灾减灾工作提供有力支撑。以 2019 年 7 月份的一次强降雨为例，当地气象局在预测发生暴雨后，立即向合肥市应急管理部门发出预警信息。同时，该市气象预警信息共享平台也第一时间发布了预警信息，并通过短信、微信、电话等多种形式向市民传递警示。在此基础上，该市还组织相关部门开展排涝、除险加固等应急防范措施，确保了城市的安全稳定。

2. 加强应急救援能力建设

安徽省各级政府在加强应急救援能力建设方面也采取了一系列措施。例如，安徽省加强应急救援队伍的建设和培训，与社会力量建立了良好的合作关系，提高了应急处置的响应速度和效率。此外，安徽省还加强了医疗救援和物资保障能力的建设，完善了应急物资库存和调配机制。

3. 推进数字化转型

在推进数字化转型方面，安徽省各级政府也积极探索和实践。例如，安徽省在智慧城市建设方面取得了一些成绩，通过数据共享、信息交互等手段，提高了城市管理和突发事件处置的效率。此外，安徽省还大力推进电子政务建设，提供在线办事服务，方便了公众和企业的生产和生活；并同时对未来的风险治理体系建设和优化进行了若干思考。具体而言，安徽省各级政府需要继续加强协同合作，建立更紧密的联防联控机制；加强应急救援能力建设，提高应对突发事件的能力；推进数字化转型，为风险治理提供更加科学有效的支持。只有这样，才能更好地确保人民群众的生命财产安全，促进安徽省的经济社会发展①。

在安徽省地方政府风险治理实践中，合肥市是最具有代表性的城市之一。合肥市是安徽省的省会城市，也是安徽省经济、科技、文化和政治中心，具有较高的发展水平和综合实力。合肥市政府在灾害风险治理方面融入了信息化建设，打造了合肥城市生命线工程，利用先进的信息技术手段建立起了科学有效的灾害风险监测、预警、应急响应和救援能力。例如，针对水利工程、电力设施、市政道路等重要设施，合肥市政府建立了实时监测系统，能够实时监测设施的状态和运行情况，及时发现并处理异常情况。针对

① 孙正、赵颖：《关于突发事件的指挥与处置问题的几点思考》，《中国行政管理》2006 年第 11 期，第 5 页。

水利工程，由于天气变化、水位波动等因素的影响，容易发生堤坝决口、水库溃坝等危险情况。为了及时发现并处理这些异常，合肥市政府采用多种手段进行实时监测。一方面，建立了水文站、雨量站等基础设施，能够采集和传输水位、水流、降雨等数据，并将数据上传到中心数据库；另一方面，利用遥感技术、无人机、激光雷达等高新技术手段，对水库、河道、堤防等进行精准测量和巡查。电力设施出于过载、短路、漏电等原因，容易出现火灾、停电等安全隐患。为了保证电力设施的安全稳定运行，合肥市政府在各个配电站、变电站等关键节点设置了智能监控系统，能够实时检测电压、电流、功率等参数，并对异常情况进行预警和报警处理。同时，还采用远程控制技术，对电力设施进行远程操作和调试，提高了设备的维护效率和运行稳定性。至于市政道路，受车流量大、路面载荷不均等因素的影响，容易发生路面塌陷、桥梁损坏等异常情况。为了及时发现并处理这些问题，合肥市政府在城市交通枢纽、隧道口等重要地点安装了智能监控摄像头和车辆鉴别系统，能够实现对车辆轨迹、行驶速度等数据的实时采集和分析。同时，还建立了巡检机制，对道路进行定期巡视和检查，发现问题就及时整治。同时，合肥市政府还采用高精度无损检测技术，对关键部位进行定期检测，确保设施的稳定性和可靠性。合肥市政府还加强了应急预案和处置流程的建设。在突发事件发生时，合肥市政府能够快速响应，启动应急预案，并迅速组织应急救援力量，最大限度地减少突发事件带来的影响。

合肥市政府在城市生命线工程的安全运行监测方面，已经建立比较完善的体系，可以有效地保障城市的基础设施安全。在未来，合肥市政府需要进一步加强监测体系的建设和完善，提高应急处置能力，为城市的可持续发展提供更加坚实的基础。

## 三　地方政府风险治理经验总结

### （一）坚持中国风险治理思路不动摇

中国风险治理思路是指以预防为主、综合施策的治理方式。具体来说，这种治理方式包括强化风险评估和预警、加强应急救援和恢复重建、完善法律法规和监管机制等多方面措施。在实践中，中国风险治理通过国家层面与地方政府之间的协同配合，形成了一个统一的风险管理体系，有效地提高了应对突发事件的能力。

信息技术促进风险治理现代化能力的提升。新一代信息技术的发展为风险治理带来了全新的机会。例如，人工智能、大数据等技术可以帮助政府更加精准地进行风险评估和预警，快速响应和处置突发事件。同时，信息技术还可以支持数字化政府的建设，提高政府信息化水平和公共服务质量。

上海作为中国超大城市之一，一直在推进风险治理现代化能力的提升。例如，上海市政府借助信息技术，建立了智慧城市系统，通过数据共享和交互等手段，提高城市管理的科学化、精细化、智能化水平。同时，上海市政府还加强了对关键设施的监测和维护，提高了应急救援能力和恢复重建能力。然而，中国风险治理思路仍待进一步提升。例如，在跨部门、跨行业之间的信息共享和协作方面，仍然存在一定程度的难度。此外，一些省份和地方政府的风险治理能力还需要进一步提高，以更好地应对突发事件的挑战。

中国风险治理思路是切实可行的，并且已经在实践中取得了一定成效。在未来，我们需要进一步推进信息技术和数字化技术的应用，实现风险治理的智能化和现代化。同时，政府还需要加强与社会各界的沟通和协作，形成更加紧密的联防联控机制，共同应对突发事件带来的挑战。

1. 中国风险治理思路切实可行

中国风险治理思路是一种以“预防为主、综合施策”的治理方式。这种治理方式充分考虑了突发事件的复杂性和不可预测性，具有切实可行的优势。

中国风险治理思路强调“预防为主”，即在突发事件发生之前采取措施，预防和减轻其影响。这种方法可以更好地避免事故发生，减少对社会的危害。例如，在防洪防汛方面，政府可以提前进行洪水疏导和排涝工作，有效避免洪水灾害的发生。在公共卫生方面，政府可以提前组织疫苗接种和健康教育，预防传染病的流行。

中国风险治理思路强调“综合施策”，即整合多种资源和措施，形成一个完整的风险治理体系。这种方法可以更加全面、科学地应对突发事件，提高应急处置的能力。例如，在应对自然灾害方面，政府可以整合气象、水文等监测机构的数据和信息，建立完善的灾害预警和应急救援机制。

中国风险治理思路强调政府和社会的协同作用，即建立一个有效的联防联控体系。政府需要与社会各界、企业和机构紧密合作，在突发事件发生时能够快速响应、协调处置，保障社会的安全和稳定。

中国风险治理思路是切实可行的，已经在多个领域得到成功的应用。在未来，我们需要进一步完善风险治理体系，提高应对突发事件的能力，保障公民的生命财产安全，促进国家的长期稳定和繁荣。

**2. 中国风险治理思路仍待提升**

尽管中国风险治理思路已经取得一定的成效，但仍然存在一些问题和不足。首先，信息共享和协作机制还需要完善，各部门之间的数据交互、沟通合作仍有待进一步加强。其次，一些地方政府在风险治理能力上还有所欠缺，需要更好地整合资源、提高应急响应速度和处置能力。另外，随着新技术的发展和社会的变化，新的风险和挑战也层出不穷，需要我们持续不断地进行创新和改进。因此，我们需要进一步完善中国风险治理思路，加强政府与社会各界之间的协同作用，提高应对突发事件的能力，为实现国家长期稳定和繁荣做出积极贡献。

### （二）基于信息技术形成风险治理新局面

信息技术是风险治理现代化的重要支撑，可以帮助政府更好地预测、评估和应对各类风险。同时，信息技术还可以促进数字化政府建设，推动风险治理向智能化发展。

**1. 信息化建设提供有力支撑**

在中国，政府已经开始推进数字化政府建设，通过数字化手段提高政府管理效率、优化公共服务流程。信息化技术的应用将极大地提高风险治理的科学性、精细化、智能化水平。

信息化技术的应用使得风险治理过程更加科学。通过数据收集、存储和分析，政府可以获取大量的实时和历史数据，用于风险评估和预测模型的构建。基于这些数据，政府能够更准确地了解各类风险的发生概率、影响范围和趋势，从而制定相应的风险管理策略和预警措施。

信息化技术的应用实现了风险治理的精细化管理。通过地理信息系统（GIS）等技术，政府可以将风险信息与地理空间数据相结合，进行空间分析和可视化呈现。这使得政府能够更加准确地定位风险源和脆弱区域，制定针对性的防灾减灾方案，并提供有针对性的公共警示和应急救援服务。

信息化技术的应用也促进了风险治理的智能化水平提升。人工智能、大数据分析、物联网等技术的运用，使得政府能够实时监测和分析海量的数据，快速识别异常和风险信号。智能化的风险预警系统可以自动化生成预警信息，并及时传达给相关部门和公众，提高风险应对的效率和准确性。

此外，信息化技术还支持政府与公众之间的互动与参与。通过建立在线平台和移动应用程序，政府可以向公众提供灾害风险信息、应急知识和自助防护指南，鼓励公众参与风险治理。公众可以通过在线报告灾情、求助和提供相关信息，使得政府能够更快速、准确地了解灾情和需求，加强公众参与的有效性和时效性。

2. 信息化风险治理任重道远

中国地方政府风险治理信息化任务重、道路遥远。信息化在地方政府风险治理中的应用虽然取得了一定的成就，但仍然面临一些挑战和发展需求。

首先，数据整合和共享方面仍存在一定的难题。地方政府在风险治理中涉及的数据来自不同部门、不同系统，数据的标准化、整合和共享仍然存在困难。解决这个问题需要加强数据的标准化工作，建立统一的数据共享平台，推动各部门间的数据互联互通，以实现信息的全面共享和流动。

其次，信息化技术的应用需要进一步提高智能化水平。当前的信息化建设主要集中在数据收集、存储和分析等方面，但在智能化的风险预警、决策支持和应急响应方面还有待加强。加强人工智能、大数据分析、物联网等技术的应用研究和实践，提高系统的智能化水平，可使其能够更加自动化、智能化地进行风险管理和应对。

再次，信息安全问题也是地方政府在信息化建设中亟须解决的难题。随着信息化程度的提高，地方政府面临着越来越多的信息安全风险，如数据泄露、网络攻击等。为保障信息的安全和可靠性，地方政府需要加强信息安全管理，制定完善的信息安全政策和措施，提高网络安全防护能力，确保信息系统的稳定运行。

最后，培养专业人才和加强组织能力建设也是地方政府信息化建设的重要任务。信息化技术的快速发展和应用需要具备相关专业知识和技能的人才支持，地方政府需要加强对风险治理信息化人才的培养和引进。同时，还需要提升组织能力和管理能力，建立健全的信息化管理机制，以推动信息化建设的深入发展。

## 四　地方政府参与风险治理的成效、反思与展望

### （一）地方政府风险治理成效

随着信息技术的不断发展，地方政府在风险治理中扮演着越来越重要的角色。信息化建设的推进，显著提高了地方政府的治理水平，加强了风险防范和应急处置能力。下面将从社会经济和环境健康两个方面分析 2022 年信息化治理风险的成效。

#### 1. 信息化建设显著提高风险治理水平

近年来，地方政府积极推进数字化政府建设，落实信息化治理风险措施。通过数字技术的应用、政府部门间的协作、资源整合得到了很好的改善。例如，在安全生产领域，各级政府通过视频监控、远程指挥等手段，实现快速响应、精准救援。同时，数字技术也为政府提供了更多的数据支持，可以更加准确地预警和评估各类风险。这些举措显著提高了地方政府的风险治理水平。

#### 2. 社会经济方面成效分析

2022 年，信息化建设在风险治理中发挥了重要作用，对社会经济产生

了显著影响。各地政府采取有效措施，防范和应对自然灾害、公共卫生事件等突发事件，减少了灾害死伤和经济损失。例如，在江苏省，利用数字技术提前预警汛情，全面做好抗洪救灾工作，有效避免了洪涝灾害造成的严重后果。在广东省，政府及时发布疫情信息，组织应急救援队伍，严格管控疫情，成功控制了多起传染病疫情的扩散。

3. 环境健康方面成效分析

在环境和健康领域，信息化治理风险也发挥了积极作用。政府利用数字技术加强大气、水、土壤等环境监测与管理，有效管控环境污染。同时，政府还通过互联网、移动端等方式开展健康知识宣传和医疗服务，提高了公众健康素养。例如，在北京市，政府完善大气污染预警机制，及时发布空气质量信息，并采取严格的治污措施，明显降低了雾霾天数和 PM2. 5 浓度。在江苏省，政府开展了全民健康档案建设，推广健康咨询服务等，提升了居民健康素养。

### （二）地方政府风险治理反思

尽管地方政府在风险治理中取得了一定的成效，但在实践过程中也存在一些弊端和短板。我们需要从制度和方法两个方面进行反思，为今后的工作提供借鉴和启示。

1. 地方政府角色视角的风险治理制度反思

地方政府在风险治理中扮演着重要角色，但在实践中也存在一些问题。例如，在应对突发事件时，政府部门之间缺乏有效的协同机制，信息共享不畅，导致响应速度较慢，处置效果不佳。另外，政府还存在部门职责分工不清、权责不一致等问题，这也会影响到风险治理的效果。

与发达国家相比，我们可以借鉴他们在风险治理制度建设方面的经验。例如，加强各部门之间的沟通与协作，构建联防联控机制；明确政府部门职责，优化权责关系，形成更加高效的工作模式。

2. 地方政府实践中的风险治理方法反思

在风险治理方法方面，地方政府也存在一些问题。例如，在应对突发事件时，政府过于注重应急处置，而忽视了预防工作的重要性；另外，政府在风险评估和预警等方面仍存在技术手段不够先进、数据质量参差不齐等问题。

与发达国家相比，我们可以借鉴它们在风险治理方法方面的经验。例如，加强风险评估和预警技术研究，探索更加精准的预测方法；注重风险防范工作，加强公共安全意识教育和宣传。

总之，地方政府在风险治理中取得了一定成效，但反思也提醒我们需要进一步完善制度和方法，提高风险治理的科学化和精细化水平，并借鉴发达国家的经验，加速推动风险治理现代化进程。

### （三）地方政府风险治理展望

未来，随着城市化和工业化的不断发展，我国会面临越来越复杂的风险挑战，地方政府在风险治理中的角色也变得越发重要。从风险治理规划、“十四五”规划、党的二十大精神等方面出发，我们可以对未来的发展进行展望。

**1. 风险治理规划展望**

风险治理规划是制定长期战略、完善风险防范体系的重要手段。下一步，我们需要制定更加科学、系统的风险治理规划，以提高预警和处置能力。同时，应该注重加强公众参与，形成共治机制，落实“政府主导、市场运作、社会共治”的理念。

**2. “十四五”规划展望**

2020 年 10 月，中国启动了国家“十四五”规划的编制工作。在此期间，我们应该将风险治理纳入经济社会发展规划之中，优化产业结构、调整区域布局，推动高质量发展和可持续发展。同时，应该加强数字技术的应用，构建智慧城市、智慧社区，提高风险治理的科学化水平。

**3. 党的二十大精神展望**

2021 年，中国共产党召开了党的十九届五中全会，提出了“十四五”规划和 2035 年远景目标。这些目标为我们未来发展指明了方向。从党的二十大精神出发，我们应该全面贯彻可持续发展理念，加强生态保护和环境治理，注重人民健康和安全，实现高质量发展。

未来地方政府在风险治理中需要以更加科学、系统的方式进行规划和应对。我们应该加强数字化建设，推动智慧城市、智慧社区的建设，完善联防联控机制，提高预警和处置能力，同时注意公众参与和环境保护，实现可持续高质量发展。

## 参考文献

高小平、刘一弘：《我国应急管理研究述评》，《中国行政管理》2009 年第 8 期。

朱正威：《中国应急管理 70 年：从防灾减灾到韧性治理》，《国家治理》2019 年第 36 期。

张广利、杨墉栋、王伯承：《风险社会治理视阈下地方政府的角色冲突及其调适》，《河海大学学报》（哲学社会科学版）2022 年第 1 期。

王超、赵发珍、曲宗希：《从赋能到重构：大数据驱动政府风险治理的逻辑理路与价值趋向》，《电子政务》2020 年第 7 期。

〔美〕斯蒂芬·戈德史密斯：《网络化治理：公共部门的新形态》，孙迎春译，北京大学出版社，2008。

国家科委全国重大自然灾害综合研究组编《中国重大自然灾害及减灾对策（总论）》，科学出版社，1994。

赵方杜、石阳阳：《社会韧性与风险治理》，《华东理工大学学报》（社会科学版）2018 年第 2 期。

杨典：《特大城市风险治理的国际经验》，《探索与争鸣》2015 年第 3 期。

张康之、熊炎：《风险社会中的风险治理原理》，《南京工业大学学报》（社会科学版）2009 年第 2 期。

# B.11

# 青少年生命安全教育的多元创新

## ——以北京市海淀区“百校百剧”和大兴区“生命加油站”实践为例

张骥　胡剑光　刘夏阳　姜苗　宋婷婷*

**摘　要：** 本文从海淀区教委“百校百剧”和大兴区教委“生命加油站”多年的青少年生命安全教育实践出发，重点总结了2022~2023年阶段性成果。从国际视野、专家引领、师生参与、寓教于乐、多元发展、多方支持等角度详细分析了“百校百剧”和“生命加油站”两个项目如何突破当前青少年生命安全教育形式、内容、传播、评估、资金等瓶颈，最终通过中小学生教育主阵地“课堂”进行系统化、科学化、寓教于乐教学创新的经验和未来发展规划。本文还首次大胆提出青少年生命安全教育文化矩阵的规划构想，从青少年生命安全教育内容、教育载体、教育渠道三个方面为中小学生安全文化建设提供了可行的思路和案例。

**关键词：** 百校百剧　生命加油站　生命安全教育文化矩阵

---

* 张骥，中国应急管理学会社区安全专委会副秘书长，研究方向为中小学生安全文化影视剧产品策划与教学；胡剑光，海淀区教委副主任，研究方向为青少年生命安全教育；刘夏阳，大兴区教委副主任，研究方向为青少年安全教育及法治教育；姜苗，大兴区教委德育科科长，研究方向为青少年德育教育；宋婷婷，快手科技副总裁，研究方向为短视频网络传播与大数据分析。

# 一 综合概述

## （一）中小学生“大安全观”素质教育的政策要求

2019 年 11 月，习近平总书记在中央政治局第十九次集体学习的讲话中提出，完善公民安全教育体系，推动安全宣传进企业、进农村、进社区、进学校、进家庭，加强公益宣传，普及安全知识，培育安全文化，开展常态化应急疏散演练。提高公共安全治理水平。坚持安全第一、预防为主，建立大安全大应急框架，完善公共安全体系，推动公共安全治理模式向事前预防转型。2022 年 10 月，习近平总书记在党的二十大报告的发言中也指出，培养什么人、怎样培养人、为谁培养人是教育的根本问题。育人的根本在于立德。坚持以人民为中心发展教育，加快建设高质量教育体系，发展素质教育。全面贯彻党的教育方针，落实立德树人根本任务，培养德智体美劳全面发展的社会主义建设者和接班人。

为落实《“健康中国 2030”规划纲要》，教育部 2021 年 10 月印发《生命安全与健康教育进中小学课程教材指南》（以下简称《指南》），对中小学生如何有效实施生命安全与健康教育，按照小学、初中、高中三个学段提出了整体规划和具体要求。《指南》明确了生命安全与健康教育内容主要涉及健康行为与生活方式、生长发育与青春期保健、心理健康、传染病预防与突发公共卫生事件应对、安全应急与避险等 5 个领域 30 个核心要点，并提出“组织开展情境体验、虚拟仿真”和“委托专业机构围绕各核心要点开发数字资源”等具体教学要求（见图 1）。

2022 年国家有关部门先后修订颁布的法规有《自然灾害救助条例》《地质灾害防治条例》《易制毒化学品管理条例》等，为青少年生命安全教育的内容、方向和具体技能给予指导和明确要求。例如在《自然灾害救助条例》中提出：自然灾害救助工作遵循以人为本、政府主导、分级管理、社会互助、灾民自救的原则。各级人民政府应当加强防灾减灾宣传教育，提高公民

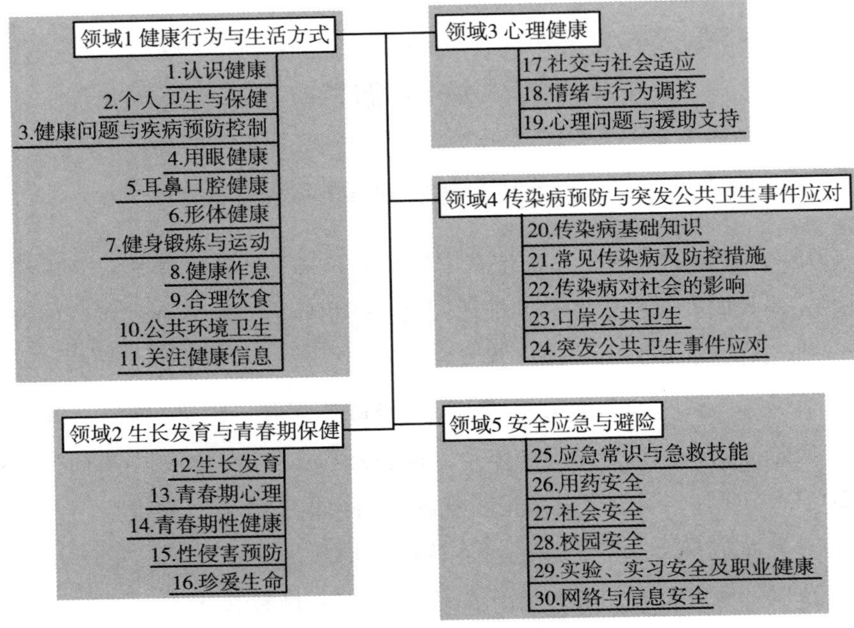


**图1　生命安全与健康教育相关领域及核心要点**

资料来源：《生命安全与健康教育进中小学课程教材指南》，中华人民共和国教育部网站，www. moe. gov. cn/srcsite/A26/s8001/202111/t20211115_ 579815. html。

的防灾避险意识和自救互救能力①。要结合各自的实际情况，开展防灾减灾应急知识的宣传普及活动。

2023 年 3 月 30 日中共中央、国务院印发《党和国家机构改革方案》，这次机构改革最大的特点就是加强了对金融风险、社会风险、数据风险的制度性防范措施建设。把金融网络诈骗、新型社会矛盾带来的青少年心理健康问题、个人隐私及国家数据安全保护问题都提到了新的高度。

## （二）中小学生安全教育的难点

广大中小学生的健康成长牵动着亿万家庭的幸福，我国一直高度重视，

① 《自然灾害救助条例》（据 2019 年 3 月 2 日《国务院关于修改部分行政法规的决定》修订）。

教育部先后出台《中小学公共安全教育指导纲要》、《中小学心理健康教育指导纲要》和《生命安全与健康教育进中小学课程教材指南》等文件。

随着当前转型期社会环境日趋复杂，中小学生大量接受网络信息的同时又缺乏社会经验，生理上和心理上均处于不均衡发展阶段，客观上缺乏识别和抵抗外部环境和内心世界意外伤害的能力，人身安全时常出现危机。有资料显示，我国每年中小学生非正常死亡人数达 1.6 万名，联合国的数据显示，我国 14 岁以下未成年人每年意外死亡人数是 20 万。自杀在非正常死亡中占有很大比重，我国每年因自杀死亡者高达 28.7 万人，200 万人自杀未遂，是自杀率最高的国家之一①，新形势下中小学生命安全突出问题包括以下几个方面：自然灾害、事故灾难、社会安全事件等外来伤害频发的趋势，导致缺乏安全意识和应对能力的青少年受伤害概率增加。心理问题导致的校园安全问题日益凸显，并显现“低龄化”趋势。中小学生处于心理、生理的不成熟期，来自家庭和学校“内卷”压力大，他们对外界的影响很敏感，疏导不畅便会诱发心理疾病。影视作品和网络信息质量参差不齐，对价值观、判断力尚处于形成过程中的中小学生容易产生误导示范，以致校园暴力事件、网络电信诈骗有上升态势。溺水、火灾、交通事故、气象灾害、传染病、食物中毒仍是校园安全事故的主要方面，近年来出现下降势头，但农村学校同期发生的应急安全事件多于城市学校。

反思我们的安全教育，亟须从策略应对转变观念，着重从认识生命、尊重生命、爱护生命等维度对中小学生实施教育，帮助他们理解并掌握人与自我、人与他人、人与自然等的关系。生命安全与健康教育相对于狭义的安全教育而言，内容更全面、时效性更强、长期效果显著。良好的生命安全与健康教育有助于学生树立正确的价值观、生命观、安全观和健康观，培养健康文明行为习惯和突发事件应对能力，为终身健康平安成长奠定坚实基础。

当前中小学生安全教育的难点包括：教育内容繁杂零散，没有系统化、体系化的课堂教学架构。教育形式单调，以报告、讲座等单向知识输出为

---

① 杨东平主编《中国教育发展报告（2018）》，社会科学文献出版社，2018。

主，缺乏互动性、趣味性和情景构建。安全课教学师资不足，学校安全教学课时安排无法保证。教学效果缺乏量化指标，安全教育感性多于理性、定性而不定量。安全教育以培训灾害应对技能为主，在培育师生安全文化方面存在不足。

## 二　实践介绍

### （一）海淀区教委“百校百剧”实践

#### 1. 实践概述

海淀区作为全国教育高地、北京市基础教育办学规模最大的区，共有幼儿园 228 所、中小学 204 所，在校学生及幼儿 36.5 万人，占北京市的 1/5。总体来讲，学校类型全、学生人数多、受关注度高、安全工作面临压力大。为贯彻落实习近平总书记“总体国家安全观”和“完善公民安全教育体系，推动安全宣传进企业、进农村、进社区、进学校、进家庭”的重要指示，海淀区教委 2017 年启动了国内首个“安全文化+减灾教育+亲身参与”安全教育创新模式“百校百剧”，旨在百所学校推出百部安全教育舞台情景剧，以安全教育为目的，以舞台剧的艺术形式为载体，引导中小学生亲身参与舞台情景剧的创作、表演并快乐地学习安全知识。剧中知识点借鉴联合国减少灾害风险办公室等部门编写发布的《公众减灾关键信息指南（PPDRR Key Messages）》国际标准，遵循国家相关政策要求，结合中国国情，邀请 50 多位专家审核把关，确保了安全知识点的权威性、全面性、准确性和趣味性。

海淀区“百校百剧”在各部门的支持、指导和帮助下，经过近七年艰苦工作和不断探索创新，逐步形成了包含 105 部“百校百剧”（90 部中文剧、14 部英文剧和 1 部法文剧）安全教育舞台情景剧、1 部百校百剧电影《妈妈你真棒》、31 堂“百校百剧进课堂”安全教育课程、1 本图书《百校百剧安全教育绘画读本》和国内中小学生安全教育领域首个国家标准——

《中小学生安全教育服务规范》（标准号：GB/T 38716-2020）等的自主知识产权成果。“百校百剧”内容已覆盖六类灾害事件，涉及地震、火灾、交通事故、心理健康、疫情防控、溺水、踩踏、野外求生、主播打赏、校园欺凌、电信诈骗、家用电器使用、传染病、气象灾害、视力保护、小胖墩治理、自闭症儿童走失等生命安全教育主题，形成了寓学于趣、寓教于乐的中小学生命安全教育方阵，逐步形成立体化文化矩阵和实践推广体系。

中小学生安全教育“百校百剧”舞台情景剧，围绕应对灾害进行自救、互救，用贴近生活的风趣语言，让孩子们学到应对的方法，变枯燥平淡的说教为让孩子们从内心喜欢学习安全知识，能记住这些知识且运用到生活中。“百校百剧”参与式舞台情景剧是国内首个“安全文化+减灾教育+亲身参与”模式，是校园安全演练的创新形式及补充。情景剧内容对标教育部《中小学公共安全教育指导纲要》，小学部分知识点覆盖率达到 80%，中学部分知识点覆盖率达到 50%。剧目的情景构建贯彻《推进安全宣传“五进”工作方案》的要求，与“进家庭”紧密相关，可成为进一步孵化基础。每部安全教育情景剧中均融入 6~10 个安全知识点，相关领域多部门专家多轮评审，确保安全知识点的准确性和趣味性。百校百剧编导组每年通过“选题会”与海淀区教委、海淀公安分局等单位深入分析近年中小学生常发性事件，全面研究后选定下一赛季安全教育选题，并依据不同灾害的应急响应预案及生命健康教育要点，参考实际案例由专业团队进行情景构建和剧本创作。剧本遵循国际、国内中小学生安全教育标准（规范），按照符合学生教育规律的方式定制。

近年来经过“百校百剧”进校园活动、百校百剧电影《妈妈你真棒》院线及网络公映、“云上话安全”网络课堂展播、BTV 电视栏目《开学第一课》节目播出和图书《百校百剧安全教育绘画读本》的出版发行等深入广泛的安全教育宣传活动，“百校百剧”将空洞的、说教式的校园安全知识转化为让学生参与、感受、体验、思考，最终完成安全知识和应急技能的掌握并达成安全能力提升的剧目和课程，使安全教育不枯燥、有趣味，让学生多角度、全方位、深层次地学习防灾知识、体会安全文化。

图 2　百校百剧电影《妈妈你真棒》海报

2. 实践成效

针对校园安全教育，我国一直采用“说教式”的教育方式，但是效果并不理想。随着学习方式的变革，课堂生态也在悄然改变。教育戏剧（Drama in Education）将情境教学、角色扮演、亲身体验等方式整合起来，不需要复杂学具或特殊资源在教室里就能随时实施。近年来，教育戏剧作为一种创新教学，在学校各学科、各领域实施运用，深度改变着孩子的学习方式。“百校百剧”的创新实践使教学模式和教育理念发生了改变，将戏剧教育与校园安全有机结合，利用戏剧的形式开展安全知识传授，让学生在戏剧实践中达到构建安全理念和自救互救方法，不仅牢固树立了自身的安全意识、增强提高了应急应变能力，还逐渐形成识别风险、防灾减灾的安全文化。学生在思考、沟通、创造、实践过程中，获得能力提升与价值判断。“百校百剧”将教育戏剧的方法运用到安全教育中，其实是为学生制造了一个生活实验室，让学生去体验“真实”处境，去解决“真实”问题。

此外，“百校百剧”在第七赛季与快手公益合作，利用海淀区科技公司的网络技术优势，打通了线上线下和区域壁垒，借助快手短视频平台，将海淀教育高地制作的优质安全教育舞台剧和课程资源推向更多中小学校，惠及更多学生和家庭，尤其是教育资源薄弱的地区和偏远地区。

## （二）大兴区教委“生命加油站”实践

### 1. 实践概述

为贯彻落实《教育部关于印发〈中小学德育工作指南〉的通知》《教育部关于加强大中小学国家安全教育的实施意见》《中共教育部党组印发〈教育系统关于学习宣传贯彻落实《新时代爱国主义教育实施纲要》的工作方案〉的通知》，以及《中共中央国务院关于全面加强新时代大中小学劳动教育的意见》等文件要求，努力为青少年成长提供亲身参与、寓教于乐的德育教育、国家安全教育、爱国教育、劳动教育、美育教育、法治教育、预防沉溺网络教育及生命安全与健康教育等主题知识和养分，大兴区教委 2020 年 4 月签约东方核芯力，正式启动“生命加油站”系列微电影及其网络课堂项目，并在此基础上于 2023 年初启动国内首创“中小学大德育全学段短视频主题班会课”，将 20 余部“生命加油站”精彩微电影及百余部自有

**表 1　2020~2023 年大兴区教委生命安全教育系列微电影一览（部分）**

| 序号 | 微电影名 | 教育主题 | 参演学校 |
|---|---|---|---|
| 1 | 我的小故事 | 疫情防控 | 首师大附中大兴南校区 |
| 2 | 拯救垃圾桶 | 垃圾分类 | 北京印刷学院附属小学 |
| 3 | 我的梦想 | 交通安全(12 周岁以下) | 首师大附中大兴北校区 |
| 4 | 小七的新朋友 | 交通安全(童话剧) | 大兴区第一幼儿园 |
| 5 | 走好心中的路 | 交通安全 | 大兴区第七小学 |
| 6 | 登上人生巅峰 | 网络诈骗、网络交友被骗 | 首师大附中大兴南校区 |
| 7 | 我的好同学 | 校外霸凌 | 清华附中大兴学校 |
| 8 | 野泳惊魂 | 杜绝游野泳 | 大兴区第一中学 |
| 9 | 杀手在厨房 | 居家煤气泄漏 | 翠微小学大兴分校 |
| 10 | 信欣老师讲案例 | 法治教育 | 庞各庄中学“模拟法庭” |
| 11 | 智勇大闯关 | 火灾逃生 | 北师大大兴附属小学 |
| 12 | 没有人能定义我们的明天 | 协同育人心理健康教育 | 北师大大兴附属小学 |
| 舞台剧 | 闯关大赢家 | 交通安全 | 北京小学翡翠城分校 |
| 舞台剧 | 今天我家总动员 | 新冠疫情防控 | 北京印刷学院附属小学 |

资料来源：“生命加油站”项目组提供。

知识产权生命安全教育舞台剧整合为一套主题班会地方课程，逐步在全区近百所中小学（共覆盖12个年级）进行教学推广（见表1）。

2. 实践成效

地县级教育系统进行安全教育的难点之一是部门资源的整合。从国家层面看，突发事件的主要处置单位有三个：应急管理部、公安部、国家卫健委。对于基层来说，校园安全往往涉及区域公安、卫生、应急管理、气象、地震、交通、消防、城管等多个部门。在教育系统内部，负责意外伤害、心理健康、传染病防治、学校设施故障等安全事件的又往往是不同的科室，但面向孩子们的安全教育是综合的、全面的，需要外部资源和内部资源的充分整合。

大兴区教委在启动“生命加油站”时整合了区公安分局、区交通支队、区消防救援支队、区120急救中心、区应急局等各相关单位，作为专家参与剧本和节目前期规划审核，在微电影拍摄时积极提供场所和设备，给“生命加油站”系列微电影的精彩呈现做出巨大贡献。同时，大兴区教委德育科与政保科充分合作，共享资源，为后期“大兴区中小学大德育全学段短视频主题班会课”顺利进行打下坚实基础。

## 三　经验与启示

### （一）国际视野、科学研究、专家引领

百校百剧课题组研发之初即按照“以学生为中心”的教学理念，将联合国开发计划署（UNDP）、联合国减少灾害风险办公室（UNDRR）、国际救助儿童会（英国）北京代表处（STC）等制定的《全面学校安全（CSS）》《公众减灾关键信息指南（DRR Key Messages）》等国际通用以儿童为中心的安全教育知识点（指南）落地中国，并严格遵守国务院办公厅、教育部相关文件要求，结合我国中小学生和校园安全的实际情况，创作中文、英文、法文等安全教育短剧，通过师生参与式安全教育舞台情景剧教育

活动，用艺术的形式提供以学生为中心的校园安全国际化教育，努力为“一带一路”建设做出贡献。

2017 年 10 月教育部学校规划建设发展中心发布并启动《未来学校研究与实验计划》，根据《中国教育现代化 2035》确定的核心任务，聚焦我国基础教育领域和 0~18 岁青少年的发展，推动未来学校理论研究和实践探索。2018 年 5 月，海淀区教委联合东方核芯力申报国内首个“安全文化+减灾教育+亲身参与”安全教育创新模式“百校百剧”，入选教育部“未来学校”研究课题。从“以学生为中心的管理与服务”、“安全教育与安全管理”和“体验、实践与创新创意活动”等三个方面进行研究。结合我国中小学校园安全实际情况，研发“中小学风险评估与能力提升工具”，从风险管理、学校安全管理体系和师生安全行为教育三个角度，为预防灾害的发生、校园安全管理和建设平安校园提供理论依据和实际指导，并在全面评估的基础上有针对性地开展师生参与式安全教育舞台情景剧安全课堂/讲堂和体验式安全教育等活动，用艺术的形式提供以学生为中心的校园安全管理与服务。

海淀区“百校百剧”和大兴区“生命加油站”舞台剧、微电影及其节目得到了国家级、省部级及市区级应急管理、卫生健康、地震、公安、交通、消防、城管、气象、急救、心理健康、网络安全、教育学等众多专家的多轮评审，从而确保每部剧目中生命安全知识点的全面性、准确性和趣味性。

### （二）亲身参与、寓教于乐、寓学于趣

2017 年启动的海淀区“百校百剧”（及后期“百校百剧安全教育进课堂”项目）和 2020 年启动的大兴区“生命加油站”（及后期“大兴区中小学大德育主题班会课”项目）都是通过舞台情景剧、微电影、动画片、互动课堂等寓教于乐的方式进行生命安全教育/德育教育，将枯燥的单向知识传输转化为有趣的互动式情景教学。

“百校百剧”和“生命加油站”中所有微电影和舞台剧均由海淀区/大兴区在校中小学师生、学生家长、属地派出所民警、消防战士等本色扮演。

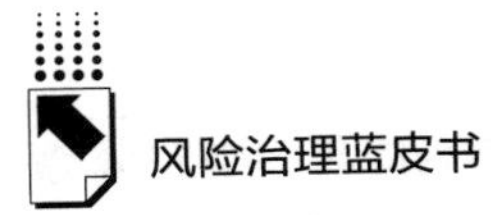


这种“亲身参演”的实践既体现了国家对于应急联动的相关要求，又让亲身参与安全教育舞台情景剧/微电影制作和表演的师生和学校，在寓学于趣、寓教于乐中提高安全意识和突发事件应急响应能力，体现“安全教育+美育教育”的魅力，对培养德智体美劳全面发展的社会主义合格建设者和接班人意义深远。

### （三）多元拓展、形式多样、安全文化

海淀区“百校百剧”在教育部、应急管理部、中宣部等各级、各单位的支持、帮助、指导下，经过近七年不断探索创新，从无到有，秉承系统化、多元化、标准化和国际化的理念，积极实践“安全文化+减灾教育+亲身参与”的推广模式，逐步形成覆盖学校、家庭、线上+线下课堂、影院、电视台、视频网络平台、新媒体平台、体验式安全教育基地等安全教育渠道，并包含安全教育舞台情景剧、电影、安全教育课程、图书等安全教育载体，教育内容涉及心理健康、疫情防控、地震、火灾、交通事故、溺水、电信诈骗、主播打赏、校园欺凌、传染病、气象灾害、家用电器使用、视力保护、听力保护、小胖墩治理、手机管理、优秀强迫症、自闭症走失等，引起各方关注与好评。

### （四）多部委指导、多部门参与、社会力量加持

海淀区中小学生安全教育舞台情景剧“百校百剧”（HA+CCDRR，Hundred-school Art+Child-Centered Disaster Risk Reduction）是由海淀区教育两委牵头，在教育部、应急管理部、北京市教委、北京市应急管理局等单位指导下，在北京师范大学、海淀公安分局、海淀区应急管理局、海淀交通支队、海淀区消防救援支队、海淀区卫健委、海淀教育基金会、联合国开发计划署（UNDP）、联合国儿童基金会（UNICEF）、国际救助儿童会（英国）北京代表处（STC）等单位共同支持下历经七年不断完善的。其间得到了一起教育科技（2020~2021 年“百校百剧安全教育进课堂”第一批、第二批课程）、快手科技（2022~2023 年“百校百剧第七赛季”及“百校百剧安全

教育进课堂”第三批课程）在资金、宣传渠道等方面的支持。“百校百剧”可以说是政、企、学、研通力合作的公益项目中具有典型示范作用的案例。

### （五）地方课全学段、体系化进课堂，安全教育长远发展

“百校百剧”和“生命加油站”均为区级教委总体规划之地方课，课程面对全区所有中小学校，一旦成课，全区学校共享；着重体系化、系统化建设，海淀区教委“百校百剧安全教育进课堂”遵循教育部《中小学公共安全教育指导纲要》、《中小学心理健康教育指导纲要》和《生命安全与健康教育进中小学课程教材指南》等文件，提出“第一步是小学、第二步到中学、第三步到幼儿园”的分阶段工作计划；大兴区教委“中小学大德育全学段短视频主题班会课”面向教育部提出的国家安全教育、爱国教育、德育教育、美育、体育、劳动教育、法治教育、学生欺凌治理、心理健康教育、网络素养教育及生命安全与健康教育等 11 个教育主题，覆盖从小学一年级到高中三年级的主题班会课，初步规划 96 堂课。大兴区教委德育科负责牵头“中小学大德育全学段短视频主题班会课”的实施；海淀区教委安全保卫科牵头“百校百剧安全教育进课堂”课程开发，由区教科院“生命安全与健康教育中心”负责试点校推广，职责清晰、分工明确、保证授课时间。

体系化、系统化的地方课程规划，经验丰富、认真权威的专家团队，精彩纷呈并不断更新的视频内容，加上逐步完善、可量化的评估评比机制，是海淀区、大兴区生命教育/安全教育取得成绩的重要原因，也是寓教于乐的生命安全教育课程体系全国推广的理论基础。

## 四　成效与反思

### （一）生命安全教育助力应急能力提升

2018 年以来，为检验“百校百剧”安全教育舞台情景剧实施效果，依托教育部学校规划建设发展中心“未来学校”课题研究，通过对学生、家

长、老师在开展情景剧活动前后的问卷调研、采访等，了解到师生、家长有关安全减灾信息的获知渠道、态度倾向和培训效果。

以北京第二实验小学德胜校区为例，项目组针对寒假期间易发生的火灾、儿童诱拐等风险主题，由学校师生本色出演了三部安全教育舞台情景剧《独自在家》、《车站惊魂》和《今天我学会了逃生》，并针对9名家长和90名在校学生进行访谈与“前后测”问卷评估，从而得出安全教育舞台剧的知识点讲授、情景构建有效性、应急能力提升度等实施效果。分析可见（见表2、表3），在安全教育前学生和家长日常应急能力平均得分为学生火灾相关67.44分、学生诱拐相关54.04分、家长火灾相关64.44分、家长诱拐相关48.15分。在百校百剧安全教育活动实施后学生和家长的应急能力平均得分为学生火灾相关83.89分、学生诱拐相关89.26分、家长火灾相关77.78分、家长诱拐相关87.04分。

**表2　安全教育前日常应急能力数据统计及分布（火灾处置及防诱拐能力）**

| 分数档（满分100分） | 学生 | | 家长 | | 总分 |
|---|---|---|---|---|---|
| | 火灾相关人数 | 诱拐相关人数 | 火灾相关人数 | 诱拐相关人数 | |
| 0～59 | 40 | 90 | 4 | 8 | 2433 |
| 60～69 | 20 | 0 | 3 | 0 | 1240 |
| 70～79 | 17 | 0 | 1 | 0 | 1350 |
| 80～89 | 10 | 0 | 1 | 1 | 845 |
| 90～99 | 2 | 0 | 0 | 0 | 188 |
| 100 | 1 | 0 | 0 | 0 | 100 |
| 合计(人)： | 90 | 90 | 9 | 9 | 6156 |
| 平均得分 | 67.44 | 54.04 | 64.44 | 48.15 | 62.18 |

**表3　百校百剧安全教育后应急能力提升与数据分布汇总（火灾处置及防诱拐能力）**

| 分数档（满分100分） | 学生 | | 家长 | | 总分 |
|---|---|---|---|---|---|
| | 火灾相关人数 | 诱拐相关人数 | 火灾相关人数 | 诱拐相关人数 | |
| 0～59 | 2 | 0 | 0 | 1 | 157 |
| 60～69 | 1 | 2 | 1 | 0 | 242 |
| 70～79 | 13 | 10 | 2 | 2 | 2096 |

续表

| 分数档（满分 100 分） | 学生 | | 家长 | | 总分 |
|---|---|---|---|---|---|
| | 火灾相关人数 | 诱拐相关人数 | 火灾相关人数 | 诱拐相关人数 | |
| 80~89 | 40 | 71 | 1 | 2 | 4669 |
| 90~99 | 4 | 6 | 4 | 4 | 1023 |
| 100 | 30 | 1 | 1 | 0 | 320 |
| 合计(人)： | 90 | 90 | 9 | 9 | 8507 |
| 平均得分 | 83.89 | 89.26 | 77.78 | 87.04 | 85.93 |

资料来源："未来学校"课题研究问卷调查数据。

"百校百剧"设置新的情景构建并再次对学生、家长进行应急能力评估测试，通过延续性跟踪监测，学生、家长的应急能力提升度分别达到 42.5%和 46.4%，效果明显。

2019 年 10 月，33 名少先队员走进教育部首批全国中小学生研学实践教育基地"国家地震紧急救援训练基地"，在百剧百剧课题组的安排下，同学们上了一堂"百校百剧"安全教育地震逃生课。活动以地震风险为主题，以应对地震相关舞台剧及其知识点为主线，对分别来自五一小学、图强二小、定慧里小学、翠微小学、培英小学、育英小学、七一小学、育英学校（初中）和人大附中翠微学校（初中）的 33 名同学进行了"基于百校百剧安全教育舞台情景剧 HA+CCDRR 的中小学校园风险评估与能力提升问卷"活动前后问卷调查。结果显示（见图 3），9~13 岁（共 5 个年龄段）学生在应对地震灾害方面的能力均得到不同程度的提升。

以学生为中心的"百校百剧"安全教育活动，通过评估及数据采集、分析确定了服务对象可能发生的灾害的优先级和以学生为中心的全面应急准备情况，为提升中小学安全教育水平提供了理论依据和教育教学方法提升的实际指导。

## （二）青少年生命安全教育文化矩阵构想与思考

2021 年 10 月教育部印发《生命安全与健康教育进中小学课程教材指

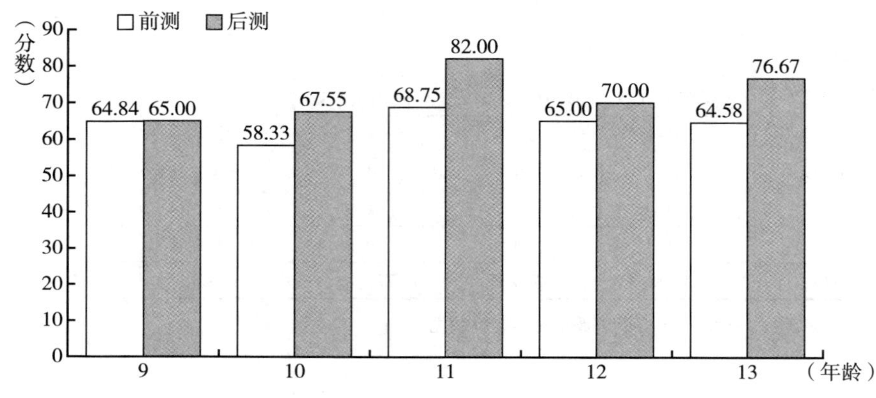


**图 3　学生应对地震风险应急能力得分情况**

资料来源："未来学校"课题研究问卷调查数据。

南》（以下简称《指南》）提出：高质量开展生命安全及健康教育工作，是全面贯彻党的教育方针，保障学生健康成长、全面发展的前提和基础。良好的生命健康安全教育有助于提升学生的健康理念与安全意识，养成健康文明行为习惯和生活方式，培育健康行为，为终身健康奠定坚实基础。海淀区作为全国教育高地，打造系统化、多元化、可持续的生命安全与健康教育模式，对于呵护区内中小学生的健康成长、擦亮海淀教育的金名片具有重要的意义。

海淀区积极探索打造海淀区"百校百剧"立体化生命安全与健康教育文化矩阵，集中力量破解当前学校在生命安全与健康教育工作中的难题，深化理论探索与实践研究。把空洞的、说教式的校园安全教育转化为让学生参与、感受、体验、思考，最终在寓教于乐中，实现安全教育向生命安全与健康教育升华，在中小学教育体系中的布局安排更加科学、系统，内容更具时效性、针对性和实用性。它能提升学生"生命至上、安全第一"的意识，在提高心理社会能力、养成安全行为等方面的育人功能显著提升，为学生健康成长、终身发展奠定坚实基础，实现"教育一个学生，带动一个家庭，影响整个社会"，提升全民的安全素养，从行动上落实立德树人的根本任务。

海淀区“百校百剧”立体化生命安全与健康教育文化矩阵将以《指南》中5个领域30个核心要点为教育内容核心，以“百校百剧”安全舞台剧、图书、电影、微电影、电视剧、课程等为教育载体，以学校、家庭、线上+线下课堂、网络平台等为教育渠道，围绕生命教育、健康教育、安全教育等核心领域开展教育活动。通过探索符合区域需求的教育策略，统筹领域内权威的专家资源，建设不同类型的教育资源，持续提升区内中小学生命安全教育、健康教育质量，为全区35万中小学生健康成长、全面发展奠定坚实基础。

通过探索实施海淀区“百校百剧”立体化生命安全与健康教育文化矩阵，一是整体规划小学、初中和高中生命安全与健康教育的内容序列，形成学校、家庭与社会优势互补、资源共享的生命安全与健康教育实施体系。二是提高学校生命安全教育与健康教育专业化水平，推进专业、多元、高效的生命安全与健康教育指导服务，培育专业化的生命安全与健康教育师资团队，提升学校生命安全与健康教育质量。三是构建生命安全与健康教育资源库，加强生命安全与健康教育资源的开发和利用，积极开发视频图文资料、教学课件、音像制品等教学资源，利用IP转化、网络共享资源，逐步形成高质量的区域生命安全与健康教育资源包及成果库。

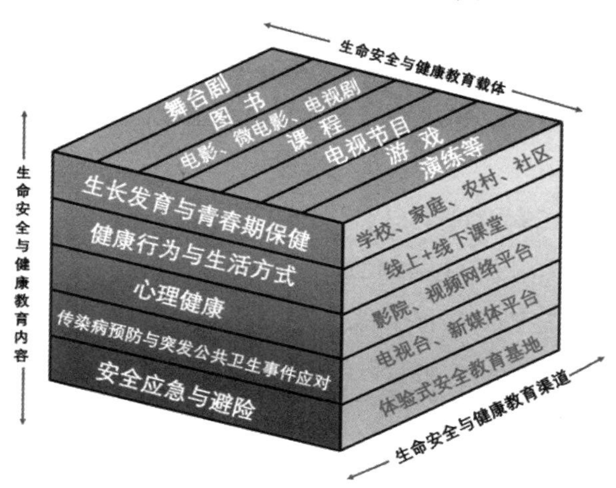


**图4　中小学生立体化生命安全与健康教育文化矩阵**

资料来源：“百校百剧”项目组绘制。

**1. 教育内容由“安全教育”向“生命安全与健康教育”转变**

作为立足海淀区35万中小学生安全教育的创新工具，经过近七年的发展，在系列创新成果及各项文化成果推广、普及、服务、深化的过程中，“百校百剧”逐步由安全教育向生命安全与健康教育转变，打造更加系统、科学，更具针对性、实用性、互动性、体验性、趣味性的“百校百剧”立体化生命安全与健康教育文化矩阵。

**2. 教育载体有待进一步拓展到游戏、演练、基地体验等，为打造立体文化矩阵构建丰富教学资源**

为打造立体化生命安全与健康教育文化矩阵，可在“百校百剧”现有安全教育舞台剧、电影、微电影、图书、课程等基础上，围绕生命安全与健康教育各领域各核心要点，针对影响学生生命安全的突出问题和典型案例进行研究，进一步拓展开发游戏、电视剧、演练体验项目等教育载体，形成可供区内学校教师直接提供给学生学习的教学资源库。

**3. 教育渠道由多部门共同参与“安全宣传五进”之“进学校”“进家庭”，转向更广泛的“进社区”“进农村”**

以“百校百剧”和“生命加油站”创新案例各项文化成果推广、普及、服务为基础，探索由多部门共同参与“安全宣传五进”之“进学校”“进家庭”转向更广泛的“进社区”“进农村”，并不断总结生命安全与健康教育的海淀模式和大兴模式，将生命安全与健康教育打造成为海淀区/大兴区教育创新实践的新名片。

**4. 教育场景由“家校共育”模式向“家校社政协同育人”模式转变**

在“百校百剧”和“生命加油站”逐步形成的“家校共育”模式基础上，整合资源，促进协同共育生态形成。将生命安全与健康教育作为家校沟通和家校共育的重要内容，整合区域内政府资源和社会资源在安全应急与避险、疾病预防等领域的教育优势，多渠道、多形式开展工作，形成“家校社政”协同共育的教育生态。同时，还将进一步组建以生命安全教育专家组和指导团，充分发挥专家资源在区级与校级工作中的统筹、指导价值，确保生命安全与健康教育工作的系统性、准确性、时效性。

## 参考文献

张书慧：《浅析戏剧教育与校园安全教育》，《戏剧之家》2017 年第 9 期。

刘慧：《生命安全与健康教育的时代意涵》，《中国德育》2022 年 3 月 23 日。

马军、马迎华：《为生命安全与健康筑牢防线——〈生命安全与健康教育进中小学课程教材指南〉解读》，《基础教育课程》2021 年 12 月 1 日。

潘文峥、程程、何宗周、武成智、刘松军：《百校百剧　打造校园安全教育“新模式”》，《中国安全生产》2019 年 8 月 22 日。

# B.12
# 基金会参与风险治理创新实践报告

陈静怡　李　玘*

**摘　要：** 2022年，《"十四五"国家应急体系规划》《关于进一步推进社会应急力量健康发展的意见》等相关政策法规的出台加快了社会力量参与应急管理的规范化进程。本文通过梳理和分析基金会救灾协调会及其成员单位在2022年参与风险治理中的行动案例发现，基金会作为慈善组织的重要主体，逐步发展了全过程、全领域的专业救灾模式。在救灾的各个服务周期中，基金会都能递送多元化的服务内容。同时，行业协同作用和基础设施逐步完善，基于救灾需求的系统性资助成效开始显现。但是，基金会仍然面临着外部筹款受阻、捐赠市场不成熟和议题关注有限等挑战，需要在升级协同体系、完善备灾体系、支持数字赋能这三大方向上进一步发展。

**关键词：** 基金会　常态化备灾　协同参与　风险治理

## 一　基金会参与风险治理发展最新概况

### （一）背景概述

2022年基金会参与的风险类型依然以公共卫生危机和自然灾害为主。

* 陈静怡，上海爱德公益研究中心研究专员，研究方向为非营利组织管理；李玘，基金会救灾协调会项目主管，研究方向为防灾减灾。

在公共卫生危机方面，随着《关于进一步优化落实新冠肺炎疫情防控措施的通知》（以下简称“新十条”）发布以及“乙类乙管”措施落地见效，防控政策进一步优化调整，各地疫情在 2023 年 1 月末保持住了稳步下降态势。抗疫实践为此次政策优化积累了经验，奠定了基础[①]。目前，全国整体疫情进入低流行水平，三年抗击新冠疫情取得决定性胜利[②]。

2022 年我国灾害形势相对平稳，我国自然灾害以洪涝、干旱、风雹、地震和地质灾害为主，全年各种自然灾害共造成 1. 12 亿人次受灾，因灾死亡失踪 554 人，直接经济损失 2386. 5 亿元。与近 5 年均值相比，因灾死亡失踪人数、倒塌房屋数量和直接经济损失分别下降 30. 8%、63. 3% 和 25. 3%。[③] 其中，基金会参与度较高的灾害包括华南、江南等地和辽河流域的夏季洪涝灾害，长江中下游地区的旱灾，四川芦山 6. 1 级地震，泸定 6. 8 级地震等严重灾害。

### （二）相关政策发展

2022 年，《“十四五”国家应急体系规划》《关于进一步推进社会应急力量健康发展的意见》等相关政策法规的出台加快了社会力量参与应急管理的规范化和标准化进程，可以开展救灾募捐的社会组织的范围也被不断扩大。

2 月 14 日，国务院正式发布《“十四五”国家应急体系规划》（以下简称《规划》）。社会应急力量的有序发展是《规划》专门强调的基础内容，不仅在灾前、灾后的防灾减灾救灾全流程中有所涉及，而且专门要求制定出

---

① 任仲平：《三年抗疫，我们这样同心走过》，人民日报客户端，2022 年 12 月 15 日，https：//wap. peopleapp. com/article/6951710/6811529，最后访问日期：2023 年 4 月 7 日。

② 《牢牢把握抗疫战略主动权　三年抗击新冠疫情取得决定性胜利》，求是网，2023 年 4 月 1 日，http：//www. qstheory. cn/dukan/qs/2023 - 04/01/c_ 1129477713. htm，最后访问日期：2023 年 4 月 7 日。

③ 《应急管理部发布 2022 年全国自然灾害基本情况》，中华人民共和国应急管理部网站，2023 年 1 月 13 日，http：//mem. gov. cn/xw/yjglbgzdt/202301/t20230113_ 440478. shtml，最后访问日期：2023 年 1 月 23 日。

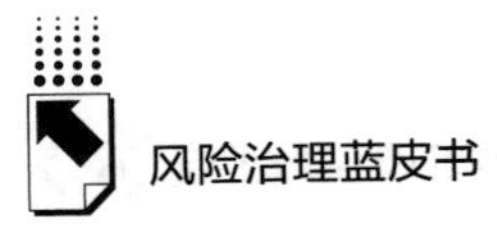


台加强社会应急力量建设的意见。

在《规划》的要求下，应急管理部、中央文明办、民政部共青团中央联合印发了《关于进一步推进社会应急力量健康发展的意见》，明确了社会应急力量发展的指导思想、基本原则、发展目标和主要任务等，提出统筹规划发展、强化能力建设、规范救援行动、加强日常管理、开展诚信评价等 8 项主要任务，力求搭建起科学系统的社会应急力量制度体系、管理体系和组织保障体系。①

值得一提的是，在 12 月 27 日提请十三届全国人大常委会第三十八次会议初审的《中华人民共和国慈善法（修订草案）》中，新增设了应急慈善专章，对重大突发事件中的慈善活动进行了系统性规范的同时也结合突发事件的紧急性特点放宽了募捐方案事前备案的要求，规定基层政府、基层组织便利和帮助应急慈善款物分配送达。

基金会是慈善组织的重要主体，也是慈善捐款的主要载体，在构建社会力量应急协同网络中起着枢纽作用。在政策的积极引导下，基金会在共建共治共享的社会治理格局下参与空间更加广阔，价值进一步凸显。

### （三）2022年基金会参与风险治理创新概述

根据民政部统计季报数据，截至 2022 年 9 月，我国登记认定的慈善组织超过 1 万个，基金会数量为 9056 家。② 这些基金会在回应在地需求和灾害治理全生命周期中起到的作用也在不断提升。

在抗疫方面，在 2022 年上海、吉林、四川、新疆等地多点散发的地域性疫情中，中国红十字基金会、爱德基金会、深圳壹基金公益基金会等多家基金会联合当地合作机构，为一线防疫人员运送防护用品，并为疫情中的各

① 《应急管理部　中央文明办　民政部　共青团中央关于进一步推进社会应急力量健康发展的意见》，中华人民共和国应急管理部网站，2022 年 11 月 16 日，https://www.mem.gov.cn/gk/zfxxgkpt/fdzdgknr/202211/t20221116_426880.shtml，最后访问日期：2023 年 1 月 31 日。

② 《2022 年 2 季度民政统计数据》，中华人民共和国民政部网站，2022 年 11 月 18 日，https://www.mca.gov.cn/article/sj/tjjb/2022/202202qgsj.html，最后访问日期：2023 年 1 月 31 日。

类脆弱群体送去食品、生活用品等急需的物资和人道主义慰问。同时，在地基金会也发挥了重要的作用。

以 2022 年 4 月的“大上海保卫战”为例，截至 5 月 30 日，上海共有 212 家基金会等慈善组织参与抗疫，社会捐赠收入达到 11.72 亿元，这些基金会在支持医务工作、助力社区抗疫、关爱困难群体、开展残障支持、温暖返乡群体、助力复工复产、开展疫后关怀方面开展了一系列慈善活动。如上海市慈善基金会及下属各区代表处共同开展的“我们‘疫’起行动　同心守‘沪’家园抗疫援助专项行动”、上海真爱梦想基金会的“爱沪有我志愿行动”、上海联劝公益基金会的“守护上海抗疫济困专项行动”、上海仁德基金会的“守护志愿者——社区志愿者互助平台”“社区关爱志愿互助行动”“睿远抗疫加油包”三大平台抗疫行动、上海复星基金会的“社区驰援”“老吾老”“幼吾幼”三大项目等。

在方舱医院缺少为隔离病人储存日常用药的情况下，由复星基金会领衔，会同上海市荣益慈善基金会、上海诺亚公益基金会、上海市长益公益基金会等，在需求提出、爱心认领、物资调配，到最后送达交接的 24 小时内，连夜紧急筹措，完成了应急驰援。中国乡村发展基金会、中华社会救助基金会、中华少年儿童救助慈善基金会、爱德基金会、招商局慈善基金会、北京韩红爱心慈善基金会等众多外省市基金会也迅速组织开展了防疫物资捐赠与救助工作。

在水灾、旱灾、地震等自然灾害中，基金会的行动也贯穿于灾害响应至防灾减灾的全过程之中。基金会在应急响应、灾后重建、防灾备灾、行业倡导这四类行动中积极开展协同，一方面展现了专业机构的创新探索空间，另一方面也成为推动韧性社区建设的重要生力军。中国乡村发展基金会在河南洪灾、通辽雪灾和泸定地震中先后发起了“重建家园——灾后以工代赈家园清理项目”“温暖家园行动——灾后以工代赈积雪清理项目”“四川地震重振家园——以工代赈项目”，实现了中国社会组织以工代赈模式的首创与成功实践，通过系统项目促进了社区自救互助和力量恢复。中国红十字基金会以“援豫救援队保障项目”为起点，升级推出“社会救援力量保障提升计划”，从灾害应急支持转向常态化保障，实现了国内首次对救援队的日常保障进行大范围资助。

从 2022 年的疫情应对到地震灾害中的救援，2022 年基金会参与风险治理主要呈现了四方面特色：一是协同伙伴网络的作用进一步发挥；二是基金会在灾害周期管理中的覆盖面越来越广；三是政社协同的空间和支持力度增强；四是数字化救灾潜能进一步激发。

## 二　基金会参与风险治理的创新实践

在基金会行业参与风险治理的行动体系中，有中国慈善联合会救灾委员会、基金会救灾协调会以及卓明灾害信息服务中心等专业救灾型平台组织，也有深圳壹基金公益基金会、中国乡村发展基金会、中国红十字基金会等将救灾减灾纳入重要业务板块的基金会。通过中坚力量的牵头和统筹，整个行业的紧密度和协同性不断提升。

在风险治理中，基金会可以推动“风险治理共同体”的形成。因为它联动的不仅是在地组织、救援队、志愿者等，还可以同基层社区、各级政府单位、企业等互动以形成一个公共空间。企业在行动和捐款的时候也会存在限制和约束，基金会可以引导企业在巨灾中打破边界。①

作为平台型组织，基金会救灾协调会（注册名为“成都合众公益发展中心”，以下简称“救灾协调会”）将 2021 ~ 2023 年的战略目标定为：促进基金会之间、基金会与政府部门、社会组织及社会各界在应急救灾和灾害应对中的协同、沟通、合作和交流。2022 年，其协同机制进一步深化。

中国乡村发展基金会、深圳壹基金公益基金会、南都公益基金会、爱德基金会、招商局慈善基金会、腾讯公益慈善基金会、中国红十字基金会、北京新阳光慈善基金会（以下简称“乡村发展基金会”“壹基金”“南都”

① 《专访丨张强：要在救灾的碰撞中跨越传统边界、促进共同体建设》，中国基金会发展论坛，2021 年 7 月 30 日，https://baijiahao.baidu.com/s?id=1706641612496185835&wfr=spider&for=pc，最后访问日期：2023 年 5 月 30 日。

“爱德”“招商局基金会”“腾讯基金会”“红十字基金会”“北京新阳光”）等8家基金会都是救灾协调会的成员单位。它们在资助和灾害救助方面均拥有丰富的行业经验，在建立富有特色的机构联合救灾协同机制的同时也在各类大型灾害中开展联合行动，推动人道主义赈灾行动安全、有序、有效开展。

这些基金会开展的救灾项目类型多元，与灾区需求契合度高，既有物资类传统救灾项目，也有专业救灾力量培育和韧性社区发展、社区互助的创新项目。

## （一）全链条的灾害协同管理体系

基金会的灾害生命周期管理一般分为四个阶段：减防灾、备灾、救灾和灾后恢复四个阶段。经过十余年的努力，基金会救灾协调会的成员单位已经基本建成灾前、灾中、灾后全链条干预的灾害管理体系。

一方面，这些基金会在构建协同救灾网络和提升一线救援力量能力方面进行了较为丰富的探索。

乡村发展基金会长期致力于建设及完善可持续和专业化的人道救援网络，支持社会组织专业化发展。在过去的八年中，基金会通过持续开展能力建设来推动当地社会组织的应急管理能力不断提升。同时基金会通过企业合作，提升了各类备灾体系的效率，在2022年基本实现了备灾物资24小时到达全国各受灾地点。2022年，基金会及人道救援网络共开展国内国际救援行动54次，惠及全国22省56市的158万余人次。①

壹基金通过推动省内社会组织建立协同救灾机制，同时提供项目支持及能力建设培训，帮助更多一线社会组织和公益团队成为在地方政府应急救灾机制统一协调下的响应属地灾害救援的一线力量。基金会建立和完善了“壹基金救援联盟项目”“壹基金联合救灾项目”“壹基金企业联合救灾平台

① 《2022人道救援感动瞬间丨用心行动，以爱承担》，中国乡村发展基金会官网，2022年12月26日，http：//www.cfpa.org.cn/news/news_ detail.aspx？articleid = 3394，最后访问日期：2023年6月18日。

项目”三大救灾项目体系,[①] 2022 年，壹基金紧急救灾计划共立项 142 个，开展行动 144 次，其中灾害行动 54 次、公共卫生行动 90 次，覆盖了 26 个省、自治区及直辖市。全年参与行动的社会组织或公益志愿者团队 700 余家次，参与行动的志愿者 20000 余人次（数据截至 2022 年 12 月 22 日）。

另一方面，它们依托协同网络和数字化系统，联结系统资源，从物资响应速度、援助服务的专业性和有效性上开发了各有特色的灾害管理模式。

红十字基金会通过标准化的物资采购和发放体系打造专业的援助服务。自 2012 年云南彝良地震救援开始基金会启动了“赈济家庭箱”项目，项目执行手册针对地震、水灾、旱灾等不同灾情的特点列出了不同的物品配置表，规定了物品种类、数量和总价值。2020 年，项目进行了信息升级，通过数字化系统对家庭箱进行跟踪管理，实现了赈灾物资全流程可追溯。2022 年，基金会共发放了 10770 只赈济家庭箱，惠及 4 万余名受灾群众。同时，基金会建立了常态化备灾机制，设立了六个备灾库并配套了物流运力，能够在灾后 12 小时内将急需物资运送至受灾地区。此外，基金会与阿里巴巴公益、阿里云联合打造的“社会应急力量数字救援平台”也于 2023 年 1 月正式上线，面向全国范围社会救援力量开放，平台将通过组织管理在线化、救援任务可视化等数字化支撑，提升应急响应的效率和质量。

招商局基金会通过基金会救灾协调会网络等途径迅速搜集灾情信息，与中国外运联合启动招商局“灾急送”应急备勤，持续发挥“灾急送”救灾应急物流平台的力量，为联合救灾伙伴的应急物资提供运输服务。2022 年的泸定地震中，招商局紧急启动“灾急送”并捐款 5000 万元支持抗震救灾及灾后重建。同时，基金会通过重庆的救灾集散仓为社会各界公益救灾物资应急中转及运输提供支援。

① 《应急救灾这十年：社会公益力量在积极参与中迅速成长》，公益时报网站，2022 年 10 月 11 日，http：//www.gongyishibao.com/newdzb/html/2022-10/11/content_ 31331.htm，最后访问日期：2023 年 4 月 11 日。

爱德在灾害响应方面持续开展了三十余年的工作，拥有一支具备专业能力和经验的救援队伍。自 1987 年第一次响应灾害救援项目以来，爱德参与包括南方雪灾、汶川地震、菲律宾风灾、玉树地震、舟曲泥石流、西南旱灾等重大灾害在内的紧急救援工作。爱德目前已经探索出一套符合自身发展要求的灾害管理模式。在灾害频发地区，爱德基金会通过开展常态化项目让防灾减灾的理念落到实处；在灾害紧急救援中，注重灾区需求评估；在灾后恢复重建中，擅长发掘受灾群众的积极性，重视社区功能的恢复。① 2022 年，爱德基金会在应急响应方面支持了各地新冠抗疫工作及应对各类自然灾害，如广东、广西及青海等地洪涝，重庆和四川两地的严重干旱，泸定地震，台湾花莲地震等。在国际援助方面，基金会申请了港府赈灾基金，陆续响应了菲律宾风灾和巴基斯坦水灾，为两个国家的灾民提供了各类生活物资。在灾后重建和防灾减灾方面，基金会开展了河南水灾重建项目、“爱的安全家”项目和救援队能力建设项目，提升地区韧性。

北京新阳光是中国医疗卫生领域领先的基金会之一，在救灾重建和突发公共卫生事件应对中基金会积极对接政府及社会资源，协助生命救援，开展社区服务，了解一线需求，对接并发放物资等，并在预防、及时控制和消除突发公共卫生事件危害中发挥作用。2022 年泸定地震中，新阳光紧急启动 9·5 驰援泸定地震应急响应机制，立即与四川省在地的项目官员和合作伙伴取得联系，第一时间开展灾情排查和需求调研等工作。同时，为更好地实现北京新阳光慈善基金会在突发事件应对领域的专业性和实效性，基金会正式开始组建新阳光救援队，主要负责回应国内外大中型突发事件中的各类社会需求，特别关注在突发事件中大病患者群体的医疗救助问题。

南都和腾讯基金会均为资助型基金会，南都基金会于 2011 年提出了“社会损失”这一概念，并确定了资助灾害社会损失研究和以弥补“灾害社

① 刘朋：《走出具有民间特色的防灾减灾救灾新路子——专访爱德基金会灾害管理与社区发展项目主任谭花》，《中国减灾》2019 年第 3 期，第 58 页。

会损失”为目的的非营利组织救灾项目群。[①] 腾讯基金会的 15 亿战疫基金作为规模最大的战疫基金，在疫情三年做到全过程持续响应、全链条立体参与，响应内容包括了从紧急抗疫阶段的物资支持、疫情防控、致敬战疫人物、困难群众救助，到长期支持抗疫的战疫后备、科技战疫的健康码、关注疫情下公益行业发展的千百计划。

### （二）地震救援中的协同实践

2022 年 6 月至 9 月，四川雅安芦山及泸定陆续发生了 6 级以上的地震。除各层级政府外，社会力量纷纷响应，快速建立“政府主导、协调配合”多元参与的政社协同应急指挥体系。

在两次地震中，基金会救灾协调会迅速行动并发挥桥梁作用，在基金会和政府、基金会与社会组织间搭建防灾、减灾、救灾的交流协作平台，推动灾害响应有序进行。6 月 1 日，壹基金、乡村发展基金会启动灾情响应，协同雅安市群团组织社会服务中心及一线伙伴、志愿者、社区居民推进救灾工作，并紧急进行多批次物资援助。此次泸定地震响应行动先后有 15 家壹基金联合救灾项目伙伴参与，壹基金安全家园项目社区志愿者救援队第一时间响应备勤，石棉县、汉源县社区志愿者救援队响应灾情信息统计与风险排查。

多重力量在信息传递与应急救援、群众安置及基本生活保障、物资及资金支撑与配置，以及地震监测、烈度评定、灾害调查、科普宣传等现场应急工作等各方面共同发力、互动响应，呈现多元力量有序行动的应急救灾场景。

### （三）基金会推动韧性社区构建的实践

高风险社会对城市乃至社区的应对能力都提出了极大挑战，而社区作为

---

① 《愿人人怀有希望：汶川地震十年，南都基金会的灾害应对之路》，南都基金会微信公众号，2018 年 5 月 12 日，https：//mp. weixin. qq. com/s/i0dXIH3vX14YCryZVQ0maA，最后访问日期：2023 年 4 月 11 日。

人们生活居住的场所，它的危机灾害应对能力直接影响到人们的日常生活秩序和幸福感，提升社区的应急管理能力刻不容缓。构建韧性社区离不开社会力量的协作参与，近年来社会组织也逐渐成为参与韧性社区建设的重要力量之一。因此，救灾协调会的成员单位在参与灾害应急响应之外也一直在关注韧性社区的构建。

在这方面，基金会充分发挥专业优势，积极整合社会资源，沿着硬件和软件两条作用路径助力韧性社区的建设。硬件方面，基金会充分利用合作伙伴以及相关的社会资源，在社区的物质空间、设备设施上加大投入，为社区建设足够的公共减灾空间。软件方面，基金会通过招募和支持专业人才，加强应急培训和安全知识普及，体现了基金会在减灾备灾方面的专业功能，并与政府、企业等主体形成良好的合作互补关系。

2022 年，壹基金“安全家园项目”协同地方应急管理局开展了物资捐赠、社区志愿者救援队培训、社区防疫行动等提升社区韧性的行动。红十字基金会的“博爱家园建设基金”截至 2022 年底累计资助博爱家园项目 414 个，覆盖四川、甘肃、陕西、云南、宁夏、重庆、河南、河北等 21 个省、直辖市，在埃塞俄比亚、乌干达和尼泊尔援建海外博爱家园 5 个，累计投入资金 6979 万余元。项目也是通过硬件建设及居民卫生健康、应急救护、防灾减灾知识技能培训打造韧性社区。

## 三　经验与反思

尽管基金会在协同机制和技术能力等各方面仍然会遭遇瓶颈或挑战，但是从 2008 年至今社会组织的发展可以看到，基金会应对救灾的能力也在不断发展和提升，包括它们所资助的基层社会组织。

### （一）经验

#### 1. 基金会救灾协调会：夯实行业基础，提升协同作用

在常态年中，救灾协调会在协助参与救灾的基金会在政社合作、信息交

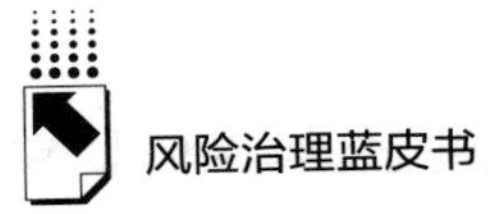


流及专业能力发挥等方面达到协同的同时，也更注重行业“砍柴功”的修炼，为夯实行业的基础设施建设、提升社会力量的救灾能力起到了重要的作用。

2022年，救灾协调会通过基金会参与灾害响应协同机制建设共创工作坊、推出灾害管理线上课程、参与开展环球计划培训、发布《风险治理蓝皮书》等一系列赋能及行业倡导项目促进了基金会与各利益相关方之间的合作，提升了基金会联合救灾能力。截至2022年12月30日，救灾协调会已经累计发布525期简报，为行业从业者提供最新的灾害及行动讯息。

作为平台型组织，救灾协调会在响应国内外大型灾害的救援时都起到了推动协作、强化作用。从6·1芦山地震到9·5泸定地震再到2023年的土耳其地震，救灾协调会及其成员单位的专业能力和协同效率一次次得到了体现。

同时，在与成员单位北师大风险治理创新研究中心的合作中，救灾协调会在推动全行业提升对于风险治理的认识和了解方面也逐渐起到了更大的作用。

在6·1芦山地震后，救灾协调会联合北师大风险治理创新研究中心、雅安市群团组织社会服务中心共同开展了“雅安芦山6·1地震基层应急响应工作现场评估”，为提升基层社区安全韧性水平及县域应急管理改革提供借鉴。

2023年土耳其震后，救灾协调会成员单位联合协会等社会力量建立的社会力量国际人道援助协作平台迅速启动，呼吁社会各界积极参与，共同助力灾区重建，并与土耳其驻成都总领事馆、中国科学院国际合作局一起通过各个渠道将《土耳其地震自救互救手册》分发至土耳其和我国民众手中，为地震灾区的恢复重建提供了智力支持。

2.基金会：发展全过程、全领域的专业救灾模式

从救灾协调会成员单位的行动案例中可以看出，在灾害管理的全生命周期中，基金会不仅是政府力量的补充，更是在建构一套创新的服务模式。基

金会通过救援队、在地社会组织、信息服务机构的力量，到灾区一线确定社会需求，然后再进行资金与物品的募集。在灾后恢复阶段，基金会可以牵头激活社区在地力量，促进韧性社区的建设（见表1）。

**表1　基金会参与灾害全周期管理的作用发挥情况**

| 阶　段 | 作　用 | 行动案例 |
| --- | --- | --- |
| 应急救灾 | ①人员救援与协助安置<br>②物资递送与生活保障<br>③支持自救与互助<br>④紧急心理抚慰<br>⑤信息收集整理与传送<br>⑥社会募款、社会资源动员与集结 | 中国红十字基金会:“天使之旅-2022驰援雅安”行动<br>中国乡村发展基金会:以工代赈项目<br>爱德基金会:爱德驰援泸定地震<br>新阳光慈善基金会:新阳光驰援9·5泸定地震 |
| 灾后恢复 | ①支持硬件设施恢复<br>②各类社会服务与社区营造<br>③心理抚慰<br>④政策倡导和社会动员<br>⑤经验总结研究及交流 | 壹基金:儿童平安项目、灾后儿童服务站项目、灾后壹基金温暖包项目 |
| 减防灾与备灾 | ①灾害知识科普与培训<br>②社区常态化减防灾志愿者队伍建设<br>③备灾资金及物资体系建设<br>④支持在地组织及救援队能力提升 | 中国红十字基金会:“社会救援力量保障提升计划”项目<br>壹基金:安全家园项目<br>华泰公益基金会&爱德基金会:自然灾害社会应急救援力量支持项目<br>爱德基金会:“爱的安全家”项目 |

资料来源：作者根据各基金会年报及项目报告梳理。

在救灾的各个服务周期中，救灾协调会及其成员单位都递送了多元化的服务内容，除了物资捐赠与运输、宣传倡导、协助安置等应急服务外，基金会的行动内容还包含脆弱人群支持、心理疏导、韧性社区建设等过渡及重建类服务。尤其在重构“人与自然的关系”及“人与人的关系”方面，基金会可以通过专业资助和项目管理建构一种具有人文关怀的温暖方式。

**3.资助策略：探索基于救灾需求的系统性资助**

在公益行业中，基金会是行业资源的中心，能够通过公益资源的筹集和分配、战略化系统化的资助分配，助推整个救灾行业的可持续发展。腾讯基金会和南都公益基金会作为资助型基金会的代表，持续性探索有效资助的对象和模式，并建立了“常态+紧急”的资助响应机制。

其中，腾讯基金会的资助更偏向于结合灾情的多点及全链条资助，南都基金会在2021年确立了新的战略目标后更偏向于行业生态建设，支持公益伙伴可持续发展。

腾讯基金会在2021年7月捐赠了1亿元用于河南水灾救援，分别捐赠给河南省慈善联合总会、中国红十字基金会、中国乡村发展基金会、深圳壹基金公益基金会、中国社会福利基金会、中华社会救助基金会、中华思源工程基金会、中国妇女发展基金会、中国儿童少年基金会、中国人口福利基金会十家基金会具体执行。截至2022年11月底，已结项资金8357.64万元，另有四个灾后恢复、减防灾与备灾的项目还在执行中。经过一年多的项目执行，可以看出，通过系统化资助，救灾资金被较为有序地运用到灾害响应的不同阶段，更长远的备灾计划被关注到。

在2022年12月疫情防控政策调整后，腾讯基金会捐赠总额1.5亿元，通过一线物资捐赠、乡村医生培训、在线义诊等方式，助力全国30个省份19778家农村敬老院和160个国家乡村振兴重点帮扶县防疫。

此外，腾讯基金会还联合了中国乡村发展基金会、中华社会救助基金会、爱德基金会、上海仁德基金会等伙伴共同发起了“小红花健康守护计划”，从防疫物资、社区共享制氧机、防疫药品等多方面守护高龄老人等重点人群的安康。

2022年是南都公益基金会执行“建设公益生态系统，促进跨界合作创新”战略的第二年，其沃土计划支持了包括救灾协调会在内的10个公益行业基础设施项目。在区域生态建设中，南都基金会主要在山东省和湖北省开展了试点，并搭建了区域生态建设社群网络。

相比于公众筹款，资助型基金会往往能够关注到更为宏观的灾害响应层面，对于救灾需求的了解更为全面，并且能够找到响应各类需求的专业机构，在促进政社合作、开展系统的行业调研和研究方面有着不可替代的价值。

## （二）问题反思

### 1. 聚光灯效应明显，公众筹款遇困境

根据对已公开的大型公募基金会披露的财务报告及 2022 年夏季洪灾和泸定地震互联网筹款数据的分析可以看出，2022 年基金会在救灾领域的资金投入呈下降趋势。与 2020 年的武汉疫情及 2021 年的河南洪灾相比，2022 年的灾害风险以中小型灾害为主，汛情和灾情并未引起社会广泛关注，使得一些基金会遇到了筹款方面的困难。

2022 年，壹基金在灾害救助领域的投入较 2021 年下降了约 2264 万元，降幅为 13.36%。其中，在紧急救灾、防灾减灾项目方面的投入较 2021 年有了一定幅度的增加，主要是腾讯资助的温暖家园项目。北京新阳光 2022 年在灾害救助领域投入 289 万元，较 2021 年减少约 662 万元，降幅为 69.6%，主要体现在洪灾方面的投入下降。

《2022 年夏季洪灾互联网筹款数据跟踪与分析》显示，截至 2022 年 8 月 30 日，互联网公开募捐平台共上线洪灾项目 123 个，筹款总额超 1164.4 万元，捐赠人次超 87.57 万人次。与河南洪灾相比，无论是参与筹款的公益慈善组织数量、上线项目数量，还是筹款总额、捐赠人次都不在一个量级（见图 1）。而且公益慈善组织的响应速度低于过往的灾情响应速度，近半数项目筹款完成率在 10%以下。仅有 6 月发生的广东洪灾与 8 月青海洪灾受到部分媒体和公众的关注，获得相对较多的公众捐赠支持，但更多中小型、县域发生的洪灾难以获得关注，上线互联网平台进行公众筹款效果甚微，“聚光灯效应”明显。

### 2. 捐赠市场欠成熟，推动理性捐赠

正如基金会面临的筹款困境所体现的那样，重大灾害紧急响应始终能触发社会捐赠的重要按钮，从 2008 年汶川地震，到 2020 年武汉新冠疫情，再到 2021 年河南洪灾中，公众巨大的捐赠热情被一次次激发。但是，公众对于救灾的认知和社会组织能够发挥核心价值的地方仍然有比较大的差异。虽然各基金会在灾害信息公开上投入了巨大的工作量，但对于促进公众对救灾

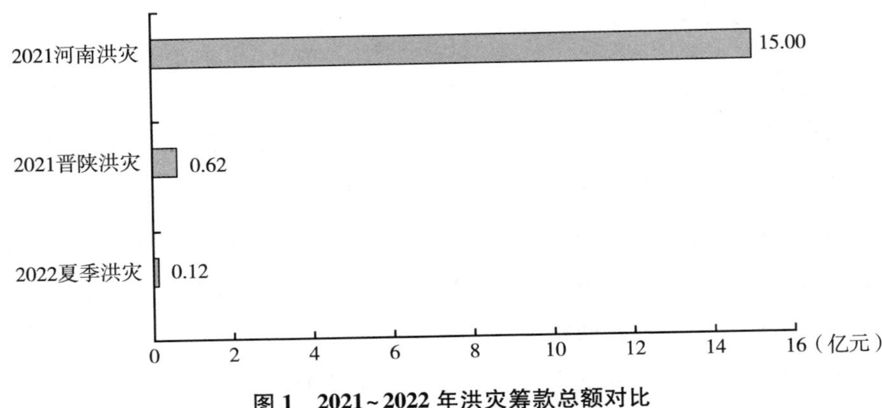


**图 1　2021～2022 年洪灾筹款总额对比**

注：2021 年晋陕洪灾筹款数据统计中不含京东公益、美团公益、广益联募、滴滴公益、融 e 购公益、中国社会扶贫网、新华公益 7 家平台数据；2021 年河南洪灾筹款数据统计中不含广益联募、滴滴公益、融 e 购公益、中国社会扶贫网、新华公益 5 家平台数据。

资料来源：方德瑞信、基金会救灾协调会。

工作理解的作用非常有限。① 一方面，公众通常会根据媒体报道和自身经验来判断灾区的需要和物资的性价比，却与救灾实际存在一定的差距。另一方面，在非灾期筹集减灾备灾资金的行为，被一些公众指责为“盼望一场大灾以拉动捐赠”，使基金会在减灾备灾方面的筹资行动受阻。

方德瑞信在 2021 年发布的研究报告《灾害慈善领域筹款模式国际观察与本土策略建议》中指出，系统的灾害教育未被列入常规课程之中，慈善行业也从未围绕灾害议题对捐赠市场进行系统性和长期的倡导工作，结果是捐赠市场对灾害议题在认知上存在盲点和偏差，无法凸显灾害慈善组织在灾害应对中的专业价值，也限制了灾害慈善领域的发展。因此，不论是灾害慈善领域的支持性/枢纽性机构，抑或是互联网筹款平台都应该把捐赠市场的培育作为重要的战略方向，注重与捐赠人保持长期的沟通和联系。

① 《灾害响应：公益慈善发展需要长期理性捐赠者》，南方周末客户端，2022 年 9 月 13 日，http://www.infzm.com/contents/234379?source=101&source_1=19638，最后访问日期：2023 年 4 月 11 日。

### 3. 议题关注有限，缺乏行业共识

救灾协调会在2021年基金会发展论坛中观察到，全国9000余家基金会中仅有490家基金会的宗旨中包含救灾、救援，其中把救灾和减灾纳入日常业务的基金会不超过20家。虽然在区域性抗疫和灾害应对中，当地基金会能够发挥一定的作用，但这些基金会对灾害议题大多并没有持续性的关注和认识。除了这些专业救灾的头部基金会外，应当推动行业内更多基金会参与灾害议题，将救灾、防灾、减灾纳入机构关注议题或业务板块中。

## 四　发展与展望

在2022年的基金会救灾行动中可以看到，各基金会参与救灾的经验和做法均得到了积累和应用，能够对各种类型、各个地域包括国际灾害进行高效的响应，提供标准化的救灾包、救灾储备仓库及进行一线组织能力培育已经成基金会参与常态化备灾的普遍做法。

未来，进一步升级和完善基金会自身的备灾体系及行业之间的协同体系仍然是发展的方向。基金会行业依托数字化工具，不断提升在灾害全周期管理中发挥作用的水平。

### （一）升级协同体系，强化基础建设

救灾领域必然离不开协同体系的建构，其中涉及两个层面：第一，政府和社会组织之间的协同体系的建构；第二，社会组织自身之间的协同网络和相关机制的建设。①

在政社协同方面，一是要注重中央层面的机构改革以及由此带来的职能转变，将地方应急管理体制创新经验加以总结与推广。这部分工作亦需要多方力量共同推进，包括资助型基金会、与政府系统关联度较高的基金会、大

① 《腾讯公益慈善基金会河南水灾专项资助评估报告（公开交流版）》，北京七悦社会公益服务中心，2022年12月。

型公募基金会、一线行动组织和行业研究机构等各自发挥特长开展政策倡导、行业研究、新闻报道工作。二是疏通社会力量的参与渠道，建立起政府、企业、社会组织与公民的危机应对网络，实现应急救灾过程中多元主体的有效联动，并注重网络的常态化建设。三是创新信息沟通机制，注重政府和社会组织在应急救灾方面的信息共享，拓宽信息沟通渠道，实现信息的发布、沟通、共享与反馈。总体而言，救灾领域的政社协同未来还会经历一个强化磨合、彼此理解、不断调整的过程。①

在基金会行业协同方面，像基金会救灾协调会及卓明信息服务中心这样的组织在专业能力建设、灾情信息梳理和汇总、救援力量联动和行动协调等方面已经在很多灾害响应中发挥了不可替代的作用。但是目前行业基础设施的潜力还没有被完全激发，且长期获得的资源投入不足，仍然需要继续鼓励更多的资源和力量进入救灾领域开展行业基础设施建设。

### （二）完善备灾体系，提升资金持续性

针对灾害救援资金缺口的挑战，可以采用设置专项应对基金以及设立非限定备灾资金池的形式。一方面，这是对捐赠人的一种培育形式和联络机制；另一方面，可以提升基金会救灾的自主性，为较难筹款的中小型灾害应对提供支持。

基金会可以针对低关注度的中小型灾害设立应对基金，开展常态化筹款。针对中小型或低关注度灾害基金的建立，不仅仅是为了筹集灾害响应与管理的资金，加强公益组织响应紧急突发事件的资金能力，也是让捐赠人理解灾害资金筹集不能仅依靠紧急响应，还需要有长期的基金支持。

对于大型基金会来说，主动出资设立非限定备灾资金池，再筹集补充资金，能让机构在有具体的灾害救援行动后开展劝募更具有说服力。同时，基

① 楚亚美：《社会组织有序参与应急救灾的影响因素研究》，南京师范大学硕士学位论文，2020，第55页。

金会之间可以建立合作的备灾资金池，一旦灾害发生，便可以提供快速、便捷、灵活的紧急资助。

## （三）支持数字赋能，提升救灾效率

《“十四五”国家应急体系规划》明确提出，强化数字技术在灾害事故应对中的运用，全面提升监测预警和应急处置能力。在灾害救援中，慈善组织经常面临需求难收集、安全有风险、数据难管理等问题。传统的灾害救助物资管理工作，大部分是手工通过 excel 记录、匹配物资和发放物资，在统计类目不一致、数量不明确的情况下，容易造成物资的缺漏，同时会浪费大量人力进行重复性工作。①

这方面，基金会救灾协调会和易善数据正在共同构建一个更加完善的救灾数据库，并基于这个数据库建立一个既具有中国特色，又吸收国际先进经验的可视化数据协同平台。数据库一方面能够便于基金会救灾协调会这样一个行业平台组织更好地和基金会合作和沟通，另一方面也能提供一些比较有价值的功能，例如交流沟通、活动组织、信息收集等。数据化平台能够为参与救灾响应的基金会提供更实时准确、高质量的数据，从而支撑基金会负责人的科学决策，实现用数据为行业赋能。

## 参考文献

唐钟昕、许文文：《韧性社区构建中的社会组织——基于壹基金的案例分析》，《区域治理》2021 年第 44 期。

王海波：《社会力量参与救灾亟待有序有效》，《中国减灾》2022 年第 9 期。

向春玲、吴闫、傅佳薇：《社会组织参与应急管理：理论、功能和前景》，《中国应急管理科学》2022 年第 11 期。

---

① 《公益“冷”思考：数十亿元爱心与救援力量，需要数字化赋能》，人民资讯百家号官方账号，2021 年 9 月 7 日，https://baijiahao.baidu.com/s?id=1710226562243097969&wfr=spider&for=pc，最后访问日期：2023 年 4 月 11 日。

徐媛媛、武晗晗：《我国救灾捐赠的政策变迁及其内在逻辑——基于间断-均衡的框架分析》，《中国矿业大学学报》（社会科学版）2022年第24期。

赵莹莹：《基金会参与救灾背后的思考》，《人民政协报》2021年8月17日，第9版。

B.13

# 极端气候变化下自然灾害风险治理中社会力量参与

## ——以“气候变化背景下自然灾害应对策略研究与实践”项目为例

李瑶　杨雨春　喻东*

**摘　要：** 气候变化导致极端天气事件愈演愈烈，使得城乡社会遭受的风险冲击多样化与不确定性愈发明显，不断增加社会力量参与灾害风险治理的难度。本文通过剖析老牛基金会与壹基金共同发起的“气候变化背景下自然灾害应对策略研究与实践”项目，总结发现，基于气候变化的灾害风险分析为防灾减灾提供了创新思路，社会力量应立足基层发挥自身优势，全方位多层次地为社会赋能，打造研究型学习平台，着眼常态化风险治理，推动建立多元主体应急协作网络，以期为气候变化背景下社会组织参与灾害风险治理提供路径参考。

**关键词：** 气候变化　自然灾害　社会力量　老牛生命学堂　安全家园

* 李瑶，北京师范大学风险治理创新研究中心博士研究生，研究方向为应急管理与城乡治理；杨雨春，内蒙古老牛慈善基金会高级项目经理，研究方向为公益慈善与项目管理；喻东，深圳壹基金公益基金会高级项目经理，研究方向为社区发展与防灾减灾。

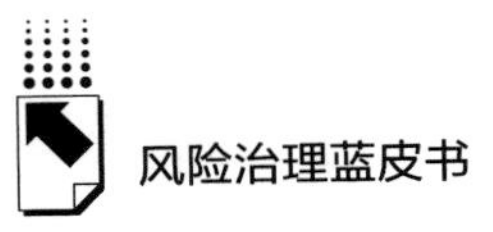


# 一　综合概述

## （一）气候变化下极端天气事件带来的不确定性

随着全球变暖趋势加剧，极端天气事件愈演愈烈，由此引发的气候及相关风险是人类未来十年面临的最为严峻的危机①。过去30年间，灾害造成的经济损失增加了一倍以上，从20世纪90年代的平均约700亿美元，增长至21世纪初的1700多亿美元，增幅达143%②。随着全球联系愈发紧密，社会脆弱性被不断放大，贫困和不平等长期存在③，不确定性风险愈发扩大。

气候变化已持续影响到我国许多地区的生存环境和发展条件。区域性洪涝和干旱灾害呈增多增强趋势，北方干旱更加频繁，南方洪涝灾害、台风危害和季节性干旱更趋严重，低温冰雪和高温热浪等极端天气事件频繁发生④。

联合国减少灾害风险办公室（UNDRR）发布的《2022年减少灾害风险全球评估报告》进一步强调“气候危机的系统性影响加剧了全球环境的不确定性，需要科学家、政策制定者、社会组织、私营部门等共同创建一个多利益相关方的互动网络，共同降低或避免新风险的产生”⑤。以社会组织为

① World Economic Forum, “The Global Risks Report 2022” （17th Edition）, 11 January 2022, https://www.weforum.org/reports/global-risks-report-2022，最后访问日期：2023年3月25日。

② The U. N. Office for Disaster Risk Reduction, “GAR 2022: Our World at Risk: Transforming Governance for a Resilient Future”, 2022, https://www.undrr.org/gar2022-our-world-risk-gar，最后访问日期：2023年3月25日。

③ The United Nations Human Settlements Programme, “World Cities Report 2022: Envisaging the Future of Cities”, 2022, https://unhabitat.org/wcr/，最后访问日期：2023年4月12日。

④ 气候变化绿皮书总报告编写组：《2021~2022年应对气候变化形势分析与展望》，社会科学文献出版社，2022，https://www.pishu.com.cn/skwx_ps/initDatabaseDetail?siteId=14&contentId=14234419&contentType=literature，最后访问日期：2023年4月12日。

⑤ The U. N. Office for Disaster Risk Reduction, “GAR 2022: Our World at Risk: Transforming Governance for a Resilient Future”, 2022, https://www.undrr.org/gar2022-our-world-risk-gar，最后访问日期：2023年3月25日。

代表的社会力量，凭借其灵活机动性、技能丰富性、动员社会性等优势，在专业技能、物资资源、组织机制等方面具有参与灾害风险治理的天然优势，在风险治理的不同阶段、不同方面均可以发挥重要作用，即社会力量兼具"平常一应急"两种状态下的三种社会功能：常态下科普减灾、应急态下紧急救援以及灾后重建①。

近年来，为全面提升我国防灾减灾救灾能力和水平，各界对社会力量参与灾害风险治理重要性认识的水平进一步提高，社会力量参与灾害风险治理也取得了积极进展。然而气候变化使得城乡社会遭受的风险冲击多样化与不确定性愈发明显，不断增加着社会力量参与灾害风险治理的难度。具体表现在两方面，一是气候变化下灾害风险的变化与人们传统灾害意识、观念之间的矛盾不断加剧；二是气候变化下灾害破坏的影响程度与传统防灾减灾备灾能力基础之间的矛盾不断扩大。简言之，气候变化下的灾害，让我们"想不到、做不到"。

## （二）2022年社会力量参与自然灾害风险治理创新概述

2022 年社会组织积极参与自然灾害风险治理的规模、力度、深度以前所未有的方式展现出来，功能领域不断拓展、程序机制也不断完善，为提升公众安全意识、推动多元主体协同参与作出了重要贡献。尽管目前尚难以全面描述社会组织参与 2022 年自然灾害治理的行动实践，但从可获取的资料来看，社会组织参与灾害风险治理行动涵盖了灾前准备、灾中救援、灾后重建的三个阶段。

腾讯公益慈善基金在民政部慈善事业促进和社会工作司的指导下，2022 年大力推动"五社联动·家园助力站项目"，选择北京 15 个社区试点开展"五社联动"社区基金助推基层社会治理创新合作。中国乡村发展基金会持续开展防灾减灾教育，截至 2022 年底，已建设 214 间校园减灾教室，通过

① 浦天龙：《社会力量参与应急管理：角色、功能与路径》，《江淮论坛》2020 年第 4 期，第 28~33 页。

打造“援援来科普”栏目，利用新媒体平台普及防灾救援知识，呼应热点事件，回应社会关切，传播减灾理念，讲述救援故事①。在重庆北碚山火扑救中，地方群众及志愿力量，尤其是当地摩托骑士们都发挥了重要作用②；在四川泸定地震中，社会志愿力量作为地震救援基础性力量，承担了设置安置点，搭建帐篷，分发救灾物资，安抚安顿受灾群众，生火做饭，应急照明，维持秩序，恢复电力、通信等工作③。

此外，社会力量也注重对公众意识的培育工作，着力推动多元主体的共同参与。清华大学气候变化与可持续发展研究院于2022年11月发布《中国公众气候变化认知调研2022》，调研表明“超过85%的受访者希望多了解气候变化与日常生活的关系及气候变化解决方案”。国际环保机构野生救援（WildAid）与中国绿色碳汇基金会共同发起“气候行动本事不小”公益活动，旨在提升公众对气候变化的认知，鼓励公众积极采取气候行动；随后又与咨询机构商道纵横联合发布《公众气候行动手册（Public Climate Action Handbook）》，旨在为公众提供一套帮助应对气候变化的行动方案，从微观个体的生活和行为影响宏观气候变化进程，避免或弱化气候变化带来的灾难性后果。

2022年11月，应急管理部、中央文明办、民政部、共青团中央联合印发了《关于进一步推进社会应急力量健康发展的意见》，该意见注重将近年来组织开展社会应急力量调查摸底、技能竞赛、能力测评、培训演练、通行服务、安全保障等工作中形成的规律性认识，系统总结提炼并上升为制度要求，为提升社会应急力量整体建设质量和发展水平提供了科学指导。

---

① 《2022人道救援感动瞬间｜用心行动，以爱承担》，中国乡村发展基金会网站，2022年12月26日，https：//www. cfpa. org. cn/news/news_ detail. aspx? articleid = 3394，最后访问日期：2023年3月25日。

② 王丹丹：《2022年8月重庆山火灾害应对工作分析及建议》，《中国减灾》2023年1月上，第40~43页。

③ 詹红兵：《四川泸定6.8级地震应急救援实战分析》，《中国应急救援》2023年第1期，第33~36页。

## 二　项目介绍

### （一）项目启动：极端天气事件引发社会力量参与风险治理思考

近年来，全球气候变化导致自然灾害频发、灾害强度越来越大，给人民群众生命健康财产带来了严重损失。特别是新冠疫情以来，各种复合性灾害增加，新时期灾害风险应对的系统性、复杂性进一步凸显。尽管社会力量在历次突发公共事件中发挥了一定作用，但相对于政府和社会各界对于救灾效率、效果的严格要求，社会力量在意识、能力、协作上还存在很多不足。

**1. 项目缘起**

内蒙古老牛慈善基金会在汶川地震、雅安地震、南方冰雪灾害、河南特大暴雨、新冠疫情等事件中积极参与了应急行动，并通过实施“老牛生命学堂”项目在防灾减灾与应急能力建设方面开展了探索与实践。为有效应对气候变化下频发的自然灾害，进一步做好防灾减灾、提升社会力量参与应急响应能力，最大限度地降低风险、减少气候变化给人民群众造成的危害和损失，内蒙古老牛慈善基金会（简称“老牛基金会”）、深圳壹基金公益基金会（简称“壹基金”）等共同发起“气候变化背景下自然灾害应对策略研究与实践”项目（简称“气变项目”）。通过与中国农业科学院农业环境与可持续发展研究所（简称“农科院环发所”）、北京师范大学风险治理创新研究中心（简称“北师大风创中心”）等科研机构、专家团队合作，基于河南郑州“7·20”特大暴雨灾害等典型灾害案例，探索在气候变化背景下社会组织参与灾害风险治理的策略路径（简称“策略研究”）；通过与“红十字系统”建立合作，实施“安全家园·老牛生命学堂”项目，针对河南等受灾地区，开展社区为本的防灾减灾知识普及和应急响应能力建设（简称“项目实践”）。“气变项目”以实践案例分析为抓手，剖析气候变化条件下调整和完善防灾减灾公众参与策略及灾害应对策略。从“防、抗、

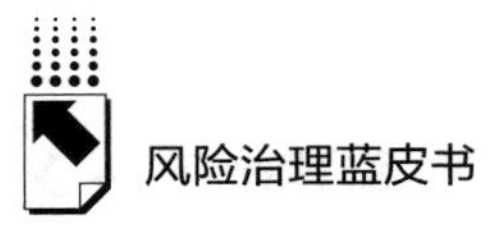



避、减、救”各个环节全方位梳理、探索适应气候变化的灾害应对方案，通过平台建设，开展公众应对自然灾害的风险教育，普及防灾减灾知识，提升公众对自然灾害的科学认知、增强风险意识，希望对社会力量参与防灾减灾及救灾工作提供指导。

2. 项目组织与架构

（1）项目组织

“气变项目”由老牛基金会与壹基金联合发起、主持，与中国农科院环发所、北师大风创中心共同建立项目组织委员会（以下简称组委会），整合各方社会力量，致力于开展“策略研究+项目实践+能力建设”的模式探索。

①政府部门负责资源整合、政策支持，以及项目选点。②壹基金负责基于“安全家园·老牛生命学堂”项目在河南郑州“7·20”特大暴雨灾害后的项目实践。与河南省相关政府单位联合确定项目选点，招募并培训教官队伍，招募、培训并资助管理一线项目执行的社会组织。支持专家团队开展项目研究，统筹资源保障项目顺利实施。③红十字系统（省级或地方红十字会）负责社区培训及应急救护员证考核颁发，支持防灾减灾培训及应急能力提升。④老牛基金会与壹基金是项目发起方、资助方，参与项目策划、资源筹措与资金支持，监督整体项目执行。⑤科研机构负责课题研究并整合、完善、制定项目课题研究报告。

组委会双月召开项目沟通会议，了解并推进项目执行进展。会议由老牛基金会与壹基金具体负责组织，各方协同参与，各司其职汇报工作进度。项目合作实现平台化，相关领域合作伙伴经组委会考察、评估后，可整合加入项目执行团队，形成多方联动的效果，合作方及相关人员参与项目活动可进行联合宣传。

（2）项目目标

通过气候变化背景下自然灾害应对策略研究、社区为本的防灾减灾和灾害应对项目实践，推动“能力建设”（提升自然灾害科学认识、增强风险应对能力）。

“策略研究”由中国农科院环发所与北师大风创中心合作，以郑州

“7·20”特大暴雨灾害的成因作为项目研究切入点，为项目的“试点实践”和“能力建设”赋能，尝试探索气候变化背景下社会力量更加有效参与灾害风险治理的路径。

“项目实践”在阿里巴巴公益、腾讯公益慈善基金会、支付宝公益、源码资本、滴滴公益、腾讯公益、陶氏（化学）等爱心企业、爱心网商、爱心网友支持下，由壹基金与河南省减灾委员会办公室联合实施“安全家园·老牛生命学堂”实践活动，通过增加“红十字系统”应急救护培训考核认证，提升社区志愿者救援队专业水平。项目通过招募并培养具备社区志愿者救援队培训能力的教官和具备项目管理能力的社会组织，根据各地不同特点及需求推动318个社区项目点的示范建设，并委托第三方评估团队进行项目评估，在项目实施中开展行业研讨会及公众传播倡导活动（见图1）。

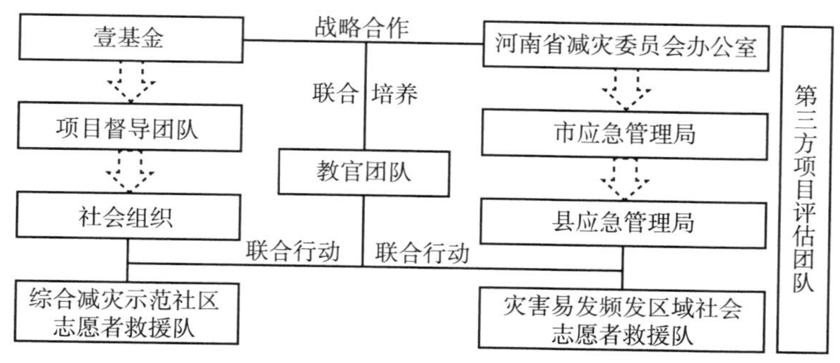


**图1　项目实践框架**

资料来源：壹基金安全家园项目方案。

## （二）项目实践：多主体联动的基层防灾减灾救灾能力提升实践

### 1.组织策略：政社协同推动社会力量参与基层防灾减灾行动

项目实践分三个阶段：选点、筹备、实施（见图2）。选点工作由河南省减灾委员会办公室统筹负责，根据国家综合减灾示范社区建设情况、灾害易发频发情况及其他考虑，在河南各地市共选择318个社区作为项目点，开展创新实践。筹备工作由壹基金负责，如物资采购、社会组织招募与培训，以及教官培训；项目实施由壹基金资助社会组织具体执行，县（市、区）应急管理局支持协助实施。

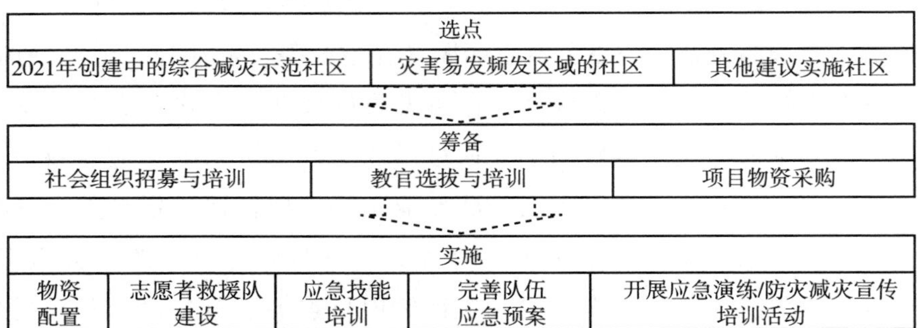


**图 2　项目实施步骤**

资料来源：壹基金安全家园项目方案。

（1）社会组织招募与管理

社会组织在项目执行中负责组织动员社区居民参与项目，组建社区志愿者救援队并组织培训、宣传、预案完善及演练活动。社会组织是项目一线执行方，直接关系项目预期目标的达成、项目可持续性、未来在本地的规模化复制推广可能性等。

壹基金制订了社会组织项目伙伴招募原则：①政社协同原则：项目是由基金与河南省减灾委员会办公室合作，要求伙伴机构有长期与应急管理系统合作的能力与意愿；②本地就近原则：只招募河南省本地已注册社会组织，社会组织就近执行项目；③规范底线原则：项目合作伙伴须在规定期限内完成项目活动和财务结项，部分伙伴要求完成公开募捐信息平台区块链签收、捐赠人定向反馈等要求，所以合作机构须具备成熟的项目和财务管理能力，确保项目专职人员有经验，保障项目顺利落地；④长期原则：项目注重社区志愿者救援队的培育与长期陪伴成长，伙伴须有热情和能力持续参与防灾减灾救灾工作。

根据上述原则，壹基金从机构基本情况、申报资料、项目团队、相关项目经验、面试评估、已有合作评价等维度对伙伴进行综合考察和评分，最终确定了99家机构入围成为项目伙伴机构（见表1）。

表1 项目点与合作伙伴分布

| 市 | 项目点数 | 机构数 | 市 | 项目点数 | 机构数 | 市 | 项目点数 | 机构数 |
|---|---|---|---|---|---|---|---|---|
| 郑州 | 24 | 9 | 漯河 | 12 | 4 | 新乡 | 18 | 8 |
| 开封 | 20 | 3 | 南阳 | 26 | 9 | 信阳 | 19 | 4 |
| 济源 | 8 | 4 | 平顶山 | 18 | 8 | 许昌 | 12 | 3 |
| 焦作 | 19 | 3 | 濮阳 | 18 | 4 | 安阳 | 18 | 6 |
| 洛阳 | 21 | 7 | 三门峡 | 12 | 3 | 周口 | 18 | 9 |
| 鹤壁 | 12 | 5 | 商丘 | 19 | 5 | 驻马店 | 24 | 5 |

资料来源：壹基金安全家园项目方案。

符合条件的社会组织须确定项目专岗，并接受项目管理者培训，培训考核合格的社会组织可申请执行项目。社会组织专岗须在当地应急管理局协助支持下完成项目村（社区）需求评估，编写项目实施方案，壹基金在审核通过后给予项目资助。项目实施中接受壹基金项目督导团队与当地应急管理局的共同督导。

（2）教官发掘与管理

教官负责对社区志愿者救援队及社区居民开展应急技能培训。该项目采取“教材标准化+教官本地化”的策略，参照国家初级应急救援员（五级）职业资格标准制订统一的培训教材、标准化培训课件、现场操作指南和教学视频；鼓励各地社会组织伙伴在当地发掘具有医师证、护士证、救援员证、消防员证、急救员证等资质潜力的教官人才，给予线上线下结合的培训，培养本地化教官，促进教官更好地掌握应急救援专业知识和能力。

由各地社会组织伙伴协同地方应急管理局联合推荐了304名教官；壹基金于2022年9月正式启动河南安全家园教官“在线培训”，截至2022年10月，共开展在线教官培训15期36课时，通过笔试、试讲、实操视频等3个科目考试，认证了第一批合格实习教官40名。2023年5月，通过线下培训和考核，再次认证第二批合格实习教官 60 名，主要是河南当地社会应急救援队、社工机构或志愿者组织的核心成员，以及当地红十字、消防等单位干部。

2. 机构赋能：课程培训提升社会力量专业水平

从培训对象来看，项目培训体系既有社会组织管理者培训，也有应急救援培训教官的培训，还有对社区救援队伍的培训，以及通过演练模拟等方式对公众的安全教育和应急能力建设。

以管理者培训为例，2022 年壹基金安全家园项目团队为支持河南省本地社会组织更好地负责项目落地实施，为他们分别提供了在线专题培训 7 期、线下培训 4 期、在线答疑会 22 期，合计培训 5096 人次。线上培训 7 期包括项目在线说明会、项目工作内容与项目工作方法介绍、物资介绍与队伍建设培训、社区志愿者救援队应急培训、项目财务管理培训、项目方案撰写、项目结项评估等内容。线下培训 4 期分别在洛阳、新乡、郑州等地举办，包括风险图与预案逻辑讲解与实操、演练脚本编制练习、应急演练实操、减灾主题活动设计等。

3. 社区为本：共同参与提升基层防灾减灾救灾综合能力

“项目实践”致力于提升社区灾害应对能力，在每个项目点建立社区志愿者救援队，动员社区居民学习自救互救技能，为社区志愿者救援队配置应急工具/装备，组织标准化应急技能培训，支持居民参与制订“家庭—隐患点—社区”三级应急预案、开展社区应急演练/宣传等活动，全面提升社区应对灾害的能力。

具体实施由社会组织负责，当地应急管理局协助支持，壹基金项目督导团队监测督导，主要包括社区志愿者救援队建设、应急技能培训、应急物资接收管理、应急预案完善或制订、应急演练宣传活动组织实施等。壹基金安全家园项目为社会组织提供了标准化项目实施手册和在线管理系统。

（1）社区志愿者救援队建设（建队伍）

从 2022 年 3 月开始，各地社会组织陆续向当地应急管理局报到、报备，并在应急管理局监督指导下开展项目点评估及落地项目方案制订。各地伙伴陆续从5月开始在遵守当地防疫政策的前提下推动各项目点社区志愿者救援队建设工作，截至2023年初，所有项目点318支队伍建设均已完成，每支队伍平均拥有正式队员20名，都是常驻社区的热心居民。

在留守现象严重的农村基层社区，村支两委干部、民兵、灾害巡护员，以及有一技之长的常驻人员、社区已有自组织（文艺队、老年协会、合作社等）的带头人等通常是社区灾害发生时冲在最前面的人，也是项目执行人员重点动员的人群。在招募中，坚持居民自愿原则，兼顾考虑社会性别、年龄结构等方面的平衡。

（2）应急物资接收管理（配物资）

壹基金在2021年8月开始为河南项目招标采购物资，于2023年初给318个项目点的四类物资已完成配置（见表2）。

**表2　项目物资清单**

| 种类 | 编号 | 物品 | 数量 |
|---|---|---|---|
| 社区灾害应对集体工具箱 | 1 | 警戒带 | 4盒 |
| | 2 | 警示柱 | 6个 |
| | 3 | 扩音器 | 2个 |
| | 4 | 指挥棒 | 4个 |
| | 5 | 铜锣 | 2面 |
| | 6 | 对讲机 | 6个 |
| | 7 | 移动探照灯 | 2个 |
| | 8 | 移动发电机 | 1台 |
| | 9 | 陈列箱 | 1个 |
| | 10 | 卫生消杀设备及药片 | 2套 |
| | 11 | 救援绳(50米) | 2根 |
| | 12 | 隔离衣 | 20套 |
| | 13 | 应急救援衣(扛冲击) | 20件 |
| | 14 | 队旗、铭牌、横幅 | 1套 |
| | 15 | 排涝水泵 | 1台(选配) |
| | 16 | 无动力6座橡皮艇 | 1台(选配) |

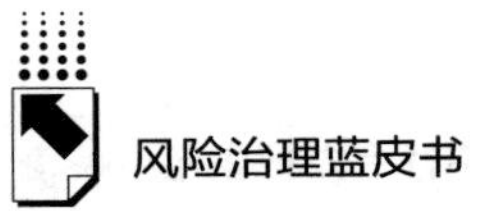


续表

| 种类 | 编号 | 物品 | 数量 |
|---|---|---|---|
| 社区灾害应对个人装备 | 17 | 队服 | 20 套 |
| | 18 | 反光标示背心 | 20 件 |
| | 19 | 鞋子(防砸防刺穿) | 20 双 |
| | 20 | 背包 | 20 个 |
| | 21 | 安全帽 | 20 顶 |
| | 22 | 防滑手套 | 20 双 |
| | 23 | 防护手套 | 20 双 |
| | 24 | 高频口哨 | 20 个 |
| | 25 | 头灯 | 20 个 |
| | 26 | 护膝 | 20 个 |
| | 27 | 护目镜 | 20 个 |
| | 28 | 现场操作手册 | 20 本 |
| | 29 | 培训教材 | 20 套 |
| | 30 | 行动办公工具包 | 20 套 |
| | 31 | 金属徽章 | 20 个 |
| | 32 | 证书 | 20 个 |
| | 33 | 防尘口罩 | 20 个 |
| | 34 | 雨衣 | 20 件 |
| | 35 | 雨鞋 | 20 双 |
| | 36 | 防水应急医疗包 | 20 个 |
| 培训消耗品 | 37 | 医用手套 | 200 只 |
| | 38 | 医用口罩 | 20 个 |
| | 39 | 三角巾 | 100 个 |
| | 40 | X4 绷带 | 10 卷 |
| | 41 | 纱布 | 100 包 |
| 培训教具 | 42 | 木块模型 | 2 箱 |
| | 43 | 毯子 | 4 张 |
| | 44 | CPR 假人 | 1 个 |
| | 45 | 检伤分类纸人 | 1 套 |
| | 46 | 大号泡沫剃须膏 | 1 瓶 |
| | 47 | 防汛模具 | 1 套 |
| | 48 | 家庭安全手册 | 50 本 |
| | 49 | 化妆品 | 1 套 |
| | 50 | 现场布置用标准喷绘及袖章 | 1 套 |

资料来源：壹基金安全家园项目方案。

其一，社区志愿者救援队的个人装备，以防护装备为主，如头盔、护目镜、反光背心、防汛救生衣等。在灾害现场，救援人员自身的安全是最重要的，只有在保障自身安全的情况下才能开展救援行动。因此，个人防护装备作为救援人员保护的最后屏障，也成为社区为项目配置的最重要的应急物资之一。

其二，社区灾害应对集体工具箱。灾害往往导致通信、供水、供电等基础设施不能正常发挥作用，壹基金通过调研，在目前基层社区已普遍配置的备灾物资基础上，查漏补缺，遵循平灾两用的原则，重点配置了指挥棒、扩音器、对讲机、移动探照灯、移动发电机、机动手抬水泵、脊柱板担架、冲锋舟、营地标识等物资。与多数社区已有的备灾物资相互补充，使得项目社区及社区志愿者救援队队员在灾害应对时能更加有序与从容。

其三，开展应急培训、宣传活动的教具、耗材等物资，主要包括纱布、绷带等院前医疗培训道具、毛毯等简单搜救工具包。这部分物资的配置也是安全家园项目的特色内容之一，是绝大多数乡村社区缺乏但又极为重要的物资种类。

其四，社区主要灾害风险点的标识牌等灾害管理辅助物资。该类物资需要个性化订制。

（3）应急技能培训（办培训）

2022 年 8 月开始，各地伙伴协同当地应急管理局等单位陆续开始为社区志愿者救援队开展应急培训活动，包括常见灾害及应对、简单搜索与救援和医疗等。与此同时，老牛生命学堂支持的社区志愿者救援红十字会初级救护员培训考证也落地实施。

（4）应急预案制订或完善（制订预案）

社会组织需要根据社区常见灾害风险，协助社区志愿者救援队梳理社区脆弱人群、脆弱设施、应对资源（包括队伍人员、设备设施、商家、车辆、社会资源等），组织队员根据常见灾害应对课程学到的内容开展风险排查，在培训会上组织队员绘制社区风险图，研讨常见灾害风险的应对策略及流程，以形成社区及隐患点应急预案，并基于《家庭安全计划》对社区脆弱家庭提供家庭备灾支持服务。

社区应急预案制订好以后通常会在乡（镇、街道）及应急管理局等部门备案，并在社区内广泛宣传。同时根据风险排查结果，伙伴会协助社区志愿者救援队完善社区应急标识牌定制安装工作。

（5）应急演练宣传活动（做演练）

社会组织负责协助社区志愿者救援队动员社区居民参与应急演练宣传活动，并在当地应急管理局及基层政府领导下积极参与社区日常灾害风险管理。应急演练或宣传活动一方面可以检验项目培训效果，对应急预案进行实战检验并修订，另一方面动员更多社区居民参与，推动社区志愿者救援队队员服务社区居民，项目要求每个项目点至少组织 1 次大型综合应急演练活动。

2022 年 5 月 12 日第 14 个全国防灾减灾日期间，河南省 20 家执行社会组织协同 66 个社区参与了“你准备好应急包了吗”的联合倡导行动。在社区发放防灾减灾宣传折页、应急包宣传横幅，通过家庭安全计划宣传、在线直播打卡等形式面向活动所在社区居民进行应急科普宣传。2022 年 11 月全国消防宣传月，河南省 39 家机构协同 91 个项目点参与了宣传倡导活动。

### （三）策略研究：气候变化不确定下自然灾害风险治理路径

#### 1. 气候变化背景下灾害风险应对与挑战

（1）中国气候变化新特征与未来风险

“气变项目”研究团队认为，受全球气候变化的影响，中国面临的威胁将更为严峻。降水方面，2050 年降水可能会增加 5%～7%，降水日数在北方会显著增加，降水区域差异更加明显，暴雨极端事件出现频率上升、强度增大的趋势。极端干旱、高温、极寒等自然灾害影响会进一步加剧；在频次上更频繁，越是极端越频繁。在分布上呈现雨带北移的特征，长江流域高温伏旱、西南地区季节性连旱范围扩大。在时间上持续更长（长江伏旱、西南秋冬春连旱），短历时极端气候冲击更剧烈，即气候变化胁迫增强，气候灾害呈现种类多、频次高、持续时间长、突发性强、多灾并发的特点。

郑州“7·20”特大暴雨灾害的气候成因是，气候变暖下副热带高压北移季节提前，海面温度升高加大水汽蒸发量，“7·20”时正好有双台风（查帕卡、烟花）气流从东南方向将水汽源源不断地向伏牛山输送，在伏牛山形成对流云，此时的高空环流形势正好有西风急流向郑州源源不断地输送对流积雨云（列车效应），从而在郑州形成罕见的暴雨灾害。

（2）当前减灾水平与极端天气事件下应有减灾水平的差距

“气变项目”研究团队基于韧性视角从风险识别（Risk Identification）、经济建设（Economic Development）、基础设施（Infrastructure）、社会发展（Social Development）和应急管理（Emergency Management）五个维度设计调查问卷，通过发放394份社区问卷（收回有效问卷305份）、4978份居民问卷（收回有效问卷4728份），分析测度了河南省城乡社区减灾水平。

对城乡社区风险识别能力的测度：在灾害风险关注方面，河南省城乡居民对于防灾减灾工作的关注度较高，特别是“7·20”特大暴雨灾害发生后，居民对洪涝灾害的关注度显著上升。在灾害风险感知方面，居民对所处周边环境的灾害风险感知与客观现实较为一致，暴雨洪涝灾害及其次生灾害为河南省主要自然灾害类型。在灾害风险准备方面，居民对灾害风险的识别预测能力较低，对灾害风险的自我认知与实际知识掌握存在偏差；从社区实践来看，仍有4.3%的社区从未开展过编制应急预案、制定隐患清单与绘制风险地图等工作（见图3）。在气候变化方面，居民对气候变化带来的风险以及气候变化相关知识的了解意愿较高，但当前实际的知识掌握度较低。而“安全家园”志愿者救援队队员相较于其他居民，因接受了安全教育和应急救援培训等课程，具有更高的风险识别能力。

对城乡社区经济建设水平的衡量：首先，在经济发展水平方面，河南省乡村居民收入以第一产业为主，56.21%的居民年总收入低于1万元，仅有12.15%的居民年收入超过2万元，其中超过4万元的仅2.28%，受访社区居民人均年收入相对较低①。其次，在经济承灾能力方

① 国家统计局网站2023年1月17日发布的数据显示，2022年全国居民人均可支配收入为36883元。2月2日公布了31个省份上年居民人均可支配收入情况。河南省居民人均可支配收入为28222元。

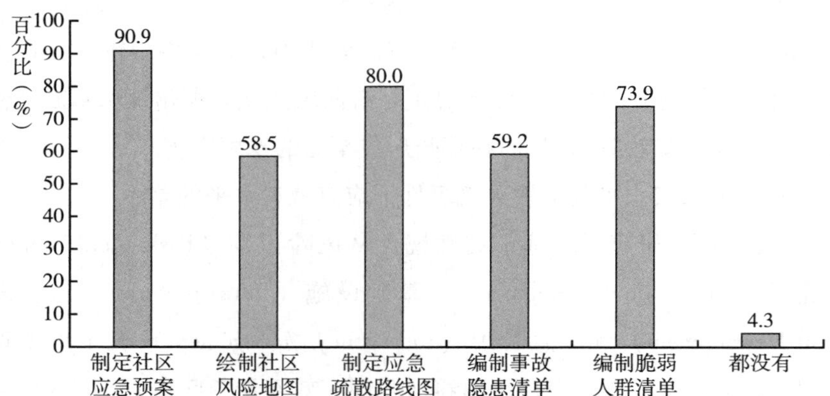


**图3　村/社区开展过的防灾减灾工作类型**

资料来源："气变项目"研究团队社区问卷调研成果。

面，外出务工（52.7%）和农林牧渔业（32.8%）收入是居民家庭经济的主要来源，收入来源单一、稳定性较差；且居民家庭与所属社区防灾支出偏少，经济承灾能力弱。再次，在社会保障方面，除新型农村合作医疗外，其他社会保障项目（如农业保险、自然灾害生活救助保障等）参与度均较低。最后，在灾害应对的经济困境方面，经费不足（65%）、缺基础设施（56.2%）、缺技术（48.8%）被视为预防自然灾害时遇到的主要困难。

对城乡社区基础设施水平的评估：首先，在居民住房条件方面，大部分住宅为钢筋混凝土结构（40.12%）和砖混结构（46.00%），74.51%的居民所住房屋均为15年以内的新建房屋，且超过一半的房屋均有过加固措施，居民住宅相对安全牢固（见图4）。其次，在村庄基础设施方面，城镇社区各类设施较为完善，农村地区应急标识、应急避难场所、防洪排涝设施、消防救灾设施、医疗卫生设施、污水处理设施等建设相对滞后；且大多数应急设施呈现"有空间，无功能；有场地，无设施"的状况。最后，在基础设施维护方面，37.47%的社区表示没有专门机构负责设施的维护运营，最迫切需要改善的主要是医疗、防灾和道路设施。

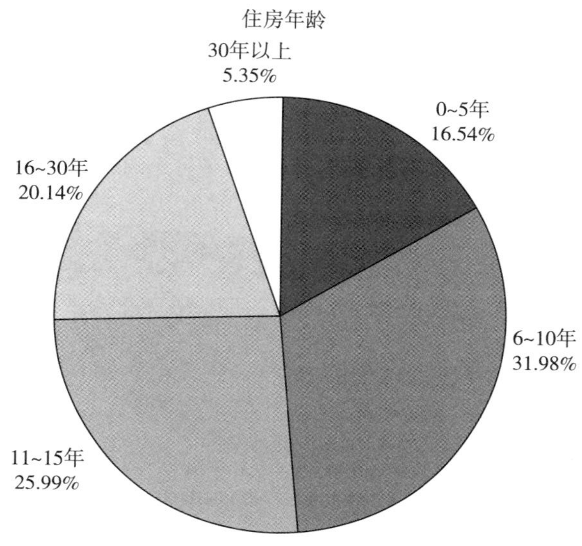
住房年龄
30年以上
5.35%
0~5年
16.54%
16~30年
20.14%
6~10年
31.98%
11~15年
25.99%

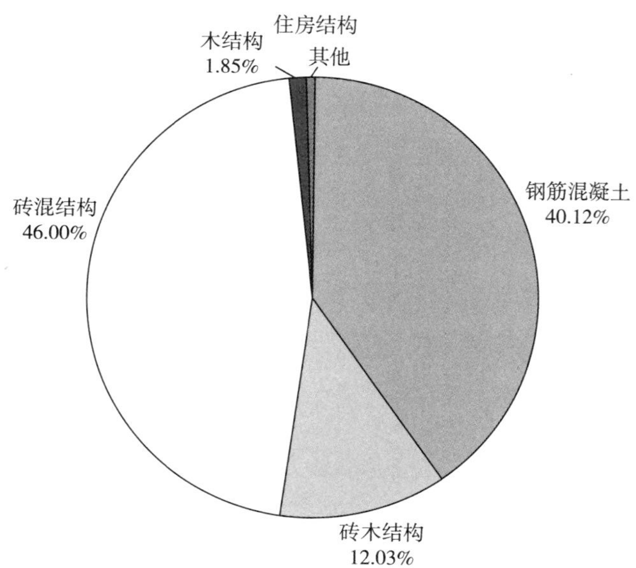
住房结构
木结构
1.85%
其他
钢筋混凝土
40.12%
砖混结构
46.00%
砖木结构
12.03%

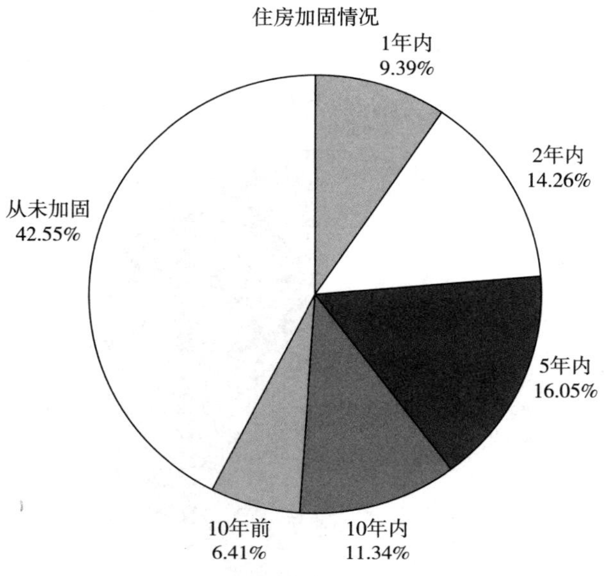


**图4　受访者住房情况**

资料来源："气变项目"研究团队居民问卷调研成果。

对城乡社会发展水平的评价：首先，在社会力量参与方面，志愿者和社会组织多以提供物资（83.3%）、知识宣传（77.3%）、提供信息（63.6%）的方式参与社区防灾减灾工作，且得到了居民的认可。其次，在防灾工作参与情况中，居民普遍具有较高的参与意愿，但居民对社区的防灾工作（应急预案、应急演练等）了解程度较低。最后，在社区社会网络关系方面，社区内部邻里相处融洽，居民对于村/社区的归属感较强，为自救互救奠定了良好基础。

对城乡社区应急管理能力的评估：首先，在个人应急能力方面，大多数居民认为自己有较强的灾害风险意识，但对灾害风险、应急逃生、自救互救知识掌握不足。其次，在家庭应急准备方面，居民购买灾害保险较少，多数集中在医疗保险（51.1%）、养老保险（41.6%）和人身保险（31.5%）上，家庭应急物品准备和应急演练开展也相对不足，超过一半的家庭从未准备应急物资，也未参与过逃生演练。最后，在社区应急水平方面，社区主要开展发放宣传资料（70.5%）、开展讲座（49.0%）和演练（44.1%）等防灾活动；常用的预警或通知方式有广播通报（73.0%）和社交软件通报（64.4%）；社区应急物资储备相对不充分，大部分社区仅是与邻近企业、超市、学校、医院、消防、社会组织等以口头形式建立“物资储备”、“应急响应”和“沟通协同”机制（见图5）。

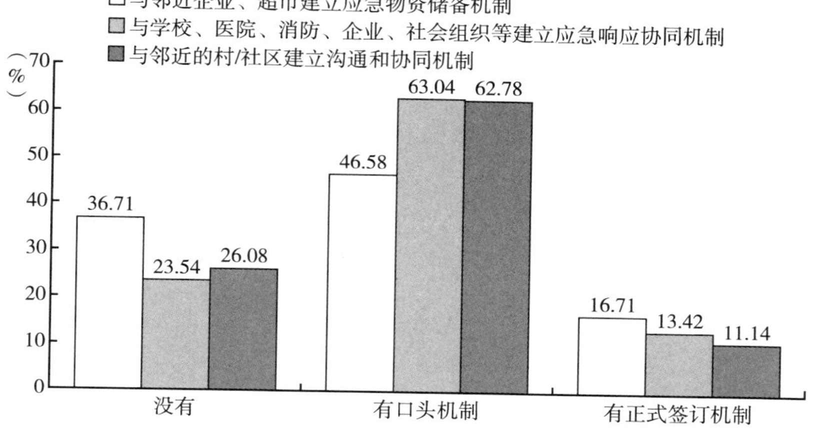


**图5　村/社区与周边利益相关方协同机制建立情况**

资料来源：“气变项目”研究团队社区问卷调研成果。

### 2. 社会力量参与自然灾害风险治理的优先事项

“减缓”和“适应”是应对气候变化的两个方面，不可或缺。减缓措施长期而艰巨，适应工作现实且直接。由于减缓具有滞后效应，适应需求更加迫切；良好的适应，为减缓提供了坚实的物质基础。韧性建设既聚焦短期应对冲击的恢复效率，也关注长期抗扰动的持续能力，是实现创新发展的重要途径。

同时，该项目研究团队根据实践工作发现，当前社会力量参与自然灾害治理表现为“救灾多，减灾少；普通志愿服务多，专业应急服务少；自身建设做得多，赋能社区做得少”，面临着“难以动员、难以可持续”两大难题。气候变化使得社会力量应对灾害风险治理的挑战更为艰巨，主要存在风

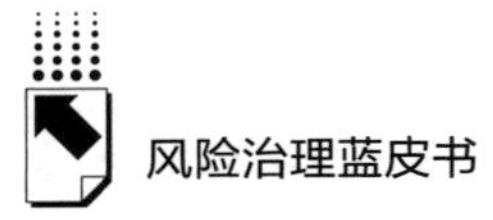


险不确定性与防控难度加大、新发展阶段社会公众对安全与发展提出新需求、社会力量协作网络亟待加强、社会力量应急与风险治理专业能力有待提升等挑战。

根据实践与研究分析，“气变项目”研究团队从科学、政策、社会三个维度提出了社会力量参与自然灾害风险治理的优先事项。

（1）在科学维度，重塑知识生产过程，加强基础理论和适用技术探索，夯实韧性科学支撑能力

首先，聚焦风险治理与韧性建设知识生产的目标与内容导向，支持科研机构深入探索对气候变化等复杂情境的科学认知，开展安全韧性评估、巨灾情景构建推演等方面的基础科研。

其次，构建新的多主体联动的共同知识生产途径。以社会组织搭建桥梁，破除社会公众与专家之间共同生产的各种障碍，驱动大学、政府、行业以及公民社会在协同创新中形成良好的互动关系，推动“产学研用”融合的灾害风险知识转化与工具开发进程。

最后，塑造有效的风险治理与韧性建设知识传播渠道。搭建数字时代知识生产的协作系统，政府、科研院所、社会组织分工协同完成区域灾害历史、风险隐患知识等数据的获取、清洗、分类与储存任务，从而生成基于数据智能的灾害风险知识生产生态系统，加强数字时代知识生产的质量控制，完善面向不确定性和复合型风险的韧性知识共建共享体系，推动“人人讲安全，个个会应急”风险治理学习共同体的形成。

（2）在政策维度，应实现三个“全”，强化“五治”统合，推动协同治理，全面提升韧性治理水平

聚焦倡导建立全要素、全过程治理的防灾减灾工作体系。聚焦全要素治理；“横向到边、纵向到底”摸清自然要素、经济要素、社会要素、文化要素等全要素面临的灾害风险，正确处理复杂巨系统中的系统与要素、要素与要素、结构与层次、系统与环境的“相互支撑与制约”关系。聚力全过程管理；坚持问题导向，以发展实绩和安全成效为准绳，优化“部门横向与府际纵向”之间的政策过程，完善“灾前、灾种、灾后与预防、响应、恢

复”之间的业务流程。

助力“五治”统合塑造全社会联动的社会力量参与体系。牢固守住不发生系统性风险的底线，不仅需要党政各层级、各部门人员的勤勉努力，更需要创新建设“国家、市场、社会”多元联动的风险治理共同体（见图6），联动全社会守住安全底线。与此同时，推进构建面向韧性的风险治理共同体，完善企业单位和社会组织等社会力量参与建设的机制，形成具有较大覆盖面和弹适性的安全防护网，防范巨灾的连锁、放大效应引发的系统性风险，保障城市生活环境的宜居性。

（3）在社会维度，应强化社区为本、数智为翼，大力培育安全韧性文化

需要进一步强化社区为基础的“最后一公里”阵地打造，联动“社区+社会组织+社会工作者+社区志愿者+社会慈善资源”等多方力量，以普惠的方式快速推动社区防灾减灾数字化、智能化、常态化，通过动态风险地图、数字化台账、防灾避险自救应对手册等，赋能防灾减灾服务递送的“最后一公里”。结合第一响应人建设推动社区防灾减灾教育，开展应急演练、应

图6　风险治理共同体

资料来源：“气变项目”研究团队绘制。

急文化培育，引导公众参与到社区应急预案等制订工作中来，激发人人成为社区第一响应人，在全社会中形成人人“要安全、讲安全、懂安全、会安全”的局面。

3. 社会力量参与自然灾害风险治理的策略路径

“气变项目”基于项目实践，探索气候变化与自然灾害风险之间的内在联系，从社会力量自身特点及其面临的挑战出发，在减灾优先事项的指导下，提出了气候变化下重大自然灾害应对的创新路径，从而反过来也有效指导了项目实践。

（1）加大资源投入，加强资源整合，提升治理效能

推动以基金会为主的社会力量加大慈善资源投入，合理划定灾前预防、灾中救援、灾后重建的资源分配。在多元主体、多种要素参与风险治理的情况下，助力社区应急资源协调保障，将已有应急资源统一汇集、分类管理，建立从灾难预防到灾难治理的一整套资源调配体系，通过信息化工具将应急资源的供给方和需求方实现最优化、最大限度的智能匹配，拓展应急资源来源和使用的扩展性，加强应急资源储备的动态管理，推进风险治理与应急管理现代化，提升治理效能。

（2）重塑社会认知，强化风险意识，筑牢社会防线

加强应急文化教育，重塑气候变化下灾害风险的社会认知，培育安全风险与应急知识储备，形成社会应急协作网络。具体而言，社会组织可通过提供有关灾害风险评估、灾害应对咨询、技术维护等方面的服务，提升基层社区和居民的风险意识与公众自救互助能力；正确引导家庭做好应急物资配备；发展社区志愿服务和救援队伍，开展应急力量专业培训、警示教育和应急逃生演练，联动全社会共同参与防灾减灾工作。

（3）加强技术运用，培育安全文化，促进社会创新

社会组织应积极寻求科研院所、科技企业等合作支持，运用5G、物联网等新一代信息技术，开设网上应急管理专题信息栏目与专题课程，开发应急演练功能软件、应急科普宣教视频、应急管理学习社区、数字化应急知识图书馆等产品，助力培育安全韧性文化。搭建多元渠道及便捷化的交互方

式，以社会组织带动全社会搜集、上传灾情信息，为监测预警、防灾分析、救灾指挥、应急决策所用。带动社区居民参与，绘制风险地图，以数据共享打通社会参与的“信息入口”，以可视化、交互式、精准性方式指引居民安全生活，提升社会公众的防灾减灾能力。

（4）激活社会组织，做好社会倡导，服务风险治理

找准本机构核心特征，持续性做社会倡导，将专业内容、模式、方法、路径和项目开源化，让各个社会组织都有机会学习其他社会组织的服务模式，提高服务效率、丰富服务内容。支持发展社区型社会组织，将其作为风险治理基层单元中的重要构成要素，以激励机制为导向开展应急管理的社会动员，引导社会力量依法依规有序参与风险治理与应急管理。

（5）规范社会格局，促进多元协同，助推学习型社区建设

规范社会培训格局，促进社会力量专业化、多元化发展。引入地震、洪涝、火灾、疫病等方面的专家资源，指导建立科学、可操作化的培训课程，编写符合社会力量自身定位的培训与实战手册、指南、预案，全面规范社会力量在科普减灾、应急救援、灾后重建等方面的行为。引导和促进社区内各成员努力构建以学习为主导、纽带的学习共同体，促进建立学习型社区，推动学习型社会的形成。

## （四）项目成效

### 1. 风险治理共同体的协同灾害应对能力显著提升

“气变项目”联动河南本地 99 家社会组织支持 318 个社区建立社区救援队，摸排社区风险、完善社区应急预案。通过策略研究与项目实践，提升了社区居民自然灾害风险意识与能力、救援队志愿者专业水平、社会组织业务能力和组织管理水平、本地教官教学能力。此外，“气变项目”还通过社会力量参与风险治理的行动促进了以政府为主导，社会组织链接社区居民、救援队等多元主体协作网络的形成与发展，有效推动完善了以社区为本的防灾减灾及应急救灾体系。2022 年度，河南省超过 75 家社会组织伙伴协同 258 个项目点社区志愿者救援队在当地党委、政府统一领导下积极参与社区

防疫行动，其中包括常态化防疫行动、新春防疫专项行动。通过发放防疫宣传知识单、参与志愿者服务等形式助力社区防疫。

2. 社会力量联合响应促进了行业资源整合

该项目研究机构基于项目实践，在气候变化背景下开展防灾减灾及灾害应对策略专题研究，探索气候适应下自然灾害风险应对策略，为社会力量参与防灾减灾救灾工作提供了指导，提升了多方协作效率。在实践中，通过项目联动了河南本地 20 家志愿者组织、59 家社工机构、17 个社会应急救援队、3 个心理协会，最终促进了本地社会组织与老牛基金会、壹基金等基金会，以及中国农科院环发所、北师大风创中心等研究机构的有效互动，链接了人才、信息、技术、知识、资金、项目等各方面资源，既实现了自身组织的资源整合与优化，也有助于社会力量共同创新性提供与社区安全发展需求相契合的高品质社区服务。

3. 社会力量参与风险治理的适应性学习

该项目通过研究与实践的结合，构建了“适应气候变化的防灾减灾课程体系”，搭建起面向不确定性气候变化的学习型社区。通过培训课程，项目建立起安全科普、应急宣教的媒介与渠道。截至 2022 年底，社区实践方面，采取老牛生命课堂、红十字救护员培训、壹基金项目交流与答疑、主题活动宣讲（国家安全教育日、全国防灾减灾日）等形式，在河南省 318 个社区开展了 198 场活动，培训队员 4827 名，900 余名学员完成了“红十字救护员”考核认证；策略研究方面，推动“社会组织参与自然灾害行动策略研究报告”取得积极进展，发布了“郑州‘7·20’暴雨灾害的气候成因及与气候变化的联系、国际大城市适应气候变化的洪水风险管理经验、气候变化下社会力量如何有效参与灾害响应与韧性建设”等系列研究成果专题宣传科普文章，评估了河南城乡居民灾害风险治理与韧性能力，从而推动了以社区为平台、以社会组织为载体、以社会工作者为支撑、以社区志愿者为依托、以社会慈善资源为助推的学习型社区建设，在居民韧性、志愿者专业技能、社会组织管理规范等多维度有效促进社会防灾减灾工作的开展。

## 三 经验总结

### （一）基于气候变化的灾害风险分析为防灾减灾工作提供了创新思路

该项目将河南郑州“7·20”特大暴雨灾害的发生与气候变暖紧密联系起来，从气候变化的视角全面地审视郑州暴雨灾害发生的过程、在气候变化背景下防治减灾工作的不足，以全新的科学认知提升“试点实践”和“能力建设”的深度、广度，探索气候变化背景下社会力量更加有效地参与灾害风险治理的路径。

### （二）着眼常态化风险治理，有效推动了多元主体应急协同网络建立

该项目委托成都艾特公益服务中心负责总体督导团队建设，并将河南社会组织划片管理，指定区域枢纽机构，通过在线管理系统加强项目监测评估，有效保障了各类社会组织的优势发挥与劣势补充，鼓励社会组织间通过“结对子”推动项目发展，鼓励社会应急救援队、志愿者组织与专业社工机构等不同类型社会组织之间建立项目协作机制。从而有效夯实了多元主体应急协同网络建设，加强了社会组织在常态下与政府、社区、社会公众的联系，推动了政府主导下多元主体协同参与的风险治理共同体建立，提升了社会组织参与重大自然灾害“事前预防、事发应对、事中处置和善后恢复”全过程的应对能力。

### （三）立足基层发挥社会力量优势，精准定位完善风险治理各方面全过程衔接

该项目以社区为本开展防灾减灾知识普及与应急能力建设，通过组建队伍，开展培训、演练，引入考核机制，发展专业应急救援团队，提升社区防灾减灾和应急救护能力。同时，项目活动推动社区居民自然灾害风险防范意识向“防”聚焦、向“前”转移、向“减”发力，防灾减灾救灾理念发生

了重大转变，促进了常态下风险治理与非常态下应急救援的有效衔接，逐渐与其他救援力量共同构成“由政府主导、社会力量协调参与、公众共同应对”的大应急体系、大安全格局。

### （四）全方位多层次赋能，推动多元主体应急能力提升

防灾减灾救灾工作需要在中央统筹指导、地方政府主导下，引导志愿者、社会组织等社会力量有序参与，因此需要多元主体应急能力的共同提升。首先，“安全家园”项目“建队伍、配物资、办培训、订预案、做演练”等活动有效提升了社区居民韧性能力。其次，安全教育课程培训有效赋能了社会组织管理者、救援队教官，从而提升了社会组织防灾救灾减灾专业能力。最后，该项目以社会组织联系基层社区，普及安全教育和防灾知识，有效推动了全社会对安全事业的关注与社会风险防范能力增强。

### （五）基于实践打造研究型学习平台，提升社会力量参与风险治理有效性

气候变化带来的不确定性，使得以往常规防灾措施失灵，极端事件更加要求加强常态下韧性建设。该项目从应对气候变化对社会力量参与自然灾害治理的影响出发，突出研究性内容与实践行动的相辅相成与有效性提升，以理论研究引导实践开展，利用实践反馈理论创新。既注重气候变化对灾害风险治理影响的科学探索，也着力于社会组织联动多元主体防灾减灾的应用实践；既大力推动本地社会组织的自身能力建设，也注重对社区居民的直接赋能；最终形成了以社会组织链接政府、研究机构等多元主体的学习型社区，保障了风险治理的有效协同。

## 四　反思与不足

### （一）社会力量参与自然灾害风险治理的项目可持续性

项目实施中各方始终致力于多元主体的参与和赋能，带动了市、县级应

急管理系统和社会组织防灾减灾救灾能力的提升。但在长期的防灾减灾工作中，过度依赖外部机构的能力和资源是不可持续的运作方式。同时，如何有效传递防灾减灾知识也是风险治理中的基础性问题，仅有资源支持而缺乏能力建设，显然无法保证防灾工作长期有效。因而开展本地的学习型社区建设成为重要措施。

此外，不同类型社会组织掌握不同专业技能，如何在不确定性未来发挥各组织特长并有效协同，仍需要持续赋能与专业支持。而这一过程中如何获得更多持续性保障，尤其是在政府采购服务方面地方政府财政吃紧的情况下，亟待完善社会力量参与灾害风险治理的标准、规范与体制机制保障。

### （二）不同社会组织的差异化赋能路径

该项目实践中共有四种伙伴类型：志愿者组织、社工机构、社会应急救援队、心理协会，而不同组织类型、不同服务类别、不同发展阶段的社会组织发展需求不一、发展困境不同。在“安全家园·老牛生命学堂”项目实践中，尚未充分考虑各类型组织特点，仅按标准化流程推进项目仍存在一定不足。因此，如何根据不同类型的社会组织业务范围、自身专长优势，开展专业化、差异化、个性化特色活动，提升多方合作的黏合度、激发资源优势，最大限度地发挥社会组织的重要作用，是需要思考的重点。

### （三）不确定变化下社会力量参与风险治理的有效渠道有待拓展

综合反思该项目实践过程中，在自然灾害、公共卫生等多重复合型灾害影响下，项目进程滞后于初期设想、推进困难。随着互联网技术的快速发展，聚集多方主体的社交媒体平台的兴起与普及为风险治理带来新的契机。未来，社会力量如何借助数字网络开拓风险治理的有效参与渠道、如何确保灾情信息准确真实等将是重要的探寻方向。

## 参考文献

冯林玉：《社会力量参与防灾减灾救灾的现实困境与规范进路》，《重庆大学学报》（社会科学版），http：//kns. cnki. net/kcms/detail/50. 1023. C. 20200619. 1816. 006. html。

刘冰、傅昌波、郭成：《中国特色社会组织参与应急管理机制研究——基于新冠肺炎疫情防控的连续性观察》，《社会政策研究》2022 年第 2 期。

刘德海、赵悦、贺定超：《我国“政府主导-社会参与”救灾体制改革的演化路径分析》，《运筹与管理》2022 年第 11 期。

汪锦军、李悟：《政府战略性支持、跨场景合作与“弹性治理”机制的生成——基于浙江 22 个救灾类社会组织的分析》，《中国行政管理》2022 年第 6 期。

许健、罗维：《我国社会力量参与应急救援的法律规制——以德国经验为借鉴的研究》，《学习与探索》2023 年第 2 期。

张海波：《中国应急管理的适应性：理论内涵与生成机理》，《理论与改革》2022 年第 4 期。

张强、谢静、杨晶等：《“十四五”期间社会力量参与应急管理的机遇探析与路径研究》，《中国应急管理科学》2022 年第 4 期。

张强：《规范引导社会力量参与，打造基层应急管理新格局》，《中国减灾》2020 年第 9 期。

张强：《新形势下推进社区治理创新的重心和基本面》，《国家治理》2020 年第 40 期。

# B.14
# 中国与国际人道主义援助合作案例报告

徐佳敏　姚 帅　王 泺　张闰祎*

**摘　要：** 中国在国际人道主义援助中扮演着十分重要的角色，尤其在紧急人道主义援助方面，中国力量是全球人道主义援助体系中不可或缺的一部分。目前中国特色的人道主义援助模式已逐步形成，并成为新时期践行人类命运共同体理念、服务大国外交和国内新发展格局、维护中国安全和发展利益的重要手段。中国人道主义援助包括资金、物资、紧急工程、救援队、应急医疗队、能力建设等多种形式，覆盖灾前防灾备灾、灾时救灾抗灾、灾后修复重建各个阶段，具有快速有序、务实高效、覆盖面广、可持续性强的优势。在国际人道主义需求不断上升、援助资金缺口不断扩大、传统人道主义援助方式不足以应对现有危机的规模和紧急态势的背景下，未来中国将继续发挥独特优势，积极响应国际呼吁，在完善人道主义援助政策体系、强化协调管理机制、参与国际多边协调、引导民间力量、加强理论研究等方面，不断提升人道主义援助水平。

**关键词：** 人道主义援助　防灾减灾救灾　社会参与　国际协调　多边合作

---

* 徐佳敏，商务部国际贸易经济合作研究院国际发展合作所助理研究员，研究方向为人道主义援助、环境国际发展合作等；姚帅，商务部国际贸易经济合作研究院国际发展合作所副研究员，研究方向为援外政策与管理、发达国家与新兴援助国援外模式、人道主义援助等；王泺，商务部国际贸易经济合作研究院国际发展合作所所长、研究员，研究方向为中国对外援助、国际发展合作等；张闰祎，商务部国际贸易经济合作研究院国际发展合作所助理研究员，研究方向为人道主义援助、援助政策与评估等。

党的十八大以来，中国特色社会主义进入新时代，国家主席习近平提出了一系列重大理念，包括构建人类命运共同体、倡导正确义利观和真实亲诚、亲诚惠容理念，切实履行作为发展中大国的职责与使命，推动国际发展合作事业高质量发展。国际合作过程中，中国始终恪守人道主义原则，履行国际义务，全面回应不同时期的国际人道主义需求，在第一时间帮助有需要的国家应对自然灾害、人道危机、疫情传播、粮食危机等各类灾难，为促进人类和平与共同发展做出了积极贡献。2022～2023 年，中国在一系列重大国际场合宣布有关人道主义援助的务实合作举措，提出全球发展倡议、全球安全倡议、全球文明倡议等重要倡议。中国特色人道主义援助将为推动落实联合国 2030 年可持续发展议程、应对全球发展危机与挑战交出中国答卷[①]。

## 一　国际人道主义援助总体形势

当前全球人道主义正面临二战结束以来空前严峻的挑战，在新冠疫情与地区冲突叠加共振的背景下，全球通胀水平持续走高。部分国家粮食安全状况恶化，极端天气事件频发，人道援助需求不断上升，援助资金缺口持续扩大，资金来源渠道有待进一步拓展。从受援国角度出发，援助内容和资金分配方式的本土化力度不足，难以提升现有资源的援助效率。总体而言，全球人道主义援助在需求、资金来源与分配等方面呈现如下特点。

### （一）全球人道主义援助需求达到历史最高水平

当前，受地区冲突、饥饿、气候变化和新冠疫情的影响，全球人道主义援助需求达到历史最高水平。联合国制定的人道主义响应计划增多，计划援助的目标人数大幅增加。2019 年联合国协调了 36 项人道主义响应计划和呼

① 《〈新时代的中国国际发展合作〉白皮书（全文）》，中华人民共和国国务院新闻办公室网站，2021 年 1 月 10 日，http：//www. scio. gov. cn/zfbps/32832/Document/1696685/1696685. htm，最后访问日期：2023 年 5 月 5 日。

吁，受新冠疫情影响，2020 年这一数字提高至 56 项，2022 年虽略有下降（44 项），但仍是十年前的两倍多。2020 年人道主义响应计划的目标人数跃升至 1.41 亿，增长了 43%；2021 年美军撤离阿富汗后，阿富汗面临的人道主义危机使援助目标人数升至 1.54 亿。根据 2022 年 11 月的统计结果，全球大约有 1%的人口（1.03 亿）流离失所。

《2023 年全球人道主义概览》（GHO）提出，2023 年全球预计将有 3.39 亿人需要人道主义援助，筹资目标为 515 亿美元。世界可能正面临史上最大的粮食危机，数以亿计的人口将面临严重饥饿风险。截至 2022 年年末，至少有 53 个国家的 2.22 亿人面临严重的粮食短缺。冲突战乱是粮食危机的主要导火索，超过 70%的饥饿人口生活在战乱地区。2022 年 3 月至 8 月，加勒比地区近 410 万人，即其 57%的人口处于中度至严重粮食不安全状况。

此外，高通货膨胀率影响下，联合国世界粮食计划署的每月粮食采购成本比新冠疫情前高出 44%。自 2020 年中至今，粮食价格攀升速度惊人，目前已达到十年内的最高值，并且该态势短期内难以扭转。国内货币价值波动幅度大且通货膨胀率高，99 个国家粮食价格的年同比增长率都超过了 10%，

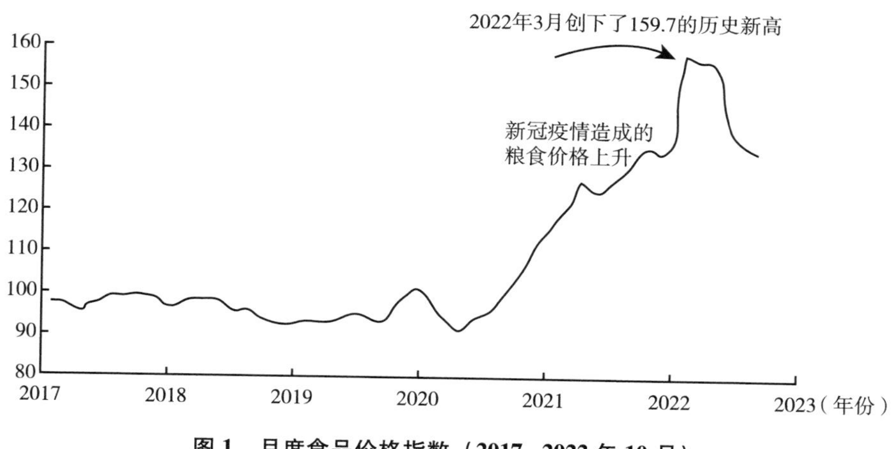


**图 1　月度食品价格指数（2017~2022 年 10 月）**

资料来源：The United Nations Office for the Coordination of Humanitarian Affairs（UNOCHA），《2023 年全球人道主义概览（Global Humanitarian Review 2023）》，2022 年 12 月 1 日，https://www.unocha.org/2023gho，最后访问日期：2023 年 5 月 5 日。

63 个国家甚至超过了 15%。2022 年 3 月，粮农组织的粮食价格指数创 1990 年成立以来新高。

## （二）人道主义援助资金年均增长率下降，发达国家仍是主要资金来源

2022 年的人道主义援助资金总规模达 387 亿美元，有望打破先前人道主义援助金额的增幅放缓趋势，2018~2021 年的人道主义援助资金增长率（2.5%）较 2012~2018 年（10%）低了 7.5 个百分点。

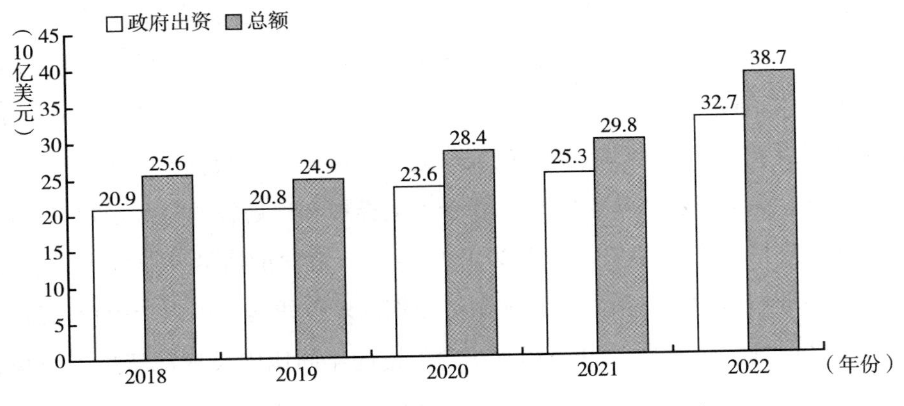


**图 2　国际人道主义援助资金总额（2018~2022）**

资料来源：由作者根据联合国人道主义事务协调厅人道主义资金财务支出核实处数据库（UNOCHA FTS）公开数据绘图。

人道主义体系中依赖少数援助国提供大量援助的局面没有转变，发达国家依然是人道主义援助的主要资金来源，但援助动力不足。2022 年前五大援助国家和地区分别为美国（165.69 亿美元）、德国（48.29 亿美元）、欧盟（32.02 亿美元）、日本（17.48 亿美元）、英国（13.78 亿美元）。前五大捐助方的总援助额占 2022 年全球人道主义援助资金总额的 72%。其中只有美国每年援助资金及其份额都在增加，2022 年全球人道主义援助资金中 43%来自美国（见图 3）。英国在 2019 年成为第二大人道主义援助国，但在 2020 年暂停履行 0.7%的国民总收入用于援助的承诺后，其人道主义援助资金相应减少，落后于德国。沙特和阿联酋的援助金额合计减少了 62%。日

本人道主义援助金额在下降两年后于2021年翻了一番，取代阿联酋成为五大援助国之一。总之，人道主义援助资金因依赖少数援助方的“酌情自愿支持”而存在不稳定性与不确定性。

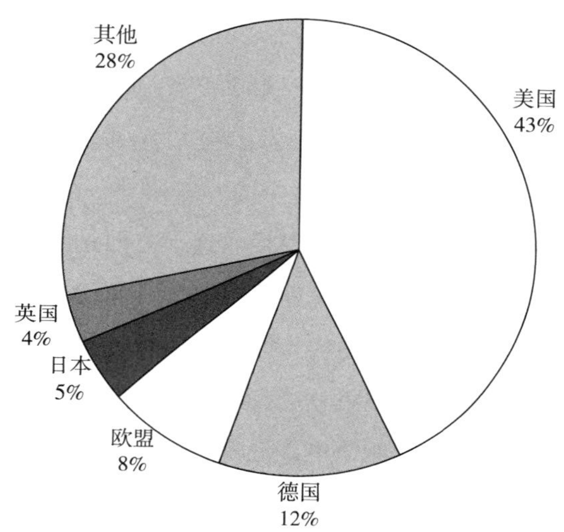


**图3　2022年人道主义援助资金的构成**

资料来源：由作者根据联合国人道主义事务协调厅人道主义资金财务支出核实处数据库（UNOCHA FTS）公开数据绘图。

## （三）援助决策权集中在国际组织，本土化进程缓慢

联合国机构接收了大部分人道主义援助资金。2022年，联合国机构所接收的金额（261.2亿美元）约占援助总额的2/3，是当地和国家非政府组织所接收金额（3.7亿美元）的71倍。联合国人道主义事务协调厅（UNOCHA）数据显示，国际社会虽然普遍认识到人道主义援助本土化的重要性，但大部分资金以及决策权仍由国际组织掌握。2018~2021年，接近半数的人道主义援助资金由3个联合国机构吸收：世界粮食计划署，联合国难民署和联合国儿童基金会这三个组织，直接流入受援国本地、受援国可支配的援助资金并没有增加，本地人道主义援助从业人员也难以同援助方进行直接交流，人道主义援助的本土化进程迟滞不前。

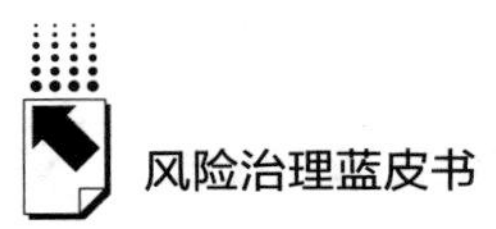


### （四）人道主义援助资金较为集中，难以满足受援方需要

人道主义援助存在资金集中的特点。2012~2021 年，埃塞俄比亚、叙利亚、南苏丹、也门和阿富汗 5 国共获得人道主义援助总资金的 42%，其他 117 个国家的人道主义资金之和仅占总额的 10%。2022 年，前三大受援国是乌克兰（38.4 亿美元）、阿富汗（36.2 亿美元）和也门（27.5 亿美元），约占总援助资金的 26.4%。

人道主义体系还存在援助不足的现状。这一方面是因为援助方和受援者之间存在偏好错位。援助方在很大程度上根据自身利益与偏好分配资金，而这些偏好并不总是与当地受援者的优先需求相匹配。另一方面是缘于各方对新冠疫情的积极响应导致“风险近视”，即援助方在面对多个危机时可能会因重点关注某一危机而忽视其他危机。近年来，人道主义体系对新冠疫情的响应很大，但同时也转移了对其他需求的注意力，导致其他传统但同样紧迫的援助需求的优先级降低。

## 二　中国人道主义援助实践

中国始终坚持国际主义和人道主义精神，全面回应不同时期的国际人道主义需求，在第一时间帮助有需要的国家应对自然灾害、疫情传播、粮食危机、灾后重建、难民危机等各类挑战。为应对不断上升的国际人道主义援助需求，中国积极响应国际呼吁，不断调整提升人道主义援助水平。根据《对外援助管理办法》，紧急人道主义援助与物资项目、成套项目等并列为八大对外援助项目类型之一①，在管理机制、政策体系和实践行动方面不断完善。

① 《国家国际发展合作署　外交部　商务部　令　（二〇二一年第 1 号）〈对外援助管理办法〉》，国家国际发展合作署网站，2021 年 8 月 31 日，http://www.cidca.gov.cn/2021-08/31/c_1211351312.htm，最后访问日期：2023 年 5 月 5 日。

## （一）中国人道主义援助管理机制

随着人道主义援助需求不断上升，中国人道主义援助管理机制历经改革创新，主要参与部门包括国家国际发展合作署（以下简称国合署）、商务部、应急管理部、外交部、卫生健康委员会等。各部委承担不同角色并相互配合、密切沟通，以保证人道主义援助行动的高效性（见表1）。国合署是中国开展对外援助的主管部门，在人道主义援助项目中发挥着重要作用。国合署负责制定并实施中国的人道主义援助政策，以提供资金和物资等方式对外提供紧急人道主义援助，并通过全球发展和南南合作基金支持联合国和其他国际组织开展援助行动。根据2021年颁布的《对外援助管理办法》，在人道主义灾难发生后，国合署会同有关部门办理立项，并通过提供紧急救援物资、现汇或派出救援人员等方式实施救助①。

商务部作为紧急人道主义物资援助的主要执行部门，负责采购和运输等实施任务。前方使馆经济商务处与受援国对接救援物资需求及发放事宜。外交部协助救援人员和物资出境，具体包括救援人员签证，指导当地使领馆配合，协助申请飞越和落地许可，救灾物资设备通过等，前方使馆负责与受灾国沟通援助需求、对接救援物资发放事宜。应急管理部负责向受灾国派遣救援队及灾害评估组，并随行相关救灾物资支持灾区。卫生健康委员会负责派遣应急医疗队、防疫队，并提供医疗物资。国防部也参与紧急情况下的人道主义援助，包括运送应急物资、派遣医疗船和医疗救助人员等。中国红十字会负责提供物资援助、小额现汇援款、派遣中国红十字国际救援队等。民用航空局负责航空运输、飞机调配、航线申请等事项。

为提升人道主义援助响应速度，2021年国合署牵头组建涵盖25家单位的援外部际协调机制，并在抗疫援助、自然灾害救援、粮食援助等紧急人道主义援助工作中发挥了积极作用。按照优化协同高效要求，加强对各领域、

① 《国家国际发展合作署　外交部　商务部　令　（二〇二一年第1号）〈对外援助管理办法〉》，国家国际发展合作署网站，2021年8月31日，http://www.cidca.gov.cn/2021-08/31/c_1211351312.htm，最后访问日期：2023年5月5日。

**表 1　中国人道主义援助主要参与部门**

| 序号 | 机　构 | 职　责 |
|---|---|---|
| 1 | 国家国际发展合作署 | 拟定紧急援助总体方案、统一制定援助资金使用方案和立项、协调军方和成员单位等参与紧急援助 |
| 2 | 商务部 | 负责紧急人道主义物资援助的执行，包括采购和运输 |
| 3 | 外交部 | 协助救援人员护照和签证，指导使领馆配合，协助申请飞越和落地许可、救灾物资设备通过等，使馆负责与受灾国沟通援助需求、对接物资发放 |
| 4 | 应急管理部 | 派遣救援队及灾害评估组，提供相关技术服务和救灾物资 |
| 5 | 卫生健康委员会 | 派遣应急医疗队、防疫队，提供医疗卫生技术服务 |
| 6 | 国防部 | 物资援助，派遣医疗船、医疗救助人员，开展联演等 |
| 7 | 民用航空局 | 救灾物资的海陆空运输、运输工具调配 |
| 8 | 中国红十字会 | 提供物资援助、小额现汇援助，派遣中国红十字国际救援队 |

资料来源：由作者根据各相关部委官网信息整理而来。

各部门人道主义援助工作的统筹协调和统一管理①。在国产新冠疫苗附条件上市后，国合署立即着手启动相关对外援助。通过对外紧急人道主义援助部际协调机制，国合署会同外交部、商务部、工信部、卫生健康委、交通运输部、财政部、海关总署、药监局、民航局等部门和实施单位，开展抗疫援助工作②。

## （二）中国人道主义援助政策体系

中国政府高度重视人道主义援助工作。虽然中国目前没有专门针对人道主义援助的政策，但是在重要国家战略和政策规划层面都纳入了人道主义援助的有关表述，体现了政策层面对人道主义援助的重视，形成了对人道主义

① 《国家国际发展合作署举行中国抗疫援助及国际发展合作新闻发布会（全文稿）》，国家国际发展合作署网站，2021 年 10 月 26 日，http：//www. cidca. gov. cn/2021 - 10/26/c_ 1211420845. htm，最后访问日期：2023 年 5 月 5 日。

② 《国际发展合作署就中国开展新冠疫苗对外援助答问》，国家国际发展合作署网站，2021 年 3 月 19 日，http：//www. gov. cn/xinwen/2021 - 03/19/content_ 5594044. htm，最后访问日期：2023 年 5 月 5 日。

援助实践的自上而下、从宏观到微观的政策指引。

党的二十大报告指出，中国“高举和平、发展、合作、共赢旗帜，在坚定维护世界和平与发展中谋求自身发展，又以自身发展更好维护世界和平与发展”①。人道主义援助被纳入国家总体和具体领域的政策规划。国家“十四五”规划明确提出，中国将继续加强医疗卫生、科技教育、绿色发展、减贫、人力资源开发、紧急人道主义等领域的对外合作和援助②。《“十四五”国民健康规划》在公共卫生突发事件响应方面指出，中国需健全跨境卫生应急沟通协调机制，完善参与国际重特大突发公共卫生事件应对机制③。《“十四五”国家应急体系规划》提出，中国需要全面提升应急救援国家队的正规化、专业化、职业化水平，积极适应“全灾种、大应急”综合救援需要。同时，加强跨国（境）救援队伍能力建设，积极参与国际重大灾害应急救援、紧急人道主义援助④。

2021 年《新时代的中国国际发展合作》白皮书首次将人道主义援助单独成章，系统阐述了中国应对全球人道主义挑战的实践举措⑤。2021 年 10 月 1 日起开始施行的《对外援助管理办法》为中国对外人道主义援助确立了规范和法律依据。该办法中多个条款提到人道主义援助，明确了紧急人道

① 习近平：《高举中国特色社会主义伟大旗帜　为全面建设社会主义现代化国家而团结奋斗——在中国共产党第二十次全国代表大会上的报告》，中共中央党校网站，2022 年 10 月 25 日，https：//www.ccps.gov.cn/zl/20dzl/202210/t20221025_155436.shtml，最后访问日期：2023 年 5 月 5 日。

② 《中华人民共和国国民经济和社会发展第十四个五年规划和 2035 年远景目标纲要》，中华人民共和国中央人民政府网站，2021 年 3 月 13 日，http：//www.gov.cn/xinwen/2021-03/13/content_5592681.htm，最后访问日期：2023 年 5 月 5 日。

③ 《国务院办公厅关于印发“十四五”国民健康规划的通知（国办发〔2022〕11 号）》，中华人民共和国中央人民政府网站，2022 年 4 月 27 日，http：//www.gov.cn/zhengce/content/2022-05/20/content_5691424.htm，最后访问日期：2023 年 5 月 5 日。

④ 《国务院关于印发“十四五”国家应急体系规划的通知（国发〔2021〕36 号）》，中华人民共和国中央人民政府网站，2022 年 2 月 14 日，http：//www.gov.cn/zhengce/content/2022-02/14/content_5673424.htm，最后访问日期：2023 年 5 月 5 日。

⑤ 《〈新时代的中国国际发展合作〉白皮书（全文）》，中华人民共和国国务院新闻办公室网站，2021 年 1 月 10 日，http：//www.scio.gov.cn/zfbps/32832/Document/1696685/1696685.htm，最后访问日期：2023 年 5 月 5 日。

主义援助项目的定义，即在有关国家遭受人道主义灾难的情况下，通过提供紧急救援物资、现汇或者派出救援人员等实施救助项目。该办法进一步明确，在人道主义援助等紧急或者特殊情况下，中国可以向受援国提供无偿援助和现汇援助，发达国家或者与中华人民共和国无外交关系的发展中国家也可以成为受援方①。

## （三）中国特色的人道主义援助最新实践

新时代以来，在各项政策指引下，中国人道主义援助实践范围不断拓宽、形式不断创新。尤其随着全球发展倡议和全球安全倡议的提出，中国人道主义援助呈现新发展和新变化。在正确义利观的指导下，中国在自然灾害紧急救援、公共卫生突发事件响应、粮食援助、灾后恢复重建、防灾减灾、缓解移民和难民危机六个方面积极开展人道主义援助行动。

### 1. 开展自然灾害应急救援

受气候变化等因素影响，2022～2023 年，世界范围内的极端气候灾害发生频率高、规模大、影响范围广，受灾国的救灾压力不断增加。据不完全统计，2022 年全球范围内共发生自然灾害 422 次②。2022～2023 年 4 月间，针对自然灾害，中方累计向瓦努阿图、叙利亚、土耳其、印尼、巴基斯坦、马达加斯加、阿富汗、汤加等国提供紧急救灾援助超过 2.4 亿人民币③。2023 年 2 月 28 日至 3 月 4 日，瓦努阿图接连遭受两次超强飓风侵袭。中国政府第一时间启动对瓦努阿图的紧急人道主义救灾援助工作，采取包机运输方式向瓦方紧急提供应急救灾物资援助，包括帐篷、折叠床、急救包等，有关物资已于 3 月 16 日运抵。同时，中国政府向瓦努阿图政府提供了 50 万美元现汇援助、中国红十字会向瓦方提供了 10 万美

① 《国家国际发展合作署　外交部　商务部　令　（二〇二一年第 1 号）〈对外援助管理办法〉》，国家国际发展合作署网站，2021 年 8 月 31 日，http：//www. cidca. gov. cn/2021-08/31/c_ 1211351312. htm，最后访问日期：2023 年 5 月 5 日。

② 根据国际灾害数据库（EM-DAT）整理，www. public. emdat. be/data。

③ 根据国合署网站信息估算，http：//www. cidca. gov. cn/was5/web/search？ channelid = 11334 &searchword=%E6%95%91%E7%81%BE。

元现汇援助，用于瓦方在当地采购食品、饮用水和医药用品等救灾物资及部署救灾人员①。

### 专栏1——土耳其—叙利亚地震

当地时间2023年2月6日，土耳其南部发生7.8级地震。2月8日，中国政府宣布向土耳其提供紧急援助共计4000万人民币，其中包括重型城市救援队、医疗队和一系列急需的救灾物资②。中国救援队自2月8日到达灾区后，根据土方提出的范围，在受灾最严重之一的哈塔伊省执行搜救任务，累计派出救援人员21个批次、308人次，共营救被困人员6人，搜寻遇难者11人③。同时，中国宣布向叙利亚提供紧急援助共3000万元人民币，包括200万美元现汇援助及其他救援物资④。2月15日，中国政府援助叙利亚紧急人道主义物资运抵大马士革，援助物资总重80吨。该批物资包括约3万个急救包、1万件棉服、300顶棉帐篷、2万条毛毯、7万片成人拉拉裤以及呼吸机、麻醉机、制氧机、LED手术无影灯等应急医疗设备和物资⑤。

### 专栏2——巴基斯坦洪灾

2022年6月，巴基斯坦多地遭受前所未有的严重洪灾，受灾人口达到

---

① 《国际发展合作署地区二司刘俊峰司长就瓦努阿图飓风紧急人道主义救灾援助答记者问》，国家国际发展合作署网站，2023年3月17日，http：//www. cidca. gov. cn/2023-03/17/c_1211739039. htm，最后访问日期：2023年5月5日。

② 《国合署负责人会见土耳其、叙利亚驻华大使，通报紧急援助举措》，中华人民共和国中央人民政府网站，2023年2月9日，https：//www. gov. cn/xinwen/2023-02/09/content_5740688. htm，最后访问日期：2023年6月12日。

③ 《中国救援队结束赴土耳其救援任务》，中华人民共和国中央人民政府网站，2023年2月17日，http：//www. gov. cn/xinwen/2023-02/17/content_5741924. htm#1，最后访问日期：2023年5月5日。

④ 《驰援土耳其叙利亚　地震救援里的中国力量》，央广网，2023年2月10日，https：//news. cnr. cn/native/gd/20230210/t20230210_526150636. shtml，最后访问日期：2023年6月12日。

⑤ 《中国政府援助叙利亚抗震救灾人道主义物资运抵大马士革》，中华人民共和国中央人民政府网站，2023年2月16日，http：//www. gov. cn/xinwen/2023-02/16/content_5741658. htm，最后访问日期：2023年5月5日。

3300万人，其中1700多人死亡，数千所学校和医院被毁或受损。根据巴基斯坦官方公布的数字，受洪灾影响约有800万人流离失所。基于巴方需求，中方通过中巴经济走廊社会民生合作框架，向巴方提供5万条毛毯、5万块防水篷、2.9万顶帐篷等储备物资[①]。中国政府第一时间向灾区派出医疗专家组和灾害评估专家组。中巴双方长久以来互帮互助，民间力量也在抗灾行动中做出重要贡献。中国红十字会向巴方红新月会提供30万美元紧急现汇援助。全巴中资企业协会向巴总理抗洪赈灾基金捐款1500万卢比[②]。

**专栏3——汤加海域火山爆发**

2022年1月15日，汤加海域火山爆发并引起海啸，给当地造成严重损失。中国对汤加的援助是最及时的，批次也是最多的。1月19日，中国政府即通过驻汤加大使馆紧急筹措物资，并于当天向汤加政府捐赠了价值28万元人民币的饮用水、食品等应急物资，成为全球第一个提供援助的国家。1月27日，由中国驻斐济大使馆紧急筹集的50吨救灾物资，通过海运运抵汤加。这批物资包括饮用水、应急食品、个人防护和医疗用品等救灾物资。2月15日，赴汤加执行运送救灾物资任务的中国海军舰艇编队抵达汤加努库阿洛法港。这批运送的救灾物资共计1400余吨，主要包括移动板房、拖拉机、发电机、水泵、净水器及应急食品、医疗防疫器材等[③]。

### 2. 响应公共卫生突发事件

新冠疫情突发后，中国开展了新中国成立以来持续时间最长、规模最大

---

① 《外交部发言人：中方决定向巴基斯坦追加一批人道主义援助》，中华人民共和国中央人民政府网站，2022年8月29日，http：//www. gov. cn/xinwen/2022-08/29/content_ 5707308. htm，最后访问日期：2023年5月5日。

② 《中国常驻联合国日内瓦办事处和瑞士其他国际组织代表陈旭在巴基斯坦洪灾应对计划联合发布仪式上的发言》，中华人民共和国常驻联合国日内瓦办事处和瑞士其他国际组织代表团网站，2022年8月30日，http：//geneva. china-mission. gov. cn/dbtxwx/202208/t20220831_ 10758300. htm，最后访问日期：2023年5月5日。

③ 《有中国这样的好朋友，是汤加的幸运！》，国家国际发展合作署网站，2022年2月16日，http：//www. cidca. gov. cn/2022-02/16/c_ 1211574265. htm，最后访问日期：2023年5月5日。

的人道主义援助，从抗疫物资、技术援助到疫苗援助，积极回应了各国需求，引领了国际抗疫合作。疫情期间，中国向国际社会及时通报疫情信息，尽己所能向国际社会提供人道主义援助，支持全球抗击疫情。本着依法、公开、透明、负责任态度，中国积极推动新冠疫苗研发知识产权豁免，并将疫苗作为全球公共产品第一时间推出，展现大国担当①。作为国际抗疫合作的倡导者，中国不断深化疫苗联合生产、关键药物研发等领域合作，搭建“快捷通道”“绿色通道”，守护各国人民的生命健康。

公共卫生基础设施建设方面，2023 年 1 月，中国援非盟非洲疾病预防控制中心总部项目正式完成第一期建设②。其他援助项目包括毛里塔尼亚国家医院传染病专科门诊楼、多米尼克中多友好医院专家宿舍楼等，目前已移交使用，满足了受援国急迫的抗疫需要。中国还帮助巴基斯坦等国建设临时隔离医院，为这些国家抗击疫情提供保障③。

同时，中国支持国际多边平台和机构应对疫情，积极响应联合国和世界卫生组织的筹资呼吁。新冠疫情期间，中国同联合国世界粮食计划署（UNWFP）合作，在广州建设全球人道主义应急仓库和枢纽，为转运抗疫物资提供支持④。据国家卫生健康委统计，截至 2022 年 12 月，抗疫物资援助方面，中国已向 153 个国家和 15 个国际组织提供上千亿件物资，并已向 120 多个国家和国际组织供应超过 22 亿剂新冠疫苗。中国同 180 多个国家和地区以及国际组织就疫情防控开展技术交流，召开研讨活动 300 余场，向

① 《抗击新冠肺炎疫情的中国行动》，中华人民共和国中央人民政府网站，2020 年 6 月 7 日，http：//www. gov. cn/xinwen/2020-06/07/content_ 5517737. htm，最后访问日期：2023 年 5 月 6 日。

② 《非盟非洲疾控中心总部项目竣工　成为中非合作新标志》，中华人民共和国国家发展和改革委员会网站，2023 年 1 月 29 日，https：//www. ndrc. gov. cn/fggz/gjhz/zywj/202301/t20230119_ 1347047_ ext. html，最后访问日期：2023 年 5 月 5 日。

③ 《〈新时代的中国国际发展合作〉白皮书（全文）》，中华人民共和国国务院新闻办公室网站，2021 年 1 月 10 日，http：//www. scio. gov. cn/zfbps/32832/Document/1696685/1696685. htm，最后访问日期：2023 年 5 月 5 日。

④ 《全球人道主义应急仓库和枢纽（过渡期）揭牌》，中华人民共和国农业农村部网站，2021 年 7 月 14 日，http：//www. moa. gov. cn/xw/zwdt/202107/t20210714_ 6371912. htm，最后访问日期：2023 年 5 月 5 日。

34 个国家派出 37 支抗疫医疗专家组。同时，中国向 150 多个国家和地区提供中医药诊疗方案，并向部分有需求的国家和地区提供中医药产品①。

为助力中国对世界各国疫情防控实施人道主义援助，国家标准化管理委员会紧急下达《医用防护口罩技术要求》等 17 项疫情防护国家标准外文版计划②。在全球发展和南南合作基金的支持下，中国调动国内、国际资源共同应对公共卫生突发事件，并推动抗疫合作。南南合作基金驰援肯尼亚的防疫物资，惠及超 50 万人③。

**专栏 4——中医援外抗疫医疗队支援柬埔寨抗击新冠疫情**

2022 年 1 月 25 日，中柬双方签署了《中国国家中医药管理局与柬埔寨卫生部关于派遣中医抗疫医疗队赴柬埔寨工作的协议》④。根据该协议，2022 年 3 月，中国派出了首支中医抗疫医疗队。队伍由中医科学院西苑医院派出，专家团队由 12 名呼吸科、心血管科、针灸科等科室的骨干队员组成。除专家组外，队伍随行还带去了丰富的中医药品和物资。专家队与中国援建的考斯玛中柬友谊医院实地对接后，在院内开设了中医门诊，并根据当地患者要求调整了诊疗方式，包括针灸、按摩、拔罐、艾灸、中药膏膜等非药物疗法，为当地民众对症下药，提供不同的诊疗手段。

除开办中医诊所外，医疗队还注重培训本土医护人员的中医治疗能力，开展中医门诊跟诊学习活动，培养年轻一代柬埔寨医疗从业者对于中医的兴趣。通过和柬埔寨参议院、柬华理事总会和王家军陆军学院等机构合作，医

① 《让中国抗疫叙事牢牢屹立并镌刻于人类集体记忆》，新华网，2023 年 2 月 14 日，http://www.news.cn/world/2023-02/14/c_1211728615.htm，最后访问日期：2023 年 5 月 5 日。

② 《国家标准化管理委员会下达 17 项疫情防护国家标准外文版计划》，国家市场监督管理总局标准创新管理司，2020 年 3 月 26 日，https://www.samr.gov.cn/bzcxs/sjdt/gzdt/202003/t20200326_313461.html，最后访问日期：2023 年 5 月 5 日。

③ 《全球发展和南南合作基金驰援肯尼亚防疫物资，将惠及超 50 万人》，国家国际发展合作署网站，2022 年 10 月 19 日，http://www.cidca.gov.cn/2022-10/19/c_1211693766.htm，最后访问日期：2023 年 5 月 5 日。

④ 《中国国家中医药管理局与柬埔寨卫生部关于派遣中医抗疫医疗队赴柬工作的协议》签署，中华人民共和国驻柬埔寨王国大使馆网站，2022 年 1 月 26 日，http://kh.china-embassy.gov.cn/zgjx/202201/t20220126_10634153.htm，最后访问日期：2023 年 6 月 13 日。

疗队开展了专题讲座，并和当地孔子学院、亚欧大学等学术机构开展科普主题活动，提升了柬埔寨民众对于中医药的了解度和信任度①。

**专栏 5——中国援尼加拉瓜抗疫物资**

2022 年 8 月 8 日，中国政府援尼加拉瓜抗疫物资交接仪式在马那瓜举行，中国驻尼加拉瓜大使陈曦同尼加拉瓜卫生部部长玛尔塔·雷耶斯共同签署物资交接证书，尼加拉瓜总统顾问劳雷亚诺出席活动。中国政府向尼加拉瓜提供的 100 万剂疫苗和其他抗疫物资对提升尼加拉瓜疫情防控能力意义重大。中国红十字会向尼加拉瓜援助 50 万剂国药新冠疫苗及配套针具，有助于尼加拉瓜开展疫情防控、保护当地人民的生命健康安全。此次向尼加拉瓜援助的疫苗和针具分别由国药集团中国生物北京生物制品研究所和山东威高集团医用高分子制品股份有限公司捐赠，由中远海运慈善基金会对针具等的国际运输予以支持②。

### 3. 提供粮食援助，应对饥荒

世界正面临史上最大的粮食危机，数以亿计的人口将面临严重饥饿风险。截至 2022 年年末，至少有 53 个国家的 2.22 亿人面临严重的粮食短缺。在联合国粮农组织南南合作框架下，中国作为发展中国家，援助的资金最多、派出专家最多、开展项目最多③，并积极开展紧急粮食援助。2009~2022 年，中国累计宣布向粮农组织捐赠 1.3 亿美元，实施了 25 个南南合作项目④。2022~2023 年，中国向塞拉利昂、萨尔瓦多、斯里兰卡、布基纳法

① 郭熙贤：《奔赴金边的首支国家中医医疗队》，中国网，2023 年 4 月 20 日，http://news.china.com.cn/2023-04/20/content_ 85240841.htm，最后访问日期：2023 年 5 月 5 日。

② 《中国红十字会向尼加拉瓜援助 50 万剂新冠疫苗及配套针具》，中国红十字会网站，2022 年 10 月 9 日，https://www.redcross.org.cn/html/2022-10/88911_ 1.html，最后访问日期：2023 年 5 月 5 日。

③ 国合平：《中国为保障世界粮食安全作出积极贡献》，人民网，2022 年 6 月 3 日，http://world.people.com.cn/n1/2022/0603/c1002-32437657.html，最后访问日期：2023 年 5 月 5 日。

④ 《中国政府向联合国粮农组织捐赠 5000 万美元用于支持第三期南南合作信托基金》，中华人民共和国农业农村部网站，2022 年 1 月 12 日，http://www.moa.gov.cn/xw/gjjl/202201/t20220112_ 6386803.htm，最后访问日期：2023 年 5 月 5 日。

索、老挝、阿富汗以及索马里等非洲之角国家提供紧急粮食援助。

2022 年 9 月，习近平主席出席上海合作组织成员国元首理事会第二十二次会议时表示，中方将向有需要的发展中国家提供价值 15 亿元人民币的粮食等紧急人道主义援助①。2023 年 3 月，作为全球发展倡议在布基纳法索落地的首个项目，中国政府在全球发展和南南合作基金项下出资，与联合国世界粮食计划署密切合作，为布基纳法索 17 万受安全局势影响的国内难民提供紧急人道主义粮援，助力缓解布基纳法索粮食危机和难民营养不良问题②。

**专栏 6——中国紧急粮援斯里兰卡**

2022 年 4~5 月，中国政府对斯里兰卡承诺提供共计 5 亿元人民币的紧急人道主义援助，这也是斯里兰卡经济民生危机爆发以来接受的最大无偿援助③。承诺援助内容包括 1 万吨大米的紧急粮食援助。2022 年 6 月 28 日，首批 1000 吨粮食援助抵达斯里兰卡科伦港国际码头。截至 2022 年 11 月，已有 6000 吨大米分批运抵科伦坡④，援助物资能够为斯里兰卡 9 个省份、7900 所学校、110 万学生提供长达半年的学生餐支持⑤。

---

① 《习近平出席上海合作组织成员国元首理事会第二十二次会议并发表重要讲话》，中华人民共和国外交部网站，2022 年 9 月 16 日，https：//www. mfa. gov. cn/web/zyxw/202209/t20220916_10767151. shtml，最后访问日期：2023 年 5 月 5 日。

② 《全球发展和南南合作基金向布基纳法索提供粮食援助》，国家国际发展合作署全球发展促进中心网站，2022 年 3 月 14 日，https：//gdpc. org. cn/article/4C4dXc8y4Nl，最后访问日期：2023 年 5 月 5 日。

③ 《中国对斯紧急人道主义援助药品正式交接》，中华人民共和国驻斯里兰卡民主社会主义共和国大使馆网站，2022 年 7 月 1 日，http：//lk. china-embassy. gov. cn/dssghd/202207/t20220701_10713976. htm，最后访问日期：2023 年 6 月 13 日。

④ 《中国新一批紧急粮食援助运抵斯里兰卡》，中华人民共和国驻斯里兰卡民主社会主义共和国大使馆微信公众号，2022 年 11 月 4 日，https：//mp. weixin. qq. com/s/kFgn_6RbCBxECvCKr_oGig，最后访问日期：2023 年 6 月 13 日。

⑤ 《中国对斯第二批紧急人道主义粮食援助顺利交接》，中华人民共和国驻斯里兰卡民主社会主义共和国大使馆网站，2022 年 7 月 15 日，http：//lk. china-embassy. gov. cn/chn/dssghd/202207/t20220715_10721545. htm，最后访问日期：2023 年 5 月 5 日。

#### 4. 参与灾后恢复与重建

紧急救助行动后，根据受灾国实际需求，中国政府、社会组织和企业深度参与受灾国家的灾后恢复重建，并帮助其尽快恢复正常的生产生活秩序，从根本上走出灾难的创伤和阴霾，实现自主、可持续发展①。

2022 年马达加斯加接连遭受数次飓风袭击，中国政府支援重建物资包括帐篷、毛毯、被子及彩钢板等②。2022 年 10 月，“伊安”飓风登陆古巴后，中国政府对此高度关注，并提供紧急现汇援助，支持古方灾后重建③。2022 年 2 月，中国政府支援汤加火山灾后重建物资主要包括移动板房、拖拉机、发电机、水泵、净水器及应急食品、医疗防疫器材等，有助于加快汤加灾后重建进程④。2022 年 3 月，中国政府和联合国开发计划署在南南合作援助基金项下合作，及时在孟加拉国开展了灾后援助项目，13910 户家庭获得紧急避难住所，13750 名受灾民众获得紧急援助物资，118000 名妇女和儿童得到医疗救助，为 125 名卫生工作者配备紧急卫生物品包，45000 人从中受益⑤。

**专栏 7——巴基斯坦洪灾灾后重建工作**

2022 年 6 月，巴基斯坦遭受特大洪灾后，中国第一时间提供全政府、全社会、全方位的援助，资金和物资总额达到了 6.6 亿元人民币。巴基斯坦

① 商务部国际贸易经济合作研究院：《国际发展合作之路——40 年改革开放大潮下的中国对外援助》，中国商务出版社，2018，第 220 页。

② 《中国援助马达加斯加紧急人道主义救灾物资顺利交接》，国家国际发展合作署网站，2022 年 5 月 5 日，http：//www. cidca. gov. cn/2022-05/05/c_ 1211644024. htm，最后访问日期：2023 年 5 月 5 日。

③ 《赵峰涛副署长会见古巴驻华大使佩雷拉》，国家国际发展合作署网站，2022 年 10 月 12 日，http：//www. cidca. gov. cn/2022-10/12/c_ 1211692250. htm，最后访问日期：2023 年 5 月 5 日。

④ 《有中国这样的好朋友，是汤加的幸运！》，国家国际发展合作署网站，2022 年 2 月 16 日，http：//www. cidca. gov. cn/2022-02/16/c_ 1211574265. htm，最后访问日期：2023 年 5 月 5 日。

⑤ 《南南合作援助基金助力孟加拉灾后重建 | 庆党的百年华诞 讲百篇援外故事》，国家国际发展合作署网站，2022 年 3 月 25 日，http：//www. cidca. gov. cn/2022-03/25/c_ 1211621334. htm，最后访问日期：2023 年 5 月 5 日。

总理夏巴兹来华访问期间，中方又宣布追加5亿元人民币紧急援助用于灾后重建，援助总额约合360亿卢比，居各国首位。中方还派遣灾后评估和医疗卫生专家组赴巴，协助抗灾赈灾并分享重建经验[①]。中国政府在巴基斯坦灾后重建与气候韧性国际会议中表态，愿在现有援助基础上，通过双边渠道再提供1亿美元专项援助，支持巴“重建、复原、复苏和韧性框架”，并加入巴基斯坦灾后重建国际伙伴支持小组，在防灾减灾领域为巴基斯坦培训1000名技术人员和官员。[②]。

### 5. 提高防灾减灾能力

中国政府高度重视防灾减灾工作，《中共中央 国务院关于推进防灾减灾救灾体制机制改革的意见》中就提出要坚持“以防为主、防抗救相结合，坚持常态减灾和非常态救灾相统一”的工作思路[③]。习近平主席指出，中国要提高防灾减灾救灾能力，加强国家区域应急力量建设。实践中，中国的援助包括建设应急管理中心、物资仓库、知识中心、开展演练活动及其他能力建设培训项目。各部委、专项基金、红十字会及地方政府均积极加强与其他发展中国家防灾减灾救灾战略的对接与政策沟通，开展技术交流互鉴，携手应对灾害风险与挑战。2022年，国合署与孟加拉国财政部签署《防灾减灾专项援助规划谅解备忘录》，明确将援孟国家应急管理中心作为合作重点之一，中心将有效提升孟政府灾害管理水平、增强民众防灾减灾意识和能力[④]。

① 《驻巴基斯坦大使农融在巴主流媒体发表署名文章〈独特的中巴关系〉》，中华人民共和国驻巴基斯坦伊斯兰共和国大使馆网站，2022年11月10日，http：//pk.china-embassy.gov.cn/zbgx/202211/t20221110_10941734.htm，最后访问日期：2023年5月5日。

② 《罗照辉署长出席巴基斯坦气候韧性国际会议》，国家国际发展合作署网站，2023年1月10日，http：//www.cidca.gov.cn/2023-01/10/c_1211716609.htm，最后访问日期：2023年5月5日。

③ 《中共中央 国务院关于推进防灾减灾救灾体制机制改革的意见》，中华人民共和国中央人民政府网站，2017年1月10日，https：//www.gov.cn/zhengce/2017-01/10/content_5158595.htm，最后访问日期：2023年6月13日。

④ 《援孟加拉国应急管理中心项目可行性研究首次会议召开》，国家国际发展合作署网站，2023年3月20日，http：//www.cidca.gov.cn/2023-03/20/c_1211739594.htm，最后访问日期：2023年5月5日。

在澜湄合作专项基金支持下，中国在缅甸援建了5个救灾物资仓库和知识普及中心，有助于提升缅甸民众防灾减灾意识和能力①。2022年7月，全球南南发展中心支持召开了“一带一路”国家气候变化与极端灾害事件管理研讨会，通过集结多领域专家，为创新南南合作和人道主义援助形式和内容拓展思路②。2023年2月，中国—太平洋岛国防灾减灾合作中心在广东正式启用。该中心的建立将与《蓝色太平洋大陆2050发展战略》协同增效，为增强太平洋岛国海洋防灾减灾能力发挥积极作用③。

**专栏8——金砖国家灾害管理专家研讨会**

应急管理部2022年7月举办了金砖国家灾害管理专家研讨会。金砖国家灾害管理部门代表、专家学者及相关国际组织代表参会，并积极交流分享灾害管理经验。各方围绕自然灾害综合风险监测预警与评估、应急救援力量建设、灾后恢复重建、科技和信息化支撑防灾减灾救灾工作等当前各国灾害管理重点领域分享了良好实践和经验④。2022年9月23日，第三次金砖国家灾害管理部长级会议在京召开，会议达成《北京宣言》。各国就促进战略和政策规划层面的防灾减灾交流合作、推动相关技术和管理人员的经验互享达成一致。未来与会各方将加强在灾害综合风险监测预警与评估、安全生产预防、应急救援力量建设、灾后恢复重建等关

① 《勠力同心绽芳华，携手同行向未来》，澜沧江-湄公河合作网站，2022年7月8日，http://www.lmcchina.org/2022-07/08/content_42034972.htm，最后访问日期：2023年5月5日。

② 《“一带一路”国家气候变化与极端灾害事件管理研讨会成功召开》，中国国际经济技术交流中心网站，2022年7月22日，http://www.cicete.org.cn/article/xwdt/202207/20220703335148.shtml，最后访问日期：2023年5月5日。

③ 《中国—太平洋岛国防灾减灾合作中心在广东启用》，中华人民共和国驻新西兰大使馆网站，2023年2月26日，http://nz.china-embassy.gov.cn/zxgx/202302/t20230226_11031630.htm，最后访问日期：2023年5月5日。

④ 《应急管理部举办金砖国家灾害管理专家研讨会》，中华人民共和国应急管理部网站，2022年7月27日，https://www.mem.gov.cn/xw/yjglbgzdt/202207/t20220727_419209.shtml，最后访问日期：2023年5月5日。

键领域的交流合作①。

**专栏 9——发展中国家灾害管理和人道主义救援研修班**

2022 年 3 月，中国红十字总会训练中心为肯尼亚学员开设了“发展中国家灾害管理和人道主义救援研修班”。课程设计从介绍中国灾害管理体系和人道主义救援机制出发，并结合受援国本土发展需求，针对其痛难点，重点介绍中国灾害治理机制的建立、相关政策的确立流程和鼓励社会参与的经验做法。针对肯尼亚政府和红十字会灾害管理体制机制薄弱的问题，专家介绍了我国灾害管理体制、各级防灾减灾机制、灾害科学研究、法律法规、救援队管理、灾害救援协同等各项工作②。

6. 缓解移民和难民危机

作为《关于难民地位的公约》及其议定书的缔约国，中国高度重视难民问题国际合作，积极落实《难民问题全球契约》，主张通过对话协商和政治手段和平解决争端，从根源上解决难民问题。中国参与缓解移民和难民危机的方式主要包括提供物资援助、开展扫雷援助、提供能力建设培训等。2022~2023 年，中国还通过多双边渠道向阿富汗、摩尔多瓦、南苏丹、伊拉克、乌克兰、巴勒斯坦、叙利亚等国提供人道主义重建援助。2022 年 3 月，中国红十字会向乌克兰红十字会援助了 1000 个赈济家庭包，主要包括毛毯、防潮垫、毛巾、餐具、水桶、手电等物资，用于帮助乌克兰红十字会救助受冲突影响的流离失所者③。

---

① 《应急管理部举办第三次金砖国家灾害管理部长级会议》，中华人民共和国中央人民政府网站，2022 年 9 月 24 日，http：//www. gov. cn/xinwen/2022-09/24/content_ 5711736. htm，最后访问日期：2023 年 5 月 5 日。

② 《总会训练中心举办线上援外培训课程》，中国红十字会网站，2022 年 3 月 29 日，https：//www. redcross. org. cn/html/2022-03/84748_ 1. html，最后访问日期：2023 年 5 月 5 日。

③ 《中国红十字会向乌克兰红十字会提供首批紧急人道主义物资援助》，中国红十字会网站，2022 年 3 月 9 日，https：//www. redcross. org. cn/html/2022-03/84365_ 1. html，最后访问日期：2023 年 5 月 5 日。

全球安全倡议概念文件提出，中国将继续“积极开展人道主义扫雷国际合作及援助，为雷患国家提供更多力所能及的帮助”。① 1998~2022年，中国通过捐款、援助物资、举办培训、实地指导等方式，向40余国提供了总价值超过1亿元的扫雷援助，培训了1000余名专业扫雷人员，帮助雷患国清除雷患②。

在全球发展和南南合作基金支持下，中国和联合国难民署针对难民危机开展的合作已惠及160多万人③。2022年5月27日，南南合作基金援坦桑尼亚难民营防疫物资项目在坦举行交接仪式。该项目由联合国难民署负责实施，是利用多边合作渠道实施无偿援助的典范。物资包括口罩、防护服、手套、护目镜等防疫物资，用于缓解坦桑尼亚难民营和有关社区防疫物资短缺困境④。

**专栏10——中国针对政治解决乌克兰危机发布中国立场**

2022年11月4日，习近平主席会见德国总理朔尔茨并表示，“当前形势下，国际社会应该共同支持一切致力于和平解决乌克兰危机的努力，共同反对使用或威胁使用核武器；共同为危机地区的平民过冬纾困，改善人道主义状况，防止出现更大规模人道主义危机⑤。”2023年2月中国外交部针对

---

① 《全球安全倡议概念文件（全文）》，中华人民共和国司法部网站，2023年2月21日，http://www.moj.gov.cn/pub/sfbgw/gwxw/ttxw/202302/t20230221_472434.html，最后访问日期：2023年5月5日。

② 《〈中国共产党尊重和保障人权的伟大实践〉白皮书（全文）》，中华人民共和国国务院新闻办公室网站，2021年6月24日，http://www.scio.gov.cn/zfbps/ndhf/44691/Document/1707316/1707316.htm，最后访问日期：2023年5月5日。

③ 《陈旭大使在联合国难民执委会第73次会议一般性辩论中的发言》，中华人民共和国常驻联合国日内瓦办事处和瑞士其他国际组织代表团网站，2022年10月12日，http://geneva.china-mission.gov.cn/dbtxwx/202210/t20221012_10782512.htm，最后访问日期：2023年5月5日。

④ 《陈明健大使在南南合作援助基金援坦桑尼亚难民营防疫物资项目交接仪式上的讲话》，中华人民共和国驻坦桑尼亚联合共和国大使馆网站，2022年5月27日，http://tz.china-embassy.gov.cn/chn/sgdt/202206/t20220601_10697163.htm，最后访问日期：2023年5月5日。

⑤ 《习近平会见德国总理朔尔茨》，人民网，2022年11月5日，http://jhsjk.people.cn/article/32559343，最后访问日期：2023年5月5日。

政治解决乌克兰危机发布中国立场，表示中国愿为乌克兰重建工作提供协助。立场文件中呼吁，“人道主义行动必须切实保护平民安全，为平民撤离交战区建立人道主义走廊。加大对相关地区的人道主义援助，改善人道主义状况，提供快速、安全、无障碍的人道主义准入，防止出现更大规模人道主义危机。”①

**专栏 11——中国协助解决阿富汗人道和难民问题**

针对阿富汗问题，中国同其他上海合作组织成员国领导人于 2022 年 9 月共同签署了《上海合作组织成员国元首理事会撒马尔罕宣言》。宣言表示，尽快协调阿富汗局势是维护和巩固上合组织地区安全与稳定的重要因素之一②。针对巴勒斯坦问题，习近平主席在首届中国—阿拉伯国家峰会开幕式上表示：“中方将持续向巴方提供人道主义援助，支持巴方实施民生建设项目，并增加对联合国近东巴勒斯坦难民救济和工程处捐款。”③

2023 年 4 月 12 日发布的《关于阿富汗问题的中国立场》提出：“中方支持阿富汗和平重建，并将继续为阿富汗重建发展提供力所能及的帮助，与阿富汗规划落实好各项援助承诺，稳步推进经贸投资合作，积极开展医疗、扶贫、农业、防灾减灾等领域合作。中方将协助解决阿富汗人道和难民问题，继续通过双多边渠道提供援助。”④

---

① 《关于政治解决乌克兰危机的中国立场》，中华人民共和国外交部网站，2023 年 2 月 24 日，https://www.fmprc.gov.cn/zyxw/202302/t20230224_11030707.shtml，最后访问日期：2023 年 5 月 5 日。

② 王世达：《“中国方案”助力阿富汗和平重建》，《人民日报》2022 年 10 月 17 日，第 19 版，http://paper.people.com.cn/rmrb/html/2022-10/17/nw.D110000renmrb_20221017_2-19.htm，最后访问日期：2023 年 5 月 5 日。

③ 《弘扬中阿友好精神　携手构建面向新时代的中阿命运共同体》，新华网，2022 年 12 月 10 日，http://www.news.cn/politics/leaders/2022-12/10/c_1129198737.htm，最后访问日期：2023 年 5 月 5 日。

④ 《关于阿富汗问题的中国立场》，中华人民共和国外交部网站，2023 年 4 月 12 日，https://www.mfa.gov.cn/web/zyxw/202304/t20230412_11057782.shtml，最后访问日期：2023 年 5 月 5 日。

## 三　中国人道主义援助经验总结

在国际人道主义援助需求不断上升的背景下，中国人道主义援助实践不断转型升级，并逐步形成具有中国特色的人道主义援助模式。中国人道主义实践始终以人道主义为指引，在坚持发展与安全并重的前提下，推动援助队伍专业化，并不断创新援助方式。新时代的中国人道主义援助不仅广泛吸纳民间力量参与，还积极参与国际人道主义协调，建立多层面的人道主义援助合作模式①。

### （一）始终坚持人道主义精神

人道主义精神的本质是以人为本，是不仅重视本国人民的安全，也重视他国人民的安全。“老吾老，以及人之老；幼吾幼，以及人之幼。”在伸出援手时绝不夹杂私利，这是中国之义，是中国人民信奉的准则②。“同舟共济、患难与共”是中华民族的传统美德。习近平主席指出，“在全球性危机的惊涛骇浪里，各国不是乘坐在190多条小船上，而是乘坐在一条命运与共的大船上。小船经不起风浪，巨舰才能顶住惊涛骇浪”。③ 党的二十大报告进一步提出“中国始终坚持维护世界和平、促进共同发展的外交政策宗旨，致力于推动构建人类命运共同体”。④ 中国人道主义援助超越了地域

① 王毅：《落实全球安全倡议，守护世界和平安宁》，《人民日报》2022年4月24日，第6版。

② 朱永彪：《中国援阿抗震救灾彰显国际人道主义精神》，人民网，2022年7月5日，http://world.people.com.cn/n1/2022/0705/c1002-32466444.html，最后访问日期：2023年5月5日。

③《习近平出席2022年世界经济论坛视频会议并发表演讲》，中华人民共和国中央人民政府网站，2022年1月17日，http://www.gov.cn/xinwen/2022-01/17/content_5668929.htm，最后访问日期：2023年5月5日。

④ 习近平：《高举中国特色社会主义伟大旗帜　为全面建设社会主义现代化国家而团结奋斗——在中国共产党第二十次全国代表大会上的报告》，中共中央党校网站，2022年10月25日，https://www.ccps.gov.cn/zl/20dzl/202210/t20221025_155436.shtml，最后访问日期：2023年5月5日。

和意识形态的局限，并始终以人道主义根本原则为出发点[①]。随着中国综合实力的不断提升，人道主义援助规模不断扩大，力度也不断加强。面对新冠疫情，中国蹚出一条行之有效的疫情防控之路，率先复工复产，并源源不断地向世界提供各类防疫物资，毫无保留地同各方分享防控和救治经验。[②]

中国坚持人道主义的根本原则还体现在反对人道主义干涉上，与中国援助遵循的不干涉内政的基本原则相辅相成。基于种族、国籍或移民等身份而选择性地给予人道主义援助与人道主义精神格格不入。中方一贯主张通过建设性对话与合作促进和保护人权，反对政治化、选择性、双重标准和对抗做法。2023 年土耳其—叙利亚地震后，中国敦促有关国家立即无条件解除对叙利亚的所有非法单边制裁，停止人为制造和加剧人道主义灾难[③]。中国开展的难民援助，主要着眼于解决难民和流离失所者的生活基本需求，帮助难民来源国、过境国和目的国缓解压力，早日实现和平与发展这一根本目标。

### （二）坚持发展与安全并重

当前区域安全热点此起彼伏，新旧安全问题不断涌现，多重危机持续叠加，各国有效对话与合作障碍重重。全球安全治理严重缺位，直接或间接导致和平、发展、安全、治理赤字不断累积[④]。习近平主席在多个场合论述发

---

① 《罗照辉谈中国国际发展合作与世界人权》，国家国际发展合作署网站，2022 年 12 月 30 日，http://www.cidca.gov.cn/2022-12/30/c_ 1211713729.htm，最后访问日期：2023 年 5 月 5 日。

② 曹小文：《伟大抗疫精神的价值底蕴、理论品格和世界情怀》，光明日报网，2023 年 4 月 14 日，https://news.gmw.cn/2023-04/14/content_ 36495863.htm，最后访问日期：2023 年 5 月 5 日。

③ 王建刚：《中方敦促有关国家立即无条件解除对叙利亚的非法单边制裁》，新华网，2023 年 3 月 1 日，http://www.news.cn/world/2023-03/01/c_ 1129405363.htm，最后访问日期：2023 年 6 月 13 日。

④ 任琳：《全球安全倡议：为世界更安全提供中国方案》，《光明日报》2023 年 2 月 20 日，第 12 版。

展与安全的关系，指出安全是发展的前提，发展是安全的保障。中国作为发展中国家的一员，始终认为发展是人类社会永恒的主题，没有发展就没有人权。为保障基本人权，实现发展中国家的互帮互助，中国始终坚持对话协商方式，坚定做热点问题的斡旋者①。

全球安全倡议的提出，成功统筹了传统和非传统安全，将有效减少因非自然因素造成的人道主义危机。若各国能够通过对话协商、以和平方式解决国家间的分歧和争端，共同应对地区争端和恐怖主义、气候变化、网络安全、生物安全等全球性问题②，全球人道主义救援体系建设的阻碍将大幅度减小。"全球发展倡议和全球安全倡议将统筹发展和安全从国家治理层面拓展到全球治理层面"③，为应对国际发展合作挑战提供了中国方案。中国可发挥已有优势，在国际发展合作中保证发展与人道"双轮驱动"，安全与人道"齐头并进"。在人道主义援助中注重"授人以渔"，不仅要重视短期紧急响应，更要强调受援国争端问题的解决，支持受援国防灾减灾及灾后重建能力建设，帮助其提升发展韧性。

### （三）援助队伍专业化

中国援助队伍规模不断扩大、专业性不断提升，并用行动践行人类命运共同体理念，弘扬国际人道主义精神。援助队伍包括国际救援队、和平方舟、国际应急医疗队、健康快车等。中国军队也是国际人道主义援助的重要支持方，尤其是在紧急灾难应对上，军方配合调遣专业救援队伍第一时间前往受援国救灾，并能够保障救灾物资运输，为人道主义援助保驾护航。截至2022年11月，中国海军"和平方舟"号医院船已服役14年，以"和谐使

① 王毅：《落实全球安全倡议，守护世界和平安宁》，《人民日报》2022年4月24日，第6版。

② 许可、孙楠：《外交部：全球安全倡议面向全球开放，欢迎各国参与》，新华网，2022年4月21日，http://www.gov.cn/xinwen/2022-04/21/content_5686552.htm，最后访问日期：2023年5月5日。

③ 姚帅：《万里驰援土耳其　中国援助彰显大国担当》，《光明日报》2023年2月19日，第8版。

命”任务为主，共访问 43 个国家和地区，10 次走出国门，为到访国民众提供医疗服务、组织医学交流。[①]

应急管理部派出的救援队是国际协调的主要参与方，并在不断向专业化、体系化迈进。2000 年中国正式成为国际城市搜索与救援咨询团 INSARAG 成员国，2009 年由中国地震局专家、解放军某工程部队、武警总医院医疗救护人员共同组建的中国国际救援队获得联合国重型救援队测评。中国国际救援队曾赶赴阿尔及利亚、伊朗、印度尼西亚、巴基斯坦、海地、新西兰、日本、尼泊尔和莫桑比克等国家参与救援[②]。2018 年 8 月中国救援队正式组建，2023 年土耳其和叙利亚强震发生之后，中国救援队共派出 82 人赴土耳其实施国际救援[③]。

中国共有五支通过世界卫生组织评估和认证的国际应急医疗队（EMT），包括中国国际应急医疗队（上海）、中国国际应急医疗队（广东）、中国国际应急医疗队（四川）、中国国际应急医疗队（天津）和中国国际应急医疗队（澳门）。其中 2018 年由华西医院牵头筹建的中国国际应急医疗队（四川），是全球第一支最高级别的非军方国际应急医疗队，也是中国第一支、全球第二支国际最高级别 Type3 的国际应急医疗队。

### （四）援助方式与时俱进

中国始终坚持弘扬国际人道主义精神，并结合国际形势变化更新援助方式，为人道主义援助提供具有中国特色的全球公共产品。2022 年，中国向联合国赠送了全球耕地、森林覆盖等 6 套全球可持续发展数据产品，为各国更好地实现粮食安全、陆地生态保护等可持续发展目标提供

① 《〈新时代的中国国防〉白皮书（全文）》，中华人民共和国国务院新闻办公室网站，2019 年 7 月 24 日，http：//www. scio. gov. cn/zfbps/32832/Document/1660314/1660314. htm，最后访问日期：2023 年 5 月 5 日。

② 《加强防震减灾国际合作　着力在构建人类命运共同体的实践中展现新作为》，中国地震局网站，2018 年 5 月 13 日，https：//www. cea. gov. cn/cea/xwzx/fzjzyw/5212473/index. html，最后访问日期：2023 年 5 月 5 日。

③ 徐祥丽、于洋、苏缨翔：《中国国际救援力量在行动》，光明网，2023 年 2 月 8 日，https：//m. gmw. cn/baijia/2023-02/08/36354484. html，最后访问日期：2023 年 5 月 5 日。

数据支持①。

2022 年中国对外人道主义援助合作机制进一步升级，通过举办和参与一系列国际合作交流活动，促进实现更高水平的全球可持续发展。2022 年首届中国—拉美和加勒比国家共同体灾害管理合作部长论坛上，正式启动了中拉灾害管理合作机制。该机制能够深化中拉灾害管理合作，加强与有关国际、区域组织和联合国机构的协调与合作，支持开展灾害管理南南合作及三方合作，并助力“一带一路”自然灾害防治和应急管理国际合作机制建设②。多边交流合作对建成习近平主席在全球发展高层对话会中所提出的“普惠平衡、协调包容、合作共赢、共同繁荣的发展格局”具有重要促进作用。2022 年中国还作为重要参与方，出席了首届中国—阿拉伯国家峰会、上海合作组织成员国元首理事会第二十二次会议、中非合作论坛第八届部长级会议成果落实协调人会议、二十国集团领导人第十七次峰会、第七届全球减灾平台大会、中国—东盟应急管理合作论坛等重大多边峰会。2022 年 8 月，国务委员兼外长王毅在东盟与中日韩（10+3）外长会上表示，中方支持 10+3 应急医疗物资储备中心建设、支持建立灾害管理部长级会议机制，并将增加对 10+3 大米紧急储备机制的资金支持③。

2022 年 9 月，“全球发展倡议之友小组”部长级会议召开。目前已有 100 多个国家和多个国际组织支持倡议，“全球发展倡议之友小组”成员国已有 60 多个④。首批项目库清单被作为会议成果公布，清单中有 16 个项目与人道主义援助相关（见表 2）。

---

① 《中国向联合国赠送 6 套全球可持续发展数据产品》，中国新闻网，2022 年 9 月 21 日，http：//www. chinanews. com. cn/gn/2022/09-21/9857780. shtml，最后访问日期：2023 年 5 月 5 日。

② 《首届中国—拉美和加勒比国家共同体灾害管理合作部长论坛举行》，中华人民共和国应急管理部网站，2022 年 8 月 25 日，https：//www. mem. gov. cn/jdtp/202208/t20220825_421113. shtml，最后访问日期：2023 年 5 月 5 日。

③ 《王毅出席东盟与中日韩（10+3）外长会》，中华人民共和国中央人民政府网站，2022 年 8 月 4 日，http：//www. gov. cn/guowuyuan/2022-08/04/content_5704319. htm，最后访问日期：2023 年 5 月 5 日。

④ 《外交部发言人：“全球发展倡议之友小组”部长级会议取得积极成果》，中华人民共和国中央人民政府网站，2022 年 9 月 22 日，https：//www. gov. cn/xinwen/2022-09/22/content_5711184. htm，最后访问日期：2023 年 6 月 13 日。

**表 2　全球发展倡议项目库与人道主义援助相关的项目清单**

| 序号 | 地区 | 援助内容 | 援助类别 | 机构 |
| --- | --- | --- | --- | --- |
| 1 | 柬埔寨 | 通过提供教育、生计、卫生健康物资促进柬埔寨脆弱人群疫后恢复 | 减贫、抗疫和疫苗 | 中国国家国际发展合作署、商务部、联合国开发计划署 |
| 2 | 尼泊尔 | 为尼泊尔偏远地区学校和社区提供卫生、防疫、环保和基本生活物资，促进疫后韧性恢复 | 减贫、抗疫和疫苗 | 中国国家国际发展合作署、商务部、联合国开发计划署 |
| 3 | 莫桑比克 | 为德尔加杜角省受新冠疫情影响的境内流离失所着提供援助 | 减贫、抗疫和疫苗 | 中国国家国际发展合作署、商务部、联合国开发计划署 |
| 4 | 巴基斯坦 | 助力俾路支省提升新冠疫情防控和公共服务能力，加速实现可持续发展目标（一期） | 减贫、抗疫和疫苗 | 中国国家国际发展合作署、商务部、联合国开发计划署 |
| 5 | 巴基斯坦 | 助力俾路支省提升新冠疫情防控和公共服务能力，加速实现可持续发展目标（二期） | 减贫、抗疫和疫苗 | 中国国家国际发展合作署、商务部、联合国开发计划署 |
| 6 | 伊朗 | 应对新冠疫情下残疾人和老年人健康需求 | 减贫 | 中国国家国际发展合作署、商务部、联合国人口基金会 |
| 7 | 尼加拉瓜 | 向尼加拉瓜提供抗疫物资 | 抗疫和疫苗 | 中国国家国际发展合作署、商务部 |
| 8 | 吉布提 | 紧急粮食援助项目 | 粮食安全 | 中国国家国际发展合作署、商务部 |
| 9 | 索马里 | 紧急粮食援助项目 | 粮食安全 | 中国国家国际发展合作署、商务部 |
| 10 | 津巴布韦 | 灾后重建打井 | 减贫 | 中国国家国际发展合作署、商务部 |
| 11 | 叙利亚 | 2022 年紧急粮食援助 | 粮食安全 | 中国国家国际发展合作署、商务部 |
| 12 | 马达加斯加 | 应对飓风紧急人道主义物资援助 | 减贫 | 中国国家国际发展合作署、商务部 |
| 13 | 秘鲁 | 抗疫物资项目 | 抗疫和疫苗 | 中国国家国际发展合作署、商务部 |
| 14 | 斐济 | 向斐济紧急提供硫酸铵化肥援助项目 | 粮食安全 | 中国国家国际发展合作署、商务部 |
| 15 | 厄立特里亚 | 紧急粮食援助 | 粮食安全 | 中国国家国际发展合作署、商务部 |
| 16 | 厄立特里亚 | 紧急医疗设备援助 | 抗疫和疫苗 | 中国国家国际发展合作署、商务部 |

资料来源：国家国际发展合作署，《全球发展倡议项目库首批项目清单》，2022 年 9 月 20 日，http：//www. cidca. gov. cn/download/qqfzcyxmqd. pdf，最后访问日期：2023 年 5 月 26 日。

## （五）民间力量成为有力补充

中国人道主义援助人员从政府为主向政府、非政府相结合的渠道转换，主要参与的民间机构及非政府组织包括红十字会、中国乡村发展基金会、平澜基金会、蓝天救援队、爱德基金会、壹基金、阿里基金会等。尤其是在紧急救灾过程中，政府和社会组织的共同响应和积极配合能够有效推动实施救援。红十字会成立百年间积极开展救援、救灾的相关工作，为减轻灾害影响、恢复灾区人民正常生活做出了不懈努力。正如习近平主席指出的，“中国红十字事业是中国特色社会主义事业的重要组成部分，中国红十字会是党和政府在人道领域联系群众的桥梁和纽带”。[①]

抗疫物资紧缺时，世界电子贸易平台和菜鸟全球智能物流网络为150多个国家和地区加急运送抗疫物资[②]。2023年3月28日，菜鸟与联合国世界粮食计划署签署全球物流合作协议，双方将在全球人道主义援助紧急物资调配、供应链能力提升等领域开展3年的战略合作。这也是中国物流公司首次成为联合国世界粮食计划署的全球物流合作伙伴[③]。

中国乡村发展基金会尼泊尔办公室在南南合作基金支持下，为尼泊尔偏远地区学校和社区提供卫生、防疫、环保和基本生活物资[④]。针对巴基斯坦洪灾，巴基斯坦拉合尔华侨华人联合会、全巴中资企业协会积极捐款捐物。在巴中国留学生自发前往巴受灾家庭分发救灾物资，并成立“中巴青年交

① 王可：《奋力推进中国特色红十字事业高质量发展》，求是网，2023年1月1日，http://www.qstheory.cn/dukan/qs/2023-01/01/c_1129246897.htm，最后访问日期：2023年5月5日。

② 《国际公益》，阿里巴巴公益基金会网站，http://www.alibabafoundation.com/index.php?m=content&c=index&a=lists&catid=10，最后访问日期：2023年3月20日。

③ 《菜鸟与联合国世界粮食计划署达成战略合作　提升其全球供应链响应能力》，人民网，2023年3月31日，http://finance.people.com.cn/n1/2023/0331/c1004-32654819.html，最后访问日期：2023年5月5日。

④ 《全球发展和南南合作基金支持的疫后恢复项目在尼泊尔启动》，国家国际发展合作署网站，2022年12月19日，http://www.cidca.gov.cn/2022-12/19/c_1211710791.htm，最后访问日期：2023年5月5日。

流小组”协调救援。北京平澜公益基金会启动巴基斯坦洪灾人道援助响应，并派遣救援队实施紧急救援[①]。

此外，中国民间组织在其他国际议题上也积极发声。为应对气候变化并加强抗灾能力建设，2022 年 11 月 6 日至 20 日《联合国气候变化框架公约》第 27 次缔约方大会（COP27）期间，中国国际民间组织合作促进会和中国民间组织国际交流促进会举办 COP27 UNFCCC 新闻发布会，联合各界共同发起《加强发展中国家气候适应与抗灾能力建设倡议》，将中国声音带入这一最大规模的气候行动年度会议[②]。

## （六）参与国际人道主义协调

中国在国际人道主义协调方面充分展现了大国担当，积极响应受灾国的人道主义援助需求，并结合国际形势需要推动联合国人道主义援助体系建设。中国在人道主义援助方面与多边组织的合作主要是常规捐款，或委托联合国世界粮食计划署、世卫组织、难民署、红十字国际委员会等国际组织执行指定援助项目，主要针对如难民危机、疫情防控、非洲旱灾、粮食短缺等紧急人道主义危机。

随着国际人道主义形势的变化和中国人道主义援助规模与能力的提升，借助多边平台加强人道主义援助的国际协调成为当前中国提升援外工作的主要任务。中国对联合国机构的支持可以分为两种。第一种是对核心资金或经常预算的捐款，过去几十年中该资金有所增加，与中国对全球和平、稳定与发展的承诺相契合。中国自 2007 年以来一直在向联合国中央应急基金（CERF）提供自愿和非定向捐助。

第二种是非核心资金，通过与联合国机构特别基金合作完成捐款。其一是国合署管理的全球发展与南南合作基金。其前身为南南合作援助基金，成

① 程是颉：《中国积极支援巴基斯坦抗击洪灾》，《人民日报》2022 年 8 月 31 日，第 3 版。

② 董强、顾瑞睿：《2022 年中国民间组织走出去十大盘点》，中国南南合作网，2023 年 1 月 3 日，https://www.ecdc.net.cn/new/abroadnews/4042.html，最后访问日期：2023 年 5 月 5 日。

立于2015年，由习近平主席在联合国可持续发展峰会上宣布成立。自成立以来，南南合作基金已在30多个国家实施82个项目，并与超过14个联合国专门机构合作。其开展的许多项目都是为了响应人道主义需求。迄今，南南基金与联合国等十多个国际组织拓展公共卫生、气变、生态环保等领域三方合作，在50多个国家实施了130多个项目，受益人数超过2000多万①。其二是中国—联合国和平与发展基金，该基金系习近平主席2015年9月出席联合国成立70周年系列峰会时宣布设立，目前基金期限已延至2030年。自成立以来，基金旨在维护国际和平与安全，并在全球范围内支持了近百个项目，惠及100多个国家和地区，用实际行动推进联合国可持续发展目标的达成②。其三是建立人道主义援助物资应急仓库和物流枢纽。2021年7月，中国首个全球人道主义应急仓库和枢纽（过渡期）在广州正式启用，占地约3.4万平方米，共有29658个货位，是目前最接近联合国采购端的仓库。该仓库设立主要目的是转运抗疫物资，并同联合国世界粮食计划署等国际组织开展密切合作，为国际人道主义援助提供物资支持③。同期，中国南亚国家应急物资储备库在四川省成都市正式启用④。2021年12月，中国—太平洋岛国应急物资储备库在广州正式启用，这一储备库在汤加救灾物资的紧急筹集中发挥了重要作用。未来中国将继续扩大库存内容，并积极纳入其他人道主义物资。2022年中国外交部发布关于同太平洋岛国相互尊重、共同发展的立场文件，明确中国—太平洋岛国应急物资储备库将在

---

① 《罗照辉谈中国国际发展合作与世界人权》，国家国际发展合作署网站，2022年12月30日，http://www.cidca.gov.cn/2022-12/30/c_1211713729.htm，最后访问日期：2023年5月5日。

② 《联合国和平与发展信托基金》，联合国网站，https://www.un.org/zh/unpdf/，最后访问日期：2023年6月14日。

③ 《全球人道主义应急仓库和枢纽（过渡期）揭牌》，中华人民共和国农业农村部网站，2021年7月14日，http://www.moa.gov.cn/xw/zwdt/202107/t20210714_6371912.htm，最后访问日期：2023年5月5日。

④ 《外交部部长助理吴江浩出席中国南亚国家应急物资储备库启用仪式》，中华人民共和国外交部网站，2021年7月9日，https://www.mfa.gov.cn/gjhdq_676201/gj_676203/yz_676205/1206_676308/xgxw_676314/202107/t20210709_9180984.shtml，最后访问日期：2023年5月5日。

太平洋岛国设立分库[①]。应急物流体系建设方面，2022 年菜鸟和中国乡村发展基金会、深圳壹基金公益基金会、杭州市慈善总会等 17 家公益组织机构正式签约合作，共建应急物流体系，并提供全链条的应急物流解决方案。

## 四 新形势下的中国人道主义援助展望

中国是全球和区域人道主义援助的积极参与者。应对人道主义挑战、开展人道主义援助是新时期践行人类命运共同体理念、服务大国外交和国内新发展格局、维护中国发展利益的重要手段。为应对当前不断上升的国际人道主义援助需求，中国将继续发挥独特优势，积极响应国际呼吁，不断提升人道援助水平。

### （一）完善人道主义援助政策体系

援助力度的提升需要专门的人道主义援助政策作为保障。在全球人道主义危机不断扩大的背景下，人道主义援助行动需要向规模化、体系化发展。提升国际人道主义援助合作的同时，中国开展人道主义援助的保障体系也需要进一步健全，与国内相应的制度形成协同效应[②]。为应对规模不断扩大的全球人道主义危机，并将援助行动规模化、体系化，中国在条件成熟时可以考虑制定专门的人道主义援助政策，或将人道主义援助纳入整体对外援助政策规划中，并参考国际相关法律法规，统筹做好对外援助工作[③]。

### （二）完善“全政府”参与的协调管理机制

中国需要持续完善内外协调、多部门参与的人道主义援助管理机制。首

① 《中国关于同太平洋岛国相互尊重、共同发展的立场文件》，中华人民共和国外交部网站，2022 年 5 月 30 日，https://www.mfa.gov.cn/wjb_673085/zfxxgk_674865/gknrlb/tywj/zcwj/202205/t20220530_10694631.shtml，最后访问日期：2023 年 5 月 5 日。

② 程子龙：《中国与联合国人道主义援助体系：受益者、参与者与建设者》，《人权》2021 年第 3 期，第 92~109 页。

③ 王泺：《国际发展援助的中国方案》，五洲传播出版社，2019，第 227 页。

先，制定部际协调机制的行动指南，明确成员单位的职能分工和权限责任，形成畅通的信息交换沟通渠道，充分发挥中国驻受灾国使馆的前方统筹作用，发挥中国驻联合国使团与各相关多边组织的协调作用。其次，广泛纳入前方救援的中国参与主体，对接后方国内的紧急救援协调机制。最后，建立包括国际组织在内的专门人道主义援助专家咨询库，覆盖搜救、医疗卫生和心理健康、疫情防控、气象、气候变化、地质灾害、水文水利、国土资源、农林业等涉及人道主义救援的专业领域[①]。

### （三）积极参与多层面的国际协调机制

作为国际人道主义援助中的积极与稳定力量，未来针对全球人道主义援助供给不足的现状，中国可整合援助资源，尽力而为，量力而出，主动为应对全球人道挑战注入稳定剂。践行真正的多边主义，积极推动国际人道主义合作机制建设，加强联合国发展系统的引领作用，扩大以联合国为核心的国际人道主义合作网络[②]，深入推进如国际粮食安全合作倡议等事关人道主义挑战具体议题的多边合作倡议，发挥中国在南南合作中的引领作用，加大中国在国际协调合作机制方面的参与力度。

### （四）引导民间力量有序参与

民间力量的参与具备灵活性高、创新性强、响应速度快、方式多样等优势，可以较好地弥补政府援助深入灾区项目人员不足等问题。一方面，中国民间社会组织应加强与受援国当地非政府组织的合作对接。另一方面，中国民间力量可充分利用联合国以及国际非政府组织的多边合作平台参与相关援助和经验技术交流，积极参与议程设置，增强中国民间人道主义援助的能力，提升国际影响力。

---

① 王泺：《国际发展援助的中国方案》，五洲传播出版社，2019，第228页。

② 商务部国际贸易经济合作研究院：《国际发展合作之路——40年改革开放大潮下的中国对外援助》，中国商务出版社，2018，第211页。

## （五）加强人道主义援助理论研究

国际上人道主义援助领域已形成比较完备的理论体系，中国仍有待加强国际人道主义学科建设、系统研究。通过与其他拥有丰富人道主义援助理论研究经验的国家、国际组织开展交流合作，中国可在丰富的实践基础上总结经验、开展理论探讨。一方面为人道主义援助实践提供理论支撑，另一方面有助于通过研究形成国际议题和核心理念，引导国际发展趋势和战略定位①。

## 参考文献

陈曦：《全球人道主义援助资金流向及其风险匹配度研究》，《海外投资与出口信贷》2022 年第 107 期。

刘萍：《联合国人道主义援助机制及其启示》，《中国减灾》2021 年第 410 期。

李小瑞：《中国对外人道主义援助的特点和问题》，《现代国际关系》2012 年第 268 期。

李志明：《国际人道主义援助的经验与框架》，《中国减灾》2016 年第 274 期。

任彦妍、房乐宪：《国际人道主义援助发展演变：源流、内涵与挑战》，《和平与发展》2018 年第 162 期。

姚帅：《国际发展合作趋势与中国援外新变化》，《国际经济合作》2018 年第 385 期。

周毅、何志华：《人权视域下的国际人道主义援助》，《知识经济》2010 年第 173 期。

Emmeline Kerkvliet et al. , *The State of the Humanitarian System*, 7 September 2022, https：//sohs. alnap. org/help-library/2022-the-state-of-the-humanitarian-system-sohs-%E2%80%93-full-report-0, accessed：26 May 2023.

Rachel Scott, *Imagining More Effective Humanitarian Aid a Donor Perspective*, October 2014. https：//www. oecd. org/dac/Imagining% 20More% 20Effective% 20Humanitarian%20Aid_ October%202014. pdf, accessed：26 May 2023.

① 王泺：《国际发展援助的中国方案》，五洲传播出版社，2019，第 229 页。

# 附录一　2022年中国风险治理大事记

## 1月

**1月8日**　1时45分在青海省海北藏族自治州门源回族自治县（北纬37.77度，东经101.26度）发生6.9级地震，震源深度10公里，震中距西宁市136公里。

**1月12日**　国务院安委会印发《全国危险化学品安全风险集中整治方案》，自2022年1月起，国务院安委会部署开展危险化学品安全风险集中治理工作。

**1月21日**　国务院办公厅印发《“十四五”城乡社区服务体系建设规划》。

**1月21日**　国务院常务会议听取了河南郑州“7·20”特大暴雨灾害调查情况的汇报，并审议通过了河南郑州“7·20”特大暴雨灾害调查报告。

## 2月

**2月14日**　国务院印发《“十四五”国家应急体系规划》，对“十四五”时期安全生产、防灾减灾救灾等工作进行全面部署。

**2月中下旬**　南方出现大范围低温雨雪冰冻灾害，持续时间长，暴雪落区偏南，降水（雪）强度大。

## 3月

**3月8日**　国家防总召开黄河防凌专题视频会商调度会。

**3 月 29 日** 应急管理部召开视频推进会，全面部署重大危险源企业双重预防机制数字化建设，推动安全风险管控数字化智能化水平持续提升。

## 4月

**4 月 6 日** 国务院安全生产委员会印发《“十四五”国家安全生产规划》。

**4 月 8 日** 国务院安全生产委员会发布《关于开展全国安全生产大检查工作的通知》。

**4 月 12 日** 国务院安委会印发《“十四五”国家安全生产规划》。

**4 月 29 日** 国务院安委会办公室应急管理部发布《关于开展 2022 年全国“安全生产月”活动的通知》。

**4 月 29 日** 12 时许，湖南省长沙市望城区发生特别重大居民自建房倒塌事故。

## 5月

**5 月 6 日** 应急管理部印发《“十四五”应急管理标准化发展计划》。

**5 月 10 日** 民政部、中央政法委、中央网信办、发展改革委、工业和信息化部、公安部、财政部、住房城乡建设部、农业农村部印发《关于深入推进智慧社区建设的意见》。

**5 月 11 日** 国务院抗震救灾指挥部办公室、应急管理部、甘肃省人民政府在甘肃省张掖市等地联合举行高原高寒地区抗震救灾实战化演习，代号“应急使命 · 2022”。

**5 月 25 日** 中方代表以视频方式出席第七届全球减灾平台大会。

**5 月下旬至 6 月上中旬** 我国华南地区遭遇 1961 年以来第 2 强的“龙舟水”过程。

**5 月 31 日**　国家防总、湖北省防指联合在湖北石首市开展 2022 年长江防汛抢险综合演练。

## 6月

**6 月**　福建、江西、湖南多地遭遇多轮强降雨过程，累计雨量大、降雨落区重叠、受灾范围广，多条河流发生超历史洪水，引发洪涝和次生地质灾害等，农业、水利、交通、供水、供电等基础设施受损严重。

**6 月 1 日**　17 时 00 分，四川雅安市芦山县发生 6.1 级地震，震源深度 17 千米，震中位于北纬 30.37 度、东经 102.94 度。

**6 月 2 日**　应急管理部、国家发展改革委联合印发《“十四五”应急管理部门和矿山安全监察机构安全生产监管监察能力建设规划》。

**6 月 10 日**　0 时 3 分，四川阿坝州马尔康市（北纬 32.27 度，东经 101.82 度）发生 5.8 级地震，震源深度 10 公里；1 时 28 分，四川阿坝州马尔康市（北纬 32.25 度，东经 101.82 度）发生 6.0 级地震，震源深度 13 公里。

**6 月 14 日**　生态环境部、国家发展和改革委员会、科学技术部、财政部、自然资源部、住房和城乡建设部、交通运输部、水利部、农业农村部、文化和旅游部、国家卫生健康委员会、应急管理部、中国人民银行、中国科学院、中国气象局、国家能源局、国家林业和草原局等 17 部门联合印发《国家适应气候变化战略 2035》。

**6 月 15 日**　国家防办、应急管理部举办全国应急管理系统防汛及地质灾害防范应对工作专题培训视频会。

**6 月 18 日**　应急管理部、河南省人民政府联合举办河南郑州应对特大暴雨灾害应急演练。

**6 月 19 日**　国家减灾委员会印发《“十四五”国家综合防灾减灾规划》。

**6 月 22 日**　应急管理部印发《“十四五”应急救援力量建设规划》。

## 7月

**7月初起至10月底** 国务院安委办、应急管理部、住房城乡建设部、市场监管总局开展燃气安全“百日行动”。

**7月2日** 2022年第3号台风“暹芭”于15时前后在广东电白沿海登陆（台风级，35米/秒）。

**7月4日** 中国政府向社会公开征求关于《中华人民共和国自然灾害防治法（征求意见稿）》的意见。

**7月11~15日** 全球南南发展中心支持召开“一带一路”国家气候变化与极端灾害事件管理研讨会。

**7月14日** 中方代表出席以视频形式召开的第七届中日韩灾害管理部长级会议。

**7月26日** 应急管理部在京以视频方式举办金砖国家灾害管理专家研讨会。

**7月底至8月上旬** 辽宁省中西部、东南部等地出现暴雨到大暴雨，引发洪涝灾害。

## 8月

**8月4日** 国务委员兼外长王毅在金边出席东盟与中日韩（10+3）外长会。

**8月7日** 国务委员兼外长王毅访问孟加拉国期间，同孟外长莫门共同见证签署《中华人民共和国国家国际发展合作署和孟加拉人民共和国财政部关于防灾减灾专项援助规划谅解备忘录》。

**8月9日以后** 全国出现罕见的极端高温天气，特别是重庆市北碚、巴南、大足、长寿、江津等地先后发生多起森林火灾。

**8月17日** 受持续强降雨影响，青海省多地发生暴雨洪涝灾害，西宁市大通县青林乡、青山乡等地瞬时强降雨引发山洪，道路、桥梁、水利等基础设施受损严重。

**8月18日**　国务委员兼外长王毅在北京以视频方式主持中非合作论坛第八届部长级会议成果落实协调人会议。

**8月24日**　民政部、中央文明办下发《关于推动社区社会组织广泛参与新时代文明实践活动的通知》。

**8月25日**　中国应急管理部与拉共体轮值主席国阿根廷国际合作与人道主义援助署以视频方式共同主办首届中国—拉美和加勒比国家共同体灾害管理合作部长论坛。

**8月30日**　中共中央宣传部举行新时代应急管理领域改革发展情况新闻发布会。

## 9月

**9月5日**　12时52分四川省甘孜藏族自治州泸定县发生6.8级地震，震源深度16公里。

**9月7日**　全国风险监测和综合减灾工作会议在京召开。

**9月16日**　国家主席习近平在撒马尔罕出席上海合作组织成员国元首理事会第二十二次会议并发表重要讲话，强调秉持“上海精神”，加强团结合作，推动构建更加紧密的上海合作组织命运共同体。

**9月19日**　应急管理部发布了《社会应急力量建设基础规范》等6项标准，包括总体要求和建筑物倒塌搜救、山地搜救、水上搜救、潜水救援、应急医疗救护5个专业类别的标准。

**9月19日**　中方代表线上出席2022年亚太减灾部长级会议。

**9月20日**　国务委员兼外长王毅在纽约主持“全球发展倡议之友小组”部长级会议。

**9月23日**　第三次金砖国家灾害管理部长级会议在京召开。

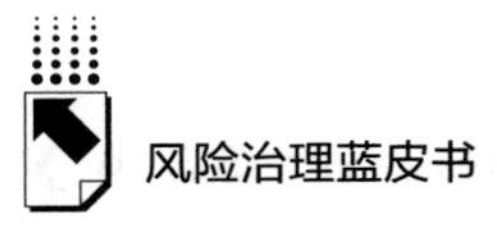



## 10月

**10 月 11 日**　应急管理部、国家发展改革委、财政部、国家粮食和储备局联合印发《“十四五”应急物资保障规划》。

**10 月 16 日**　党的二十大报告强调“坚持安全第一、预防为主，建立大安全大应急框架，完善公共安全体系，推动公共安全治理模式向事前预防转型”，“提高防灾减灾救灾和重大突发公共事件处置保障能力，加强国家区域应急力量建设”，并指出“健全共建共治共享的社会治理制度，提升社会治理效能”，“完善网格化管理、精细化服务、信息化支撑的基层治理平台，健全城乡社区治理体系”。

**10 月 20 日**　第二届中国—东盟灾害管理部长级会议通过视频方式举行。

## 11月

**11 月 3 日**　国务院安委会办公室组织召开城市安全风险监测预警平台建设专家指导评估工作启动会。

**11 月 4 日**　应急管理部与生态环境部在京签署建立突发生态环境事件应急联动工作机制协议。

**11 月 11 日**　国务院公布了《联防联控机制公布进一步优化疫情防控的二十条措施》。

**11 月 15 日**　二十国集团领导人第十七次峰会在印度尼西亚巴厘岛举行。国家主席习近平出席并发表题为《共迎时代挑战　共建美好未来》的重要讲话。

**11 月 16 日**　应急管理部、中央文明办、民政部、共青团中央联合印发《关于进一步推进社会应急力量健康发展的意见》。

**11 月 21 日**　16 时许，河南省安阳市凯信达商贸有限公司厂房发生火灾，造成 38 人死亡、2 人受伤。

**11 月 22 日**　国家国际发展合作署、云南省人民政府在昆明共同主办中国—印度洋地区发展合作论坛。

## 12月

**12 月 7 日**　国务院联防联控机制综合组出台了《进一步优化落实新冠肺炎疫情防控的十条措施》。

**12 月 8 日**　“全国安全生产举报系统”和微信小程序上线运行。

**12 月 9 日**　国家主席习近平出席首届中国—阿拉伯国家峰会，并发表题为《弘扬中阿友好精神　携手构建面向新时代的中阿命运共同体》的主旨讲话。

**12 月 9 日**　中国—东盟应急管理合作论坛在广西南宁以线上线下相结合的形式召开，主题为“加强应急管理合作，促进中国—东盟可持续发展”。

**12 月 15 日**　最高人民法院、最高人民检察院联合发布《关于办理危害生产安全刑事案件适用法律若干问题的解释（二）》。

**12 月 26 日**　中国宣布自 2023 年 1 月 8 日起，新冠病毒感染由“乙类甲管”调整为“乙类乙管”。

**12 月 27 日**　提请十三届全国人大常委会第三十八次会议初审《中华人民共和国慈善法（修订草案）》。

**12 月底**　第一次全国自然灾害综合风险普查工作全面完成了普查调查、数据质检和汇交任务。

**12 月底**　中国安全生产专项整治三年行动圆满完成。

# 附录二　相关政策法规列举及搜索指引

## 一、以下列举的相关政策法规均可通过扫描条目下的二维码进行查阅

| 序号 | 政策法规名称 | 发布时间 | 二维码 |
|---|---|---|---|
| 1 | 《中共中央　国务院关于推进防灾减灾救灾体制机制改革的意见》 | 2016 年 12 月 19 日 | |
| 2 | 国家减灾委员会《关于印发〈"十四五"国家综合防灾减灾规划〉的通知》 | 2022 年 6 月 19 日 | |
| 3 | 应急管理部《关于印发〈"十四五"应急救援力量建设规划〉的通知》 | 2022 年 6 月 22 日 | |
| 4 | 国务院《关于印发〈"十四五"国家应急体系规划〉的通知》 | 2022 年 2 月 14 日 | |
| 5 | 国务院办公厅印发《"十四五"城乡社区服务体系建设规划》 | 2022 年 1 月 21 日 | |
| 6 | 应急管理部出台"十四五"应急管理标准化发展计划 | 2022 年 5 月 6 日 | |
| 7 | 科技部、中央宣传部、中国科协《关于印发〈"十四五"国家科学技术普及发展规划〉的通知》 | 2022 年 8 月 4 日 | |
| 8 | 民政部《关于印发〈"十四五"社会组织发展规划〉的通知》 | 2021 年 10 月 8 日 | |

续表

| 序号 | 政策法规名称 | 发布时间 | 二维码 |
|---|---|---|---|
| 9 | 财政部《关于印发〈城乡居民住宅地震巨灾保险专项准备金管理办法〉的通知》 | 2017年5月29日 | |
| 10 | 《应急部关于加强安全生产执法工作的意见》 | 2021年3月29日 | |
| 11 | 中共中央办公厅、国务院办公厅印发《地方党政领导干部安全生产责任制规定》 | 2018年4月18日 | |
| 12 | 《中共中央　国务院关于推进安全生产领域改革发展的意见》 | 2016年12月9日 | |
| 13 | 《北京市应急管理局关于印发〈北京市安全生产信用修复管理暂行办法〉的通知》 | 2022年3月30日 | |
| 14 | 《国务院联防联控机制公布进一步优化疫情防控的二十条措施》 | 2022年11月11日 | |
| 15 | 《关于印发新型冠状病毒肺炎防控方案（第九版）的通知》 | 2022年6月28日 | |
| 16 | 《关于进一步优化落实新冠肺炎疫情防控措施的通知》 | 2022年12月7日 | |
| 17 | 民政部、中央政法委、中央网信办、发展改革委、工业和信息化部、公安部、财政部、住房城乡建设部、农业农村部《印发〈关于深入推进智慧社区建设的意见〉的通知》 | 2022年5月10日 | |
| 18 | 《关于在城乡社区做好新型冠状病毒感染“乙类乙管”有关疫情防控工作的通知》 | 2023年1月6日 | |

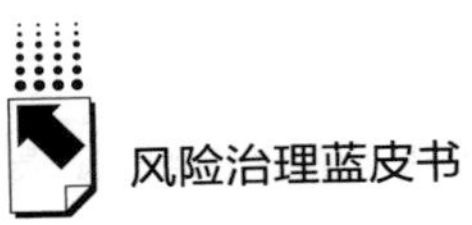



续表

| 序号 | 政策法规名称 | 发布时间 | 二维码 |
|---|---|---|---|
| 19 | 发展改革委、工业和信息化部、科学技术部、公安部、财政部、国土资源部、住房城乡建设部、交通运输部《关于印发促进智慧城市健康发展的指导意见的通知》 | 2014年8月27日 | |
| 20 | 《中小学幼儿园安全管理办法》（中华人民共和国教育部令第23号） | 2006年6月30日 | |
| 21 | 《国务院办公厅关于加强中小学幼儿园安全风险防控体系建设的意见》 | 2017年4月28日 | |
| 22 | 教育部等五部门《关于完善安全事故处理机制　维护学校教育教学秩序的意见》 | 2019年8月20日 | |
| 23 | 《国务院教育督导委员会办公室关于开展校园欺凌专项治理的通知》 | 2016年5月9日 | |
| 24 | 《教育部等九部门关于防治中小学生欺凌和暴力的指导意见》 | 2016年11月11日 | |
| 25 | 《教育部等十一部门关于印发〈加强中小学生欺凌综合治理方案〉的通知》 | 2017年11月23日 | |
| 26 | 教育部《关于印发〈大中小学国家安全教育指导纲要〉的通知》 | 2020年10月20日 | |
| 27 | 《教育部关于印发〈中小学心理健康教育指导纲要（2012年修订）〉的通知》 | 2012年12月11日 | |
| 28 | 中共中央、国务院印发《“健康中国2030”规划纲要》 | 2016年10月25日 | |
| 29 | 《教育部关于加强大中小学国家安全教育的实施意见》 | 2018年4月9日 | |

续表

| 序号 | 政策法规名称 | 发布时间 | 二维码 |
|---|---|---|---|
| 30 | 《民政部等22部门关于铲除非法社会组织滋生土壤净化社会组织生态空间的通知》 | 2021年3月22日 | |
| 31 | 国家应急部2022年第6号公告《社会应急力量建设基础规范》 | 2022年12月15日 | |
| 32 | 《关于印发〈国家适应气候变化战略2035〉的通知》 | 2022年5月10日 | |
| 33 | 四川省政府印发《"9·5"泸定地震灾后恢复重建总体规划》 | 2023年1月16日 | |
| 34 | 民政部等三部门联合印发《新冠肺炎疫情社区防控工作指引》《新冠肺炎疫情社区防控志愿服务工作指引》 | 2022年7月26日 | |
| 35 | 《北京市应急志愿服务管理办法》正式印发 | 2022年9月9日 | |

## 二、以下列举的相关政策法规均可通过下方链接进行查阅

| 序号 | 政策法规名称 | 发布时间 | 网址链接 |
|---|---|---|---|
| 1 | 关于向社会公开征求《中华人民共和国自然灾害防治法(征求意见稿)》意见的通知 | 2022年7月4日 | https://www.mem.gov.cn/gk/zfxxgkpt/fdzdgknr/202207/t20220704_417563.shtml |
| 2 | 国务院安全生产委员会《关于印发〈"十四五"国家安全生产规划〉的通知》 | 2022年4月12日 | https://www.mem.gov.cn/gk/zfxxgkpt/fdzdgknr/202204/t20220412_411518.shtml |
| 3 | 应急管理部、国家发展改革委、财政部、国家粮食和储备局关于印发《"十四五"应急物资保障规划》的通知 | 2023年2月2日 | https://www.mem.gov.cn/gk/zfxxgkpt/fdzdgknr/202302/t20230202_441506.shtml |

续表

| 序号 | 政策法规名称 | 发布时间 | 网址链接 |
|---|---|---|---|
| 4 | 《“十四五”国民健康规划》 | 2022年6月1日 | https://www.ndrc.gov.cn/fggz/fzzlgh/gjjzxgh/202206/t20220601_1326725.html |
| 5 | 国家安全监管总局、财政部《关于印发〈安全生产领域举报奖励办法〉的通知》 | 2012年5月4日 | http://www.gov.cn/gzdt/2012-05/04/content_2130287.htm |
| 6 | 民政部、中央文明办《关于推动社区社会组织广泛参与新时代文明实践活动的通知》 | 2022年8月24日 | https://www.gov.cn/zhengce/zhengceku/2022-08/24/content_5706622.htm |
| 7 | 《学生伤害事故处理办法》（根据2010年12月13日《教育部关于修改和废止部分规章的决定》修正） | 2002年6月25日教育部令第12号 | http://www.moe.gov.cn/jyb_xxgk/xxgk/zhengce/guizhang/202112/P020211208545874146075.pdf |
| 8 | 教育部印发《生命安全与健康教育进中小学课程教材指南》 | 2021年11月16日 | https://baijiahao.baidu.com/s?id=1716604272743586893&wfr=spider&for=pc |
| 9 | 应急管理部、中央文明办、民政部、共青团中央《关于进一步推进社会应急力量健康发展的意见》 | 2022年11月16日 | https://www.mem.gov.cn/gk/zfxxgkpt/fdzdgknr/202211/t20221116_426880.shtml |
| 10 | 浙江省应急管理厅印发《〈关于加强基层应急管理体系和能力建设的实施意见〉的通知》 | 2022年10月24日 | https://yjt.zj.gov.cn/art/2022/10/24/art_1228991502_59109831.html |
| 11 | 广东省应急管理厅《关于印发社会应急力量参与事故灾害应急救援管理办法的通知》 | 2023年1月19日 | http://yjgl.gd.gov.cn/gkmlpt/content/4/4058/post_4058245.html#2475 |
| 12 | 《对外援助管理办法》（2021年8月27日国家国际发展合作署、外交部、商务部令第1号公布　自2021年10月1日起施行） | 2021年8月27日 | http://www.mofcom.gov.cn/zfxxgk/article/xxyxgz/202208/20220803343817.shtml |

# 后　记

世界经济论坛《2022年全球风险报告》中将全球面临的主要风险分为经济、环境、地缘、社会和技术五大类，并且基于全球风险感知调查（GRPS）对全球近千名学界、商界、政界和社会人士等进行了调查采访。调查结果显示，社会凝聚力削弱、就业危机、气候行动失败、心理健康恶化、极端天气、债务危机、网络安全、传染性疾病、数字不平等（Digital Inequality）以及反科学等是目前全球面临的主要风险。

在这样的全球形势下，2022年是党和国家历史上极为重要的一年，也是我国应急管理系统经受严峻考验的一年。这一年第一次全国自然灾害综合风险普查工作全面收官，安全生产三年行动计划阶段性任务顺利完成，在新冠疫情反复暴发持续威胁全球经济发展的情况下，中国面对重大风险，统筹发展和安全，取得了疫情防控和经济社会发展的良好效果。

回顾党的十八大以来，党中央高度重视应急管理工作，习近平总书记就应急管理工作发表了一系列重要讲话、作出了一系列重大决策，特别是2018年在深化党和国家机构改革中，党中央决定组建应急管理部和国家综合性消防救援队伍，对我国应急管理体制进行系统性、整体性重构，推动我国应急管理事业取得历史性成就、发生历史性变革。2022年，国务院等多部门印发《“十四五”国家综合防灾减灾规划》《“十四五”国家应急体系规划》《“十四五”应急救援力量建设规划》等一系列政策文件，对“十四五”时期安全生产、防灾减灾救灾等工作进行全面部署。按照这一战略安排，到2025年，我国应急管理体系和能力现代化要取得重大进展，形成统一指挥、专常兼备、反应灵敏、上下联动的中国特色应急管理体制，建成统

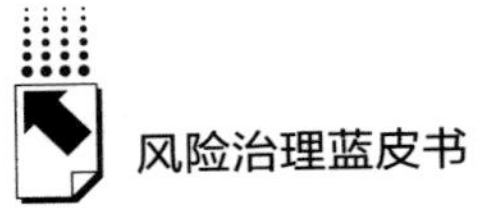


一领导、权责一致、权威高效的国家应急能力体系，安全生产、综合防灾减灾形势趋稳向好，自然灾害防御水平明显提升，全社会防范和应对处置灾害事故能力显著增强。到2035年，建立与基本实现现代化相适应的中国特色大国应急体系，全面实现依法应急、科学应急、智慧应急，形成共建共治共享的应急管理新格局。当前，进入新发展阶段、贯彻新发展理念、构建新发展格局背景下，要全面实现共建共治共享的韧性治理体系，要坚持统筹发展和安全，筑牢国家安全屏障，还应进一步完善多主体沟通、协商和合作，促进政府、企业、社会参与韧性治理过程，打造社会治理共同体，构建“人人有责、人人尽责、人人享有”的共治共享风险防控体系。

基于此，《风险治理蓝皮书》系列丛书不仅勾勒了党政推动下应对体制机制的完善优化，还用了很大篇幅来刻画社区、学校等多元场域，社会组织、志愿者、企业等多元主体，以及在物资保障、公共服务等阶段视角下来呈现风险治理中的复杂场景。我们召集相关领域一众志同道合的伙伴共同“绘制”出这样的图景，也是试图提醒政策决策者、行业实践者以及社会参与者能够从公共服务、社会治理、文化建设等立体性路径进行统筹思考、系统规划、创新行动。2022~2023年度蓝皮书，总结和吸取上一年度的报告编写经验，新增对自然灾害、安全生产、公共卫生三类风险治理领域年度发展情况的梳理及未来展望，同时也增加了对地方政府、安全教育、气候变化、国际人道援助等更多视角和典型案例的刻画，希望能够为读者提供更丰富、更多元的思路。

在此，我们要感谢参与本年度书稿编撰的数十位专家学者，为本书的出版所投入的辛劳和智慧。感谢中国应急管理学会、清华大学公共管理学院、中国应急管理研究基地、北京市科学技术研究院城市系统工程研究中心、南京大学政府管理学院、山东大学政治学与公共管理学院、北京航空航天大学公共管理学院、应急管理部国家减灾中心、中国安全生产科学研究院工业安全研究所、国家卫生健康委卫生发展研究中心、四川大学、四川尚明公益发展研究中心、商道纵横、北京东方核芯力信息科技有限公司、基金会救灾协调会、北京博能志愿公益基金会、内蒙古老牛慈善基金会、深圳壹基金公益基金会、商务部研究院国际发展合作研究所等本领域相关机构在本书编写过程中所给予的支持和帮助。特别感谢高小平教授对每一篇报告提出专业细致的建议，以及社会科学文献出版社桂芳女士和学术秘书徐硕女士严格的过程把控以确保本书得以面世，还有协助相关资料整理的刘冠群、张元、艾心等同学。感谢支持本书出版的腾讯公益慈善基金会、基金会救灾协调会、北京师范大学“全球发展战略合作伙伴计划之国际人道与可持续发展创新者计划全球在线学堂项目”。当每一次面对突如其来的灾害与风险，我们都会感受到生命的脆弱与坚韧。发展和安全是人们美好生活需要的重要方面，也是人们获得感、幸福感、安全感的基础。在风险治理征程中携手前行的各位同仁与伙伴们，身处风险社会，我们需要时刻准备着，做好与风险长期共存的准备，在高度不确定中坚定地准备着吧！

《中国风险治理发展报告（2022~2023）》主编团队

2023年6月于北京

# Abstract

In 2022, the world witnessed frequent and multiple extreme weather and climate events in the context of global warming, with increasing exposure, concentration and vulnerability of various disaster-bearing entities. It is also a process accompanied by intensifying systemic disaster risks of greater complexity. In the meantime, the pandemic of COVID-19 is raging globally and risks such as the Russia-Ukraine conflict have severely impacted the world's political and economic landscape. Consequently, the world is experiencing an accelerated pace of revolution with changes unseen in a century and aggravating global challenges. Human society has entered a new era characterized by turbulence and transition. China's development has also entered a phase marked by strategic opportunities and parallel risks and challenges, with growing uncertainty and unpredictability. In summary, China's risk governance over the past year has demonstrated the following five major trends.

Firstly, the changes in risk governance brought by climate change. In response to the challenges posed by climate change, China has undertaken proactive and effective measures. In addition to fostering international collaboration and other efforts, China has embarked on two significant initiatives: the National Comprehensive Survey on Natural Disaster Risks and the Targeted Investigation and Rectification of Major Accident Hazards. During the year 2022, both of these key special actions have accomplished significant milestones.

Secondly, a decisive and resounding victory in combating COVID-19. In 2022-2023, the major event in China's health risk management landscape was the optimization and adaptation of policies and measures for the prevention and control of COVID-19 based on the evolving context and trends. These endeavors have yielded a resolute victory in the prevention and control of the epidemic. In 2022, multiple sporadic outbreaks of the COVID-19 pandemic occurred in our country. Thanks to concerted efforts of the nation, China effectively adjusted the categorization of COVID-19 from a "Class-B infectious disease subject to Class-A control measures" to a "Class-B infectious disease with Class-B control measures" starting from January 8, 2023. This momentous achievement represents a decisive triumph in epidemic prevention and control.

Thirdly, coordinated development pattern driven by resilience actions. In recent years, the significance of resilient cities has gradually transcended the realm of academic research and ascended to the forefront of national strategies. This shift has led to the formulation of standardized policy guidelines and developmental frameworks in both theory and practice. Reflecting on 2022, China is comprehensively advancing resilient development, shaping a coordinated pattern of integrated growth. This pattern is characterized by the harmonious integration of urban development and risk management, facilitated by coordinated planning and resource allocation. The emphasis lies in embracing a holistic paradigm of urban development while fostering the synergy of rural-urban integration, all underpinned by resilience-driven initiatives.

Fourthly, the transformation of risk governance brought by the use of digital and intelligent technology. Big data, artificial intelligence, mobile internet, communication technology, cloud computing, Internet of Things, block chain and other digital and intelligent technologies are integrating with the economy and society at an ever faster pace. They have emerged as important production factors and strategic resources, reshaping the governance and risk governance models of governments. The in-depth application of digital and intelligent technology in areas such as risk monitoring, emergency response, and post-disaster recovery has played a pivotal role in fostering innovation within the emergency management system and mechanism, leading to significant changes to China's risk governance landscape.

Fifthly, the dual circulation of international and domestic factors in risk governance. It is a major initiative to implement the new development philosophy by building a new development paradigm with the domestic market as the mainstay and the domestic and international markets reinforcing each other. Between 2022 and 2023, China has actively promoted international exchanges and cooperation in risk governance, establishing a collaborative framework that harnesses the strengths of both international and domestic factors. It involves actions to promote exchanges and cooperation in three aspects: international high-level dialogues, multilateral cooperation and exchange, and technological innovation.

Currently, China's risk governance landscape has made gradual improvements, with a strengthened team and enhanced overall effectiveness. However, challenges still persist. These include the need for a more balanced management system reform, effective implementation of comprehensive emergency management functions, strengthening of personnel capabilities within grassroots emergency management institutions, and the promotion of safety awareness and emergency response capabilities among officials, particularly at the grassroots level. Looking into the future, considering the unprecedented global changes and the historical juncture of the two centenary goals, it is necessary to acknowledge the emerging realities, risks, and challenges. It is imperative to adopt a proactive approach in coordinating development and security at a heightened level. Effective measures must be taken to address various forms of extreme risks and challenges that arise.

**Keywords**: Risk Governance; Disaster Response; Climate Change; International Humanitarian Assistance; Social Engagement

# Contents

## I General Report



**Abstract**: During 2022 -2023, China has made remarkable strides in risk governance. Alongside continuous improvements in institutional mechanisms and regulatory frameworks for risk governance, China has also developed more advanced tools and strategies for disaster prevention and mitigation, implemented more well-founded policies in response to COVID -19, and established more standardized and transparent frameworks for safe production. These efforts have led to a steady improvement in China's risk governance capabilities in the domains of climate change, public health, and safe production. Furthermore, the integration of digital technologies, intelligent systems, and cutting-edge technologies, coupled with collaborative governance involving multiple stakeholders, has effectively dismantled both horizontal and vertical information barriers in risk governance, fostering a more supportive environment. However, emerging and interconnected risks have introduced heightened uncertainty and complexity, making risk prediction and avoidance more challenging. Additionally, the lack of risk awareness in safe development at the grassroots level poses a significant future challenge for risk governance. In light of these circumstances, it is imperative to coordinate security and development at a higher level, while conducting comprehensive and in-depth research and implementing grassroots initiatives guided by policies such as the *14th Five-Year Plan for the National Emergency Management System* and the *14th Five-Year Plan for National Comprehensive Disaster Prevention and Mitigation*. Such endeavors aim to fortify the foundation of risk governance, ensuring resilience in the face of new realities, risks, and challenges.

**Keywords**: Risk Governance; Emergency Management; Disaster Response; Climate Change

# Ⅱ Topical Reports



**Abstract**: It is a long-standing and unremitting endeavor of China to prevent and mitigate losses induced by natural disasters. In 2022, China has been committed to a natural disaster risk governance approach that prioritizes preparedness as the mainstay and integrates "preparedness, response and relief" together. It has comprehensively completed the first nationwide risk survey on natural disasters, obtaining billions of data points on disaster risk factors. The *14th Five- Year Plan for National Comprehensive Disaster Prevention and Mitigation* was issued. All of these have led to continuous improvements in the natural disaster prevention and control system. This article systematically summarizes the overall situation of natural disasters in China in 2022 and analyzes the important measures, existing problems, and future development trends in China's response to natural disasters. In 2022, natural disasters across the country are characterized by uneven spatiotemporal distribution, frequent occurrence in summer and autumn, and heavy damage in the central and western regions. Under the strong leadership of the CPC Central Committee, with General Secretary Xi Jinping at its core, relevant departments at various levels insisted on the people-centered and life-first approach, with timely and effective forecasting and early warning, as well as all-out efforts on emergency search and rescue operations. The country has successfully responded to a series of major natural disasters, minimizing casualties and property losses as much as possible. Although the number of people affected by disasters, direct economic losses, and the number of collapsed houses have significantly decreased compared to the average of the past five years in 2022, the number of deaths and missing persons due to disasters has reached the lowest level in China since its establishment, and the ability to prevent and control natural disasters has continuously improved. However, facing the increasingly severe situation of frequent occurrence of extreme weather and climate events, China still lacks comprehensive laws and regulations in the field of comprehensive prevention and control of natural disasters; The application of new technologies in emergency rescue is uneven and insufficient; The comprehensive risk monitoring and forecasting and early warning capabilities also need to be further improved. It is recommended to continue to promote the legal construction of comprehensive natural disaster prevention and control, strengthen top-level design, deepen institutional reform, fully leverage institutional advantages, further improve the diversified governance model led by the government with the participation of society, actively participate in international cooperation on disaster risk management, deepen the modernization of emergency management system and capabilities, so as to pave the way for the comprehensive development of a modernized socialist country.

**Keywords**: Natural Disasters; Risk Governance; Risk Survey; Prevention and Governance Philosophy; Disaster Prevention and Mitigation Planning



**Abstract**: In 2022, China's production safety landscape continued to improve, with further implementation of production safety responsibilities and successful completion of the three-year targeted rectification actions. The release of the *14th Five-Year Plan for National Production Safety* provided a framework, outlining objectives and main tasks for production safety during this period. Throughout 2022, China accumulated quite some experience in firmly establishing the "two priorities" in production safety risk governance. Measures were taken to ensure the fulfillment of production safety responsibilities, strengthen safety governance at its source, reinforce the grassroots foundation of production safety, and harness the collaborative efforts of social stakeholders. These actions were firmly grounded in the principles of putting people first and putting lives first. Nevertheless, China's production safety efforts are still going through an uphill journey, with unresolved contradictions in risk governance. Further actions are necessary to reinforce the fulfillment of risk prevention and governance responsibilities, introduce innovative safety supervision and law enforcement mechanisms, target special rectification efforts in key industries, emphasize the role of technological innovation in safety, and promote comprehensive governance coordination throughout society. These actions will contribute to a new security pattern that safeguards the new development paradigm.

**Keywords:** Safety Production Responsibility; Special Rectification; Supervision and Law Enforcement; Collaborative Governance

## B.4 2022 Annual Report on Public Health Events Risk Governance Development of China

*Hao Xiaoning, Feng Zhiqiang* / 076

**Abstract:** Preventing and addressing the risks associated with major public health events and enhancing the ability to respond to such emergencies are crucial imperatives. These efforts are necessary to bolster the national governance system and enhance overall governance capacity. This report systematically assesses the state of public health risk governance in China during 2022. It analyzes the existing challenges and provides insights into future trends in domestic public health responses. Despite the fairly well-established risk governance system for public health emergencies, China continues to face numerous challenges moving forward. These challenges include the need to address the severe circumstances around communicable disease prevention and control, the increasing threat posed by chronic/non-communicable diseases, and the need for enhanced capacity at the grassroots level in public health services. To fortify the risk governance capacity, several measures are necessary: strengthening the development of grassroots monitoring and early warning systems, optimizing and refining the guidance and decision-making mechanisms, establishing an emergency coordination mechanism, enhancing the pool of skilled public health personnel, and ensuring an ample stock of reserves for public health emergency supplies.

**Keywords**: Risk Governance; Public Health Events; Emergency Management



**Abstract**: Drawing upon the theories of resilient communities, this report delves into the analysis of community risk governance. It explores four key aspects: organization and management, space and facilities, cultural atmosphere, and information communication. These aspects are examined through the lens of integrated disaster mitigation demonstration communities and the risk governance practices implemented by communities in response to the impact of COVID–19 in 2022. The findings reveal certain challenges in community risk governance within China, such as an unclear understanding of residents' needs at the community level, a lack of clarity regarding community capacity, inadequate arrangements for backup supplies, and insufficient integration of information sharing and efforts. Several recommendations are therefore proposed: There is a need to prioritize the guidance of party building at the community level. A focus should be placed on the scenario-based application of risk governance in smart communities. Additionally, great attention should be given to enhancing the community's capacity to mobilize resources during emergencies. Strengthening the first responder capacity at the community level is also of great importance, particularly when confronted with extreme conditions.

**Keywords**: Community; Risk Governance; Community Resilience



**Abstract**: School safety is an integral component of education governance and a crucial cornerstone of public safety. Currently, school safety in China faces diverse and complex hazards, highlighting the need for an improved prevention and control system. The school safety landscape is also characterized by growing public concerns, more timely government responses and strengthened safety governance, which ultimately leads to an overall enhanced safety situation. Furthermore, the advancement of technology, the influence of social media, and the emergence of non-traditional risks have introduced new challenges in coordinating school safety and development. Drawing upon the Comprehensive School Safety Framework of the United Nations and China's own policies and practices, this report puts forth a four-in-one school safety development and assessment framework, which aims to provide theoretical support for school safety. By examining the school safety-related policies implemented over the past year and analyzing typical cases of safety governance in tertiary education institutions, this report offers practical guidance for school safety initiatives. Additionally, this report outlines an outlook on school safety governance, encompassing five key dimensions: enhancing the rule of law and promoting policy implementation, emphasizing safety education and fostering scientific research, centering on students and inspiring their proactive involvement, strengthening collaboration among stakeholders and promoting international exchange, and reinforcing emergency response philosophies and risk awareness. These proposed actions intend to promote innovation and development of school safety in China and foster an in-depth coordination.

**Keywords**: School Safety; Emergency Management; Safety Education



**Abstract**: In recent years, social organizations in China have demonstrated their unique strengths in flexibility, diverse skills, and social mobilization, enabling them to accumulate valuable experience and achieve significant development in disaster risk governance and emergency response. They have emerged as a crucial force in risk governance within the country. This report aims to summarize the valuable experiences of social organizations in public health emergencies, domestic disaster emergency response, and international humanitarian relief. By reviewing the general situation and relevant policies of social organizations' involvement in risk governance in China from 2022 to 2023, this report highlights examples such as COVID-19, the Chongqing mountain fire, and the Turkey-Syria earthquake. Through PEST analysis, the report identifies practical dilemmas faced by social organizations in their participation in risk governance, including insufficient government-society coordination, poor financing channels, insufficient public participation, and weak professional support. Subsequently, it proposes a framework to optimize the path for social organizations' participation in risk governance in China, which is manifested as the mutually-reinforcing virtuous circle of internal "autonomy → networking → informatization" and external "power and responsibility expansion → mass mobilization → public trust reconstruction".

**Keywords**: Social Organizations; Risk Governance; Emergency Response; International Assistance

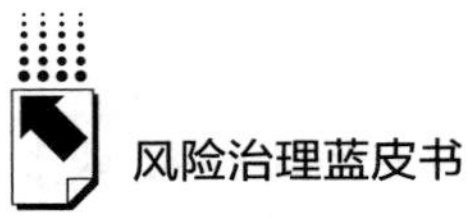



## **B**.8 2022 Annual Report on Participation of Enterprises in Risk Governance Development of China

*Shi Lin, Guo Peiyuan and Peng Jilai* / 161

**Abstract**: Enterprises are key stakeholders in the risk governance process. To gain insights into the extent of Chinese enterprises' participation in risk governance in 2022, this report delves into the recent theoretical progress, the prominent types of risks encountered by enterprises, and their primary avenues of participation. Moreover, it examines practical cases that showcase how Chinese enterprises responded to challenges posed by events such as the Luding earthquake, regional epidemics, and climate risks. The study reveals that the *14th Five-Year Plan*, the dual carbon goals, and ESG considerations are emerging as new catalysts for Chinese enterprises to actively participate in risk governance. Compared to the three specific risks of production safety accidents, natural disasters, and public health emergencies, companies are paying more attention to climate risks. More companies are taking proactive measures to address climate risks at the strategic level. In addition, although the total amount of contributions for enterprise participation in risk governance in 2022 has declined due to multiple factors, the way in which enterprises participate in risk governance has featured certain extent of innovation. In the future, enterprises will continue to leverage their advantages and expertise and innovate their products and services as they participate in risk governance; they will also strengthen cooperation with stakeholders through innovative modes of cooperation to support the sustainable development of society.

**Keywords**: Risk Governance; Climate Risk; Dual Carbon (Carbon Dioxide Peaking and Carbon Neutrality); ESG

**Abstract**: Voluntary service is one of the major contributors to social risk governance. Since the Wenchuan Earthquake in 2008, the foundation of voluntary service has expanded, resulting in the emergence of more socialized, diversified, and specialized features in their participation within risk governance. To further regulate and enhance voluntary service, and encourage more volunteers to participate in risk governance, a policy framework from ecological construction to system construction, from organization construction to project development and team building has been put in place at both the central and local government levels. In 2022, middle-aged individuals at the grassroots level have emerged as the primary driving force behind volunteer-based risk governance. A majority of them possess college or bachelor's degrees, with a registration rate exceeding 80%. Offline service remains the predominant format for volunteerism. These volunteers have demonstrated active involvement and a strong willingness to donate, playing crucial roles in areas like epidemic prevention and control, and disaster relief. The majority of volunteer organizations engaged in risk governance are social organizations, equipped with initial volunteer management systems. They benefit from low labor costs, high volunteer contribution rates, and diversified funding structures. However, several dilemmas and challenges persist in the participation of voluntary service in risk governance. These include insufficient investment in voluntary service, limited cost of use, absence of incentives and safeguard measures. Moreover, the number of volunteer organizations involved in risk governance remains limited, characterized by small scale, limited funding and resources, and a lack of influence. The cooperation between volunteer organizations and other stakeholders within the risk governance mechanism also requires improvement. To address these challenges, it is necessary to establish a cooperative mechanism involving multiple stakeholders through policy support and advocacy. Efforts should be made to establish and enhance the organizational system, safeguarding mechanisms, and management systems for voluntary service in risk governance. Encouraging the participation of professional volunteers by empowering volunteer organizations is also crucial. Strengthening social awareness and publicizing voluntary service, as well as promoting their deeper involvement in risk governance, are also necessary steps.

**Keywords**: Voluntary Service; Emergency Management; Risk Governance

## Ⅲ Case Reports

### B.10 Report on Risk Governance Practices of Local Governments Taking the Yangtze River Delta region as an Example

*Peng Binbin* / 223

**Abstract**: In response to different emergencies in recent years, this report examines the emergency management and risk governance practices implemented by local governments in the Yangtze River Delta region. By analyzing how local governments utilize information technology to manage societal risks from a comparative lens across the key cities in the Yangtz River Delta region, this report finds that a new paradigm of digital governance has been formed and a significant progress in using advanced intelligent approaches has been made in the emergency management practices. Admittedly, information technology has played a powerful role in enhancing risk communication and management. This report thus recommends that governments at all administrative levels in the Yangtze River Delta should further strengthen their commitments to digitalizing local risk governance. This includes but not limited to exploring the applications of digital technology, establishing a comprehensive intelligent risk governance system through big data and simulations, and leveraging the power of artificial intelligence and big data technology to improve risk response and processing efficiency. In the meantime, this report emphasizes the importance of collaborations with social organizations and enterprises to balance the stakeholders' interests during the risk governance process based on collaborative management and shared governance theories. This collaborative approach aims to foster a joint governance pattern involving governments, enterprises, and society which will automatically foster the development of a regional risk management zone.

**Keywords**: Local Governments; Risk Governance; Informatization Efforts



**Abstract**: This report provides an overview of life & safety education for youth between 2022 and 2023, building upon the practices of the *Hundred-school Art + Child-Centered Disaster Risk Reduction* project initiated by the Haidian District Education Committee and the *Vita Power Station* project led by the Daxing District Education Committee. Looking into the international perspective, expert guidance, and active involvement of teachers and students, this report analyzes how these projects successfully overcome existing bottlenecks in youth life & safety education related to format, content, dissemination, evaluation, and funding. It also emphasizes the importance of incorporating fun-education and diversification into educational approaches while garnering support from multiple stakeholders. Furthermore, the report highlights the experiences gained and future development plans of these projects, which aim to implement systematic and science-based innovation within primary and secondary school classrooms, the main venues of education, while also maintaining the element of fun-education. Additionally, it introduces the concept of a cultural matrix for youth life & safety education, a bold planning concept proposed for the first time. This concept provides feasible ideas and showcases practical examples for constructing a safety culture among primary and secondary school students, addressing the three key aspects of youth life &

safety education: contents, educational venues, and educational channels.

**Keywords**: Hundred-school Art + Child-Centered Disaster Risk Reduction (HA+CCDRR); Vita Power Station; Cultural Matrix of Life & Safety Education

## B.12 Report on the Innovative Practice of Foundation Participation in Risk Governance    *Chen Jingyi, Li Qi* / 262

**Abstract**: In 2022, the promulgation of key policies and regulations, including the *14th Five-Year Plan for the National Emergency Management System and Opinions on Further Promoting the Healthy Development of Social Stakeholders in Emergency Response*, played a significant role in accelerating the standardization of social stakeholders' involvement in emergency management. By taking stock of and analyzing the cases of risk governance actions in which China NGO Center for Disaster Risk Reduction and members of the Initiative participated in 2022, this paper finds that foundations, as a crucial component of charitable organizations, have gradually developed specialized and whole-process disaster relief models that cover all fields. In each service cycle of disaster relief, foundations are able to deliver a variety of services. Meanwhile, the industry synergies and infrastructure have been improved step by step, which has resulted in emergence of systematic funding based on disaster relief needs. However, Foundations still face challenges such as obstacles in external fundraising, an immature donation market, and limited options of topics in focus. To address these challenges, foundations need to pursue development in three key areas: upgrading the system to foster synergy, improving the disaster preparedness system, and embracing digital empowerment.

**Keywords**: Foundation; Regular Disaster Preparedness; Collaborative Participation; Risk Governance

**Abstract**: Climate change has resulted in a rise in extreme weather events with growing intensity, underscoring the increasing diversity and uncertainty of risk impacts on urban and rural communities. Consequently, this presents greater challenges and difficulties for social participation in disaster risk management. This report focuses on the *Project of Research and Practice on Natural Disaster Response Strategies in the Context of Climate Change*, a collaborative initiative by the Lao Niu Foundation and One Foundation. It concludes that conducting disaster risk analysis based on climate change offers innovative insights for disaster prevention and mitigation efforts. Social stakeholders should leverage their strengths at the grassroots level, empower society at all levels and foster a research-based learning platform. It also emphasizes the importance of regular risk governance and the establishment of a multi-stakeholder emergency collaboration network. This report aims to serve as a reference for social organizations seeking to actively participate in disaster risk management amidst the challenges of climate change.

**Keywords**: Climate Change; Natural Disasters; Social Stakeholders; Lao Niu School for Life; Safe Homeland



**Abstract**: China plays a crucial role in international humanitarian assistance, particularly in emergency responses. China's contribution is an indispensable part of the global humanitarian assistance system. Currently, the humanitarian assistance model with Chinese characteristics has gradually taken shape, and has become a crucial means of fulfilling the concept of community of shared future for humanity. It serves as an essential tool in major-country diplomacy and the new domestic development pattern, safeguarding China's security and developmental interests in the new era. China's humanitarian assistance takes various forms, including financial aid, in-kind supplies, emergency engineering, rescue teams, emergency medical teams, capacity building, and so on. It covers all stages of disaster prevention and preparedness, relief and response, as well as post-disaster recovery and reconstruction. China's assistance is known for its swiftness, orderly organization, pragmatism, efficiency, wide coverage, and sustainability. Given the increasing international humanitarian needs, widening aid funding gaps, and the limitations of traditional humanitarian assistance methods of coping with the scale and urgency of existing crises, China is committed to leveraging its unique strengths in humanitarian assistance. This includes actively responding to international appeals, improving the humanitarian policy framework, strengthening coordination and management mechanisms, participating in international multilateral coordination efforts, encouraging the involvement of private stakeholders, and enhancing theoretical research. Through these efforts, China aims to continuously elevate the quality of its humanitarian assistance.

**Keywords**: Humanitarian Assistance; Disaster Prevention; Mitigation and Relief; Community Engagement; International Coordination; Multilateral Cooperation

## 中国社会发展数据库（下设 12 个专题子库）

紧扣人口、政治、外交、法律、教育、医疗卫生、资源环境等 12 个社会发展领域的前沿和热点，全面整合专业著作、智库报告、学术资讯、调研数据等类型资源，帮助用户追踪中国社会发展动态、研究社会发展战略与政策、了解社会热点问题、分析社会发展趋势。

## 中国经济发展数据库（下设 12 专题子库）

内容涵盖宏观经济、产业经济、工业经济、农业经济、财政金融、房地产经济、城市经济、商业贸易等12个重点经济领域，为把握经济运行态势、洞察经济发展规律、研判经济发展趋势、进行经济调控决策提供参考和依据。

## 中国行业发展数据库（下设 17 个专题子库）

以中国国民经济行业分类为依据，覆盖金融业、旅游业、交通运输业、能源矿产业、制造业等 100 多个行业，跟踪分析国民经济相关行业市场运行状况和政策导向，汇集行业发展前沿资讯，为投资、从业及各种经济决策提供理论支撑和实践指导。

## 中国区域发展数据库（下设 4 个专题子库）

对中国特定区域内的经济、社会、文化等领域现状与发展情况进行深度分析和预测，涉及省级行政区、城市群、城市、农村等不同维度，研究层级至县及县以下行政区，为学者研究地方经济社会宏观态势、经验模式、发展案例提供支撑，为地方政府决策提供参考。

## 中国文化传媒数据库（下设 18 个专题子库）

内容覆盖文化产业、新闻传播、电影娱乐、文学艺术、群众文化、图书情报等 18 个重点研究领域，聚焦文化传媒领域发展前沿、热点话题、行业实践，服务用户的教学科研、文化投资、企业规划等需要。

## 世界经济与国际关系数据库（下设 6 个专题子库）

整合世界经济、国际政治、世界文化与科技、全球性问题、国际组织与国际法、区域研究 6 大领域研究成果，对世界经济形势、国际形势进行连续性深度分析，对年度热点问题进行专题解读，为研判全球发展趋势提供事实和数据支持。

# 法律声明